U0343190

21世纪电气信息学科立体化系列教材

编审委员会

顾问：

潘　垣（中国工程院院士，华中科技大学）

主任：

吴麟章（湖北工业大学）

委员：（按姓氏笔画排列）

王　斌（三峡大学电气信息学院）

余厚全（长江大学电子信息学院）

陈铁军（郑州大学电气工程学院）

吴怀宇（武汉科技大学信息科学与工程学院）

陈少平（中南民族大学电子信息工程学院）

罗忠文（中国地质大学信息工程学院）

周清雷（郑州大学信息工程学院）

谈宏华（武汉工程大学电气信息学院）

钱同惠（江汉大学物理与信息工程学院）

普杰信（河南科技大学电子信息工程学院）

廖家平（湖北工业大学电气与电子工程学院）

普通高等教育"十一五"
国家级规划教材

21世纪电气信息学科
立体化系列教材

电路理论

（第二版）

主 编　邹　玲　罗　明
副主编　金　波　刘松龄
　　　　张志俊　黄元峰

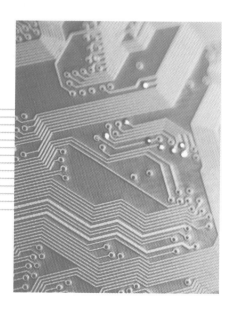

华中科技大学出版社
（中国·武汉）

内 容 提 要

    本书按照教育部高等院校电路理论课程教学的基本要求,系统地介绍电路理论的基本概念、基本原理和基本分析方法;从培养学生分析、解决电路问题能力的目的出发,通过对电路理论课程中重点、难点及解题方法的详细论述,着力于基本内容的叙述与学习方法指导的有机结合。

    本书结构合理、例题丰富,语言简洁、流畅,有的章节还将 Matlab 程序用于习题解答,便于学生解题。与教材配套的光盘包含有相关章节的学习指导、电子教案、典型例题精解、重难点知识解析等内容,便于学生自学。

    全书共分 13 章,内容包括:电路的电路元件和基本定律;电路分析方法——等效变换法、电路方程法、运用电路定理法;正弦稳态电路分析;谐振电路与互感耦合电路;非正弦周期性稳态电路分析;暂态分析方法——经典分析法、复频域分析法、状态变量分析法、二端口网络等。

    本书可作为高等院校电气信息类专业电路理论课程的教材或教学参考用书,可供学生复习考研使用,也可供有关科技人员参考。

图书在版编目(CIP)数据

电路理论(第二版)/邹 玲 罗 明 主编. 一武汉:华中科技大学出版社,2009 年 8 月

ISBN 978-7-5609-5540-7

Ⅰ.电… Ⅱ.①邹… ②罗… Ⅲ.电路理论-高等学校-教材 Ⅳ.TM13

中国版本图书馆 CIP 数据核字(2009)第 124708 号

电路理论(第二版) 邹 玲 罗 明 主编

策划编辑:王红梅   封面设计:秦 茹

责任编辑:王红梅   责任监印:周治超

责任校对:朱 霞

出版发行:华中科技大学出版社(中国·武汉)

武昌喻家山 邮编:430074 电话:(027) 81321915

录 排:武汉众心图文激光照排中心

印 刷:武汉华工鑫宏印务有限公司

开本:787mm×960mm 1/16 印张:25.75 插页:2 字数:620 000

版次:2009 年 8 月第 2 版 印次:2019 年 1 月第 9 次印刷 定价:49.80 元

ISBN 978-7-5609-5540-7/TM·112

(本书若有印装质量问题,请向出版社发行部调换)

第二版前言

"电路理论"课程是电气信息类学科的专业基础课,也是相关专业的硕士研究生入学考试科目,因此该课程在相关专业的本科教学中具有重要的地位。

本书初版于 2006 年,后重印了三次,并很快售罄。为了适应高等教育改革的需要,进一步提高本科教学质量,我们应华中科技大学出版社的要求对书稿做了修订。

与第一版相比较,第二版在内容上进行了扩充与调整,主要的变动如下。

(1)对第 3 章"电路定理"进行了重新编写,具体修改的地方有:

① 结合具体事例引出叠加定理,使该定理更加容易理解与掌握,增加了叠加定理对含受控源电路的分析;

② 增加了替代定理的证明;

③ 增加了戴维宁和诺顿定理的证明,并对等效电阻的求法进行了详细说明;

④ 增加了最大功率传输定理,对负载获得最大功率的条件及最大功率的计算进行了详细的推导说明;

⑤ 对特勒根定理一节内容的部分例题进行了更换;

⑥ 增加了互易定理三种形式的典型算例。

(2)将第 12 章"网络图论与状态方程"一章,更名为"电路方程的矩阵形式",并进行了重新编写,具体修改的地方有:

① 以示例的形式对关联矩阵、回路矩阵、割集矩阵进行了详细描述;

② 对节点电压方程的矩阵形式增加了含受控源及互感情况的详细分析;

③ 对回路电流方程的矩阵形式增加了含受控源及互感情况的详细分析;

④ 对状态方程一节,增加了特有树列写状态方程的方法。

(3)对全书符号进行了统一,如含源一端口表示为 N_S,无源一端口表示为 N_0,无源电阻网络表示为 N_R,戴维宁等效电阻表示为 R_{eq} 等。

在第二版编写过程中,我们按照重基础、重思想方法、重结构和衔接、重实际应用、重利于教学的原则组织、编写教学内容,并注重各章节之间的联系;对论述的每一个问题都列举了典型例题,帮助读者深入掌握教学内容,以达到举一反三的目的。在例题分析中着重讲清解题思路、步骤和方法,注重读者知识面的扩展和能力培养。

第二版每章后习题与第一版相同,仍可与第一版《电路理论》的配套参考书《电路理论学习与考研指导》配套使用。同时,我们更新了与第二版相配套的教学资源,可登录华中科技大学出版社教学资源网 http://www.hustp.com(教学服务栏)免费查得。

参加修订工作的有:湖北工业大学的邹玲老师和武汉工程大学的罗明、黄元峰老师。具体分工为:罗明编写第 3 章,黄元峰编写第 12 章,邹玲负责第 3 章和第 12 章的审稿。

本书在某些方面所做的变动,以及书中不尽如人意之处恳请读者批评指正。一些教师与学生对此书提出了若干修改意见,在此一并致谢!

编　者
2009 年 5 月

第一版前言

"电路理论"是各类高等学校电类专业的核心课程,是新世纪高等学校信息技术学科和电气工程学科学生必备的知识基础,是相关学科与工程的理论与应用基础,是新兴边缘学科的发展基础。电路理论既是电气信息学科专业基础课程平台中的一门重要课程,也是学习后续专业课程及今后开展工作的技术基础。

无论是强电专业或是弱电专业,大量问题都涉及电路知识,电路理论为研究和解决这些问题提供了重要的理论和方法。通过本课程的学习,学生可以掌握电路理论的基本定律(理)与各种分析、计算方法及初步的实验技能,增强应用基础知识解决工程实际问题的能力,并在今后工作中受益。

为了发展并完善教学体系与内容的改进,应用现代教育技术提升教学水平,拓宽电气信息学科学生的专业口径和培养需求,促进电路理论与相关学科交叉、融合并与工程实践的发展相结合,本教材以下七个方面作为教材编写的基础:

(1) 基于"双网络大电路平台"系统的教学改革思想;

(2) 基于获得湖北省优秀教学成果奖的"双网络大电路平台"系统;

(3) 基于被评为 2005 年湖北省高等院校精品课程的电路理论课程;

(4) 基于 20 多年的《电路理论》教学经验和讲义的良好使用和改进;

(5) 基于建设立体化教材系统的思路;

(6) 基于多所高校同类学科共同合作、整合优势、资源共享的理念;

(7) 基于本教材成功申报普通高等院校"十一五"国家级规划教材。

为此,湖北工业大学、中南民族大学、长江大学及武汉工程大学等组建了本教材的编写团队。每位参编教师根据自己学校的实际教学改革经验,并参考了国内外相关资料,经过多次集体讨论,对本教材在内容上的立意和创新点达成以下共识:

建立本课程及平台网站与学生间的"亲和力";

传承并拓展学生数学、物理的基本能力;

努力构建与学生主动学习相适应的教学体系,增强学生的自学能力;

突出全书基本定律(理)和基本分析方法主线,提高学生的分析能力;

增长学生知识面,激发学习兴趣,构建工程观点与知识的应用能力;

加强和充实学生分析、解决实际问题的综合能力。

随着教学工作由以教师为中心向以学生为中心转变,需要编写一种由主教材和各种辅助教材组成的全方位立体化教材系统以供学生使用。本教材以"双网络大电路平台"为基础,建设了"电路理论"网络课程及网站 http://202.114.176.30/html/bkjx/jp.htm 以作为支撑平台。人机交互方式实现的习题库由子系统"在线答疑"完成。教材配套光盘包含了学习指导、电子教案、典型例题精解、知识点 动画等几个部分,其中,学习指导包含了每章的教学目的、要求以及重难点提示,用于学生课前预习和教师在讲授每章知识点之前的系统介绍;电子教案包含每章的主要内容、全部电路图和公式,便于教师利用这些素材进行课堂教学和学生的课后自主学习;典型例题精解可帮助教师完成两个学时的课堂习题课;一些重要的和比较难以理解的知识点则制成了动画,让学生更加形象和深刻地理解所学知识。本教材提供的教学学时数为 48~120 学时,使用本教材的教师可自主选择章节及相关知识点进行讲授,标有"＊"号的章节为选学内容,是为学有余力的学生编写的。本教材还将 Matlab 直接在相关章节进行了应用,这在国内教材上尚属首次,也算是一个初步的尝试。

本书由湖北工业大学邹玲和武汉工程大学姚齐国担任主编,分别负责全书上、下部的统稿和最后的校订工作。参加编写的有中南民族大学的刘松龄、张志俊,长江大学的金波,武汉工程大学的罗明,湖北工业大学的韦琳、王东剑、童静、周冬婉和黄石理工学院的邱霞。

具体分工为:邹玲编写第 1、4 章;张志俊编写第 2、7 章;邱霞编写第 3、13 章;罗明编写第 5、6 章;刘松龄编写第 8、9 章;金波编写第 10 章;韦琳编写第 11 章;姚齐国编写第 12 章;王东剑编写附录。周冬婉、童静参加了部分习题的编写工作。教材中的配套光盘由湖北工业大学童静、王东剑、周冬婉、刘琍、韦琳、王慧、王超制作完成。

本书在编写过程中,参阅了以往其他版本的同类教材和相关的文献资料等,在此对其表示衷心的感谢。

由于编者的水平有限,书中有不妥或错误之处在所难免,敬请广大读者批评指正。

编 者
2006 年 6 月

目 录

1

电路元件和电路定律

本章主要介绍电路的基本概念、基本定律、理想电路元件及电阻电路的等效变换,这些都是整个课程的理论基础。电路的基本概念主要包括电路组成及电路模型、集总参数电路、电压、电流、功率等。理想电路元件主要包括电阻、电感、电容、电压源、电流源和受控源等。基尔霍夫电压及电流定律是电路分析的基本定律。等效变换是对简单电阻电路进行分析和计算的方法,主要包括电阻和电源的串联、并联及混联,电源的等效变换,电阻的 Y-△ 等效变换,以及对等效电阻的计算。

1.1 电路及电路模型

1.1.1 电路组成及作用

用导线将基本部件连接起来,构成可供电流流通的通路称为电路,它起着输送电能和处理电信号等作用。电路主要由电源、负载和中间环节三个基本部件组成。电源是提供电能或电信号的设备,如发电机、信号发生器和蓄电池等,其作用是将其他形式的能量转换成电能;负载是取用电能的设备,如电动机、电炉和电灯等,其作用是将电能转换成其他形式的能量;中间环节主要是指连接导线、控制设备和信号处理设备,如导线、开关和熔断器等,其作用是输送、分配、控制及处理电能。

在日常生活和生产实际中,常见的是实际电路。实际电路是由实际的电气设备或器件构成的电路,它是为了完成某种特定的任务或目的而设计的。

实际电路的形式和作用是多种多样的。从规模上看,实际电路有的跨越几个城市,甚至国界、洲际;有的局限在几平方毫米内,在不大于指甲的集成电路芯片上,可能有成千上万甚至数十万个晶体管集成为一个复杂的电路或系统。从电路的作用上看,滤波器电

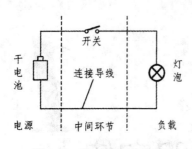

图 1-1 手电筒实际电路

路的作用是把被噪声淹没了的信号提取出来；放大电路和调谐电路的功能是处理激励信号，使之成为所需要的响应；输电电路的作用是把电厂中发电机生产的电能，通过变压器等设备传输、分配到用电单位。

无论电路的形式和作用怎样的多样化，都是由上述的三个基本部件组成的。图 1-1 所示电路是最简单的手电筒实际电路，通过它可以说明实际电路的电路模型及理想电路元件。

1.1.2 电路模型

从组成实际电路的器件来看，它们的电磁性能比较复杂。一个实际器件往往表现出几种电磁现象，如一个实际电感线圈通过高频交流电流后，电流周围产生磁场，每个线圈匝间有电场，线圈的绕线上有电阻，因此实际电感线圈可能同时存在三种电磁特性，如图 1-2 所示。

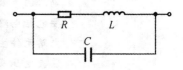

图 1-2 三种电磁特性

由上可知，直接对实际器件组成的电路进行分析、计算有一定困难。通常采用理想电路元件代替实际器件，先把实际器件作某种近似和理想化处理，抽象出表征其主要作用的模型。这就需要把组成这一电路的各种器件，根据它们在电路中所表现的电磁性质加以简化，并突出其主要作用，用一个或几个基本物理模型来表示实际器件。

理想电路元件：只表示一种电磁现象或物理现象的元件，通常也称为电路元件。

理想电阻元件：只表示消耗电能量的元件。

理想电感元件：只表示磁场现象的元件。

理想电容元件：只表示电场现象的元件。

理想电源元件：包括理想电压源和理想电流源，也称为独立电压源和独立电流源。

理想耦合元件：包括受控源、理想变压器和耦合电感器等。

电路模型：由理想电路元件代替实际器件后构成的电路称为电路模型，它是实际电路的科学抽象。本书所称电路均指电路模型，而非实际电路。

电网络：它与电路有一定区别，但有时又是能与电路通用的名词。不过，电网络的含义通常更有普遍性。特别在分析复杂的系统及讨论问题的普遍规律时，常常把电路称为电网络。

集总参数元件：理想电路元件又称为集总参数元件，即在任何时刻，流入二端元件的一个端子的电流等于从另一个端子流出的电流，并且两个端子间的电压为一定值。

集总参数电路：由集总参数元件构成的电路。

图 1-3 所示的是手电筒实际电路的电路模型和数学模型。

图 1-4 表示某一个电路模型，其电路结构和电路中各元件的参数已经给定，如果给该电路外加一个激励（或输入）信号，需要计算电路中某个元件或某段电路上的电压、电流响应（或输出），即称为对该电路进行电路分析。因此，电路分析的基本任务是计算电路中的三个常用的物理量：电压、电流和功率。电路理论主要探讨对电路模型进行电路分析的各种分析方法和基本定理。

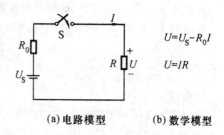

I
S
R0
US
R
U
+
−
U=US−R0I
U=IR

(a) 电路模型　　(b) 数学模型

图 1-3　手电筒实际电路的电路模型和数学模型

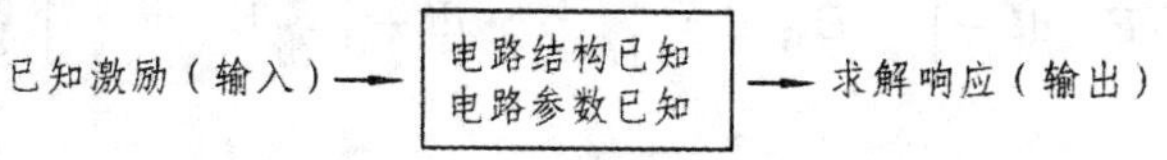

已知激励（输入）
电路结构已知
电路参数已知
求解响应（输出）

图 1-4　电路分析的基本任务

1.2　电路常用的基本物理量

1.2.1　电场强度、电压与电位

本节介绍的某些基本物理量，在普通物理课程中均有介绍，这里将从电路的角度进一步加强对电压、电位和电流等概念的学习。

1. 电场强度 $\boldsymbol{E}$

在无限大真空中放置一个点电荷 $+q$，如图 1-5 所示。由库仑定律可知，该点电荷 $+q$ 在某场点所产生的电场强度为

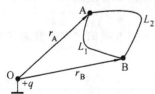

A
L2
rA
L1
B
O
rB
+q

图 1-5　正电荷产生的电场

$$\boldsymbol{E}=\frac{q\boldsymbol{r}_0}{4\pi\varepsilon_0 r^2} \tag{1-1}$$

式中：ε_0 为真空中的介电常数，$\varepsilon_0=\dfrac{1}{36\pi}\times 10^{-9}\,\mathrm{F/m}$；$r$ 为点电荷所在的点到某场点的距离；$\boldsymbol{r}_0$ 为点电荷所在的点指向某场点的单位矢量。

2. 电压

如图 1-5 所示，电场中某两点 A、B 间的电压（降）u_{AB} 等于将单位正电荷 q 从 A 点移至 B 点时库仑电场力所做的功 W_{AB}，即

$$u_{AB}=\int_{(A)}^{(B)}\boldsymbol{E}\cdot \mathrm{d}\boldsymbol{l}=\frac{q}{4\pi\varepsilon_0}\int_{r_A}^{r_B}\frac{1}{r^2}\mathrm{d}r=\frac{q}{4\pi\varepsilon_0}\left(\frac{1}{r_A}-\frac{1}{r_B}\right)$$

式中：r_A 为点电荷 $+q$ 到起点 A 的距离；r_B 为点电荷 $+q$ 到终点 B 的距离。

上式中 u_{AB} 数值仅与 A、B 两点的位置有关,而与经过的路径 L_1、L_2 无关。

在电路中,电压 u_{AB} 的一般表达式为

$$u_{AB} = \frac{dW_{AB}}{dq} \qquad (1-2)$$

3. 电位

选定图 1-5 所示恒定电场中的任意一点(O 点)的电位为零,称 O 点为参考点,则电场中 A 点到 O 点的电压 u_{AO} 称为 A 点的电位,记为 φ_A。

$$\varphi_A = \varphi_A - \varphi_O = u_{AO} = \int_{(A)}^{(O)} E \cdot dl \qquad (1-3)$$

$$\varphi_A - \varphi_B = \int_{(A)}^{(O)} E \cdot dl - \int_{(B)}^{(O)} E \cdot dl = \int_{(A)}^{(O)} E \cdot dl + \int_{(O)}^{(B)} E \cdot dl = \int_{(A)}^{(B)} E \cdot dl = u_{AB}$$

4. 结论

(1)电路中任意两点间的电压与路径无关,$u_{AB} = \int_{L_1} E \cdot dl = \int_{L_2} E \cdot dl$。

(2)某点的电位就是单位正电荷在该点所具有的电能。电位是一个相对物理量,它与参考点的选定有关;没有选定参考点,讨论电位就没有意义。

(3)同一个电路中,选定的参考点不同时,同一点的电位就有可能不同;当参考点选定后,电路中任一点的电位即为定值,这个特性称为电位单值性。

(4)电路中某两点的电位差即为两点间的电压。参考点的选定,不会影响两点之间的电压值,即电压与参考点的选择无关。

1.2.2　电流与参考方向

1. 电流

金属导体内部带电粒子和电解液中正、负离子在电场力作用下有规则的运动形成电流,电流的大小用电流强度表示。

电流强度是指在单位时间内通过导体横截面的电荷量。若在 dt 时间内穿过截面 S 的电荷为 dq,则通过截面 S 的电流定义为

$$i \triangleq \frac{dq}{dt} \quad (符号“\triangleq”表示“按定义等于”) \qquad (1-4)$$

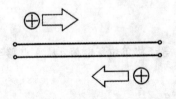

图 1-6　正电荷运动的方向被规定为电流的真实方向

2. 参考方向

1)电流的参考方向

正电荷运动的方向被规定为电流的真实方向。实际电路中的任何一段导体,电流的真实方向可能有两种,如图 1-6 所示。对于简单的电路分析,电流的实际方向可以由电源或电压的极性很容易地被确定。但是,在比较复杂的电路中,一段电路中电流的实际方向往往

很难预先确定。另外,在交流电路中,电流的大小和方向都是随时间变化而变化的。因此,确定电路中的电流实际方向是困难的,为此引入了参考方向的概念。参考方向又称假定的正方向,简称为正方向。

电流的参考方向:任意选定电流的流动方向作为电流的参考方向,如图1-7所示。

当电流流动的实际方向与选定的参考方向相同时,如图1-7(a)所示,电流i是正值;当电流流动的实际方向与选定的参考方向相反时,如图1-7(b)所示,电流i是负值。

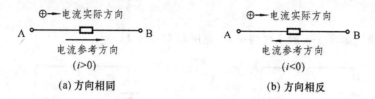

图1-7 电流的参考方向

电流参考方向的两种表示形式如下。

(1)用箭头表示:箭头的指向为电流的参考方向。

(2)用双下标表示:如i_{AB}表示电流的参考方向为由A指向B。

参考方向是任意指定的。一个复杂的电路在未求解之前,各处电流的实际方向是未知的,必须在选定的参考方向下列写方程,再依据所求出方程解的正负值判断电流的实际方向。

2)电压的参考方向

电压实际方向的判断方法也是一样的。一般规定,电压的实际方向由高电位指向低电位。但是在实际电路分析中,电压的实际方向与电流的实际方向一样,也是经常改变的,在电路中无法正确判断,只能先选定电压的参考方向。所以在电路分析中,参考方向是非常重要的概念。

如果假定的电压参考方向与实际方向相同,则电压为正值;反之,则电压为负值。电压的参考方向有如下三种表示形式。

(1)用"+"、"−"符号分别表示选定的高电位点和低电位点。

(2)用箭头的指向表示,由选定的高电位点指向低电位点。

(3)用双下标字母表示,即用u_{AB}表示选定的高电位A点指向低电位B点。

引入了参考方向后,电压和电流都是代数量。

3.关联参考方向

为了便于电路分析,可以把电流和电压的参考方向进行关联。图1-8所示的元件(或者是一段电路)上,电流取电压降的方向。若在同一个元件上电压和电流选取的参考方向一致,则称此参考方向为关联参考方向。

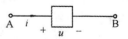

图1-8 关联参考方向

4. 结论

(1) 电流、电压的真实方向是客观存在的,不能随意选择。

(2) 规定了正方向后,电压、电流才能有正、负值之分。

(3) 正方向一经选定,在整个分析计算中都以此为准,不允许更改。

(4) 有了电流与电压关联参考方向约定后,只需标出电流或电压参考方向中任何一种即可。

5. 举例

【例1.1】 如图1-9所示电路中,求电压 U 和电流 I。

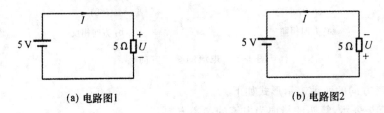

(a) 电路图1   (b) 电路图2

图 1-9　例 1.1 电路图

解 图1-9(a)所示电路中,$U = 5$ V,$I = 1$ A,表明电流和电压的实际方向分别与图1-9(a)所示电流和电压的参考方向一致。

图1-9(b)所示电路中,$U = -5$ V,$I = -1$ A,表明电流和电压的实际方向分别与图1-9(b)所示电流和电压的参考方向相反。

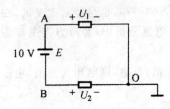

图 1-10　例 1.2 电路图

【例1.2】 如图1-10所示电路中,电压值为 U_1 和 U_2 的正方向已经选定,且已知 $E = 10$ V,$U_2 = -2$ V。(1) 求电压 U_1 的值。(2) 选取 O 点为电位参考点,计算电路中 A、B 两点的电位值。

解 $E = 10$ V,电压与路径无关,可列写电压 U_{AO} 的方程,为

$$U_{AO} = E + U_2 = U_1, \quad U_1 = (10 - 2) \text{ V} = 8 \text{ V}$$

因为 $\quad\quad\quad \varphi_O = 0, \quad \varphi_{BO} = \varphi_B - \varphi_O = U_{BO} = U_2 = -2 \text{ V}$

可得 $\quad\quad\quad\quad\quad\quad \varphi_B = -2 \text{ V}$

由 $\quad\quad \varphi_{AO} = U_1 = 8 \text{ V} \quad$ 或 $\quad \varphi_{AO} = E + U_2 = (10 - 2) \text{ V} = 8 \text{ V}$

可得 $\quad\quad\quad\quad\quad\quad \varphi_A = 8 \text{ V}$

1.2.3　国际制单位(SI)及换算

电路中常用物理量的国际单位名称及符号表示如表1-1所示。

表 1-1   常用物理量的国际单位名称及符号

物理量	单位名称	符 号	物理量	单位名称	符 号
电流	安（培）	A	电阻	欧（姆）	Ω
电压	伏（特）	V	电容	法（拉）	F
功率	瓦（特）	W	电感	亨（利）	H
能量	焦（耳）	J			

国际单位制词头及其换算如表 1-2 所示。

表 1-2   国际单位制词头及其换算

词头符号	倍 率	举 例
G（吉）	10^9	$8\ GW = 8 \times 10^9\ W$
M（兆）	10^6	
k（千）	10^3	$2\ kV = 2 \times 10^3\ V$
da（十）	10	
m（毫）	10^{-3}	
μ（微）	10^{-6}	$5\ \mu S = 5 \times 10^{-6}\ S$
n（纳）	10^{-9}	
p（皮）	10^{-12}	$6\ pF = 6 \times 10^{-12}\ F$

1.3   基尔霍夫定律

基尔霍夫电流定律（kirchhoff's current law，简称 KCL），基尔霍夫电压定律（kirchhoff's voltage law，简称 KVL），基尔霍夫定律与元件的电压、电流关系（voltage current relation，简称 VCR），它们是电路分析的基础。

1.3.1   相关概念

电路分析的相关概念解释如下。

支路（branch）：电路中通过同一电流的分支称为支路。图 1-11 所示电路中有 3 条支路，其中有 2 条含源支路。

节点（node）：通常把 3 条或 3 条以上支路的连接点称为节点。图 1-11 所示电路中有 2 个节点。

路径（path）：两节点间的一条通路称为路径。图 1-11 所示电路中有 3 条路径。

回路（loop）：由支路组成的闭合路径称为回路。图 1-11 所示电路中有 3 个回路。

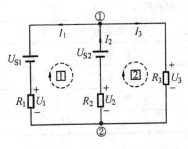

图 1-11   电路示例

网孔(mesh):网孔是在其所包围的面内没有其他支路的回路.对平面电路而言,每个网眼即为网孔.网孔是回路,但回路不一定是网孔,图 1-11 所示电路中有 2 个网孔.

1.3.2   基尔霍夫电流定律(KCL)

基尔霍夫电流定律反映了集总参数电路中汇合到任意节点的各支路电流间的相互约束关系.

1. 定律内容

对于集总参数电路中的任意节点,在任意时刻,流出(或流入)此节点各支路电流的代数和恒等于零.用数学式表达为

$$\sum i(t) = 0 \tag{1-5}$$

在图 1-11 所示的直流电路中,对于节点 ① 列写 KCL 方程,有

$$I_1 - I_2 + I_3 = 0$$
$$I_1 + I_3 = I_2$$

或
即

$$\sum_{流出} I = \sum_{流入} I$$

2. 物理基础

基尔霍夫电流定律的物理基础为电流连续性原理.

3. 符号约定

在建立式(1-5)时有如下约定:若流出节点的电流前面取"+"号,则流入节点的电流前取"—"号.

4. 补充说明

(1)基尔霍夫电流定律与组成支路的元件性质及参数无关,因此无论是线性电路还是非线性电路都适用.

(2)在运用基尔霍夫电流定律时,需先标出所有电流的参考方向,对于未知电流,这个参考方向是任意假设的,解出的未知电流若为负值,则说明实际电流方向与假设的参考方向相反.

5. 举例

【例 1.3】   求图 1-12 所示电路中的电流 I_1、I_2.

解   列写节点 ① 的 KCL 方程,有

$$1 + 2 + (-5) - I_1 = 0$$
$$I_1 = -2 \text{ A}$$

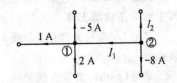

图 1-12   例 1.3 电路图

列写节点 ② 的 KCL 方程，有

$$I_1 + I_2 + (-8) = 0$$
$$I_2 = -I_1 + 8 = [8 - (-2)] \, \text{A} = 10 \, \text{A}$$

【例 1.4】 判断图 1-13 所示电路中的两个电流方程是否正确。

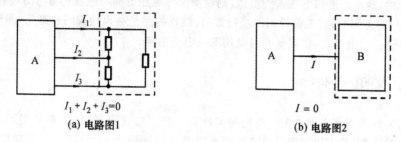

(a) 电路图1   (b) 电路图2

图 1-13 例 1.4 电路图

解 KCL 方程原来是用于节点的，但由于其实质是基于电流连续性原理，故可推广运用于图 1-13(a) 和图 1-13(b) 所示电路中的封闭面。因此，两个电流方程都是正确的。

1.3.3 基尔霍夫电压定律(KVL)

基尔霍夫电压定律反映了集总参数电路中任意回路中各支路电压间相互约束的关系。

1. 定律内容

在集总电路的任意回路中，在任意时刻，沿着任意选定的回路绕行方向，各支路电压的代数和恒等于零。用数学式表达为

$$\sum u(t) = 0 \tag{1-6}$$

在图 1-11 所示直流电路中，取顺时针的回路绕向，对回路Ⅰ列写 KVL 方程，有

$$-U_1 + U_2 - U_{S1} + U_{S2} = 0$$

或

$$-U_1 + U_2 = U_{S1} - U_{S2}$$

即

$$\sum_{\text{电阻压降}} U_R = \sum_{\text{电源压升}} U_S$$

2. 物理基础

基尔霍夫电压定律的物理基础为电位单值性原理。

3. 符号约定

在建立式(1-6)时有如下约定：在一个回路中，如果电压的参考方向与回路的绕行方向一致，则在式中该支路电压前取"+"号；反之取"—"号。

4.补充说明

(1)该定律只表明沿闭合回路中各支路电压的代数和为零,而与回路中元件性质无关。因此,无论是线性电路还是非线性电路都适用。

(2)在运用该定律时,需先标出所有电压的参考方向,对于未知电压,这个参考方向是任意假设的,解出的未知电压若为负值,则说明实际电压方向与假设的参考方向相反。

(3)列写方程时,首先假设回路绕行方向。绕行的路径必须构成闭合路径,即绕行的终点必须是绕行的出发点,但被研究的电路不一定是通路。

1.4 电阻元件

电阻元件是用来表示电工设备耗能特性的一种二端理想元件,它是从实际电阻器件抽象出来的模型,其本质体现了电流流过电阻器件时的阻力作用,因此它是耗能元件。它将电能全部转换成热能、光能等非电能量。本节主要讨论线性电阻元件。

1.4.1 线性电阻元件

1.线性电阻元件的图形符号

线性电阻元件的图形符号如图 1-14 所示。

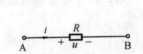

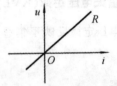

图 1-14　线性电阻的图形符号　　　图 1-15　伏安特性

2.电阻元件的 VCR——欧姆定律

元件的相互连接构成了电路模型,因此对元件本身的电压、电流之间关系的讨论非常重要。电压、电流关系式简称为 VCR。这里再次强调对元件的 VCR 讨论和对电路的基尔霍夫定律的运用是整个集总电路的分析基础。

由于电流的单位是安培,电压的单位是伏特,故电阻元件的 VCR 关系又称为伏安特性。电阻的伏安特性是通过坐标原点的一条直线,如图 1-15 所示。

在任何时刻,电阻元件 R 两端的电压与通过它的电流成正比,满足欧姆定律。

在电压和电流取关联方向时,有

$$u = Ri \quad 或 \quad i = Gu \tag{1-7}$$

$$G = 1/R \tag{1-8}$$

电导 G 是衡量电阻元件导电能力强弱的一个参量,电导的单位是西门子(简称西),符号为 S。

线性电阻元件的参数 R 是一个与电压 u 和电流 i 都无关的正实常数。符号 R 既表示电阻元件,也表示这个电阻元件的参数大小值。例如,$R = 9\Omega$ 中的参数值是 9Ω。

同样,电导的符号 G 一方面表示电导元件,另一方面也表示这个电导元件的参数值。例如,$G = 8S$ 中的参数值是 $8S$。

如果电压和电流取非关联方向,则欧姆定律可写成

$$u = -Ri \quad 或 \quad i = -Gu \tag{1-9}$$

1.4.2 功率

1. 概念

电路分析的任务除了计算电路中的电压 u 和电流 i 外,还有一个需要计算的基本物理量,即功率 p。

由式(1-2)和式(1-4)可知,某个电阻元件或一段电路中,设在 dt 时间内由 A 点转移到 B 点的正电量为 dq,且由 A 点到 B 点的电压为电压降,其值为 u,则在电荷的转移过程中,dq 失去的电能为

$$dW = udq$$

失去的电能表明电能转换成其他形式的能量,电能量对时间变化率用功率 p 表示,即

$$p = \frac{dW}{dt} = u\frac{dq}{dt} = ui \tag{1-10}$$

2. 方向

电路中,电压 u 和电流 i 取关联参考方向。若 $p < 0$,则表示这个元件或者一段电路发出功率以供电路的其他部分;若 $p > 0$,则表示这个元件或者一段电路消耗电功率。

3. 电阻元件的功率

电阻元件的功率公式为

$$p = ui = i^2 R = \frac{u^2}{R} \tag{1-11}$$

电阻元件的功率 p 恒大于零,表示电阻元件总是消耗电能量,它是一种无源元件。

4. 非线性电阻元件简介

事实上,所有实际的电阻器件(如电灯等)的伏安特性都不是线性的,之所以把它们处理为线性,是因为它在一定工作电流范围内是线性的。

非线性电阻元件的伏安特性是不通过原点的一条直线,所以它们不服从欧姆定律约束关系。如二极管就是一个典型例子,非线性电阻元件符号如图 1-16 所示。

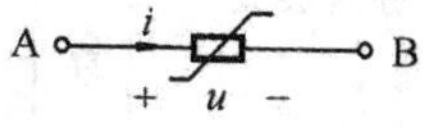

图 1-16 非线性电阻元件及其符号

1.4.3 电阻的串联和并联

1. 电阻串联和并联公式

表 1-3 所示为电路中电阻串联和并联的公式。

表 1-3　电阻串联和并联公式

名　称		电　路　图	公　式
两个电阻元件串联和并联公式	串联		$R = R_1 + R_2$ $U = U_1 + U_2$ $P = I^2 R = P_1 + P_2$
	并联		$I = I_1 + I_2$ $R = \dfrac{R_1 R_2}{R_1 + R_2}$ $G = G_1 + G_2 \left(G = \dfrac{1}{R}\right)$ $P = GU^2 = P_1 + P_2$
推广到 N 个电阻元件公式及等效	串联		$R = R_1 + R_2 + \cdots + R_N$ $U = U_1 + U_2 + \cdots + U_N$ $P = P_1 + P_2 + \cdots + P_N = I^2 R$
	并联		$G = G_1 + G_2 + \cdots + G_N$ $I = I_1 + I_2 + \cdots + I_N$ $P = P_1 + P_2 + \cdots + P_N = GU^2$
分压公式	串联		$U_1 = \dfrac{R_1}{R_1 + R_2} U = \dfrac{R_1}{R} U$ $U_2 = \dfrac{R_2}{R_1 + R_2} U = \dfrac{R_2}{R} U$
分流公式	并联		$I_1 = \dfrac{R_2}{R_1 + R_2} I = \dfrac{G_1}{G_1 + G_2} I$ $I_2 = \dfrac{R_1}{R_1 + R_2} I = \dfrac{G_2}{G_1 + G_2} I$

2. 电阻混联

实际使用的电路是十分复杂的,电阻元件往往既有串联,又有并联,这种连接称为电阻的混联。实际的混联电路不管有多复杂,都可以应用欧姆定律、串联和并联公式,以及针对某些特殊电路的特殊方法对混联电路进行化简(特殊方法有桥式电路平衡、对称电路等,将在1.9节讨论),最后求解出电路中某个端口的入端等效电阻 R_i。

3. 举例

【例1.5】　求图1-17所示电路中AB端口的等效电阻 R_{AB}。

解　由电阻串联和并联公式可得

$$R_{AB} = \left[\frac{3 \times 6}{3+6} + \frac{(9+3) \times 4}{(9+3)+4} \right] \Omega = 5 \ \Omega$$

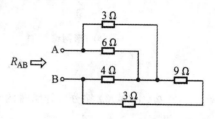

图 1-17　例 1.5 电路图

1.4.4　电阻 Y-△ 等效变换

1. 实例说明

计算图1-18所示电路中AB端口的入端等效电阻 R_i。

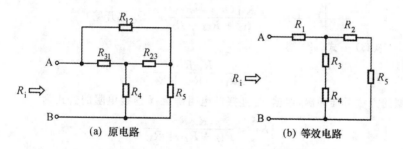

(a) 原电路　　　　　　　　(b) 等效电路

图 1-18　电阻 Y-△ 等效变换实例说明图

在求图1-18(a)所示电路等效电阻 R_i 时,遇到不能直接运用串联、并联等效电阻公式的情况,这时,可将图1-18(a)所示电路改画成图1-18(b)所示电路,便能直接使用串联、并联等效公式,故在电阻电路的化简中,Y-△ 变换是很重要的。

2. 变换公式

1) 电阻 Y-△ 等效变换条件

电阻 Y-△ 等效变换条件是,如图1-19(a)、(b)所示电路中,当任一对对应端(如 ③ 端)开路时,其余一对对应端口(如 ① 端和 ② 端)的等效电阻必须相等。

满足上述等效条件后,若由两个网络的三端流出(或流入)的电流分别对应相等,则三端相互间的电压也分别对应相等。

2) 等效公式的推导

根据等效条件列写方程,当 ③ 端开路时,Y形、△ 形电路的 ① 端和 ② 端等效电阻相

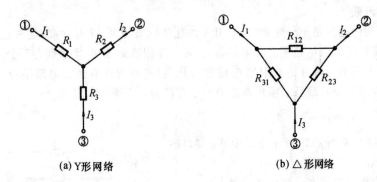

(a) Y形网络　　　　　　　　　　(b) △形网络

图 1-19　Y、△ 形网络

等。当 ③ 端、① 端、② 端分别开路时的等效方程式为

$$R_1 + R_2 = \frac{R_{12}(R_{23} + R_{31})}{R_{12} + R_{23} + R_{31}} \quad (③ 端开路) \tag{a1}$$

$$R_2 + R_3 = \frac{R_{23}(R_{31} + R_{12})}{R_{12} + R_{23} + R_{31}} \quad (① 端开路) \tag{a2}$$

$$R_3 + R_1 = \frac{R_{31}(R_{12} + R_{23})}{R_{12} + R_{23} + R_{31}} \quad (② 端开路) \tag{a3}$$

由式(a1)＋式(a3)－式(a2) 得

$$R_1 = \frac{R_{12}R_{31}}{R_{12} + R_{23} + R_{31}}$$

用类似的方法可推导出，根据 △ 连接的电阻确定 Y 连接电阻的公式为

$$R_1 = \frac{R_{12}R_{31}}{R_{12} + R_{23} + R_{31}} \tag{1-12}$$

$$R_2 = \frac{R_{23}R_{12}}{R_{12} + R_{23} + R_{31}} \tag{1-13}$$

$$R_3 = \frac{R_{31}R_{23}}{R_{12} + R_{23} + R_{31}} \tag{1-14}$$

接着推导由 Y 连接的电阻确定 △ 连接电阻的公式。将式(1-12)、式(1-13)和式(1-14)两两相乘，再相加可得

$$R_1R_2 + R_2R_3 + R_3R_1 = \frac{R_{12}R_{23}R_{31}}{R_{12} + R_{23} + R_{31}} \tag{1-15}$$

再将式(1-15)分别除以式(1-14)、式(1-12)和式(1-13)，得

$$R_{12} = R_1 + R_2 + \frac{R_1R_2}{R_3}$$

$$R_{23} = R_2 + R_3 + \frac{R_2R_3}{R_1} \tag{1-16}$$

$$R_{31} = R_3 + R_1 + \frac{R_3R_1}{R_2}$$

式(1-16)就是根据 Y 连接的电阻确定 △ 连接电阻的公式。

如果将式(1-16)中的电阻用各自的电导表示,便可以推导出由 Y 连接的电导确定 △ 连接电导的公式为

$$\begin{cases} G_{12} = \dfrac{G_1 G_2}{G_1 + G_2 + G_3} \\[2mm] G_{23} = \dfrac{G_2 G_3}{G_1 + G_2 + G_3} \\[2mm] G_{31} = \dfrac{G_3 G_1}{G_1 + G_2 + G_3} \end{cases} \qquad (1\text{-}17)$$

用电导表示的式(1-17),与由 △ 连接的电阻确定 Y 连接电阻的式(1-12)、式(1-13)和式(1-14)具有相同的数学表达形式,可用共同的数学一般式表示为

$$f_{ab} = \frac{f_a f_b}{f_a + f_b + f_c} \qquad (1\text{-}18)$$

式(1-18)的分母是 3 个电阻(或电导)的和,分子是相关的两个电阻(或电导)的乘积。便于学生归纳和记忆。

3. 举例

【例 1.6】 求图 1-20 所示电路中 AB 端口的等效电阻 R_i。

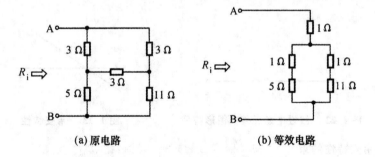

(a) 原电路　　　　　　　　(b) 等效电路

图 1-20 例 1.6 电路图

解 该电路为惠斯登桥式电路。经过分析得出,该电路不满足桥式电路平衡的条件(桥式电路平衡条件将在 1.9 节介绍),故采用 △-Y 变换公式计算 R_i。先将图 1-20(a)所示电路改画成图 1-20(b)所示电路。

根据 △-Y 变换式(1-12)、式(1-13)和式(1-14),若 $R_{12} = R_{23} = R_{31} = R_\triangle$,则可以计算得

$$R_1 = R_2 = R_3 = R_Y = R_\triangle / 3 \qquad (1\text{-}19)$$

这里,$R_\triangle = 3\ \Omega$,所以 $R_Y = R_\triangle / 3 = 1\ \Omega$,故等效电阻 R_i 为

$$R_i = \left[1 + \frac{(1+5) \times (1+11)}{(1+5) + (1+11)} \right] \Omega = \left(1 + \frac{6 \times 12}{6 + 12} \right) \Omega = 5\ \Omega$$

1.5　电感元件

本节介绍第二个无源的二端理想电路元件——电感元件。

1.5.1　电感线圈

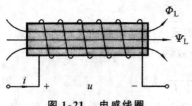

当导线中通有电流时,周围即有磁场,通常把导线绕成线圈形式,以增强线圈内部的磁场,称为电感器或电感线圈,如图 1-21 所示。线圈能存储磁场能量,因此电感线圈是一种存储磁能的实际器件。如果忽略其导线所消耗的能量,突出电感线圈的主要电磁性能,那么实际电感线圈的理想电感元件的模型如图 1-22 所示。

图 1-21　电感线圈

1.5.2　线性电感元件

1. 图形符号

线性电感元件的图形符号如图 1-22 所示。

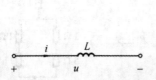

图 1-22　线性电感元件的图形符号

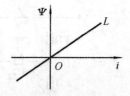

图 1-23　韦安特性

2. 元件韦安特性约束

线性电感元件韦安特性可用通过 Ψ-i 坐标原点的直线表示,如图 1-23 所示。在磁通链 Ψ 的参考方向与电流 i 的参考方向之间满足右手螺旋这种关联参考方向时,任何时刻线性电感元件的自感磁通链 Ψ 与元件中电流 i 有以下关系:

$$\Psi = Li \tag{1-20}$$

线性电感元件的自感(电感)L 是一个与自感磁通链 Ψ 和电流 i 无关的正实常数。

电感元件的符号 L 既表示电感元件,也表示这个元件的参数。电感的单位为亨利(H),一般常取用毫亨(mH)、微亨(μH)。

$$\Psi = N\Phi$$

式中:Φ 为自感磁通;N 为线圈匝数。$\Psi(\Phi)$ 单位为韦伯(Wb)。

3. 电感的电压、电流微分关系

下面推导电感的电压、电流关系 VCR。当通过电感的电流发生变化时,根据韦安特性,

磁通链 Ψ 也相应发生变化,依电磁感应定律有

$$u = -e = \frac{\mathrm{d}\Psi}{\mathrm{d}t}$$

式中:e 为感应电动势。

电感两端出现了(感应)电压 u。把式(1-20)代入以上电压方程,得

$$u = L\frac{\mathrm{d}i}{\mathrm{d}t} \tag{1-21}$$

式(1-21)即为电感元件的 VCR 微分式。

注意:

(1) 任意时刻电感上的电压与该时刻电流的变化率成正比。

(2) 当通过电感的电流 i 是常量(直流电流),即电流 i 不随时间变化而变化时,磁通链也不发生变化,这时虽有电流但电压为零($u = 0$),所以电感元件在直流电路中相当于短路。

(3) 如果电感的电压为有限值,因为 $u = L\mathrm{d}i/\mathrm{d}t$,即 $\mathrm{d}i/\mathrm{d}t$ 也为有限值,那么电感电流 i 不发生跳变(突变),这为后面动态电路章节的学习留下了伏笔。

(4) 只有在 u、i 取关联参考方向时,式(1-21)才成立。

4. 电感元件 VCR 积分式

对式(1-21)两边同时取积分,得电感元件 VCR 积分式,即

$$i(t) = i(t_0) + \frac{1}{L}\int_{t_0}^{t} u(\xi)\mathrm{d}\xi \tag{1-22}$$

式(1-22)表明,在某一时刻 t 的电流 $i(t)$ 不仅与初始时间 t_0 以前的全部电压有关(在 $t < t_0$ 时电压对电流 $i(t)$ 产生的作用反映在初始值 $i(t_0)$ 中),而且与 $t_0 \to t$ 之间的电压有关,即电流 $i(t)$ 取决于在 $(-\infty, t)$ 区间所有时刻的电压值。换言之,某一时刻 t 的电流 $i(t)$ 值与 t 时刻以前电压的全部历史有关,即电感电流有"记忆"电压的作用,故称电感元件是一种"记忆元件"。

5. 电感的功率与能量

在电感电压 u 和电流 i 取关联参考方向时,电感元件吸收的功率为

$$p(t) = u(t)i(t) = Li(t)\frac{\mathrm{d}i}{\mathrm{d}t} \tag{1-23}$$

如果 $i(t) > 0$,$\mathrm{d}i/\mathrm{d}t > 0$,则有 $p > 0$;如果 $i(t) > 0$,$\mathrm{d}i/\mathrm{d}t < 0$,则有 $p < 0$。

电感的功率有正、负值,表明电感元件既能吸收能量也能释放能量,故它是一种储能元件;同时,它不会释放出多于它吸收的能量,故它是一种无源元件。从 $t_0 \to t$ 期间电感元件吸收的电能为

$$W_L(t) = \int_{t_0}^{t} u(\xi)i(\xi)\mathrm{d}\xi = \int_{t_0}^{t} Li(\xi)\frac{\mathrm{d}i(\xi)}{\mathrm{d}\xi} \cdot \mathrm{d}\xi$$

$$= L\int_{i(t_0)}^{i(t)} i(\xi)\mathrm{d}i(\xi) = \frac{1}{2}Li^2(t) - \frac{1}{2}Li^2(t_0) \tag{1-24}$$

式(1-24)就是线性电感元件在任一时刻 t 的磁场能量表达式。

如果 $i(t_0) = 0$,则电感的磁场能量表达式可简化为

$$W_L(t) = \frac{1}{2}Li^2(t)$$ (1-25)

式(1-25)表明电感在某一时刻的磁场能量与该时刻的电流值的平方成正比。

1.5.3 线性电感元件串、并联公式

在不同的串、并联情况下,计算等效电感的公式及并联分流公式如下。

(1) N 个电感元件串联的等效电感为

$$L = L_1 + L_2 + \cdots + L_N$$ (1-26)

(2) N 个电感元件并联的等效电感为

$$\frac{1}{L} = \frac{1}{L_1} + \frac{1}{L_2} + \cdots + \frac{1}{L_N}$$ (1-27)

(3) 两个电感元件并联,其等效电感为

$$L = \frac{L_1 L_2}{L_1 + L_2}$$ (1-28)

(4) 两个无初始电流(即 $i(t_0) = 0$)的电感元件并联分流公式为

$$\begin{cases} i_1(t) = \dfrac{L_2}{L_1 + L_2} i(t) \\[2mm] i_2(t) = \dfrac{L_1}{L_1 + L_2} i(t) \\[2mm] i_1(t_0) = i_2(t_0) = 0 \end{cases}$$ (1-29)

1.6 电容元件

本节介绍第三个无源的二端理想电路元件 —— 电容元件。

1.6.1 电容器

把两块金属极板用介质(如空气、电解质等)隔开就构成一个简单的电容器。由于介质不导电,因此在极板上外加电源后,两极板分别聚集等量的异性电荷,在介质中就建立了电场。撤走外电源后,极板上的电荷仍能依靠电场力作用互相吸引,而又被介质所隔,不能中和,这时电荷可长久地聚集。因此,电容是一种聚集电荷的实际电路元件。电荷的聚集过程也就是电场的建立过程,在这个过程中,外力所做的功应等于电容器存储的电场能量。实际电容器还应该考虑介质损耗和漏电流。如果忽略这些因素的影响,即可用理想电容元件作为其模型。下面主要讨论线性电容元件。

1.6.2 线性电容元件

1. 图形符号

线性电容元件的图形符号如图 1-24 所示。

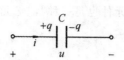
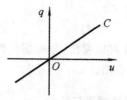

图 1-24　线性电容元件的图形符号　　　图 1-25　库伏特性

2. 元件库伏特性约束

电容元件的库伏特性如图 1-25 所示,是通过坐标原点的直线。在关联参考方向下,任意时刻正极板的电荷 q 与其两端的电压 u 之间的关系为

$$q = Cu \qquad (1\text{-}30)$$

线性元件的电容 C 是一个与电荷 q 和电压 u 都无关的正实常数。电路中 C 既表示电容元件,也表示这个元件的参数。电容单位为法拉(F),一般常用微法(μF)和皮法(pF)。

3. 电容的电压、电流微分关系

下面推导电容的电压、电流关系 VCR。当电容两端电压变化时,其所储电荷也随之变化,电容元件极板上电荷的增、减,标志着电容元件的充电、放电过程,导致引线上有传导电流 $i_C = \mathrm{d}q/\mathrm{d}t$ 存在。根据麦克斯韦的全电流定理,对电流的概念加以扩充后,引入位移电流 $i_D = \partial D/\partial t$ 的概念,位移电流是由极板介质间随时间变化而变化的电场所产生的,这两种电流大小相等、方向相同,可保持电容电路中电压的连续性。

设 u、i 取关联方向,有 $i = \mathrm{d}q/\mathrm{d}t$,$q = Cu$,由此可得

$$i = C\frac{\mathrm{d}u}{\mathrm{d}t} \qquad (1\text{-}31)$$

式(1-31)为线性电容元件的 VCR 微分式。

电流与电压间存在着导数关系的元件,称为动态元件。电容元件 C 和电感元件 L 都是动态元件。

注意:

(1)任意时刻电容上的电流与该时刻电压的变化率成正比。

(2)当通过电容的电压 u 是常量(直流),即电压 u 不随时间变化而变化时,虽有电压,但并没有电流($i = 0$),所以电容元件在直流电路中相当于开路。

(3)如果电路中电容的电流为有限值,而 $i = C\mathrm{d}u/\mathrm{d}t$,即 $\mathrm{d}u/\mathrm{d}t$ 也为有限值,那么电容电压 u 不发生跳变(突变)。这也为后面动态电路的学习留下伏笔。

(4)只有在 u、i 取关联参考方向下,式(1-31)才成立。

(5)在一定的条件下,电容电压和电感电流都不发生跳变,这是以后分析动态电路的一个很有用的概念,称为换路定理。

4. 电容元件电压电流 VCR 积分式

对式(1-31)两边同时取积分,得电容元件 VCR 积分式,即

$$u(t) = u(t_0) + \frac{1}{C} \int_{t_0}^{t} i(\xi) \mathrm{d}\xi \qquad (1\text{-}32)$$

由式(1-32)可以看出,与电感元件一样,电容元件也是一种"记忆元件",电容电压有"记忆"电流的作用。

5. 电容的功率与能量

取 u、i 关联参考方向时,电容吸收的功率为

$$p = u(t)i(t) = Cu \frac{\mathrm{d}u}{\mathrm{d}t} \qquad (1\text{-}33)$$

电容元件的功率也有正、负值,表明电容元件既能吸收能量,也能释放能量,且释放能量不会多于吸收的能量,故它也是一种储能的无源元件。在 $t \to t_0$ 期间电容元件吸收的电能为

$$W_C(t) = \frac{1}{2} Cu^2(t) - \frac{1}{2} Cu^2(t_0) \qquad (1\text{-}34)$$

如果 $u(t_0) = 0$,则电容的电能为

$$W_C(t) = \frac{1}{2} Cu^2(t) \qquad (1\text{-}35)$$

式(1-35)表明,电容在某一时刻的电能与该时刻的电压值的平方成正比。

1.6.3　线性电容元件串、并联公式

在不同串、并联情况下,计算等效电容的公式及串联分压公式如下。

(1) N 个电容元件串联的等效电容为

$$\frac{1}{C} = \frac{1}{C_1} + \frac{1}{C_2} + \cdots + \frac{1}{C_N} \qquad (1\text{-}36)$$

(2) N 个电容元件并联的等效电容为

$$C = C_1 + C_2 + \cdots + C_N \qquad (1\text{-}37)$$

(3) 两个无初始电压(即 $u(t_0) = 0$)的电容元件串联分压公式为

$$\begin{cases} u_1(t) = \dfrac{C_2}{C_1 + C_2} u(t) \\[2mm] u_2(t) = \dfrac{C_1}{C_1 + C_2} u(t) \\[2mm] u_1(t_0) = u_2(t_0) = 0 \end{cases} \qquad (1\text{-}38)$$

(4) 两个无初始电流(即 $i(t_0) = 0$)的电容元件并联分流公式为

$$\begin{cases} i_1(t) = \dfrac{C_1}{C_1 + C_2} i(t) \\[2mm] i_2(t) = \dfrac{C_2}{C_1 + C_2} i(t) \\[2mm] i_1(t_0) = i_2(t_0) = 0 \end{cases} \qquad (1\text{-}39)$$

1.7　独立电源

本节介绍两个二端理想电源元件 —— 理想电压源和理想电流源。

1.7.1　电压源

1. 符号

电压源的符号如图 1-26 所示,图中 $u_\mathrm{S}(t)$ 表示电压源的电压值,电压源的参考方向用 "+"、"−" 号表示。

2. 特点

(1) 端口电压 $u(t)$ 不会因为所连接外电路的不同而改变,且满足电压方程

$$u(t) = u_\mathrm{S}(t) \tag{1-40}$$

(2) 通过端口的电流 $i(t)$ 由外电路决定。

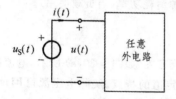

图 1-26　电压源符号

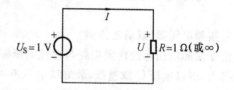

图 1-27　电压源举例

3. 举例

【例 1.7】　电路如图 1-27 所示,求电阻负载上的电压 U 和电流 I,并分析负载的工作状态。

解　(1) 有载工作状态

$$R = 1\ \Omega$$
$$U = U_\mathrm{S} = 1\ \mathrm{V}$$
$$I = U/R = 1\ \mathrm{A}$$

(2) 开路工作状态 $(R \to \infty)$

$$U = U_\mathrm{S} = 1\ \mathrm{V}$$
$$I = U/R = 0\ \mathrm{A}$$

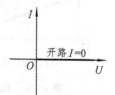

图 1-28　开路工作状态

电压源的电流为零,即电压源处在开路工作状态,如图 1-28 所示。电压源不能"短路",如果短路,则其电压为零,此时与电压源的特性相驳。

(3) 分析:负载变化时(取 $R = 1\ \Omega$ 或 $R = \infty$),端口电压 U 是固定的,恒等于电压源的电压 U_S,即端口上的电压 U 不会因为外接电路的电阻 R 不同而改变;而电流 I 却随负载电阻 R 的不同而改变。

4.直流电压源伏安特性

当电压源的电压为常数时,电压一般用 U_S 表示,其符号及伏安特性如图 1-29 所示。

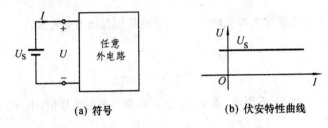

(a) 符号   (b) 伏安特性曲线

图 1-29 　直流电压源的符号及伏安特性曲线

5.功率

如图 1-26 所示,当电压源的电压 $u_S(t)$ 和通过的电流 $i(t)$ 取非关联参考方向时,有

$$p(t) = u_S(t)i(t)$$

若 $p > 0$,表明电压源发出功率;若 $p < 0$,表明电压源消耗功率(当负载使用)。

6.实际电压源(以电池为例)

由于实际电压源的内阻损耗与通过电压源的电流有关,如图 1-30(a) 所示,电流越大,损耗越大,端口电压 U 就越低,故端口电压不再具有定值的特点。实际电压源可用理想电压源 U_S 与内阻 R_S 串联的电路模型来表示,如图 1-30(b) 所示,其电压为

$$U = U_S - IR_S \tag{1-41}$$

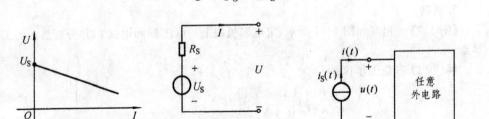

(a) 伏安特性曲线   (b)电路模型   图 1-31 　电流源符号

图 1-30 　电池模型及伏安特性曲线

1.7.2 电流源

1.符号

电流源的符号如图 1-31 所示,图中 $i_S(t)$ 表示电流源的电流值,箭头表示电流源的参考方向。

2.特点

(1)通过端口的电流 $i(t)$ 不会因为所连接外电路的不同而改变,且满足电流方程

$$i(t) = i_S(t) \tag{1-42}$$

（2）端口电压 $u(t)$ 由外电路决定。

3. 举例

【例1.8】 电路如图1-32所示，求电阻负载上的电压 U 和电流 I，并分析负载的工作状态。

解　（1）有载工作状态

$$R = 1\ \Omega, \quad I = I_S = 1\ A, \quad U = RI = 1\ V$$

（2）短路工作状态（$R = 0$）

$$I = I_S = 1\ A, \quad U = RI = 0\ V$$

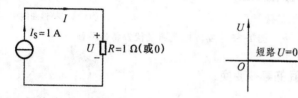

图1-32　电流源举例　　　　图1-33　短路工作状态

电流源的电压为零，即电流源处在短路工作状态，如图1-33所示。电流源不能"开路"，如果开路，则其电流为零，此时与电流源的特性相驳。

（3）分析：负载变化（取 $R = 1\ \Omega$ 或 $R \rightarrow \infty$）时，电流 I 是固定的，恒等于电流源的电流 I_S，即电流 I 没有因为外接电路的电阻 R 不同而改变；而端口上的电压 U 则随负载电阻 R 的不同而改变。

4. 直流电流源伏安特性

当电流源的电流为常数时，电流一般用 I_S 表示，其符号及伏安特性如图1-34所示。

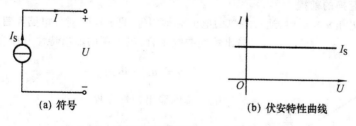

(a) 符号　　　　　　　　　　(b) 伏安特性曲线

图1-34　直流电流源的符号及伏安特性曲线

5. 功率

如图1-31所示，当电流源的 $i_S(t)$ 和其两端的 $u(t)$ 取非关联参考方向时，有

$$p(t) = i_S(t)u(t)$$

若 $p > 0$，表明电流源发出功率；若 $p < 0$，表明电流源消耗功率（当负载使用）。

6. 实际电流源(以光电池为例)

光电池产生的电流有一部分在光电池内部流动,这种实际的电流源可用一个理想的电流源和内阻 R_S 并联的理想电路模型表示,如图 1-35 所示,其电流为

$$I = I_S - \frac{U}{R_S} \tag{1-43}$$

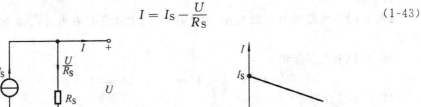

(a) 电源模型   (b) 伏安特性曲线

图 1-35 实际电流源及伏安特性曲线

1.7.3 实际电源之间的等效变换

前面介绍了两种实际电源模型,如图 1-36 所示,这里讨论实际电源之间的等效变换。

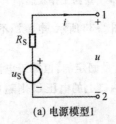 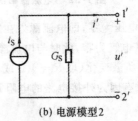

(a) 电源模型1   (b) 电源模型2

图 1-36 两种实际电源模型

1. 等效变换的前提

当端口电压 $u = u'$ 时,通过端口的电流必须相等,即 $i = i'$。对外电路而言,两个端口的输出特性曲线重合。电压源的输出特性方程为

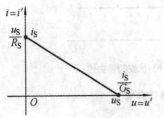

$$u = u_S - iR_S \quad \rightarrow \quad i = \frac{u_S}{R_S} - \frac{u}{R_S}$$

电流源的输出特性方程为

$$i' = i_S - \frac{u'}{R_S} \quad \rightarrow \quad i' = i_S - G_S u'$$

根据等效变换的前提,两个端口的外输出特性曲线重合,如图 1-37 所示,有

图 1-37 外输出特性曲线重合

$$\begin{cases} i = \dfrac{u_S}{R_S} - \dfrac{u}{R_S} \\ i' = i_S - G_S u' \end{cases}$$

2. 等效条件

由图 1-37 所示曲线可以得出等效条件,即

$$\begin{cases} i_S = \dfrac{u_S}{R_S} & (1\text{-}44) \\[2mm] R_S = \dfrac{1}{G_S} & (1\text{-}45) \end{cases}$$

注意:电流源 i_S 的参考方向由电压源 u_S 的"—"极性指向"+"极性时,式(1-44)和式(1-45)才成立,如图 1-37 所示,这种等效是相对外接电路而言的,对电压源和电流源内部电路是不等效的。

1.7.4 电源的串联、并联和混联

电源的串联、并联和混联如表 1-4 所示。

表 1-4 电源的串联、并联和混联

电路图	等效性质	
	电压源	电流源
串联	$u_S = u_{S1} + u_{S2}$	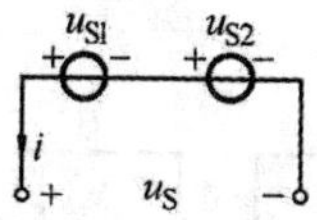 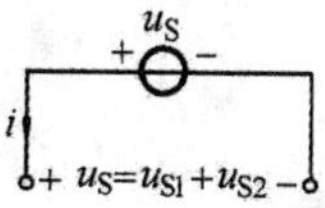 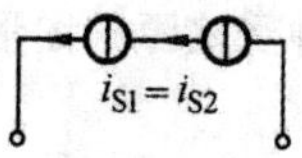 只有电流相等,方向相同的电流源才能串联。
并联	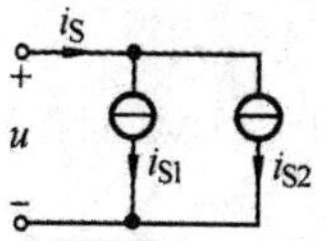 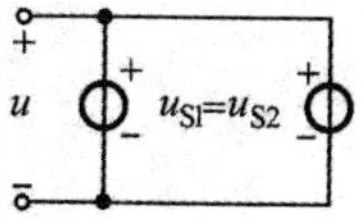 只有电压相等,极性相同的电压源才能并联。	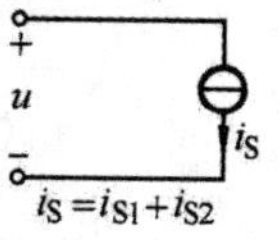 $i_S = i_{S1} + i_{S2}$
混联	任何一个无耦合元件与电压源并联时,才有此结论。	任何一个无耦合元件与电流源串联时,才有此结论。

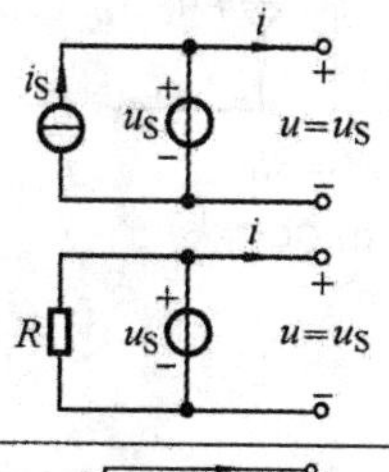

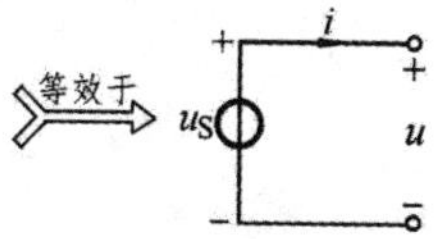

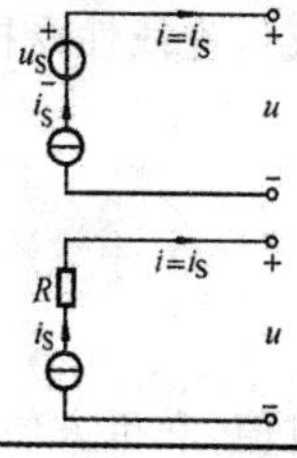

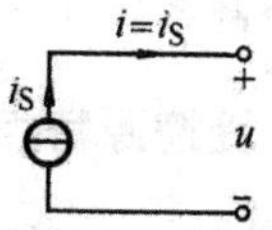

1.8 受控源

本节介绍的四端(二端口)理想受控电路元件分为受控电压源和受控电流源。

1.8.1 分类及图形符号

1. 分类

受控源可分为以下四种。

(1) 两种受控电压源,有:

① 电压控制电压源(控制量为电压),用 VCVS 表示;

② 电流控制电压源(控制量为电流),用 CCVS 表示。

(2) 两种受控电流源,有:

① 电压控制电流源(控制量为电压),用 VCCS 表示;

② 电流控制电流源(控制量为电流),用 CCCS 表示。

2. 图形符号

四种受控源的图形符号如图 1-38 所示。

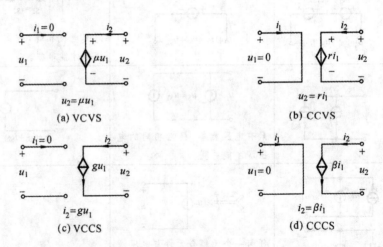

图 1-38 四种受控源的图形符号

当控制系数 μ、r、g、β 为常数时,受控源为线性受控源,本文仅讨论线性受控源。

1.8.2 受控源特点

受控源有如下特点。

(1) 受控源是一种具有两个端口的理想化电路模型。

(2) 受控源的电压值或电流值取决于另一支路的电压或电流值,它可方便地描述元件之间的耦合关系,多用来模拟电子器件发生的电磁现象。

（3）为区别于理想电源,其符号用菱形符号表示,参考方向与理想电源参考方向相同。

（4）可仿照实际电源变换进行受控的等效变换。

（5）解题中,在建立电路方程时,可把受控源当理想电源处理;但是在进行电路简化时,则必须将控制量保留在电路中,不能将控制量变换掉。

1.8.3　含受控源电路计算

【例 1.9】　电路如图 1-39 所示,求电压 U 和电流 I_1。

解
$$I = (4 - 2)\,\text{A} = 2\,\text{A}$$

列写节点 ① 的 KCL 方程,即
$$I_1 = 2I + I = 3I = 6\,\text{A}$$

列写回路 Ⅰ 的 KVL 方程,即
$$U + 2I_1 = 10\,\text{V}$$
$$U = 10 - 2I_1 = (10 - 12)\,\text{V} = -2\,\text{V}$$

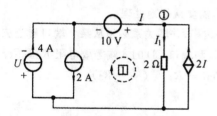

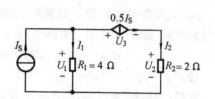

图 1-39　例 1.9 电路图　　　　　**图 1-40　例 1.10 电路图**

【例 1.10】　图 1-40 所示电路中的参数已经给定,$U_2 = 4\,\text{V}$,$I_2 = 0.5 I_\text{S}$。求各元件的电流、电压及功率。

解
$$I_2 = \frac{U_2}{R_2} = \frac{4}{2}\,\text{A} = 2\,\text{A}$$

因为 $I_2 = 0.5 I_\text{S}$,得
$$I_\text{S} = 4\,\text{A}$$

所以
$$I_1 = I_\text{S} - I_2 = (4 - 2)\text{A} = 2\,\text{A}$$
$$U_1 = I_1 R_1 = 8\,\text{V}$$

因为 $U_1 = U_2 + U_3$,所以
$$U_3 = (8 - 4)\text{V} = 4\,\text{V}$$
$$P_1 = U_1 I_1 = 16\,\text{W} \quad (消耗能量)$$
$$P_2 = P_3 = 8\,\text{W} \quad (消耗能量)$$
$$P_\text{S} = I_\text{S} U_1 = 32\,\text{W} \quad (发出能量)$$

所以
$$P_\text{S} = P_1 + P_2 + P_3 \quad (功率平衡)$$

【例 1.11】　电路如图 1-41 所示,求受控源 $4U$ 的电流。

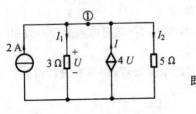

图 1-41 例 1.11 电路图

解 设所求的受控源电流为 I，$I = 4U$。

列出独立节点 ① 的 KCL 方程为

$$2 + I = I_1 + I_2$$

即

$$2 + 4U = \frac{U}{3} + \frac{U}{5}$$

$$\left(4 - \frac{8}{15}\right)U = -2$$

$$U = \frac{-2 \times 15}{52} \text{ V} = -\frac{15}{26} \text{ V}$$

可得

$$I = 4U = 4 \times \left(-\frac{15}{26}\right) \text{ A} = -\frac{30}{13} \text{ A}$$

*1.9　直流电路中入端等效电阻的求法

1.方法一　串并联法

判断元件串、并联的关系是一项细致的工作，需要认真地处理。

(1) 入端等效电阻 R_i 一定依赖于端口。元件的串、并联关系必须从某个端口看进去才能进行判断。如图 1-42 所示电路中，分析端口 AB 和端口 CD 的入端等效电阻 R_{AB}、R_{CD}。

$$R_{AB} = R_1 \; /\!/ \; (R_2 + R_3), \quad R_{CD} = R_3 \; /\!/ \; (R_1 + R_2)$$

注："$/\!/$"表示并联，"$+$"表示串联。

它们一般是不相等的，即 $R_{AB} \neq R_{CD}$。

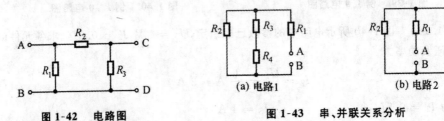

图 1-42　电路图

(a) 电路1　　(b) 电路2

图 1-43　串、并联关系分析

(2) 在端口上用外加电压法求入端等效电阻。先在端口上外加一个电压 u，再从端口看进去，若某两元件上的电压相等则为"并"，若某两元件上的电流相等则为"串"。分析每个元件的串、并联关系时，注意不要被一些短接线迷惑，如图 1-43 所示。

图 1-43(a) 所示电路中　　$R_{AB} = R_1 + [(R_3 + R_4) \; /\!/ \; R_2]$

图 1-43(b) 所示电路中　　$R_{AB} = R_1$

(3) 改画电路图及节点编号法。如果串、并联关系不能直接判断，即用上面的方法行不通时，可以先对电路中的节点进行编号(把短接线连接的点编上相同的号码)，然后从所求的端口 A 端出发，找出从 A 端到 B 端的一条最短路径，并且该路径要求包括所有的节点，最后补齐余下的电阻，如图 1-44、图 1-45 所示(最短路径用粗线表示)，最后可得

$$R_{AB} = 20 + \{[(40+80) /\!/ 60] + 60\} /\!/ 100 \ \Omega = 70 \ \Omega$$

在图 1-45 所示的电路中,8 个电阻上的电压全为 U_{AB},故 8 个电阻均为并联,所以有

$$R_{AB} = \frac{R}{8} \ \Omega$$

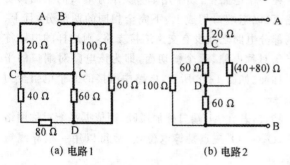

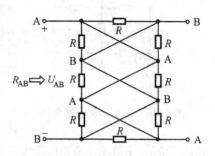

图 1-44　节点编号法示例

图 1-45　并联电阻电路示例

2. 方法二　桥式电路的平衡法

图 1-46 所示的是惠斯登电路,对 AB 端口而言,如满足桥式电路平衡条件:$R_1/R_2 = R_3/R_4$,求 AB 端口的等效电阻时,C、D 两点是等电位点,可以短接;另外 CD 支路上的电流为零,故 CD 支路也可以断开。两种处理所求得的 AB 端口的等效电阻相同,即

$$R_{AB} = (R_1 /\!/ R_3) + (R_2 /\!/ R_4) = (R_1 + R_2) /\!/ (R_3 + R_4)$$

对于桥式电路的平衡电位点的分析,还可以进一步扩展,如图 1-47 所示电路中对于端口 AB,若 $R_1/R_2/R_3 = R_4/R_5/R_6$,即如图 1-47(a) 所示,则 C 与 D、E 与 F 分别是等电位点。如图 1-47(b) 所示,则 E、F、G 为等电位点。

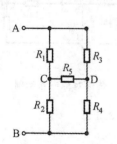

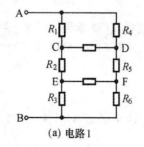

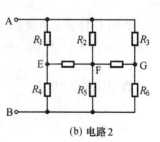

图 1-46　桥式电路平衡法示例

图 1-47　桥式电路等电位点判断

在直流电阻电路的分析中,如果判断出某两点的电压为零,则可以把这两点用一根导线短接;如果判断出某条支路的电流为零,则可以把这条支路断开。这样处理的结果不会对整个电路的工作状态及计算结果产生影响。

3. 方法三　Y-△ 变换法

用 Y-△ 变换法如何求解入端等效电阻,参见 1.4.4 节内容。

4. 方法四 对称电路等电位点的分析与判断

电路对端口的对称性有平衡对称和传递对称两种类型。

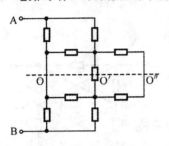

图 1-48 平衡对称电路示例

1) 平衡对称电路

在一个电路中,如果用垂直又平分端口的平面横切电路,可以把端口切成上、下完全相同的两部分,且上、下两部分电路之间没有交叉连接支路,则这样的电路称为平衡对称电路。这个横切面,即为该电路对端口的平衡对称面。如图 1-48 所示,电路中所接的 9 个电阻全为 4 Ω。

特点:若在 AB 端口外加激励,则依据平衡对称网络概念,O、O′、O″ 三点是等电位点,故可以用一根导线短接这三点,不会改变原电路的工作状态,有

$$R_{AB} = 2 \times \{[4 + 4 \;/\!/\; 2 \;/\!/\; 4] \;/\!/\; 4\}\,\Omega = 2 \times R_{AO} = \frac{40}{9}\,\Omega$$

2) 传递对称电路

在一个电路中,如果用一个平行且过端口的平面直劈电路,可以把该电路劈成左、右两半完全相等的部分,则这个直劈面称为该电路的传递对称面,如图 1-49 所示。

特点:(1) 若在端口外加激励,则每一对与传递对称面(直劈面)对称的点(又称为传递对称点)是等电位点。如图 1-49 所示电路中的 C 与 D、M 与 N 点分别是等电位点。

(2) 电路与传递对称面相交的支路电流为零。

如图 1-49 所示电路中,用特点(1)求得

$$R_{AB} = \{1 + [3 \;/\!/\; (0.5 + 2 + 0.5)] + 1\}\,\Omega$$
$$= 3.5\,\Omega$$

再用特点(2)求得

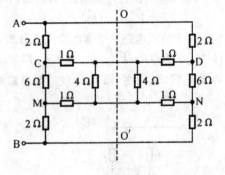

图 1-49 传递对称电路示例

$$R_{AB} = \frac{1}{2}\{2 + [6 \;/\!/\; (1 + 4 + 1)] + 2\}\,\Omega = 3.5\,\Omega$$

5. 方法五 电流分布系数法

在求等效电阻时,若在端口处外加单位电流源激励,依据电路的对称性,以及对等电位点的判断,可以列写各支路电流的 KCL 及回路的 KVL 方程,从而求出各支路电流的分布系数和端口电压,则端口电压就是该网络的等效电阻。

若设外加的电流源为 I_S,端口电压为 U_{AB},则该端口等效电阻为

$$R_{AB} = \frac{U_{AB}}{I_S}$$

先在图中标出各支路电流的分布系数,如图 1-50 所示。

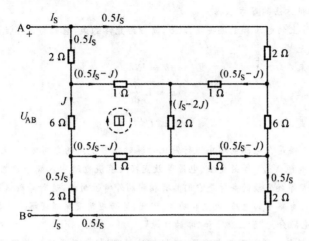

图 1-50 电流分布系数法示例

再对网孔Ⅰ列出回路电压 KVL 方程:

$$6J = 1 \times (0.5I_S - J) + 2(I_S - 2J) + 1 \times (0.5I_S - J)$$

即

$$6J = 3I_S - 6J, \quad J = \frac{1}{4}I_S$$

由图 1-50 可知

$$U_{AB} = 2 \times 0.5I_S + 6J + 2 \times 0.5I_S$$

$$= I_S + 6 \times \frac{1}{4}I_S + I_S = 3.5I_S$$

可得

$$R_{AB} = \frac{U_{AB}}{I_S} = 3.5 \ \Omega$$

本 章 小 结

(1) 电路分析的主要任务是研究如何用电流 i、电压 u 和功率 p 三个常用物理量来描述电路中发生的电磁现象和能量转变的过程。掌握各物理量及其正方向的概念是十分重要的。正方向是人为选定的一个方向,而最终要确定的是电路中各元件或各支路电压、电流的实际方向,实际方向的确定取决于正方向下的电压值和电流值的正负。为了减少计算工作量,引入了"关联正方向",即假定各元件上的电流方向与其电压降方向一致。

(2) 电路基本定律包括基尔霍夫电流定律(KCL)和基尔霍夫电压定律(KVL)。

KCL 定律的数学表达式: $\qquad \sum i(t) = 0$

KVL 定律的数学表达式: $\qquad \sum u(t) = 0$

KCL 定律体现了电路在每一个节点上的电流连续性或电荷守恒性;KVL 定律体现了电路在每一个回路中的电位单值性或能量守恒性,即它们共同反映了电路在连接方式上的约束关系,简称电路约束,这种约束则与构成电路的元件性质无关。所以基尔霍夫定律是电路理论中最基本的定律,也是电路中各种分析方法的基本依据。

(3) 电路中元件上的电压和电流关系 VCR,简称为**元件约束**,它只与元件性质有关,与该元件在电路中的连接方式无关。

电阻的元件约束:
$$u = Ri$$

电感的元件约束:
$$u = L\frac{di}{dt}$$

电容的元件约束:
$$i = C\frac{du}{dt}$$

(4) 电路等效变换是在电阻电路中进行简化计算时经常使用的分析方法,主要有电阻和电源的串联、并联及混联,电阻 Y-△ 等效变换、电源等效变换及直流电路中入端等效电阻的计算。

两个电路能相互等效变换的条件是它们具有相同的外特性曲线,这种等效只是对外电路等效,即变换前后不会改变外电路中的电压、电流和功率。因此,灵活应用及深刻理解等效变换是本章的重点。

(5) 电路中的电源分为"独立源"和"非独立源"。

独立源包括理想电压源和理想电流源。在任何时刻,理想电压源的端电压不随通过电流的改变而改变,理想电流源的电流不随端电压的改变而改变,即独立源的电压或电流是定值或是一定的时间函数,与电路中其他部分的电压和电流无关。

受控源是非独立源,受控源与独立源最本质的区别在于它们不能独立地给电路提供能量,即受控源的电压或电流是电路中其他部分的电压或电流的函数。

习　题　一

1-1　已知电路元件的参考方向和伏安特性如题 1-1 图所示,则元件的电阻为 ＿＿＿＿ Ω。
　　A. 0.5　　　　　　　B. −0.5　　　　　　　C. 2　　　　　　　D. −2

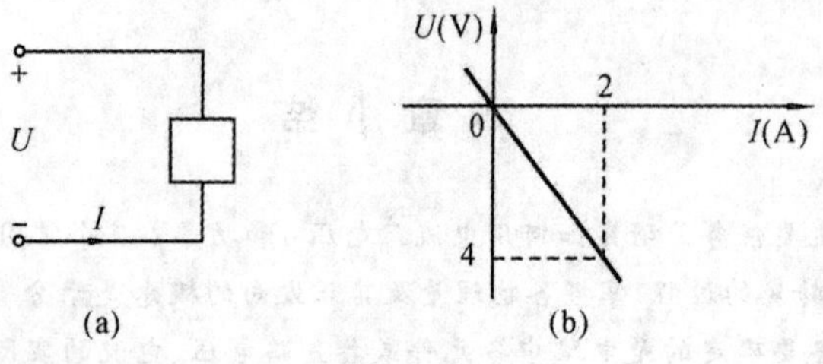

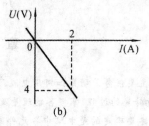

题 1-1 图

1-2　计算题 1-2 图所示电路中各元件所吸收的功率。

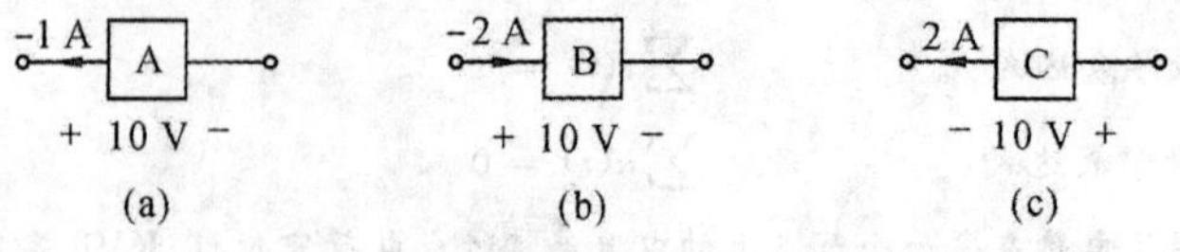

题 1-2 图

1-3　计算题1-3图所示电路中各元件所吸收的功率,并指出哪些元件是提供功率的。利用功率平衡
　　　关系来校核答案是否正确。

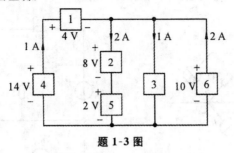

题 1-3 图

1-4　某元件电压 $u(t)$ 和电流 $i(t)$ 的波形如题 1-4 图所示。$u(t)$、$i(t)$ 为关联参考方向,试绘出该元
　　　件吸收功率 $p(t)$ 的波形,并分别计算当 $0 \leqslant t \leqslant 5$ 及 $t > 5$ 时该元件所消耗的能量。

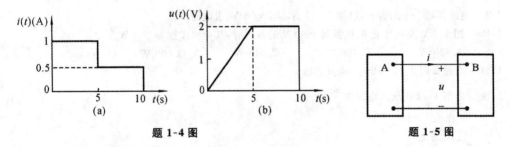

　　　　题 1-4 图　　　　　　　　　　　　　　题 1-5 图

1-5　电路如题 1-5 图所示,试根据下列数值,计算 A、B 连接后的功率,并说明功率是由 A 流向 B,还
　　　是由 B 流向 A。

(a) $i = 15\,A, u = 20\,V$ 　　　　　　(b) $i = -5\,A, u = 100\,V$

(c) $i = 4\,A, u = -50\,V$ 　　　　　　(d) $i = -16\,A, u = -20\,V$

1-6　利用理想电压源和电流源的定义,说明题 1-6 图所示电路中哪些互连是允许的,哪些由于理想
　　　电源的特性而违反了约束条件。

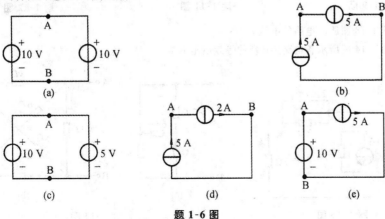

题 1-6 图

1-7 电路如题 1-7 图所示,请分别列写节点 A、B、C、D 的 KCL 方程。

1-8 电路如题 1-8 图所示,请列写各个网孔的 KVL 方程。

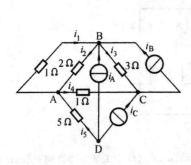

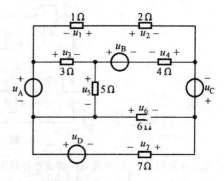

题 1-7 图　　　　　　　　　题 1-8 图

1-9 电路如题 1-9 图所示,已知 $I = 1$ A,$U_{AB} = 6$ V,求电阻 R。

1-10 把 100 V、600 W 的电热器用于 90 V 的电压时,其功率读数为____ W。

　A. 420 W　　　　B. 486 W　　　　C. 540 W　　　　D. 600 W

1-11 电路如题 1-11 图所示,求其电压 u。

1-12 求题 1-12 图所示电路的 $\dfrac{u_O}{u_S}$。

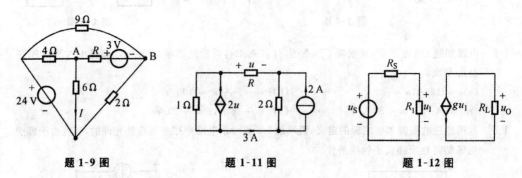

题 1-9 图　　　　　　题 1-11 图　　　　　　题 1-12 图

1-13 求题 1-13 图所示电路的电流 i。

1-14 求题 1-14 图所示各电路 AB 端的等效电阻 R_{AB}。

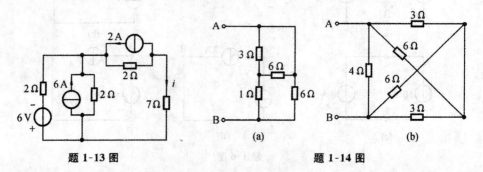

题 1-13 图　　　　　　　　(a)　　　　　　　(b)
　　　　　　　　　　　　　　　　　　题 1-14 图

1-15 在指定的电压 u 和电流 i 参考方向下,x 的波形如题 1-15 图(a)、(b)所示,$u = x$,试作出电流 i 的波形。

1-16 题 1-16 图所示电路为计算机加法原理电路,已知 $u_{S1} = 12$ V,$u_{S2} = 6$ V,$R_1 = 9$ kΩ,$R_2 = 3$ kΩ,$R_3 = 2$ kΩ,$R_4 = 4$ kΩ,求 AB 两端的开路电压 u_{AB}。

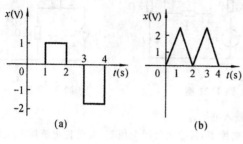

题 1-15 图

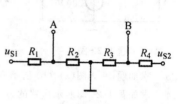

题 1-16 图

1-17 电路如题 1-17 图所示,求 R_{AB} 和 R_{CD}。

1-18 电路如题 1-18 图所示,求各电路的开路电压。

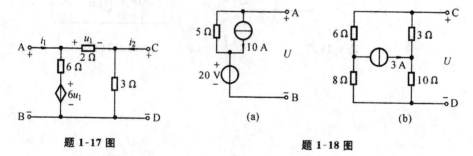

题 1-17 图 　　　　　　　　　　题 1-18 图

1-19 如题 1-19 图(a)所示为电感元件,已知电感量 $L = 2$ H,电感电流 $i(t)$ 的波形如题 1-19 图(b)所示,求电感元件的电压 $u(t)$,并画出它的波形。

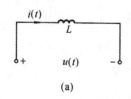

题 1-19 图

1-20 电路如题 1-20 图所示,求 B 点的电位 V_B。

1-21 电路如题 1-21 图所示,求电流 I 和电压 U_{AB}。

1-22 如题 1-22 图所示电路,求 AB 端的等效电阻 R_{AB}。

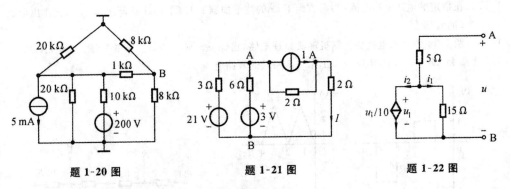

题 1-20 图   题 1-21 图   题 1-22 图

1-23 求如题 1-23 图(a)、(b) 所示两电路的输入电阻。

1-24 求如题 1-24 图所示电路的独立电压源电流 I_1，独立电流源电压 U_2 及受控电流源电压 U_3。

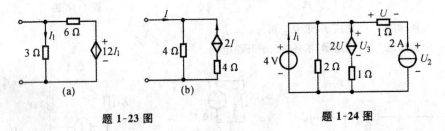

(a)   (b)

题 1-23 图   题 1-24 图

2

电路的一般分析法

本章介绍电路拓扑图的一些基本概念，介绍电路分析的几个一般
性方法：支路电流法、回路电流法、节点电压法。同时，介绍运算放大器
（简称运放）的电路模型和理想特性，含有运放的电路分析，以及用
Matlab 辅助分析电路的方法。

第 1 章介绍了电路的模型和组成电路的基本元件的特性。已经知道，集总参数电路受
两类关系的约束：支路电流必须满足基尔霍夫电流定律（KCL）；支路电压必须满足基尔霍
夫电压定律（KVL）。为了便于学习，在第 1 章中，仅仅对由少数元件组成的简单电路进行
了等效变换分析与求解。然而工程实际中的电路，不会都是如此简单，有的复杂电路可能
会由成百上千个元件连接、组合而成。像这样的复杂电路，常常用"网络"来描述。本书中所
说的网络，指的就是复杂的电路。

本章将介绍更具一般性的电路系统分析方法，这些方法更适合对网络进行分析求解。
像 Matlab 这样的计算机辅助分析软件，正在改变着对电路分析的手段，借助计算机辅助分
析，可以极大地提高网络分析计算的效率，而本章要介绍的一般分析方法正是电路计算机
辅助分析的前提。

正如学习其他课程一样，在学习一般分析法之前，首先要对电路或网络进行抽象化，
经过抽象化以后的网络，与数学分支——图论中研究的图（由若干给定的点及连接两点的
边所构成的图形）很相似。因此，要先学习一些有关图的基本概念，并将图论的知识应用到
网络的分析当中。

2.1 图的基本知识

一个网络由若干个二端元件连接构成。可以对每一个节点列写 KCL 方程，对每一个回
路列写 KVL 方程。由于 KCL、KVL 只与网络的支路电流、支路电压有关，而与元件的性质
无关，因此只要网络的结构不变，即元件的连接方式不变，任意改变元件的特性或更换元

件,所列写出的 KCL、KVL 方程都将是相同的。

　　如果将上述网络中的每一个元件用一根线段来代替,每一个节点用一个点代替,这样,网络便抽象成一个图形,称为网络的拓扑图,简称图。在抽象过程中,线段可以画成弧线,以保证不改变节点的数量。显然,该图与网络的结构相同,由此可以将图论研究的成果应用于电路分析。

　　在图 2-1 所示的两个例子中,利用以上抽象方法可以得到两个网络的拓扑图。

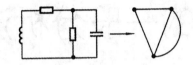

(a)　简单电路的拓扑图

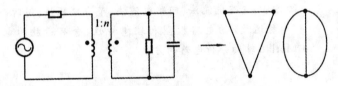

(b)　含磁耦合电路的拓扑图

图 2-1　网络的拓扑图示例

2.1.1　拓扑图

1.图

　　观察图 2-1 所示的拓扑图,可以得到图的定义为点和线段的集合,且线段的端点必须连接到点上,而点并不要求连接到线上。图论中,线段又称为边,点又称为顶点。按照电路的术语,可将线段称为支路,点称为节点。

　　在图 2-1(b)所示电路中,变压器原边和副边的磁耦合关系不反映在拓扑图中,因为图只反映支路、节点的连接关系,磁耦合是支路之间的非连接关系。

　　习惯上常常给图的节点和支路编上号,如图 2-2 所示。图 2-2(a)所示的节点编号为① ～ ⑤,支路编号为 1 ～ 10。该图有 5 个节点,10 条支路。

　　按照图的定义,可能会出现一些特殊的情况。如图 2-2(b)所示,顶点 ② 没有与支路相连,成为孤立的节点;图 2-2(c)中,支路 4 的两个端点连接到同一个节点上,形成一个自回路。由于实际电路都由具体元件构成,元件之间相连接为节点,因此上述两种特殊情况在本书中将不予考虑。

　　像图 2-2(a)所示的图,在一个平面上不论怎么画,它都会出现支路交叉的情况,这种图称为非平面图。通常只考虑平面图,即在平面上除节点外支路不再交叉的图。

　　当从图中去掉一个支路时,按照图的定义,只去掉该支路所在的线段,而应保留支路两端的节点,图 2-2(b)所示的是去掉图 2-2(c)中的支路 1、2、3、4 的结果。

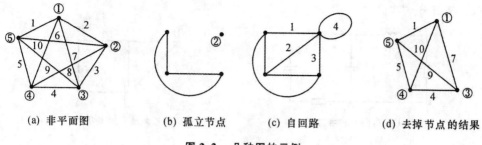

(a) 非平面图　　(b) 孤立节点　(c) 自回路　　(d) 去掉节点的结果

图 2-2　几种图的示例

当去掉一个节点时，除了去掉该节点外，还应去掉与该节点相连的所有支路。图 2-2(d) 所示的是去掉图 2-2(a) 中节点 ② 的结果。

有时，由几个元件连接形成一个典型支路，如图 2-3 所示的电路，它们的伏安特性是一个简单的线性方程，可以将这类典型支路简化为一条支路看待。

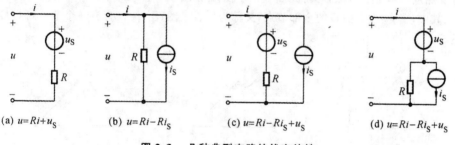

(a) $u=Ri+u_S$　　(b) $u=Ri-Ri_S$　　(c) $u=Ri-Ri_S+u_S$　　(d) $u=Ri-Ri_S+u_S$

图 2-3　几种典型支路的伏安特性

如图 2-4 所示电路中，将独立电压源和电阻的串联、独立电流源与电阻的并联均看成一条支路后，节点数为 4，支路数为 6。

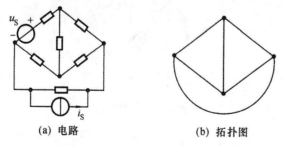

(a) 电路　　　　　　(b) 拓扑图

图 2-4　典型支路看成一条支路

2. 有向图

电路分析时，给每一条支路指定一个电流参考方向。电压参考方向一般与电流参考方向一致，不予标出，即支路取关联参考方向。依据网络各支路的参考方向，给拓扑图的每一个边标上箭头，表示图中支路的方向，如图 2-5 所示。这种具有方向的图称为"有向图"；反之，没有方向的图称为"无向图"。在图 2-5(b) 中，支路 2 与节点 ②、③ 关联，支路 2 进入节

点 ②，离开节点 ③。

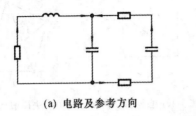

(a) 电路及参考方向

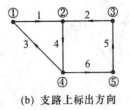

(b) 支路上标出方向

图 2-5 有向图

3. 子图

将一个图标记为 G，考虑图 g。如果图 g 是图 G 的一部分，即图 g 的每一个节点都是图 G 的节点，每一个支路都是图 G 的支路，则图 g 称为图 G 的子图。换句话说，从图 G 中去掉部分支路或去掉部分节点，可得到图 G 的子图 g。在图 2-6 中，图 $g_1, g_2, \cdots, g_5$ 都是图 G 的子图。其中，图 g_2 含有图 G 的全部节点，又称为生成子图；图 g_5 仅含有一个节点，称为退化子图。

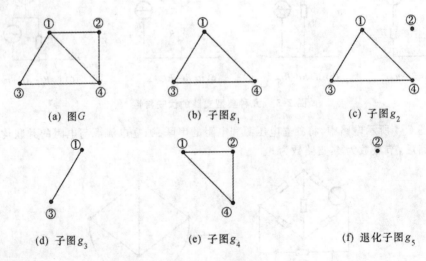

图 2-6 子图示例

4. 连通图

如果一个图的任意两个节点之间至少有一条由支路(不考虑方向)构成的通路，这样的图称为连通图。注意：连通图要求从图的全部节点中随便挑选两个节点出来，都可以为其找到连接它们的通路。这里的通路，可以是一条支路，也可以是几条支路形成的路径。如图 2-7(a)、(b) 所示的都是连通图。图 2-7(b) 所示的节点 ③ 和 ④ 之间由支路 2、5、8 构成通路。图 2-7(c) 所示的是非连通图，即图的某些节点之间不存在任何通路。可以把图 2-7(c) 看成是两个连通子图。显然，非连通图至少有彼此分离的两个部分。

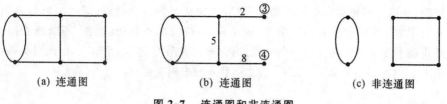

(a) 连通图　　　　　　(b) 连通图　　　　　　(c) 非连通图

图 2-7　连通图和非连通图

5. 树

对于一个连通图 G，假设图 T 是它的一个子图。如果满足图 T 是图 G 的连通子图、图 T 包含图 G 的所有节点、图 T 中不存在任何回路，则称子图 T 为连通图 G 的一棵树。如图 2-8 所示，子图 T_1、T_2、T_3 均是图 G 的树，而子图 T_4、T_5 则不是树（想一想为什么）。

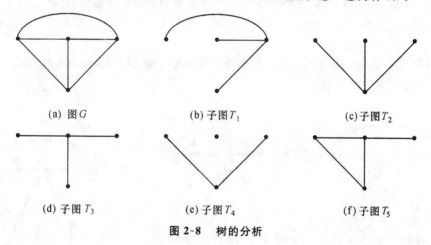

(a) 图 G　　　　　　(b) 子图 T_1　　　　　　(c) 子图 T_2

(d) 子图 T_3　　　　　　(e) 子图 T_4　　　　　　(f) 子图 T_5

图 2-8　树的分析

一个连通图可以有多个树。例如，一个有 n 个节点且任意一对节点间有且仅有一条支路的完备图，它将有 n^{n-2} 种不同的树，若 $n = 10$，则树的个数为 1 亿个！

给一个连通图确定了树之后，在树上的支路称为树支，不在树上的支路称为连支。因此图的所有支路，要么属于树支，要么属于连支。如图 2-9 所示，用粗实线表示选定的树，则支路 1、3、5、6 属于树支，支路 2、4、7 属于连支。

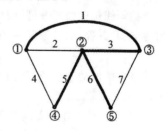

图 2-9　树支与连支

确定了树之后，连通图的任意两个节点之间必定存在一条沿着树支的唯一通路。图 2-9 中，节点 ①、④ 之间经过树支的唯一通路为 (1, 3, 5)。

对于一个有 n 个节点 b 条支路的连通图，它的树支数 n_T 和连支数 n_L 分别为

$$n_T = n - 1 \tag{2-1a}$$

$$n_L = b - n + 1 \tag{2-1b}$$

式 (2-1a) 可以这样来解释：首先把只有一条树支相连的节点称为树的端点，由于树不

含有回路,所以一棵树至少有两个端点。然后去掉树上的一个端点(同时去掉与它相连的树支),余下的子树将至少有两个端点,端点减一,树支减一。依此类推,不断地去掉端点,最后必将剩下含有两个端点的一条树支。因为树包含图的全部 n 个节点,由此可见,树支数为 $(n-1)$。式(2-1b)表示连支数 n_L 为支路数 b 减去树支数 n_T。

6. 割集

对于一个连通图 G,假设 C 是它部分支路的集合。如果满足:① 去掉集合 C 的全部支路后,图 G 余下的子图成为分离的两个部分;② 任意留下集合 C 中的一条支路而去掉其他全部的支路,图 G 余下的子图仍是连通的,则称集合 C 为连通图 G 的一个割集。

通常可以用一个封闭的割线(面)去切割连通图,使得一部分节点在割线内,而其他的节点在割线外,被割线切割且仅被切割一次的支路集合就是一个割集。在图 2-10 中,用虚线表示封闭的割线,用粗实线表示与割线相关的割集的支路。请读者试着找出其他全部的割集。

割集是有方向的,一般约定割集的参考方向从封闭割线的内部指向外部,如图 2-10 所示的箭头表明割集的方向。

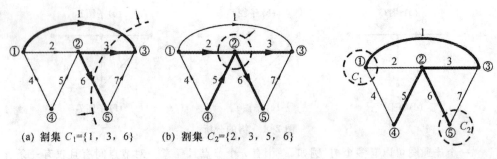

(a) 割集 C_1={1,3,6}   (b) 割集 C_2={2,3,5,6}

图 2-10　割集、封闭割线、割集的方向　　　　图 2-11　基本割集

被割线包围的部分可以看成是一个广义节点,一个割集对应一个广义节点,可以对它列写 KCL 方程,如对于图 2-10(a) 所示的割集,它的 KCL 方程为

$$-i_1 - i_3 - i_6 = 0 \qquad (2\text{-}2)$$

电流前面的"+"、"-"号按"与割集方向一致取正、不一致取负"来确定,即流出割集取正,流入割集取负。

图 2-11 中,用粗实线表示选定的树。现在用一个圆 C_1(图中虚线)包围节点 ①,可以看到支路集{1,2,4}是一个割集,割集中包括 1 条树支,2 条连支。把这样只含有一条树支的割集,称为单树支割集,又称为基本割集,如图 2-11 中的割集 C_1、C_2 都是基本割集。

基本割集只含有一条树支,每个树支又都可以找到对应的割集,该割集的树支不会在其他基本割集中出现,所以基本割集数就等于树支数 $(n-1)$。

以树支决定全部的基本割集称为基本割集组。一个连通图的树有多种不同的选法,因而基本割集组也有多种。由于每一个基本割集都有一条其他基本割集所没有的支路(树支),因此每个基本割集都有一个新的信息,全部基本割集是一组独立割集,它们线性无关。如果对所有$(n-1)$个基本割集列写 KCL 方程,则它们是独立的 KCL 方程。

关于独立 KCL 方程,还可以这样来理解。在图 2-12 中有 4 个节点,各节点、支路的编号及电流参考方向都标在图中,分别对四个节点列写 KCL 方程,得到

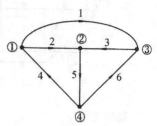

节点 ①	$i_1 + i_2 - i_4 = 0$	(2-3a)
节点 ②	$-i_2 - i_3 + i_5 = 0$	(2-3b)
节点 ③	$-i_1 + i_3 - i_6 = 0$	(2-3c)
节点 ④	$i_4 - i_5 + i_6 = 0$	(2-3d)

图 2-12 理解独立节点

如果把以上四个方程的两边分别加起来,得到的结果是方程的两边都为零,那么这四个方程线性相关,即它们是非独立的。

可以知道,其中的每一个方程都可以从其他三个方程推导出来,也就是说它没有新的信息出现。

同理,分析其中的任意三个方程,会发现三个方程互相独立,因此这三个独立方程对应的节点称为独立节点。

由此可知,n 个节点的网络,只有$(n-1)$个节点可以列写独立的 KCL 方程,即有$(n-1)$个独立节点,第 n 个方程中不会出现新的信息,因而与其他$(n-1)$个方程线性相关。原因很简单:每一个支路电流必定从一个节点流出(为正值)又进入另一个节点(为负值),这样,所有 n 个节点的电流总和必定为零。

总之,具有 n 个节点的网络,有$(n-1)$个独立节点或$(n-1)$个基本割集,对节点或基本割集,都可以列写出$(n-1)$个独立的 KCL 方程。

2.1.2 树与回路

1. 回路

在1.3节定义了回路的概念,拓扑图中回路的定义与之相同:从某一个节点出发,沿着一系列由支路和节点组成的路径,每一支路和节点不重复,又回到出发节点,这样形成的一条闭合路径,称为回路。

显然,一个连通图的回路会有多个,在图 2-13 中,支路集{1,5,8,4}、{1,2,6,9,8,4}、{1,2,6,13,16,15,11,4} 等都构成回路,用虚线表示。请仔细数一数,该图共有多少个不同的回路?

可以知道,有些回路的全部支路又出现在其他回路中,如图 2-13 所示的回路 L_3 的全部支路是回路 L_1 和 L_2 的支路,回路 L_3 没有新的信息,也就是说这些回路不是独立的。

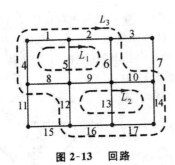

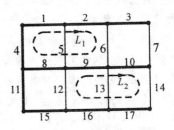

图 2-13　回路　　　　　　　　图 2-14　基本回路与树

2.基本回路

在图 2-13 中选定一棵树,重画于图 2-14 中,用粗实线表示树。按照树的定义,给该树每加上一条连支,就会出现一个回路,该回路由这个连支和连支两个端点间经过若干树支的唯一通路组成。如图 2-14 所示的图中的回路 L_1 由连支 6 及树支 1、2、4、8、9 构成。像这样由一条连支,其他均由树支构成的回路,称为基本回路,所有由连支决定的基本回路称为基本回路组。

回路的绕行方向有顺时针和逆时针两个方向,一般约定,回路的绕行方向都采用顺时针方向,如图 2-13、图 2-14 所示。

与基本割集类似,树的选择不同,得到的基本回路组也不同。树有多少种选法,基本回路组就有多少种选法,但它们的基本回路数量都是相同的。

n 个节点 b 条支路连通图的连支数为 $n_L = b - n + 1$(式(2-1b)),一条连支对应一个基本回路,基本回路数与连支数一样也为 $(b - n + 1)$。

由于每一个基本回路都有一条其他基本回路所没有的支路(连支),因此,基本回路组中的回路就是一组独立回路。如果对所有基本回路列写 KVL 方程,这样的方程组是独立方程组。

【例 2.1】　列写如图 2-15(a)所示电路的独立电压方程组。

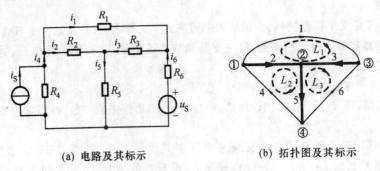

(a) 电路及其标示　　　　　　(b) 拓扑图及其标示

图 2-15　例 2.1 图

解　将该电路抽象为有向图,并选定它的一棵树,标上节点、支路编号,支路方向与电路中各支路电压参考方向一致,如图 2-15(b) 所示,图中粗实线表示选定的树。然后依据每一条连支确定一个基本回路,图中用虚线表示回路,回路绕行方向为顺时针方向,回路编号如图 2-15(b) 所示。再对每一个回路按照列写 KVL 方程的方法写出方程组,即

$$回路 L_1 \qquad\qquad u_1 + u_3 - u_2 = 0 \qquad\qquad (2\text{-}4\mathrm{a})$$

$$回路 L_2 \qquad\qquad u_2 + u_5 + u_4 = 0 \qquad\qquad (2\text{-}4\mathrm{b})$$

$$回路 L_3 \qquad\qquad -u_3 - u_5 - u_6 = 0 \qquad\qquad (2\text{-}4\mathrm{c})$$

这样得到的方程组便是所求的结果。

也可以选择不同的树,按照上面的方法列写出其他结果的独立电压方程组。具有 n 个节点 b 条支路的网络,可以列写出 $(b-n+1)$ 个独立的 KVL 方程。

3. 网孔

与电路中对网孔的定义一样,一个平面拓扑图的网孔,是指其内部不包含任何支路的一种回路。如图 2-15(b) 所示的三个回路都是网孔。图 2-16 所示的回路 L_1 是一个网孔,回路 L_2 则不是网孔。而回路 L_3 从图的外围来看,它也不包含任何支路,它也是一个网孔,称为外网孔。其他的网孔则称为内网孔,简称为网孔。

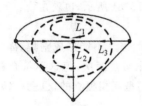　　　　　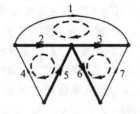

图 2-16　L_1 是内网孔、L_3 是外网孔　　　图 2-17　　网孔是基本回路的特例

很明显外网孔回路与其他的回路线性相关,不是独立回路,所以在电路分析中,一般不考虑外网孔。

一个平面图的(内)网孔可以看成是基本回路的一种特例(但并非都是)。只要树选择恰当,它的基本回路将正好都是网孔,例如,可以从图 2-17 所示网孔看到,将支路 2、3、5、6 选为树,它的基本回路恰好都是网孔。

一个平面图的(内)网孔数等于基本回路数,也为 $(b-n+1)$。对所有网孔列写的 KVL 方程将是独立方程。

2.2　支路电流法

2.2.1　$2b$ 方程

对于一个有 n 个节点 b 条支路(可能是由几个元件串、并联形成的典型支路)的网络,求解的对象是 b 条支路的电流和电压,共 $2b$ 个待求量。$2b$ 个未知量需要 $2b$ 个独立无关的一

阶方程联立求解。

第 1 章已经讨论过,网络的支路电流之间受 KCL 方程约束,支路电压之间受 KVL 方程约束,每条支路的电压和电流之间受该支路的伏安特性 VCR 方程约束。

2.1 节已经得出结论,可以列写 $(n-1)$ 个 KCL 独立电流方程、$(b-n+1)$ 个 KVL 独立电压方程,b 个支路还可以列写 b 个相互无关的 VCR 方程,这样共有 $2b$ 个方程,它们都是彼此独立线性无关的。联立 $2b$ 个独立无关的方程式,可解出 $2b$ 个未知量,这种方法称为 $2b$ 法。

如果用 $2b$ 法分析电路,当支路数较大时,如 $b=10$,联立 20 个方程求解,求解并不容易。下面介绍如何去设法减少方程的数量,从而提高求解效率。下面首先介绍支路电流法。

2.2.2 独立变量

给 n 个节点 b 条支路的网络拓扑图选定一棵树,该树是连通图,包含全部 n 个节点,有 $(n-1)$ 条树支,$(b-n+1)$ 条连支,不包含任何回路。

对于选定的树,由于不构成任何回路,$(n-1)$ 个树支电压之间都不受 KVL 约束,因此它们是互相独立的,也就是说,有 $(n-1)$ 个树支电压为独立的电压变量。

现在给树加上一条连支,构成一个基本回路,该回路仅有一条连支,其他为树支。根据回路 KVL,连支电压可以由树支电压求出,如图 2-18(a) 所示。也就是说,$(b-n+1)$ 个连支电压与 $(n-1)$ 个树支电压线性相关。

另外,由于树是连通的,又包含所有的节点,因此连支不能形成割集。因为不可能作一个封闭的割线,使它只切割连支而不切割树支(除非切割两次,但这不符合割集的定义)。这样,$(b-n+1)$ 个连支电流间不受 KCL 约束,它们是互相独立的,也就有 $(b-n+1)$ 个连支电流为独立的电流变量。

一条树支可以决定一个基本割集,基本割集的其他支路均为连支,根据割集 KCL,树支电流可以由连支电流求出,如图 2-18(b) 所示。也就是说,$(n-1)$ 个树支电流与 $(b-n+1)$ 个连支电流线性相关。

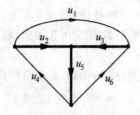

(a) 连支电压由树支电压表示

$$u_1 = u_2 - u_3$$
$$u_4 = -u_2 - u_5$$
$$u_6 = -u_3 - u_5$$

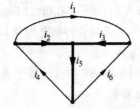

(b) 树支电流由连支电流表示

$$i_2 = -i_1 + i_4$$
$$i_3 = i_1 + i_6$$
$$i_5 = i_4 + i_6$$

图 2-18 独立电压、独立电流的含义

总结: n 个节点 b 条支路的网络,有 $(n-1)$ 个树支电压为独立电压变量,剩下的

$(b-n+1)$个连支电流为独立电流变量。

2.2.3 支路电流法

在前面提到的$2b$个未知量中,首先可以想到:每条支路,哪怕是几个元件串、并联的典型支路,它的支路电压和电流之间是一个简单的一阶线性关系(VCR),相互转换非常容易。例如,单电阻支路的电压、电流关系为

$$u = Ri, \quad i = \frac{1}{R}u$$

独立电压源与电阻的串联支路的电压、电流关系为

$$u = Ri + u_S, \quad i = \frac{1}{R}u - \frac{u_S}{R}$$

其他典型支路的电压、电流关系如图 2-3 所示。

如果将支路电压表示成支路电流,先不考虑电压量,待求出电流后再来计算电压就轻而易举了。这样便只剩下b个支路电流为未知量。

以图 2-19 所示电路来说明。图 2-19(b)所示的是电路的拓扑图,节点数 $n = 5$,支路数 $b = 9$,按图中粗实线选取树。有 9 个支路电流 $i_1, i_2, \cdots, i_9$ 待求,其中 i_6、i_7、i_8、i_9 是树支电流,i_1、i_2、i_3、i_4、i_5 是连支电流。

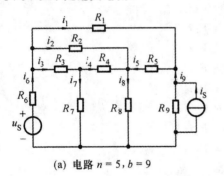

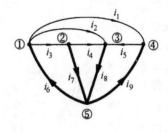

(a) 电路 $n = 5, b = 9$ (b) 拓扑图与树

图 2-19 支路电流法的分析

可以列写($n-1 = 4$)个独立 KCL 方程,显然不够解出 9 个支路电流。因为其中有($b-n+1 = 5$)个连支电流是独立变量,而 4 个树支电流与它们线性相关。

对节点 ① ~ ④ 列写 KCL 方程,有

节点 ① $i_1 + i_2 + i_3 - i_6 = 0$ (2-5a)

节点 ② $-i_3 + i_4 + i_7 = 0$ (2-5b)

节点 ③ $-i_2 - i_4 - i_5 + i_8 = 0$ (2-5c)

节点 ④ $-i_1 + i_5 - i_9 = 0$ (2-5d)

4 个树支电流只有在确定了 5 个连支电流后才能解出:

$$i_6 = i_1 + i_2 + i_3 \quad (2\text{-}6a)$$

$$i_7 = i_3 - i_4 \quad (2\text{-}6b)$$

$$i_8 = i_2 + i_4 + i_5 \tag{2-6c}$$

$$i_9 = i_5 - i_1 \tag{2-6d}$$

还要设法再建立 5 个连支电流的方程关系。

可以得出$(b-n+1=5)$个 KVL 方程,它们是 5 个独立回路中各支路间的电压关系。

选取 5 个基本回路$L_1 \sim L_5$(图中未标出。分别以 5 个连支来确定,如回路L_1由支路 1、6、9 组成,回路L_2由支路 2、6、8 组成,其余参见上节基本回路的定义),设各支路电压与电流参考方向一致,列写 KVL 方程,有

回路 L_1 $\qquad\qquad u_1 + u_6 - u_9 = 0 \tag{2-7a}$

回路 L_2 $\qquad\qquad u_2 + u_6 + u_8 = 0 \tag{2-7b}$

回路 L_3 $\qquad\qquad u_3 + u_6 + u_7 = 0 \tag{2-7c}$

回路 L_4 $\qquad\qquad u_4 - u_7 + u_8 = 0 \tag{2-7d}$

回路 L_5 $\qquad\qquad u_5 + u_8 + u_9 = 0 \tag{2-7e}$

9 个支路电压,其中 4 个树支电压为独立变量,5 个连支电压与它们线性相关。也就是说,5 个连支电压用 4 个树支电压来表示。

可知 9 个支路的 VCR 方程如下。

支路 1 $\qquad\qquad u_1 = R_1 i_1 \tag{2-8a}$

支路 2 $\qquad\qquad u_2 = R_2 i_2 \tag{2-8b}$

支路 3 $\qquad\qquad u_3 = R_3 i_3 \tag{2-8c}$

支路 4 $\qquad\qquad u_4 = R_4 i_4 \tag{2-8d}$

支路 5 $\qquad\qquad u_5 = R_5 i_5 \tag{2-8e}$

支路 6 $\qquad\qquad u_6 = R_6 i_6 - u_S \tag{2-8f}$

支路 7 $\qquad\qquad u_7 = R_7 i_7 \tag{2-8g}$

支路 8 $\qquad\qquad u_8 = R_8 i_8 \tag{2-8h}$

支路 9 $\qquad\qquad u_9 = R_9 i_9 - R_9 i_S \tag{2-8i}$

将 9 个 VCR 方程代入到 5 个 KVL 方程中,可得

回路 L_1 $\qquad R_1 i_1 + R_6 i_6 - R_9 i_9 = u_S - R_9 i_S \tag{2-9a}$

回路 L_2 $\qquad R_2 i_2 + R_6 i_6 + R_8 i_8 = u_S \tag{2-9b}$

回路 L_3 $\qquad R_3 i_3 + R_6 i_6 + R_7 i_7 = u_S \tag{2-9c}$

回路 L_4 $\qquad R_4 i_4 - R_7 i_7 + R_8 i_8 = 0 \tag{2-9d}$

回路 L_5 $\qquad R_5 i_5 + R_8 i_8 + R_9 i_9 = R_9 i_S \tag{2-9e}$

式(2-9)确立了 5 个连支电流新的方程关系。

综上可知,式(2-5)的 KCL 和式(2-9)的 KVL 共 9 个方程,建立了 9 个支路电流间的关系,可以求解出 9 个支路电流。

像这种以 b 个支路电流为未知量,通过对$(n-1)$个节点列写 KCL 方程,对$(b-n+1)$个回路列写 KVL 方程,来求解未知量的方法就是支路电流法。

2.2.4 支路电流法的一般步骤

总结上面的分析过程,用支路电流法求解全部支路电流的一般步骤如下。

(1) 准备:对所求电路的各支路标示合适的电流参考方向。

(2) 列写 KCL 方程:任意选定($n-1$)个不同节点作为独立节点,对每个独立节点列写 KCL 方程。

(3) 列写 KVL 方程:任意选定($b-n+1$)个独立回路,正确标示回路的绕行方向,对每个回路列写 KVL 方程。列写时注意用支路电流来表示支路电压。

(4) 求解:联立方程求解,得到各支路电流。

2.2.5 举例

下面通过例题来说明支路电流法的具体做法,并对特殊情况进行分析。

【例 2.2】 电路如图 2-20(a) 所示,$u_{S1} = 16\ V$,$u_{S2} = 3\ V$。求各支路电流。

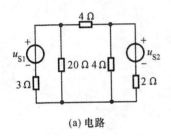 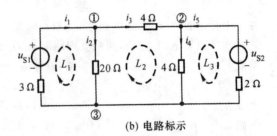

(a) 电路 　　　　　　　　　　　(b) 电路标示

图 2-20 例 2.2 图

解 按求解的一般步骤,首先在图上标示各支路电流,选定合适的电流参考方向,如图 2-20(b) 所示。选取节点①、②为独立节点,列写 KCL 方程(注意:按照约定,电流流出节点取"+",流入节点取"−"),有

节点① $\qquad\qquad -i_1 + i_2 + i_3 = 0 \qquad\qquad$ (2-10a)

节点② $\qquad\qquad -i_3 + i_4 - i_5 = 0 \qquad\qquad$ (2-10b)

其次,选取独立回路,图中选取 3 个网孔,标示回路的绕行方向,如图 2-20(b) 虚线所示,列写 3 个回路的 KVL 方程。设各支路电压与电流参考方向一致,并注意支路电压方向与回路绕行方向一致的取"+",方向相反的取"−",有

回路 L_1 $\qquad\qquad u_1 + u_2 = 0 \qquad\qquad$ (2-11a)

回路 L_2 $\qquad\qquad -u_2 + u_3 + u_4 = 0 \qquad\qquad$ (2-11b)

回路 L_3 $\qquad\qquad -u_4 - u_5 = 0 \qquad\qquad$ (2-11c)

将支路电压表示为支路电流,重写上面的三个方程,有

回路 L_1 $\qquad\qquad 3i_1 + 20i_2 = u_{S1} \qquad\qquad$ (2-12a)

回路 L_2 $\qquad\qquad -20i_2 + 4i_3 + 4i_4 = 0 \qquad\qquad$ (2-12b)

回路 L_3 $\qquad\qquad 4i_4 + 2i_5 = u_{S2}$ $\qquad\qquad$ (2-12c)

联立式(2-10)和式(2-12)的 5 个方程,解出各支路电流,得

$$i_1 = 2\,\text{A}, \quad i_2 = 0.5\,\text{A}, \quad i_3 = 1.5\,\text{A}, \quad i_4 = 1\,\text{A}, \quad i_5 = -0.5\,\text{A}$$

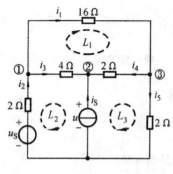

图 2-21　例 2.3 图

【例 2.3】　如图 2-21 所示电路中 $u_S = 16$ V, $i_S = 1$ A。求各支路电流及电流源 i_S 的电压 u。

解　本电路中的电流源 i_S 没有与电阻并联,称为无伴电流源。显然,该支路电压不能用电流来表示,若要像前面那样列写 KVL,则无伴电流源支路电压 u 就不能改写成电流量。

但是电流源支路的电流其实是已知的,待求的支路电流要减少一个,用电流源的电压 u 取而代之。也就是说用支路电流法求解 $(b-1)$ 个支路电流和 1 个支路电压,仍是 b 个待求量。在这里支路电流法有点"名不副实"。

在图上标示独立节点、独立回路、参考方向等。

对独立节点写 KCL 方程,对独立回路写 KVL 方程,有

节点① $\qquad\qquad i_1 - i_2 + i_3 = 0$ $\qquad\qquad$ (2-13a)

节点② $\qquad\qquad -i_3 - i_4 = i_S$ $\qquad\qquad$ (2-13b)

节点③ $\qquad\qquad -i_1 + i_4 + i_5 = 0$ $\qquad\qquad$ (2-13c)

回路 L_1 $\qquad\qquad 16i_1 - 4i_3 + 2i_4 = 0$ $\qquad\qquad$ (2-13d)

回路 L_2 $\qquad\qquad 2i_2 + 4i_3 + u = u_S$ $\qquad\qquad$ (2-13e)

回路 L_3 $\qquad\qquad -2i_4 + 2i_5 - u = 0$ $\qquad\qquad$ (2-13f)

联立上式,解出支路电流及电流源电压,得

$$i_1 = 0.5\,\text{A}, i_2 = 1.5\,\text{A}, i_3 = 1\,\text{A}, i_4 = -2\,\text{A}, i_5 = 2.5\,\text{A}, u = 9\,\text{V}$$

【例 2.4】　电路如图 2-22 所示,$u_{S1} = 10$ V。求各支路电流及受控电流源 i_S 的电压 u 和受控电压源电压 u_{S2},并验证功率平衡关系。

解　本电路中含有两个受控电源。i_S 为电压控制的电流源,u_{S2} 为电流控制的电压源。两个受控源都是无伴的。

当含有受控电源的电路用支路电流法求解时,应注意以下几点。

(1) 受控源的控制量是某段电路的电压(如 i_S 的控制量是节点①、④ 两点间电压)时,要将控制电压表示为相关支路的电流的运算关系;

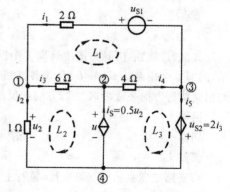

图 2-22　例 2.4 图

控制量是电流时则可直接使用。

（2）将受控源当成独立电源，可直接参与列写方程。

（3）如果受控电流源是无伴的（如 i_S），则可参照例2.3的处理方法：认为它的电流是常数，用它的端电压作为待求量取代电流为待求量的地位。

对本电路的具体做法如下。

在图上标示独立节点、独立回路、参考方向等。

对独立节点写 KCL 方程，对独立回路写 KVL 方程，有

节点① $\qquad\qquad -i_1 + i_2 + i_3 = 0 \qquad\qquad\qquad$ (2-14a)

节点② $\qquad\qquad -i_3 + i_4 = i_S \qquad\qquad\qquad$ (2-14b)

节点③ $\qquad\qquad i_1 - i_4 + i_5 = 0 \qquad\qquad\qquad$ (2-14c)

回路 L_1 $\qquad\qquad 2i_1 + 6i_3 + 4i_4 = u_{S1} \qquad\qquad\qquad$ (2-14d)

回路 L_2 $\qquad\qquad -i_2 + 6i_3 + u = 0 \qquad\qquad\qquad$ (2-14e)

回路 L_3 $\qquad\qquad 4i_4 - u = u_{S2} \qquad\qquad\qquad$ (2-14f)

列写受控源的控制关系，有

$$i_S = 0.5u_2 = 0.5i_2 \qquad\qquad (2\text{-}15a)$$

$$u_{S2} = 2i_3 \qquad\qquad (2\text{-}15b)$$

联立式(2-14)、式(2-15)，解出结果，得

$$i_1 = 3.5\,\text{A}, \quad i_2 = 4\,\text{A}, \quad i_3 = -0.5\,\text{A}, \quad i_4 = 1.5\,\text{A}, \quad i_5 = -2\,\text{A}, \quad i_S = 2\,\text{A}$$

$$u = 7\,\text{V}, \quad u_{S2} = -1\,\text{V}$$

验证功率平衡，结果如下。

2 Ω 电阻的功率为 $\qquad P_{2\Omega} = 2i_1^2 = 24.5\,\text{W（吸收）}$

1 Ω 电阻的功率为 $\qquad P_{1\Omega} = i_2^2 = 16\,\text{W（吸收）}$

6 Ω 电阻的功率为 $\qquad P_{6\Omega} = 6i_3^2 = 1.5\,\text{W（吸收）}$

4 Ω 电阻的功率为 $\qquad P_{4\Omega} = 4i_4^2 = 9\,\text{W（吸收）}$

电源 u_{S1} 的功率为 $\qquad P_{u_{S1}} = -u_{S1}i_1 = -35\,\text{W（发出）}$

电源 u_{S2} 的功率为 $\qquad P_{u_{S2}} = -u_{S2}i_5 = -2\,\text{W（发出）}$

电源 i_S 的功率为 $\qquad P_{i_S} = -ui_S = -14\,\text{W（发出）}$

以上功率的总和为 $P_{2\Omega} + P_{1\Omega} + P_{6\Omega} + P_{4\Omega} + P_{u_{S1}} + P_{u_{S2}} + P_{i_S} = 0$，达到功率平衡。

2.3 回路电流法

2.2节介绍的支路电流法需要列写 b 个方程，方程数与支路数一样多。当支路数 b 较大时，此方法还是不够简便，求解方程组比较困难。

n 个节点 b 条支路的网络中，独立回路数为 $(b-n+1)$，明显比支路数 b 要少。那么独立回路变量可否作为求解 b 条支路电流或电压的一个工具呢？如果可以，所列的方程仅需要 $(b-n+1)$ 个，比支路电流法要少得多，计算效率会提高。

2.3.1　回路电流

先来理解回路电流的含义。将图2-20(a)所示的电路重绘于图2-23(a)中,在例2.2中已经求出5个支路的电流:$i_1 = 2$ A,$i_2 = 0.5$ A,$i_3 = 1.5$ A,$i_4 = 1$ A,$i_5 = -0.5$ A。

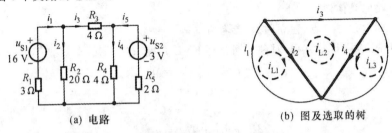

(a) 电路　　　　　　　　　　　(b) 图及选取的树

图 2-23　理解回路电流

如图2-23(b)所示,选取树,3个网孔就是基本回路,也是独立回路。另外,3个连支电流是独立变量,2个树支电流可以由3个连支电流来表示,有

$$i_2 = i_1 - i_3 \tag{2-16a}$$

$$i_4 = i_3 + i_5 \tag{2-16b}$$

观察回路①:可以假想连支电流 i_1 沿着该回路闭合流动,形成一个闭合电流 $i_{L1} = i_1$。

观察回路②:一样可以假想连支电流 i_3 沿着该回路闭合流动,形成闭合电流 $i_{L2} = i_3$。

观察回路③:同样还可以假想连支电流 i_5 沿着该回路闭合流动,形成闭合电流 $i_{L3} = i_5$。

这种假想的沿回路闭合流动的电流 i_{L1}、i_{L2}、i_{L3},称为回路电流。

将式(2-16)改写成

$$i_2 = i_{L1} - i_{L2} \tag{2-17a}$$

$$i_4 = i_{L2} + i_{L3} \tag{2-17b}$$

这样全部的支路电流都可以用回路电流来表示。

式(2-17a)表明:两个回路电流 i_{L1}、i_{L2} 流过同一条支路,方向相反,产生相减作用,结果形成支路电流 i_2。

式(2-17b)表明:两个回路电流 i_{L2}、i_{L3} 流过同一条支路,方向一致,产生相加作用,结果形成支路电流 i_4。

经过上面的分析可知,假想回路电流是合理的。如果求解出回路电流,那么电路中每条支路的电流都可以由回路电流求出。

2.3.2　回路电流法

n 个节点 b 条支路的网络中,有 $(b-n+1)$ 个独立回路,也就是说,可以有 $(b-n+1)$ 个回路电流,该网络同时具备 $(b-n+1)$ 个独立KVL方程。

以回路电流为未知量,根据KVL列写回路方程,求解出未知量,这种方法就是回路电流法。用回路电流法,可以进一步求解出全部的支路电流,进而得到全部的支路电压。

下面用回路电流法来分析图 2-23(a) 所示的电路。

将电路重绘于图 2-24 中,与上面一样选择一组独立回路,确定回路电流的参考方向,并作为回路的绕行方向,标示于图中。

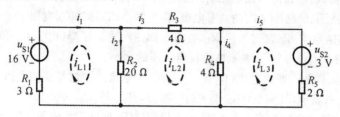

图 2-24 回路电流法

注意:这里选择的回路电流方向与上面的不一样。上面是假设连支电流为回路电流,所以回路电流方向与连支电流一致。其实,回路电流方向就像电流参考方向一样也可以自行选择。

这里约定:如不作特别说明,回路电流参考方向为顺时针方向,回路绕行方向与它一致。

对于回路①:支路 1 电压为 $u_1 = R_1 i_1 - u_{S1} = R_1 i_{L1} - u_{S1}$,从下向上,与回路绕行方向一致;支路 2 电压为 $u_2 = R_2 i_2 = R_2(i_{L1} - i_{L2})$,从上向下,与回路绕行方向一致。

对回路①列写 KVL 方程,有

$$u_1 + u_2 = 0$$

即回路①
$$R_1 i_{L1} - u_{S1} + R_2(i_{L1} - i_{L2}) = 0 \tag{2-18a}$$

回路②
$$-R_2(i_{L1} - i_{L2}) + R_3 i_{L2} + R_4(i_{L2} - i_{L3}) = 0 \tag{2-18b}$$

回路③
$$-R_4(i_{L2} - i_{L3}) + R_5 i_{L3} + u_{S2} = 0 \tag{2-18c}$$

式(2-18) 便是回路电流方程,联立后可求解出回路电流 i_{L1}、i_{L2}、i_{L3}。

将式(2-18) 进行整理,得

回路①
$$(R_1 + R_2)i_{L1} - R_2 i_{L2} = u_{S1} \tag{2-19a}$$

回路②
$$-R_2 i_{L1} + (R_2 + R_3 + R_4)i_{L2} - R_4 i_{L3} = 0 \tag{2-19b}$$

回路③
$$-R_4 i_{L2} + (R_4 + R_5)i_{L3} = -u_{S2} \tag{2-19c}$$

再做如下替换
$$R_{11} = R_1 + R_2$$
$$R_{22} = R_2 + R_3 + R_4$$
$$R_{33} = R_4 + R_5$$
$$R_{12} = R_{21} = R_2$$
$$R_{13} = R_{31} = 0$$
$$R_{23} = R_{32} = R_4$$

式(2-19) 可进一步写成

回路①
$$R_{11} i_{L1} - R_{12} i_{L2} - R_{13} i_{L3} = u_{S1} \tag{2-20a}$$

回路②
$$-R_{21} i_{L1} + R_{22} i_{L2} - R_{23} i_{L3} = 0 \tag{2-20b}$$

回路③ $$-R_{31}i_{L1}-R_{32}i_{L2}+R_{33}i_{L3}=-u_{S2} \qquad (2\text{-}20\text{c})$$

上面的方程式很有规律,下面来进一步说明。

式(2-20a)中,R_{11} 是回路①中所有电阻之和,称为自己回路的电阻——自阻,($R_{11}i_{L1}$)则是自己回路的回路电流 i_{L1} 流过自阻 R_{11} 产生的压降。

R_{12} 是回路①、回路②之间的共有电阻,称为两个回路间的互电阻——互阻,($R_{12}i_{L2}$)是回路②的回路电流 i_{L2} 流过互阻 R_{12} 在自己回路产生的压降。由于 i_{L2} 和 i_{L1} 方向相反,($R_{12}i_{L2}$)前加一个负号"−",表示抵消自阻电压的大小。

R_{12} 上其实有两个回路电流(i_{L1} 和 i_{L2})流过,电流之和就是支路电流 i_2,它的电压被拆分为两部分来表示,其一是($R_{11}i_{L1}$)的一部分,其二是($R_{12}i_{L2}$)。

回路①、回路③之间没有共有电阻,或者说回路①、回路③之间的互阻为 0,即 $R_{13}=0$。

式(2-20b)和式(2-20c),都可以像式(2-20a)一样来理解。R_{22}、R_{33} 分别是回路②、回路③的自阻;R_{21}、R_{23}、R_{31}、R_{32} 都是互阻。显然,$R_{12}=R_{21}$,$R_{13}=R_{31}$,$R_{23}=R_{32}$。

式(2-20)中,互阻电压前都有一个负号"−",原因是所选择的回路电流方向,使流过互阻的两个回路电流方向都是相反的。当一个互阻上的两个回路电流方向一致时,这个互阻上的电压应是正的。

式(2-20)的左边可以理解为回路中所有电阻上的总的电压降,该电压降应由电源来提供。如式(2-20a)的左边是回路①自阻和互阻上的总的电压降,由电压源 u_{S1} 提供电压。

再看式(2-20)的右边,都是电源的电压。所以式(2-20)的右边是回路中所有电源的总的电压升(电压源的电流应从"+"端流出),与左边的电压降平衡。

于是,当电源方向与回路方向一致(如回路③的 u_{S2})时,取负号"−";相反(如回路①的 u_{S1})时,取正号"+"。

在理解式(2-20)的含义后,对照图 2-24 所示的电路,很快可以写出回路电流方程,即

回路① $$(3+20)i_{L1}-20i_{L2}=16 \qquad (2\text{-}21\text{a})$$
回路② $$-20i_{L1}+(20+4+4)i_{L2}-4i_{L3}=0 \qquad (2\text{-}21\text{b})$$
回路③ $$-4i_{L2}+(4+2)i_{L3}=-3 \qquad (2\text{-}21\text{c})$$

联立后求解出回路电流为

$$i_{L1}=2\text{ A}, \quad i_{L2}=1.5\text{ A}, \quad i_{L3}=0.5\text{ A}$$

下面求出所有支路电流分别为

$$i_1=i_{L1}=2\text{ A}$$
$$i_2=i_{L1}-i_{L2}=0.5\text{ A}$$
$$i_3=i_{L2}=1.5\text{ A}$$
$$i_4=i_{L2}-i_{L3}=1\text{ A}$$
$$i_5=-i_{L3}=-0.5\text{ A}$$

2.3.3 回路电流法的一般步骤

按照上面的分析,对于 n 个节点 b 条支路的网络,独立回路数为 $L=(b-n+1)$,式

(2-20)可写成如下的回路电流方程的一般形式,即

$$\begin{cases} R_{11}i_{L1} \pm R_{12}i_{L2} \pm R_{13}i_{L3} \pm \cdots \pm R_{1L}i_{LL} = u_{SL1} \\ R_{21}i_{L1} \pm R_{22}i_{L2} \pm R_{23}i_{L3} \pm \cdots \pm R_{2L}i_{LL} = u_{SL2} \\ R_{31}i_{L1} \pm R_{32}i_{L2} \pm R_{33}i_{L3} \pm \cdots \pm R_{3L}i_{LL} = u_{SL3} \\ \vdots \\ R_{L1}i_{L1} \pm R_{L2}i_{L2} \pm R_{L3}i_{L3} \pm \cdots \pm R_{LL}i_{LL} = u_{SLL} \end{cases} \quad (2\text{-}22)$$

式(2-22)中,下标相同的电阻是各回路的自阻,如 R_{11}、R_{22}、R_{33} 等,大小为回路所有电阻之和。下标不同的电阻是回路间的互阻,如 R_{12}、R_{21}、R_{13} 等,互阻斜对称即 $R_{XY} = R_{YX}$。所有电阻均为正值,自阻电压均为正。

式中"±"号的取法为当经过互阻的回路电流方向一致时取"+",不一致时取"−"。方程右边为回路中电源电压总和,电压方向与回路方向一致时取"−",否则取"+"。

回路电流法求解回路电流及全部支路电流的一般步骤如下。

(1)准备:首先对所求电路选择一组独立回路,然后标示各回路电流的参考方向,将该方向作为回路的绕行方向。选择独立回路时,可以应用图论的方法选取一棵合适的树,从而基本回路就是独立回路。如果是平面电路,则应尽量使用网孔作为基本回路。

(2)列方程:按回路电流方程的一般形式式(2-22)列写方程,注意"±"号的取法,即方程右边电源符号的取法。

(3)求回路电流:联立方程求解,得到各回路电流。

(4)求支路电流:观察支路电流与回路电流的关系,算出各支路电流。

在上面的分析过程中,如果全部应用网孔作为独立回路,回路电流即是网孔电流,这时的回路电流法又称为网孔电流法。需要说明的是,由于只有平面电路才有网孔的概念,网孔电流法只适用于平面电路,而回路电流法没有此限制。

2.3.4 举例

下面通过例题来说明回路电流法,并对特殊情况进行说明。

【**例 2.5**】 电路如图 2-25(a)所示,求解各支路电流。

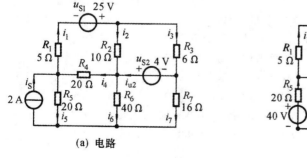

(a) 电路　　　　　　　(b) 电源变换后

图 2-25　例 2.5 图

解 电路中的电压源 u_{S2} 是无伴电压源,表明与电压源串联的电阻为零,列方程时并没有障碍。

电路中有电流源 i_S,它与电阻 R_5 并联。首先进行电源等效变换,使之成为电压源与电阻串联支路,如图 2-25(b) 所示。在图 2-25 中标示回路电流。

计算各回路自阻、互阻及回路电源总电压升,即

$$R_{11} = R_1 + R_2 + R_4 = 35 \ \Omega$$
$$R_{22} = R_2 + R_3 = 16 \ \Omega$$
$$R_{33} = R_4 + R_5 + R_6 = 80 \ \Omega$$
$$R_{44} = R_6 + R_7 = 56 \ \Omega$$
$$R_{12} = R_{21} = R_2 = 10 \ \Omega$$
$$R_{13} = R_{31} = R_4 = 20 \ \Omega$$
$$R_{14} = R_{41} = 0 \ \Omega$$
$$R_{23} = R_{32} = 0 \ \Omega$$
$$R_{24} = R_{42} = 0 \ \Omega$$
$$R_{34} = R_{43} = R_6 = 40 \ \Omega$$
$$u_{SL1} = u_{S1} = 25 \ \text{V}$$
$$u_{SL2} = u_{S2} = 4 \ \text{V}$$
$$u_{SL3} = 20i_S = 40 \ \text{V}$$
$$u_{SL4} = -4 \ \text{V}$$

根据一般形式式(2-22)写出回路电流方程,有

回路① $\qquad 35i_{L1} - 10i_{L2} - 20i_{L3} = 25 \qquad$ (2-23a)

回路② $\qquad -10i_{L1} + 16i_{L2} = 4 \qquad$ (2-23b)

回路③ $\qquad -20i_{L1} + 80i_{L3} - 40i_{L4} = 40 \qquad$ (2-23c)

回路④ $\qquad -40i_{L3} + 56i_{L4} = -4 \qquad$ (2-23d)

联立方程计算出回路电流:

$$i_{L1} = 2 \ \text{A}, \quad i_{L2} = 1.5 \ \text{A}, \quad i_{L3} = 1.5 \ \text{A}, \quad i_{L4} = 1 \ \text{A}$$

计算各支路电流:

$$i_1 = i_{L1} = 2 \ \text{A}$$
$$i_2 = i_{L1} - i_{L2} = 0.5 \ \text{A}$$
$$i_3 = i_{L2} = 1.5 \ \text{A}$$
$$i_4 = i_{L1} - i_{L3} = 0.5 \ \text{A}$$
$$i_5 = i_S - i_{L2} = 0.5 \ \text{A}$$
$$i_6 = i_{L3} - i_{L4} = 0.5 \ \text{A}$$
$$i_7 = i_{L4} = 1 \ \text{A}$$
$$i_{u2} = i_{L2} - i_{L4} = 0.5 \ \text{A}$$

【例 2.6】 电路如图 2-26 所示,$i_S = 3 \ \text{A}$。求各支路电流,并求电流源 i_S 的电压 u。

解 电路中的电流源 i_S 是无伴电流源,不能像上例一样进行电源等效变换。回顾例2.3的做法,与之类似:增加电流源的电压 u 为未知变量,并作为电源电压看待,列写方程时放在方程的右边。由于电流源支路的电流是已知的,使回路电流的关系多了一个,即增加了一个方程。

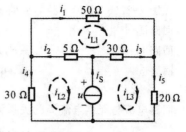

图 2-26 例 2.6 图

在图 2-26 中选取独立回路,标示回路电流参考方向,直接写出回路电流方程,有

回路① $$(50 + 30 + 5)i_{L1} - 5i_{L2} - 30i_{L3} = 0 \qquad (2\text{-}24a)$$

回路② $$-5i_{L1} + (5 + 30)i_{L2} = -u \qquad (2\text{-}24b)$$

回路③ $$-30i_{L1} + (30 + 20)i_{L3} = u \qquad (2\text{-}24c)$$

回路电流与无伴电流源的关系为

$$i_S = i_{L3} - i_{L2} = 3 \qquad (2\text{-}24d)$$

联立四个方程解出回路电流及电压分别为

$$i_{L1} = 0.4\,\text{A}, \quad i_{L2} = -1.6\,\text{A}, \quad i_{L3} = 1.4\,\text{A}, \quad u = 58\,\text{V}$$

计算各支路电流

$$i_1 = i_{L1} = 0.4\,\text{A}$$
$$i_2 = i_{L1} - i_{L2} = 2\,\text{A}$$
$$i_3 = i_{L3} - i_{L1} = 1\,\text{A}$$
$$i_4 = -i_{L2} = 1.6\,\text{A}$$
$$i_5 = i_{L3} = 1.4\,\text{A}$$

【例 2.7】 电路如图 2-27(a) 所示,u_S 已知,a、b 是常数。试列写回路电流方程。

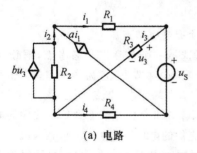
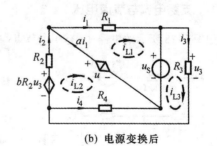

(a) 电路   (b) 电源变换后

图 2-27 例 2.7 图

解 电路中有一个电压控制的电流源、一个电流控制的无伴电流源,回顾例2.4及例2.6中的分析,对于含有受控电源的电路,用回路电流法分析时:

(1) 控制量不论是电压还是电流,都用回路电流来表示。

(2) 受控电压源看做独立电压源,直接参与列写方程。

(3) 有伴的受控电流源等效变换为受控电压源。

(4) 无伴受控电流源像上例一样处理,增加未知电压变量 u。

在图 2-27(b) 上标示独立回路、参考方向,直接列写回路电流方程,有

回路① $\qquad\qquad\qquad R_1 i_{L1} = -u_S + u$ $\qquad\qquad$ (2-25a)

回路② $\qquad\qquad (R_2 + R_4)i_{L2} - R_4 i_{L3} = -u + bR_2 u_3$ $\qquad$ (2-25b)

回路③ $\qquad\qquad\quad -R_4 i_{L2} + (R_3 + R_4)i_{L3} = u_S$ $\qquad\qquad$ (2-25c)

其中 $\qquad\qquad\qquad\qquad u_3 = R_3 i_{L3}$

回路电流与无伴电流源的关系为

$$i_{L1} - i_{L2} = ai_1 = ai_{L1}$$ $\qquad\qquad$ (2-25d)

整理以上四个方程得

$$R_1 i_{L1} = -u_S + u$$
$$(R_2 + R_4)i_{L2} - (R_4 + bR_2 R_3)i_{L3} = -u$$
$$-R_4 i_{L2} + (R_3 + R_4)i_{L3} = u_S$$
$$(1 - a)i_{L1} - i_{L2} = 0$$

i_{L1}、i_{L2}、i_{L3} 及 u 为待求未知量。

2.4 节点电压法

2.3 节的回路电流法是以独立回路参数作为求解的中间变量,只需列写较少的方程数。本节将介绍的节点电压法,原理上与之类似,结果上"异曲同工"。节点电压法采用独立节点参数作为中间变量,也只需列写较少的方程。这两个方法的应用都非常普遍。

鉴于节点电压法的原理与回路电流法相似,在理论上就不再过多讲述,直接介绍具体的方法及步骤。

2.4.1 支路电流与节点电压

如图 2-28 所示的电路中,有 4 个节点,其中 3 个是独立节点。

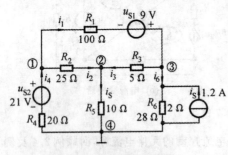

图 2-28 理解节点电压

任意选择一个节点作为参考点,假设它的电位等于零,如选节点 ④ 为参考点,在图 2-28 上作一个"⊥"的标志,节点电位 $u_{N4} = 0$ V。其他 ①、②、③ 等 3 个独立节点到"⊥"之间的电压(也就是它们的电位)记为 u_{N1}、u_{N2}、u_{N3}。

4 个节点的电压都作了假设,由于每条支路必定连接在两个节点之间,所以每条支路的电压(与支路电流关联参考方向),即是节点之间的电位差,都可以用这些节点电压来表示,即

支路 1 $\qquad\qquad u_1 = u_{N1} - u_{N3}$ $\qquad\qquad$ (2-26a)

支路 2 $\qquad\qquad u_2 = u_{N1} - u_{N2}$ $\qquad\qquad$ (2-26b)

支路 3 $\qquad\qquad u_3 = u_{N3} - u_{N2}$ $\qquad\qquad$ (2-26c)

支路 4　　　　　　　　　　$u_4 = -u_{N1}$　　　　　　　　　　(2-26d)

支路 5　　　　　　　　　　$u_5 = u_{N2}$　　　　　　　　　　(2-26e)

支路 6　　　　　　　　　　$u_6 = u_{N3}$　　　　　　　　　　(2-26f)

支路 VCR 方程,将各支路电流表示为节点电压之间的关系。式(2-26)可变换为

支路 1　　　$i_1 = \dfrac{u_1 + u_{S1}}{R_1} = \dfrac{u_{N1} - u_{N3} + u_{S1}}{R_1}$　　　(2-27a)

支路 2　　　$i_2 = \dfrac{u_2}{R_2} = \dfrac{u_{N1} - u_{N2}}{R_2}$　　　(2-27b)

支路 3　　　$i_3 = \dfrac{u_3}{R_3} = \dfrac{u_{N3} - u_{N2}}{R_3}$　　　(2-27c)

支路 4　　　$i_4 = \dfrac{u_4 + u_{S2}}{R_4} = \dfrac{-u_{N1} + u_{S2}}{R_4}$　　　(2-27d)

支路 5　　　$i_5 = \dfrac{u_5}{R_5} = \dfrac{u_{N2}}{R_5}$　　　(2-27e)

支路 6　　　$i_6 = \dfrac{u_6}{R_6} - i_S = \dfrac{u_{N3}}{R_6} - i_S$　　　(2-27f)

2.4.2　节点电压法

接着上面分析,对节点 ①、②、③ 分别列写 KCL 方程,有

节点 ①　　　　　　　　$i_1 + i_2 - i_4 = 0$　　　　　　　　(2-28a)

节点 ②　　　　　　　　$-i_2 - i_3 + i_5 = 0$　　　　　　　　(2-28b)

节点 ③　　　　　　　　$-i_1 + i_3 + i_6 = 0$　　　　　　　　(2-28c)

再将式(2-27)的支路电流代入到式(2-28)的各式,并进行规范化整理,合并节点电压同类项,将电源量放在右边,得

节点 ①　　$\left(\dfrac{1}{R_1} + \dfrac{1}{R_2} + \dfrac{1}{R_4}\right)u_{N1} - \dfrac{1}{R_2}u_{N2} - \dfrac{1}{R_1}u_{N3} = -\dfrac{u_{S1}}{R_1} + \dfrac{u_{S2}}{R_4}$　　(2-29a)

节点 ②　　$-\dfrac{1}{R_2}u_{N1} + \left(\dfrac{1}{R_2} + \dfrac{1}{R_3} + \dfrac{1}{R_5}\right)u_{N2} - \dfrac{1}{R_3}u_{N3} = 0$　　(2-29b)

节点 ③　　$-\dfrac{1}{R_1}u_{N1} - \dfrac{1}{R_3}u_{N2} + \left(\dfrac{1}{R_1} + \dfrac{1}{R_3} + \dfrac{1}{R_6}\right)u_{N3} = i_S + \dfrac{u_{S1}}{R_1}$　　(2-29c)

用以上方程组,可以计算出 3 个节点电压,进而得到支路电压和电流。

像这样以节点电压为未知量,对独立节点列写 KCL 方程求解未知量的方法就是节点电压法。

与回路电流法相似,式(2-29)的节点电压方程也很有规律。再做如下的替换:

$$G_{11} = \dfrac{1}{R_1} + \dfrac{1}{R_2} + \dfrac{1}{R_4}, \quad G_{22} = \dfrac{1}{R_2} + \dfrac{1}{R_3} + \dfrac{1}{R_5}, \quad G_{33} = \dfrac{1}{R_1} + \dfrac{1}{R_3} + \dfrac{1}{R_6}$$

$$G_{12} = G_{21} = \dfrac{1}{R_2}, \quad G_{13} = G_{31} = \dfrac{1}{R_1}, \quad G_{23} = G_{32} = \dfrac{1}{R_3}$$

$$i_{SN1} = -\frac{u_{S1}}{R_1} + \frac{u_{S2}}{R_4}, \quad i_{SN2} = 0, \quad i_{SN3} = -i_S + \frac{u_{S1}}{R_1}$$

式(2-29)可进一步写成

节点 ①　　　　　$G_{11}u_{N1} - G_{12}u_{N2} - G_{13}u_{N3} = i_{SN1}$　　　　(2-30a)

节点 ②　　　　$-G_{21}u_{N1} + G_{22}u_{N2} - G_{23}u_{N3} = i_{SN2}$　　　　(2-30b)

节点 ③　　　　$-G_{31}u_{N1} - G_{32}u_{N2} + G_{33}u_{N3} = i_{SN3}$　　　　(2-30c)

观察电路和式(2-30)可得到如下结论。

G_{11} 是与节点 ① 相关的所有支路的电导之和,称为自己节点的电导 —— 自导; $(G_{11}u_{N1})$ 则是在自己的节点电压作用下经过自导流出节点的电流。G_{12} 是节点 ①、节点 ② 之间的共有电导,称为两个节点间的互导,$(G_{12}u_{N2})$ 是在节点 ② 的电压作用下,经过互导 G_{12} 流入节点 ① 的电流。由于互导电流(进入节点)与自导上的电流(流出节点)方向相反,故互导电流$(G_{12}u_{N2})$ 前加一个负号"—"。

类似地,G_{13} 是节点 ①、节点 ③ 之间的互导,$(G_{13}u_{N3})$ 是在节点 ③ 的电压作用下,经过互导 G_{13} 流入节点 ① 的电流。互导电流与自导电流方向相反,在$(G_{13}u_{N3})$ 前加负号"—"。

式(2-30b)、式(2-30c)的含义与式(2-30a)一样。

G_{22}、G_{33} 是节点 ②、节点 ③ 的自导;G_{21}、G_{23}、G_{31}、G_{32} 都是互导。显然 $G_{12} = G_{21}$, $G_{13} = G_{31}$,$G_{23} = G_{32}$。

经自导流出的电流都是正值,经互导流入的电流都是负值。

式(2-30)的左边可以理解为流出节点的总电流。如式(2-30a)的左边是流出节点 ① 的总电流,包括从节点 ① 流出的自导电流、从节点 ② 流入的互导电流、从节点 ③ 流入的互导电流。方程式的右边是电源为节点提供的电流总和,即所有与该节点相连的电源流入该节点的电流的代数和,与左边流出节点的总电流平衡。

在方程式的右边,当电源流出的电流方向指向节点时,该电流取"+";当电源电流方向背离节点时,该电流取"—"。

若不是电流源,而是电压源时,则要将电压源等效变换为电流源,如式(2-29a)、式(2-29c)中的 u_{S1}/R_1、u_{S2}/R_4。

理解了式(2-30)的含义后,对照图 2-28 所示的电路,只用观察就可以很快写出节点电压方程,即

节点 ①　　$\left(\dfrac{1}{100} + \dfrac{1}{25} + \dfrac{1}{20}\right)u_{N1} - \dfrac{1}{25}u_{N2} - \dfrac{1}{100}u_{N3} = -\dfrac{9}{100} + \dfrac{21}{20}$　　(2-31a)

节点 ②　　$-\dfrac{1}{25}u_{N1} + \left(\dfrac{1}{25} + \dfrac{1}{5} + \dfrac{1}{10}\right)u_{N2} - \dfrac{1}{5}u_{N3} = 0$　　(2-31b)

节点 ③　　$-\dfrac{1}{100}u_{N1} - \dfrac{1}{5}u_{N2} + \left(\dfrac{1}{100} + \dfrac{1}{5} + \dfrac{1}{28}\right)u_{N3} = 1.2 + \dfrac{9}{100}$　　(2-31c)

联立求解出节点电压为

$$u_{N1} = 15 \text{ V}, \quad u_{N2} = 10 \text{ V}, \quad u_{N3} = 14 \text{ V}$$

求出所有支路电流为

$$i_1 = \frac{u_{N1} - u_{N3} + u_{S2}}{R_1} = \frac{15 - 14 + 9}{100} \text{ A} = 0.1 \text{ A}$$

$$i_2 = \frac{u_{N1} - u_{N2}}{R_2} = \frac{15 - 10}{25} \text{ A} = 0.2 \text{ A}$$

$$i_3 = \frac{u_{N3} - u_{N2}}{R_3} = \frac{14 - 10}{5} \text{ A} = 0.8 \text{ A}$$

$$i_4 = \frac{-u_{N1} + u_{S2}}{R_4} = \frac{-15 + 21}{20} \text{ A} = 0.3 \text{ A}$$

$$i_5 = \frac{u_{N2}}{R_5} = \frac{10}{10} \text{ A} = 1 \text{ A}$$

$$i_6 = \frac{u_{N3}}{R_6} - i_S = \left(\frac{14}{28} - 1.2\right) \text{ A} = -0.7 \text{ A}$$

2.4.3   节点电压法的一般步骤

按照上面的分析,n个节点b条支路的电路网络中,独立节点数为$(n-1)$,式(2-30)可写成如下的节点电压方程一般形式:

$$
\begin{cases}
G_{11}u_{N1} - G_{12}u_{N2} - G_{13}u_{N3} - \cdots - G_{1(n-1)}u_{N(n-1)} = i_{SN1} \\
-G_{21}u_{N1} + G_{22}u_{N2} - G_{23}u_{N3} - \cdots - G_{2(n-1)}u_{N(n-1)} = i_{SN2} \\
-G_{31}u_{N1} - G_{32}u_{N2} + G_{33}u_{N3} - \cdots - G_{3(n-1)}u_{N(n-1)} = i_{SN3} \\
\qquad\qquad\qquad\qquad\qquad\qquad \vdots \\
-G_{(n-1)1}u_{N1} - G_{(n-1)2}u_{N2} - G_{(n-1)3}u_{N3} - \cdots + G_{(n-1)(n-1)}u_{N(n-1)} = i_{SN(n-1)}
\end{cases}
\tag{2-32}
$$

式(2-32)中,下标相同的电导是各节点的自导,如G_{11}、G_{22}、G_{33}等,大小为对应节点所有电导之和;下标不同的电导是节点间的互导,如G_{12}、G_{21}、G_{13}等;互导斜对称,即$G_{XY} = G_{YX}$;所有电导均为正值。自导电流均为正值,互导电流均为负值。

式(2-32)右边为电源流入节点的电流总和,电源电流流向节点时取"+"号,反之取"−"号。

节点电压法分析电路的一般步骤如下。

(1)准备:对所求电路选择一个节点为参考点,其他节点对参考点的电压就是该节点的节点电压,标示各节点编号。

(2)列方程:按节点电压方程的一般形式(2-32)列写方程。

注意:互导前为"−"号,式(2-32)右边电源若是使电流流入节点则取"+"号,流出取"−"号。

(3)求节点电压:联立方程求解,得到各节点电压。

(4)求其他参数:支路电压通过节点电压计算出来,支路电流通过支路电压算出。

2.4.4   举例

下面通过例题来说明节点电压法的应用,并对特殊情况进行分析。

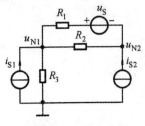

图 2-29 例 2.8 图

【**例 2.8**】 电路如图 2-29 所示,列出电路的节点电压方程。

解 选择参考节点,对其他节点编号,设定节点电压 u_{N1}、u_{N2}。

电路中的电流源 i_{S2} 是无伴电流源,表明与电流源并联的电阻为无穷大,也就是电导为零,列方程时无需特别处理。

电路中有电压源 u_S,它与电阻 R_1 串联,应先进行电源等效变换,成为电流源 $\left(\dfrac{u_S}{R_1}\right)$ 与电阻 R_1 并联支路(图 2-29 中未画出)。

计算自导、互导及各节点流入的电源电流,即

$$G_{11} = \frac{1}{R_1} + \frac{1}{R_2} + \frac{1}{R_3}, \quad G_{22} = \frac{1}{R_1} + \frac{1}{R_2}, \quad G_{12} = G_{21} = \frac{1}{R_1} + \frac{1}{R_2}$$

$$i_{SN1} = i_{S1} + \frac{u_S}{R_1}, \quad i_{SN2} = -\frac{u_S}{R_1} + i_{S2}$$

根据一般形式式(2-32)列写节点电压方程,即

节点 ① $\qquad G_{11} u_{N1} - G_{12} u_{N2} = i_{SN1}$ (2-33a)

节点 ② $\qquad -G_{12} u_{N1} + G_{22} u_{N2} = i_{SN2}$ (2-33b)

即

$$\left(\frac{1}{R_1} + \frac{1}{R_2} + \frac{1}{R_3}\right) u_{N1} - \left(\frac{1}{R_1} + \frac{1}{R_2}\right) u_{N2} = i_{S1} + \frac{u_S}{R_1}$$

$$-\left(\frac{1}{R_1} + \frac{1}{R_2}\right) u_{N1} + \left(\frac{1}{R_1} + \frac{1}{R_2}\right) u_{N2} = -\frac{u_S}{R_1} + i_{S2}$$

【**例 2.9**】 电路如图 2-30 所示,求各支路电流。

解 电路中 10 V 电压源是无伴电压源,与它串联的电阻为零,不能像上例那样进行电源等效变换为电流源。

增加无伴电压源的电流 i_2 为未知变量,并把电源作为电流源看待,列写方程时把电流 i_2 放在方程的右边。

由于无伴电压源在两个节点之间,因此两个节点电压与电压源有一个关系,即增加了一个方程。

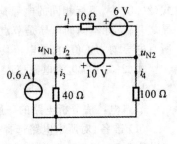

图 2-30 例 2.9 图

在图 2-30 中选取参考节点,选定节点电压 u_{N1}、u_{N2},直接写出节点电压方程,即

节点 ① $\qquad \left(\dfrac{1}{10} + \dfrac{1}{40}\right) u_{N1} - \dfrac{1}{10} u_{N2} = \dfrac{6}{10} + i_2 + 0.6$ (2-34a)

节点 ② $\qquad -\dfrac{1}{10} u_{N1} + \left(\dfrac{1}{10} + \dfrac{1}{100}\right) u_{N2} = -\dfrac{6}{10} - i_2$ (2-34b)

节点电压与无伴电压源的关系为

$$u_{N1} - u_{N2} = 10 \text{ V}$$ (2-34c)

联立三个方程,解出节点电压和电流 i_2 为

$$u_{N1} = 20 \text{ V}, \quad u_{N2} = 10 \text{ V}, \quad i_2 = 0.3 \text{ A}$$

计算各支路电流,得

$$i_1 = \frac{u_{N2} - u_{N1} + 6}{10} = \frac{10 - 20 + 6}{10} \text{ A} = -0.4 \text{ A}$$

$$i_3 = \frac{u_{N1}}{40} = \frac{20}{40} \text{ A} = 0.5 \text{ A}$$

$$i_4 = \frac{u_{N2}}{100} = \frac{10}{100} \text{ A} = 0.1 \text{ A}$$

【例 2.10】 电路如图 2-31 所示,列写节点电压方程,计算图中三个电源的功率。

解 电路中含有一个电流控制的受控电压源。用节点电压法分析包含受控电源电路时,应注意如下事项。

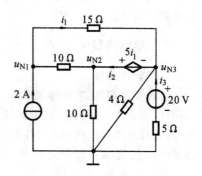

图 2-31 例 2.10 图

(1) 受控电源的控制量不论是电压还是电流,都用节点电压来表示。

(2) 受控电流源看做独立电流源,直接参与列写方程。

(3) 有伴的受控电压源等效变换为受控电流源。

(4) 无伴受控电压源像上例一样处理:增加电流作为未知变量,并增加一个方程。

本例中增加电流 i_2 为未知量。在图 2-31 中选取参考节点,设定节点电压,直接写出节点电压方程,即

节点 ① $\qquad \left(\dfrac{1}{15} + \dfrac{1}{10}\right)u_{N1} - \dfrac{1}{10}u_{N2} - \dfrac{1}{15}u_{N3} = 2 \qquad\qquad$ (2-35a)

节点 ② $\qquad\qquad -\dfrac{1}{10}u_{N1} + \left(\dfrac{1}{10} + \dfrac{1}{10}\right)u_{N2} = i_2 \qquad\qquad$ (2-35b)

节点 ③ $\qquad -\dfrac{1}{15}u_{N1} + \left(\dfrac{1}{15} + \dfrac{1}{4} + \dfrac{1}{5}\right)u_{N3} = -i_2 + \dfrac{20}{5} \qquad\qquad$ (2-35c)

另外 $\qquad u_{N2} - u_{N3} = 5i_1 = 5 \times \dfrac{u_{N1} - u_{N3}}{15} = \dfrac{u_{N1} - u_{N3}}{3}$

即 $\qquad\qquad u_{N1} - 3u_{N2} + 2u_{N3} = 0 \qquad\qquad$ (2-35d)

联立四个方程解得

$$u_{N1} = 25 \text{ V}, \quad u_{N2} = 15 \text{ V}, \quad u_{N3} = 10 \text{ V}, \quad i_2 = 0.5 \text{ A}$$

从而可求得

$$i_3 = \frac{20 - u_{N3}}{5} = 2 \text{ A}$$

2 A 电流源的功率为

$$P_{2A} = -u_{N1} \times 2 = -50 \text{ W(发出)}$$

20 V 电压源的功率为

$$P_{20V} = -20 \times i_3 = -40 \text{ W(发出)}$$

受控源的功率为

$$P_{5i_1} = -5i_1 \times i_2 = -5\frac{u_{N1} - u_{N3}}{15} \times 0.5 = -2.5 \text{ W（发出）}$$

2.5 含运算放大器的电阻电路

第1章介绍的电阻、电容、电感及独立电源都属于二端电路元件，这一节要介绍的运算放大器，像受控源一样，具有多个端钮。这样具有三个或三个以上端钮的电路元件，称为多端电阻性元件。

2.5.1 电路模型

1. 运算放大器

运算放大器，通常简称为运放，在电子电路中被广泛应用。早期的运放不是一个单一的元件，而是由众多三极管、电阻等元件构成的一个相当复杂的电路。随着集成电路的出现，将这种复杂的电路集中制作在一小块硅片上，引出引脚、封装成型，形成一个独立的电路元件，就是集成运算放大器，图 2-32 所示的是几个常见的运放外形图。

图 2-32　典型集成运算放大器外形

在电路中，运放的作用一般是将输入的电压信号放大一定的倍数后输出。通常用三个参数来描述一个放大器的特性：电压增益（或称放大倍数，指输出电压与输入电压的比值）、输入电阻（输入端的等效电阻）、输出电阻（输出端的等效电阻）。运放是一种高增益、高输入电阻、低输出电阻的放大器。如通用型集成运放 741C 的典型电压增益为 2×10^5，输入电阻为 1 MΩ，输出电阻为 200 Ω。

运放除了作为放大器使用外，它与电阻、电容等还可构成比例、加减法、积分、微分等数学运算电路，也就是说，它具有运算功能，所以称为运放，当然它的应用远不止这些。

一个较完整的运放图形符号如图 2-33（a）所示，图中的"三角形"表示"运放"，u_+、u_- 是两个输入端，u_o 是输出端，u_{off1}、u_{off2} 是两个平衡补偿输入端，E_+、E_- 分别连接直流正电源和负电源。运放是有源元件，需要外部电源为其提供偏置电压，以维持内部电路的正常工作。输入信号、输出信号及电源的正、负都是相对于一个公共端——地"⊥"而言的。

在电路分析过程中，总是认为，运放得到正确的偏置电压，就可认为运放得到了适当的补偿调节，因此一般不考虑正、负电源和平衡补偿端，将完整电路符号简化为典型符号，如图 2-33(b) 所示。这样运放实际就是一个三端元件,三个端钮分别称为同相输入端(u_+)、反相输入端(u_-)和输出端(u_o)。

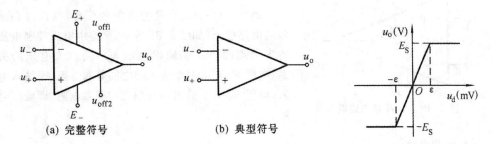

(a) 完整符号   (b) 典型符号

图 2-33   运放的电路符号

图 2-34   运放的传输特性

2. 传输特性

运放的输出电压与输入电压关系可以用图 2-34 所示的来近似地描述,这个关系称为输入 - 输出特性,又称为传输特性。从图 2-34 可以得出如下结论。

(1) 在一个极小的区域($|u_d| \leqslant \varepsilon$)内,运放的输出电压与两个输入电压的差值成比例关系,对应图 2-34 中通过原点的斜线段,即

$$u_o = A(u_+ - u_-) = Au_d \qquad (2\text{-}36)$$

这个区域称为运放的线性工作区。式中 A 是电压放大倍数,也是斜线的斜率。由于运放的高增益,A 值非常大,所以斜线很陡。$u_d = u_+ - u_-$,表示同相输入电压与反相输入电压之差,也就是差动输入。式(2-36)也说明运放是差动放大器。

如果反相输入端接地,即 $u_- = 0$ V,只将输入电压接在同相输入端(u_+)和地之间,那么式(2-36)可改写为

$$u_o = Au_+$$

说明输出电压与输入电压的极性方向(相位关系)是一致的,所以 u_+ 称为同相输入端,在"三角形"放大器中用"+"表示。

如果将同相输入端接地,即 $u_+ = 0$ V,只将输入电压接在反相输入端(u_-)和地之间,式(2-36)可改写为

$$u_o = -Au_-$$

说明输出电压与输入电压的极性方向(相位关系)是相反的,所以 u_- 称为反相输入端,在"三角形"放大器中用"−"表示。

(2) 当 $|u_d| > \varepsilon$,即 $u_d > \varepsilon$ 或 $u_d < -\varepsilon$ 时,运放的输出电压保持一个固定值 E_S 或 $-E_S$,即输出电压达到了饱和值。E_S 为饱和电压,接近外加电源的电压值。这一区域称为运放的非线性区。本节中只讨论运放工作在线性区的情况。

运放在上述的工作状态称为"开环运行状态",A 称为开环放大倍数。由于 A 值很大,在开环状态下,运放极易进入非线性区。实际应用中,通常将运放和电阻构成闭环负反馈形式(将一部分输出电压引回到输入端,并与输入电压形成减法关系),使运放成为"闭环

运行状态"。

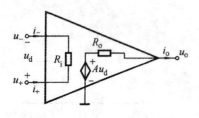

图 2-35 运放的电路模型

3. 电路模型

结合式（2-36）和受控电源的概念，可以得到运放的电路模型，如图 2-35 所示。模型中电压控制电压源表示式（2-36）的输出电压与差动输入电压的关系；电阻 R_i 表示两个输入端之间等效电阻，即输入电阻；电阻 R_o 表示输出端与地之间等效电阻，即输出电阻。

4. 理想特性

运放的三个参数比较特殊，按开环放大倍数 $A = \infty$、输入电阻 $R_i = \infty$、输出电阻 $R_o = 0$ 三个条件把实际的运放做理想化处理。理想运放具有以下两个特性。

（1）"虚短"，即 $u_+ = u_-$。

由于理想运放 $A = \infty$，而输出电压 u_o 必定是有限值，根据式（2-36），可得 $u_+ - u_- = 0$，即 $u_+ = u_-$。

"虚短"表明理想运放的两个输入端之间的电压近似等于零，同相输入端与反相输入端具有相同的电位，两端近似为短路状态。当然这个短路只是一个假想的短路。

（2）"虚断"，即 $i_+ = i_- = 0$。

由于理想运放 $R_i = \infty$，而输入电压 u_d 必定是有限值，$i_+ = i_- = \dfrac{u_d}{R_i} = 0$。

"虚断"表明理想运放的两个输入端支路的电流等于零，几乎没有输入电流流入运放，运放与输入端近似为断路状态。这个断路也只是一个假想的断路。

理想运放的"虚短"和"虚断"特性在含有运放的电路分析中非常重要。实际的运放按理想运放分析，这样电路分析简单，虽然有一定的误差，但在大多数场合下这个误差是被允许的。

2.5.2 比例器

比例器是输出电压与输入电压之间成常数比例关系的电路。用运放和若干电阻可以组成两类比例器。

1. 反相比例器

图 2-36（a）所示的是一个反相比例器电路，输入电压 u_i 通过电阻 R_1 引至运放的反相输入端，电阻 R_f 接在输出 u_o 和反相输入端之间形成负反馈，将运放的同相输入端直接接地（也可以通过一个电阻接地）。经过分析，这个电路的输出电压与输入电压之比（u_o/u_i）为一个负的常数值，即输出电压与输入电压除了大小不同外，它们的极性方向还相反。

将电路中的运放用图 2-35 所示的模型电路代替，图 2-36（a）所示的电路可用图 2-36（b）所示的电路表示。注意：u_i 是外加输入电压，可用一个电压源表示。

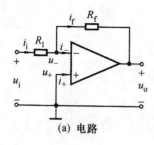

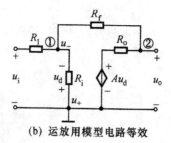

(a) 电路　　　　　　　(b) 运放用模型电路等效

图 2-36　反相比例器

下面分析该电路的输入、输出电压关系,为了便于计算,取以下典型值:

$$A = 2 \times 10^5, \quad R_i = 1\ \text{M}\Omega, \quad R_o = 100\ \Omega, \quad R_1 = 10\ \text{k}\Omega, \quad R_f = 100\ \text{k}\Omega$$

仔细观察图 2-36(b) 所示的电路可知,它是一个含有受控源的较简单电路。采用节点电压法分析,对节点 ①、② 列节点电压方程,有

$$\left(\frac{1}{R_1} + \frac{1}{R_i} + \frac{1}{R_f}\right)u_- - \frac{1}{R_f}u_o = \frac{u_i}{R_1}$$

$$-\frac{1}{R_f}u_- + \left(\frac{1}{R_f} + \frac{1}{R_o}\right)u_o = \frac{Au_d}{R_o}$$

代入参数后,得

$$\left(\frac{1}{10 \times 10^3} + \frac{1}{1 \times 10^6} + \frac{1}{100 \times 10^3}\right)u_- - \frac{1}{100 \times 10^3}u_o = \frac{u_i}{10 \times 10^3}$$

$$-\frac{1}{100 \times 10^3}u_- + \left(\frac{1}{100 \times 10^3} + \frac{1}{100}\right)u_o = \frac{-2 \times 10^5 u_-}{100}$$

两式化简后,得

$$u_- = \frac{100}{111}u_i + \frac{10}{111}u_o \tag{2-37}$$

$$u_o = \frac{1 - 2 \times 10^8}{1001}u_- \approx -2 \times 10^5 u_- \tag{2-38}$$

将式(2-37) 代入式(2-38),得

$$u_o = -\frac{2 \times 10^7}{2 \times 10^6 + 111}u_i \approx -9.9994 u_i \quad 或 \quad A_f = \frac{u_o}{u_i} \approx -9.9994 \tag{2-39}$$

注意:式(2-39)中的 A_f 表示由运放和电阻组成的电路的闭环电压增益,前面用到的 A 指的是运放本身的开环电压增益。

再把运放作为理想运放来分析,此时 $A = \infty, R_i = \infty, R_o = 0$,运放具有"虚短"、"虚断"特性。观察图 2-36(a) 所示的电路,有

$$u_+ = 0$$

由"虚短"性,有

$$u_- = u_+ = 0$$

此时反相输入端为 0 电位,称为"虚地"。

再由"虚断"性,有

$$i_- = i_+ = 0$$

$$i_\mathrm{i} = i_\mathrm{f}$$

即
$$\frac{u_+ - u_-}{R_1} = \frac{u_- - u_\mathrm{o}}{R_\mathrm{f}}$$

也就是
$$u_\mathrm{o} = -\frac{R_\mathrm{f}}{R_1} u_\mathrm{i} \quad \text{或} \quad \frac{u_\mathrm{o}}{u_\mathrm{i}} = -\frac{R_\mathrm{f}}{R_1} \tag{2-40}$$

将电阻值代入,得

$$u_\mathrm{o} = -10u_\mathrm{i} \quad \text{或} \quad \frac{u_\mathrm{o}}{u_\mathrm{i}} = -10 \tag{2-41}$$

比较式(2-41)和式(2-39)可知,将运放理想化后计算结果误差很小。

式(2-40)所得结果即是反相比例器的输入、输出关系。选取不同的电阻值,可以得到输出电压与输入电压的不同比值,但总是负值。图 2-37 示意了某种输入电压信号经反相比例器后的输出结果。

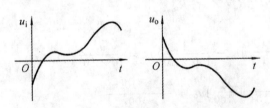

图 2-37 反相比例器输入、输出波形示例

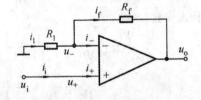

图 2-38 同相比例器

2. 同相比例器

图 2-38 所示的是一个同相比例器电路,请读者将之与反相比例器电路比较。

对该电路用理想运放来分析。观察电路,有

$$u_+ = u_\mathrm{i}$$

由"虚短"性,有

$$u_- = u_+ = u_\mathrm{i}$$

再由"虚断"性,有

$$i_- = i_+ = 0, \quad i_1 = i_\mathrm{f}, \quad \frac{0 - u_\mathrm{i}}{R_1} = \frac{u_\mathrm{i} - u_\mathrm{o}}{R_\mathrm{f}}$$

即
$$u_\mathrm{o} = \left(1 + \frac{R_\mathrm{f}}{R_1}\right) u_\mathrm{i} \quad \text{或} \quad A_\mathrm{f} = \frac{u_\mathrm{o}}{u_\mathrm{i}} = 1 + \frac{R_\mathrm{f}}{R_1} \tag{2-42}$$

式(2-42)反映的是同相比例器的输入、输出关系。选取不同的电阻值,可得到输出电压与输入电压的不同比值,该比值总是大于 1,并且总是正值。

如果把同相比例器中的电阻 R_1 开路$(R_1 = \infty)$，把电阻 R_f 短路$(R_f = 0)$，如图 2-39 所示的电路，则容易得到

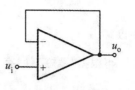

$$u_o = u_i \quad 或 \quad \frac{u_o}{u_i} = 1 \qquad (2\text{-}43)$$

说明该电路的输出电压与输入电压完全相同，所以又称为"电压跟随器"。

图 2-39 电压跟随器

电压跟随器对信号没有放大作用(有时还有减小作用)，但由于运放几乎不向输入信号索取电流$(i_i = i_+ = 0)$，电路的输入电阻 $R_i \to \infty$，因此电压跟随器具有"隔离作用"——将大负载(较小的负载阻值)与信号源隔离开来，避免负载向信号源索取较大的电流。

2.5.3 含理想运算放大电路的分析

【例 2.11】 一个三输入加法电路如图 2-40 所示，试验证其加法关系。

解 根据运放的"虚短"性，有

$$u_- = u_+ = 0$$

再根据"虚断"性，有

$$i_1 + i_2 + i_3 = i_f$$

于是

$$\frac{u_{i1} - 0}{R_1} + \frac{u_{i2} - 0}{R_2} + \frac{u_{i3} - 0}{R_3} = \frac{0 - u_o}{R_f}$$

整理后得

$$u_o = -\left(\frac{R_f}{R_1}u_{i1} + \frac{R_f}{R_2}u_{i2} + \frac{R_f}{R_3}u_{i3}\right)$$

上式表明：输出电压是各输入电压的反相加权求和。如果令 $R_1 = R_2 = R_3 = R_f$，则

$$u_o = -(u_{i1} + u_{i2} + u_{i3})$$

这时该电路是一个典型(反相)加法电路。

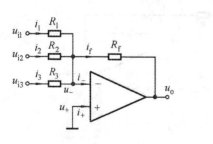

图 2-40 例 2.11 图

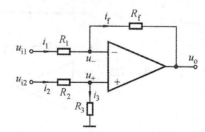

图 2-41 例 2.12 图

【例 2.12】 一个减法电路如图 2-41 所示，试验证其减法关系。

解 根据运放的"虚断"性，有

$$i_1 = i_f$$

即

$$\frac{u_{i1} - u_-}{R_1} = \frac{u_- - u_o}{R_f} \qquad (2\text{-}44)$$

又
$$i_2 = i_3$$

所以
$$u_+ = \frac{R_3}{R_2 + R_3} u_{i2} \tag{2-45}$$

再根据"虚短"性,有
$$u_- = u_+$$

将式(2-45)代入式(2-44),得
$$u_o = \left(1 + \frac{R_f}{R_1}\right)\frac{R_3}{R_2 + R_3} u_{i2} - \frac{R_f}{R_1} u_{i1} \tag{2-46}$$

该电路实现了减法关系。

如果令 $R_f/R_1 = R_3/R_2$,则
$$u_o = \frac{R_f}{R_1}(u_{i2} - u_{i1})$$

这时,该电路称为差动放大器。

进一步设 $R_1 = R_2 = R_3 = R_f$,则
$$u_o = u_{i2} - u_{i1}$$

这便是一个典型减法电路。

如果用节点电压法求解,分别对节点 u_- 和 u_+ 列写节点电压方程,有
$$\left(\frac{1}{R_1} + \frac{1}{R_f}\right)u_- - \frac{1}{R_f}u_o = \frac{1}{R_1}u_{i1} \tag{2-47}$$

$$\left(\frac{1}{R_2} + \frac{1}{R_3}\right)u_+ = \frac{1}{R_2}u_{i2} \tag{2-48}$$

注意到 $u_- = u_+$,联立式(2-47)和式(2-48)解出与式(2-46)相同的结果。

【例 2.13】 电路如图 2-42 所示,求 u_o/u_i。

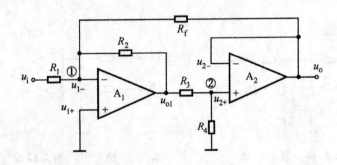

图 2-42 例 2.13 图

解 用节点电压法求解,对图 2-42 所示的节点 ① 列节点电压方程,有
$$\left(\frac{1}{R_1} + \frac{1}{R_2} + \frac{1}{R_f}\right)u_{1-} - \frac{1}{R_2}u_{o1} - \frac{1}{R_f}u_o = \frac{1}{R_1}u_i \tag{2-49}$$

由于 $u_{1-} = u_{1+} = 0$,式(2-49)简化为

$$\frac{1}{R_1}u_i + \frac{1}{R_2}u_{o1} + \frac{1}{R_f}u_o = 0 \tag{2-50}$$

再对节点 ② 列节点电压方程,有

$$-\frac{1}{R_3}u_{o1} + \left(\frac{1}{R_3} + \frac{1}{R_4}\right)u_{2+} = 0 \tag{2-51}$$

从图 2-42 可知 $u_{2+} = u_{2-} = u_o$,由式(2-51) 得

$$u_{o1} = \left(1 + \frac{R_3}{R_4}\right)u_o \tag{2-52}$$

将式(2-52) 代入式(2-50),消除 u_{o1},经整理得

$$\frac{u_o}{u_i} = -\frac{1}{\dfrac{R_1}{R_2} + \dfrac{R_1 R_3}{R_2 R_4} + \dfrac{R_1}{R_f}}$$

2.6 Matlab 计算

电路的一般分析法,可用来指导建立电路方程,但电路方程的求解却是一项烦琐的工作。Matlab 具有强大的数学方程求解功能,借助它可以极大地提高电路分析的效率。

1. 用 Matlab 求解方程

【例 2.14】 设一元二次方程组如下,求方程的根。

$$\begin{cases} 2x_1 + 3x_2 = 16 \\ 4x_1 + 5x_2 = 28 \end{cases}$$

解 将方程组改写为矩阵形式,即

$$\begin{bmatrix} 2 & 3 \\ 4 & 5 \end{bmatrix}\begin{bmatrix} x_1 \\ x_2 \end{bmatrix} = \begin{bmatrix} 16 \\ 28 \end{bmatrix}$$

即

$$\boldsymbol{AX} = \boldsymbol{B}$$

式中,系数矩阵 $\boldsymbol{A}$、$\boldsymbol{B}$ 和变量矩阵 $\boldsymbol{X}$ 分别为

$$\boldsymbol{A} = \begin{bmatrix} 2 & 3 \\ 4 & 5 \end{bmatrix}, \quad \boldsymbol{B} = \begin{bmatrix} 16 \\ 28 \end{bmatrix}, \quad \boldsymbol{X} = \begin{bmatrix} x_1 \\ x_2 \end{bmatrix}$$

方程的解为

$$\boldsymbol{X} = \frac{\boldsymbol{B}}{\boldsymbol{A}}$$

上面的方程组用 Matlab 求解,编写 M 文件如下(为了方便,程序中用小写字母)。

```
a = [2, 3; 4, 5]
b = [16; 28]
x = a \ b          % 注意矩阵除法运算的语句写法
```

在 Matlab 命令窗运行程序,显示结果为

```
a =
    2    3
    4    5
b =
   16
   28
x =
    2
    4
```

即得到方程的根为 $x_1 = 2, x_2 = 4$。

2. 用 Matlab 计算电路参数

【**例 2.15**】 用 Matlab 重新计算例 2.6 的电路。将电路重绘于图 2-43 中,$i_S = 3$ A。求回路电流、电流源电压 u,并计算电源的功率。

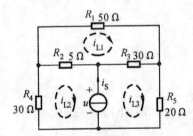

图 2-43 Matlab 重新计算例 2.6

解 列写回路电流方程组如下:

$$\begin{cases} (R_1 + R_2 + R_3)i_{L1} - R_2 i_{L2} - R_3 i_{L3} = 0 \\ -R_2 i_{L1} + (R_2 + R_4)i_{L2} + u = 0 \\ -R_3 i_{L1} + (R_3 + R_5)i_{L3} - u = 0 \\ -i_{L2} + i_{L3} = i_S \end{cases}$$

将方程组改写为矩阵形式,即

$$\begin{bmatrix} R_1 + R_2 + R_3 & -R_2 & -R_3 & 0 \\ -R_2 & R_2 + R_4 & 0 & 1 \\ -R_3 & 0 & R_3 + R_5 & -1 \\ 0 & -1 & 1 & 0 \end{bmatrix} \begin{bmatrix} i_{L1} \\ i_{L2} \\ i_{L3} \\ u \end{bmatrix} = \begin{bmatrix} 0 \\ 0 \\ 0 \\ i_S \end{bmatrix}$$

求解方程组及回路电流、电源电压 u、电源功率的 Matlab 程序如下。

```
r1 = 50; r2 = 5; r3 = 30; r4 = 30; r5 = 20; is = 3;        % 元件赋值
a = [r1 + r2 + r3, -r2, -r3, 0; -r2, r2 + r4, 0, 1;
     -r3, 0, r3 + r5, -1; 0, -1, 1, 0]                     % 构造矩阵 A
b = [0; 0; 0; is]                                          % 构造矩阵 B
x = a\b                                                    % 计算矩阵 X
p = -x(4) * is                                             % 计算功率
```

在 Matlab 命令窗运行程序,显示结果为

```
a =
    85      -5      -30       0
    -5      35        0       1
   -30       0       50      -1
     0      -1        1       0
b =
```

$$
\begin{array}{c}
0 \\
0 \\
0 \\
3
\end{array}
$$

x =
       0.4000
     −1.6000
       1.4000
      58.0000
p =
     −174

即回路电流：$i_{L1} = 0.4$ A，$i_{L2} = -1.6$ A，$i_{L3} = 1.4$ A；电源电压 $u = 58$ V；电源功率 $P = -174$ W（发出）。

【例 2.16】 电路如图 2-44 所示，试分析电阻 R_3 取多大值时，可以获得最大功率？最大功率是多少？

解　本例的分析可参见例题 2.10，下面直接给出节点电压方程为

$$
\begin{cases}
\left(\dfrac{1}{R_1} + \dfrac{1}{R_2}\right)u_{N1} - \dfrac{1}{R_2}u_{N2} - \dfrac{1}{R_1}u_{N3} = i_S \\[2mm]
-\dfrac{1}{R_2}u_{N1} + \left(\dfrac{1}{R_2} + \dfrac{1}{R_3}\right)u_{N2} - i_2 = 0 \\[2mm]
-\dfrac{1}{R_1}u_{N1} + \left(\dfrac{1}{R_1} + \dfrac{1}{R_4} + \dfrac{1}{R_5}\right)u_{N3} + i_2 = \dfrac{u_S}{R_5} \\[2mm]
\dfrac{5}{R_1}u_{N1} - u_{N2} + \left(1 - \dfrac{5}{R_1}\right)u_{N3} = 0
\end{cases}
$$

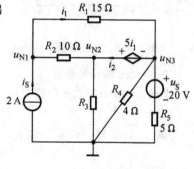

图 2-44　例 2.16 图

将方程组改写为矩阵形式，有

$$
\begin{bmatrix}
\dfrac{1}{R_1} + \dfrac{1}{R_2} & -\dfrac{1}{R_2} & -\dfrac{1}{R_1} & 0 \\[3mm]
-\dfrac{1}{R_2} & \dfrac{1}{R_2} + \dfrac{1}{R_3} & 0 & -1 \\[3mm]
-\dfrac{1}{R_1} & 0 & \dfrac{1}{R_1} + \dfrac{1}{R_4} + \dfrac{1}{R_5} & 1 \\[3mm]
\dfrac{5}{R_1} & -1 & 1 - \dfrac{5}{R_1} & 0
\end{bmatrix}
\begin{bmatrix}
u_{N1} \\[2mm] u_{N2} \\[2mm] u_{N3} \\[2mm] i_2
\end{bmatrix}
=
\begin{bmatrix}
i_S \\[2mm] 0 \\[2mm] \dfrac{u_S}{R_5} \\[2mm] 0
\end{bmatrix}
$$

下面用 Matlab 来求解。电阻 R_3 功率为 $P = \dfrac{u_{N2}^2}{R_3}$。

```
r1 = 15; r2 = 10; r4 = 4; r5 = 5; is = 2; us = 20;      % 元件赋值
g1 = 1 / r1; g2 = 1 / r2; g4 = 1 / r4; g5 = 1 / r5;     % 计算电导
r3 = 0.01 : 0.01 : 6;                                    % 构造 R3 的取值区间
for k = 1 : length( r3 )                                 % 重复计算
```

```
g3 = 1 / r3( k );                                    % R₃ 的电导
a = [g1+g2, -g2, -g1, 0; -g2, g2+g3, 0, -1;
     -g1, 0, g1+g4+g5, 1;5 * g1, -1, 1-5 * g1, 0];
b = [is; 0; us * g5; 0];                              % 构造矩阵 A、B
x = a \b;                                             % 计算矩阵 X
p( k ) = g3 * x( 2 ) ^ 2;                             % 计算功率
end
plot(r3, p);                                          % 画功率 P 与 R₃ 的关系曲线
[pmax, k] = max( p )                                  % 查找功率最大值
r3(k)                                                 % 最大值功率对应的 R₃ 值
```

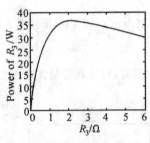

图 2-45　例 2.16 图

程序运行结果如图 2-45 所示,屏幕显示结果为

```
pmax =
    37.8125
k =
    222
ans =
    2.2200
```

即 $R_3 = 2.22\ \Omega$ 时,电阻获得最大功率,最大功率为 2.22 W。

3. Matlab 的符号计算

【例 2.17】　解二元一次方程

$$ax^2 + bx + c = 0$$

解　编写 Matlab 程序如下。

```
syms a b c x                                          % 定义符号变量
eq = a * x^2 + b * x + c                              % 构造符号方程
X = solve(eq, x)                                      % 解方程
```

运行结果为

```
eq =
    a * x^2+b * x+c
X =
    [1/2/a * (-b+(b^2-4 * a * c)^(1/2))]
    [1/2/a * (-b-(b^2-4 * a * c)^(1/2))]
```

方程的根为

$$\frac{-b \pm \sqrt{b^2 - 4ac}}{2a}$$

【例 2.18】　用 Matlab 符号计算功能重新求解例 2.13。

解　例 2.13 的节点电压方程为

$$
\begin{cases}
\dfrac{1}{R_2}u_{o1} + \dfrac{1}{R_f}u_o = -\dfrac{1}{R_1}u_i \\[3mm]
-\dfrac{1}{R_3}u_{o1} + \left(\dfrac{1}{R_3} + \dfrac{1}{R_4}\right)u_o = 0
\end{cases}
$$

编写 Matlab 程序如下。

```
syms r1 r2 r3 r4 rf ui uo uo1             % 定义符号变量
syms a b x                                % 定义符号变量
a = [1 / r2, 1 / rf; -1 / r3, 1 / r3 + 1 / r4];   % 构造矩阵 A
b = [- ui / r1; 0];                       % 构造矩阵 B
x = [uo1; uo];                            % 构造矩阵 X
eq = a * x - b;                           % 构造矩阵方程
X = solve(eq(1), eq(2), uo1, uo);         % 解方程组
X. uo                                     % 输出 Uo
```

运行结果为 $- ui * r2 * rf * r4/r1 * (rf * r4 + rf * r3 + r2 * r4)$。

把程序的后四行改写为 $X = a \backslash b$，也可以得到同样的结果，即

$$
u_o = -\frac{R_2 R_4 R_f u_i}{R_1(R_4 R_f + R_3 R_f + R_2 R_4)}
$$

本 章 小 结

（1）对一个具有 n 个节点、b 条支路的电路（网络）进行分析的目的，是求解电路中支路的电压和电流；b 条支路，共有 b 个支路电压和 b 个支路电流需要求解。由于每条支路的电压和电流都有自己的约束关系，求出 b 个支路电压（或电流）后，相应地可以求出另外 b 个支路电流（或电压）。

（2）n 个节点 b 条支路的电路中，有 $(n-1)$ 个独立节点和 $(b-n+1)$ 个独立回路。支路电流法是以 b 个支路的电流为待求未知量，支路电压用支路电流来表示，根据基尔霍夫定律，分别对 $(n-1)$ 个独立节点列写 KCL 电流方程，对 $(b-n+1)$ 个独立回路列写 KVL 电压方程。总共 b 个独立方程，可以解出 b 个电流未知量。

（3）回路电流法，是选择 $(b-n+1)$ 个回路电流为待求未知量，根据基尔霍夫定律，对 $(b-n+1)$ 个独立回路列写 KVL 电压方程，从而解出回路电流的方法，支路电流可以由回路电流求出。

回路电流方程的形式具有规律性，易于列写。列写方程时，注意自电阻为正，互电阻可以是正，也可以是负，正、负由流过该电阻的回路电流方向是否一致来决定。方程的左边表示回路的电压降，方程的右边是回路中电压源的代数和，表示回路的电压升，电压源与回路绕行方向一致时该电源电压取负，反之取正。

如果电路是平面电路，则可以选取网孔作为独立回路。

如果电路中存在无伴电流源，则需要增加该电流源的电压为未知量，并将它作为电压源电压看待。同时增加一个方程，该方程是无伴电流源与回路电流的关系。

电路中如果存在受控电源，则将受控电源作为独立电源看待，同时将控制量用回路电流来表示。

（4）节点电压法，首先选择 1 个节点为参考节点，其他 $(n-1)$ 个节点到参考节点的电压是节点电压。将 $(n-1)$ 个节点电压作为待求未知量，根据基尔霍夫定律，对 $(n-1)$ 个独立节点列写 KCL 电

流方程,从而解出节点电压,支路电压都可以由节点电压求出。

节点电压方程也有规律性。列写时,自电导为正,互电导为负。方程的左边表示流出节点的总电流,方程的右边是电源流入节点的电流代数和。

如果电路中存在无伴电压源,则需要增加该电压源的电流为未知量,并将它作为电流源看待。同时增加一个方程,该方程是无伴电压源与节点电压的关系。

电路中如果存在受控电源,将受控电源作为独立电源看待,同时将控制量用节点电压来表示。

(5) 运放是一种高电压放大倍数、高输入电阻、低输出电阻的三端元件。由运放和若干电阻可以构成比例、加法、减法等电路。比例电路表示电路的输出电压与输入电压成比例关系,有同相比例电路和反相比例电路之分。加(减)法电路表示电路的输出电压是几个输入电压的加(减)法运算关系。

理想运放的电压放大倍数为无穷大、输入电阻无穷大、输出电阻为零。电路中的理想运放具有"虚短"和"虚断"特性。"虚短"表明运放两个输入端等电位;"虚断"表明运放两个输入端上的电流为零。利用"虚短"、"虚断"性可以简化对运放电路的分析。

习　题　二

2-1　试画出题2-1图所示电路的拓扑图,注意将电压源与电阻的串联、电流源与电阻的并联作为一条支路。

2-2　试画出题2-2图所示拓扑图的一种合理的电路图,验证其正确性。

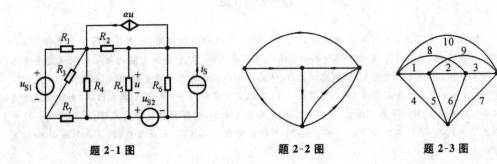

题 2-1 图　　　　　　题 2-2 图　　　　　　题 2-3 图

2-3　网络拓扑图如题 2-3 图所示,以下支路集合中,哪些可以作为它的树支集?

(1){1,2,3}　　　　　(2){1,6,8}　　　　　(3){2,9,10}

(4){1,2,3,7}　　　　(5){4,5,6,7}　　　　(6){4,5,9,10}

(7){5,6,8,9}　　　　(8){4,7,8,9}　　　　(9){2,8,9,10}

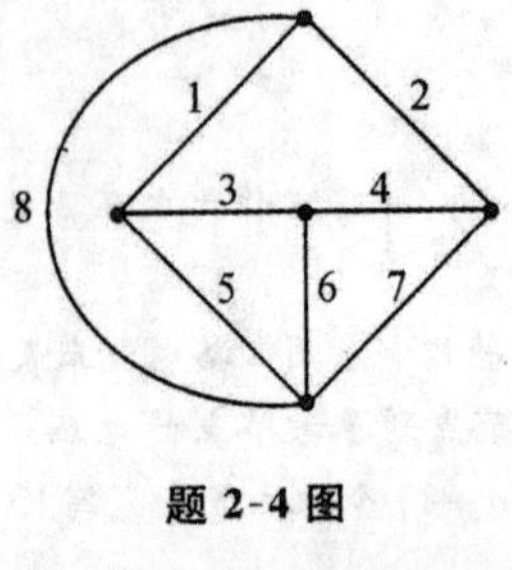

2-4　在题 2-4 图所示网络拓扑图中,选择支路(1,3,4,6)为树,请指出所有存在的基本回路与基本割集。如果选择支路(2,3,6,8)为树,基本回路与基本割集又是哪些?

2-5　题 2-5 图所示网络拓扑图中,可以列写的 KCL、KVL 独立方程数各为多少?试分析说明。

2-6　试用支路电流法求题 2-6 图所示电路中各支路的电流。

2-7　用支路电流法求题 2-7 图所示电路中的电流 i 和电压 u。

题 2-4 图

2-8　用支路电流法求题 2-8 图所示电路中各支路的电流,验证功率平衡关系。

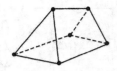

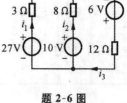

题 2-5 图

题 2-6 图

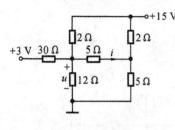

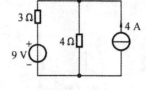

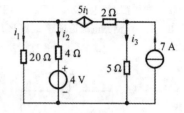

题 2-7 图

题 2-8 图

题 2-9 图

2-9 用支路电流法求题 2-9 图所示电路中各支路的电流,验证功率平衡关系。

2-10 试对题 2-10 图所示电路列写回路电流方程,列出各支路电流与回路电流的关系。

2-11 用回路电流法分析题 2-11 图所示各电路的功率平衡。

2-12 用回路电流法求题 2-12 图所示电路中流过 2 Ω 电阻的电流 i。

2-13 已知回路电流方程列写如下,试画出一种可能的电路结构,标出电路元件参数,并验证之。

$$\begin{cases} 8i_{L1} - 2i_{L2} - 5i_{L3} = 20 \\ -2i_{L1} + 9i_{L2} - 3i_{L3} = 20 \\ 3i_{L1} + 5i_{L2} - 14i_{L3} = 30 \end{cases}$$

2-14 用回路电流法求题 2-14 图所示电路中的电流 i。

2-15 用回路电流法求题 2-15 图所示电路中受控电压源的功率。

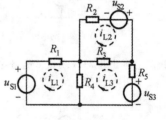

题 2-10 图

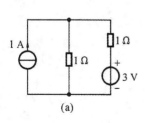

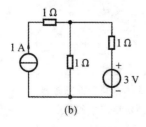

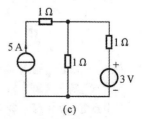

(a)

(b)

(c)

题 2-11 图

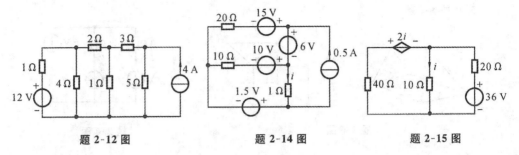

题 2-12 图   题 2-14 图   题 2-15 图

2-16 用回路电流法求题 2-16 图所示电路中电流源的电压。

2-17 用回路电流法求题 2-17 图所示电路中受控电压源的电流,受控电流源的电压。已知 $u_1 = 2\text{V}$。

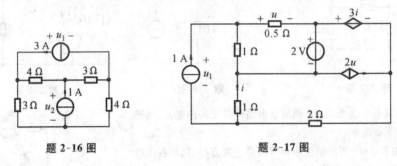

题 2-16 图   题 2-17 图

2-18 列出题 2-18 图所示电路的节点电压方程。

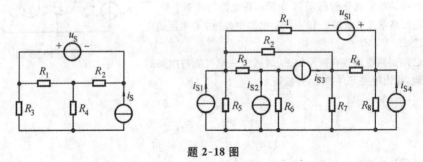

题 2-18 图

2-19 已知节点电压方程列写如下,试画出一种可能的电路结构,标出电路元件参数,并验证之。

$$\begin{cases} 13u_{N1} - u_{N2} - 2u_{N3} = 0 \\ -u_{N1} + 6u_{N2} = 2 \\ -2u_{N1} + 6u_{N3} = 6 \end{cases}$$

2-20 用节点电压法求题 2-20 图所示电路中的电流 i。

2-21 用节点电压法求题 2-21 图所示电路中的电流 i。

2-22 用节点电压法求题 2-22 图所示电路中的电压 u。

2-23 用节点电压法重新求解题 2-11 的问题。

2-24 用节点电压法重新求解题 2-14 的问题。

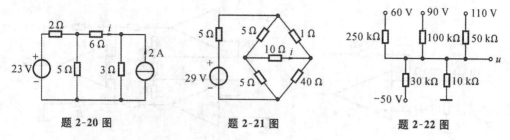

题 2-20 图   题 2-21 图   题 2-22 图

2-25　用节点电压法重新求解题 2-15 的问题。

2-26　用节点电压法重新求解题 2-16 的问题。

2-27　用节点电压法重新求解题 2-17 的问题。

2-28　求题 2-28 图所示电路的电压增益 u_o/u_i。

2-29　求题 2-29 图所示电路的电压增益 u_o/u_i。

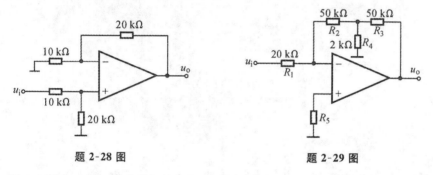

题 2-28 图   题 2-29 图

2-30　题 2-29 图中,如果出现下列情况,u_o/u_i 分别是多少?

　　　(1)R_2 短路;　　　　(2)R_3 短路;　　　　(3)R_4 开路。

2-31　求题 2-31 图所示电路的电压增益 u_o/u_i。

2-32　如题 2-32 图所示电路中,$u_{i1} = 1$ V,$u_{i2} = 2$ V,求输出电压 u_o。

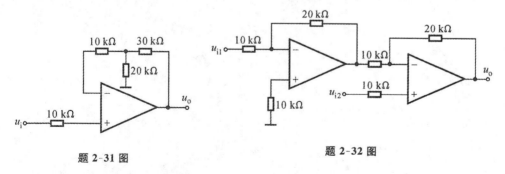

题 2-31 图   题 2-32 图

2-33　求题 2-33 图所示电路的电压增益 u_o/u_i。

2-34　求题 2-34 图所示电路的电压增益 u_o/u_i。

2-35　试用 Matlab 计算题 2-15 的问题。

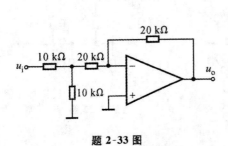

题 2-33 图

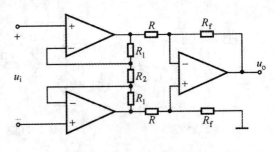

题 2-34 图

2-36 试用 Matlab 计算题 2-16 的问题。

2-37 试用 Matlab 计算题 2-17 的问题。

3

电路定理

本章在前面的基础上讨论线性电路的基本性质,并将这些性质概括为若干电路定理,它们分别是叠加定理、替代定理、戴维宁和诺顿定理、最大功率传输定理、特勒根定理、互易定理、对偶原理。电路定理在学习电路中占有重要地位。

利用支路电流法、回路(网孔)电流法、节点电压法进行电路的分析计算,能够求出各自分析方法的全部未知量。但有时并不需要求出整个电路的全部支路电流或支路电压,而仅需要求出某一条支路的电流或电压,用电路分析方法显得笨拙且工作量大。电路定理为解决这一类问题提供了很好的途径,有助于我们灵活地分析电路,是电路理论的重要组成部分。

3.1 叠加定理

叠加定理是线性电路的一个重要定理,是分析线性电路的基础。运用叠加定理不仅可以分析线性电路,还可以推导出线性电路的其他重要定理。

3.1.1 叠加定理的内容

叠加定理:在线性电路中,任一支路电流(或电压)都是电路中各个独立电源单独作用时在该支路产生的电流(或电压)的叠加。

图 3-1 所示为一简单的线性电路,若电压源、电流源及各电阻值均已知,现利用节点电压法来计算电压 u_{AB},以及流过电阻 R_1 支路中的电流 i_1。

对于图 3-1 所示电路,选节点 B 为参考结点,则

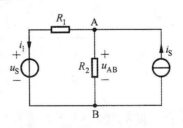

图 3-1　叠加定理示例

$$\left(\frac{1}{R_1}+\frac{1}{R_2}\right)u_{AB}=\frac{u_S}{R_1}+i_S$$

得
$$u_{AB}=\frac{R_2}{R_1+R_2}u_S+\frac{R_1R_2}{R_1+R_2}i_S \tag{3-1}$$

$$i_1=\frac{u_{AB}-u_S}{R_1}=-\frac{u_S}{R_1+R_2}+\frac{R_2}{R_1+R_2}i_S \tag{3-2}$$

从式(3-1)、式(3-2)可知,在图 3-1 所示的具有两个独立电源的电路中,支路电压 u_{AB} 和支路电流 i_1 都由两个部分组成:一部分与电压源 u_S 有关,而另一部分与电流源 i_S 有关;而且每部分的系数为常数,说明每一部分的响应均与对应的激励成线性关系。

3.1.2 叠加定理的证明

下面利用叠加定理使电压源和电流源分别作用,并将各个激励下的响应进行叠加,利用式(3-1)和式(3-2)的结果来验证叠加定理的正确性。

当电压源 u_S 单独作用时,应使电流源不作用。令 $i_S=0$,即将电流源所在支路开路,这时图 3-1 所示电路将变换如图 3-2(a)所示,易求得

$$u'_{AB}=\frac{R_2}{R_1+R_2}u_S,\quad i'_1=\frac{-u_S}{R_1+R_2}$$

当电流源 i_S 单独作用时,这时应使电压源不作用。令 $u_S=0$,即将电压源所在处短路,这时图 3-1 所示电路将变换如图 3-2(b)所示,易求得

$$u''_{AB}=\frac{R_1R_2}{R_1+R_2}i_S,\quad i''_1=\frac{R_2}{R_1+R_2}i_S$$

所以
$$u'_{AB}+u''_{AB}=\frac{R_2}{R_1+R_2}u_S+\frac{R_1R_2}{R_1+R_2}i_S=u_{AB}$$

$$i'_1+i''_1=-\frac{1}{R_1+R_2}u_S+\frac{R_2}{R_1+R_2}i_S=i_1$$

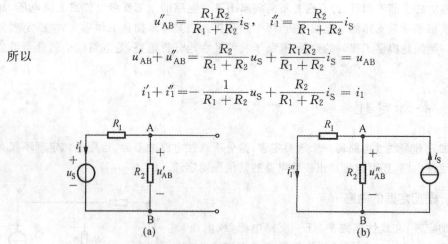

图 3-2 各电源单独作用的分电路

由此可见,支路中产生的电流(或电压),可以看成是两个独立电源分别在该支路中产生的电流(或电压)的代数和。或者说,支路的电流(或电压)是每个电源单独作用结果的叠加。

对于一个具有 b 条支路、n 个独立节点的电路,可以用节点电压作为电路求解变量,列

出电路方程。这种方程具有以下一般形式

$$\begin{cases} a_{11}x_1 + a_{12}x_2 + \cdots + a_{1n}x_n = b_{11} \\ a_{21}x_1 + a_{22}x_2 + \cdots + a_{2n}x_n = b_{22} \\ \vdots \\ a_{n1}x_1 + a_{n2}x_2 + \cdots + a_{nn}x_n = b_{nn} \end{cases} \tag{3-3}$$

设 $x_1,x_2,\cdots,x_n$ 为 n 个节点电压,则系数 a 为自导或互导,b 为注入该节点上的电流源和等效电流源电流的线性组合。式(3-3) 解的一般形式为

$$x_k = \frac{\Delta_{1k}}{\Delta}b_{11} + \frac{\Delta_{2k}}{\Delta}b_{22} + \cdots + \frac{\Delta_{nk}}{\Delta}b_{nn}$$

式中:Δ 为系数 a 构成的行列式;Δ_{jk} 是 Δ 中第 j 行第 k 列元素对应的代数余子式,$j=1,2,\cdots,n$。$b_{11},b_{22},\cdots,b_{nn}$ 都是电路中激励的线性组合,而每个解 x 又是 $b_{11},b_{22},\cdots,b_{nn}$ 的线性组合,而支路电压、支路电流和节点电压也满足线性关系。故线性电路中任一处的响应(电压或电流)y 都是电路中所有激励 q_j 的线性组合,即

$$y = k_1q_1 + k_2q_2 + \cdots + k_nq_n = \sum k_jq_j \tag{3-4}$$

式中,常数 k_j 为激励 q_j 单独作用时该响应的比例系数。它是由电路参数和电路结构决定的常量;它的性质可能是电阻、电导或常数;可以是正值,也可以是负值。任何线性电路都具有式(3-4)这种特性,它具有普遍性,线性方程式(3-4)是叠加定理的数学表达式。

3.1.3 叠加定理的应用

应用叠加定理时应注意以下几点。

(1)叠加定理只适用于线性电路中电流、电压的计算,对非线性电路不适用,对线性电路中的功率计算也不适用。

(2)各个独立电源单独作用时,其余独立电源置零(电压源所在处用短路替代,电流源所在处用开路替代)。电路连接形式不变,电阻阻值不变。

(3)叠加时各分电路中的电压和电流的参考方向与原电路相同的,在求代数和时取正号;与原电路不相同的,在求代数和时取负号。

(4)叠加的方式是任意的,可以一次使一个独立电源单独作用,也可以一次使几个独立电源同时作用,叠加方式的选择取决于分析计算问题的简便与否。

(5)当电路中存在受控源时,叠加定理仍然适用。受控源的作用反映在节点电压方程自导和互导中,即式(3-3)的系数矩阵中。这些系数并没有改变方程的线性关系,所以电路中任一处的电流或电压仍可按照各独立电源单独作用时在该处产生的电流或电压叠加。

对含有受控源的电路,在应用叠加定理时,不能把受控源看做独立电源来计算其响应,而应把受控源作为一般元件,与电路中所有电阻一样不予更动,保留在各独立电源单独作用下的各分电路中。

【例 3.1】 电路如图 3-3(a)所示,试求电压源的电流 I 和电流源的电压 U。

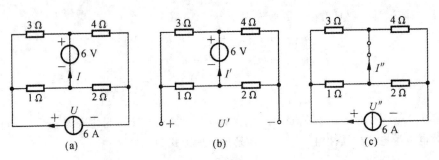

图 3-3 例 3.1 图

解 要求解电流 I 和电压 U,可用网孔法、节点法,现采用叠加定理求解。

6 V 电压源单独作用时,6 A 电流源所在处用开路代替。这时电压源中的电流为 I',电流源两端的电压为 U',电路如图 3-3(b) 所示。

$$I' = \left(\frac{6}{3+1} + \frac{6}{4+2}\right) \text{A} = 2.5 \text{ A}$$

$$U' = \left(\frac{6}{3+1} \times 1 - \frac{6}{4+2} \times 2\right) \text{V} = -0.5 \text{ V}$$

6 A 电流源单独作用时,6 V 电压源所在处用短路代替,这时电压源中的电流为 I'',电流源两端的电压为 U'',电路如图 3-3(c) 所示。用分流公式得

$$I'' = \left(6 \times \frac{2}{4+2} - 6 \times \frac{1}{3+1}\right) \text{A} = 0.5 \text{ A}$$

$$U'' = 6 \times \left(\frac{1 \times 3}{1+3} + \frac{4 \times 2}{4+2}\right) \text{V} = 12.5 \text{ V}$$

得
$$I = I' + I'' = (2.5 + 0.5) \text{ A} = 3 \text{ A}$$
$$U = U' + U'' = (-0.5 + 12.5) \text{ V} = 12 \text{ V}$$

【**例 3.2**】 电路如图 3-4(a) 所示,试用叠加定理求 U 和 I。

解 叠加不限于一个独立电源单独作用,当电路中独立电源个数比较多时,特别是某些电路结构和元件参数具有一定的对称性时,可以将一些独立电源分成几组,从而简化电路的计算。对于图 3-4(a) 所示电路,根据电路特点,可把电压源分为一组,电流源分为一组,并将 2 A 电流源分解为两个 1 A 的电流源。电源分组后的电路变换如图 3-4(b)、(c)、(d) 所示。

在图 3-4(b) 所示的电路中,有两个电压源作用,得

$$I' = \frac{(5-5) \text{ V}}{(10+10) \text{ }\Omega} = 0 \text{ A}$$

$$U' = 10 \text{ }\Omega \times 0 \text{ A} = 0 \text{ V}$$

在图 3-4(c) 所示的电路中,在两个 1 A 电流源作用下,因电路的左右部分关于图中虚线对称,所以有 $I'' = 0$,即得

$$U'' = 1 \text{ A} \times 10 \text{ }\Omega = 10 \text{ V}$$

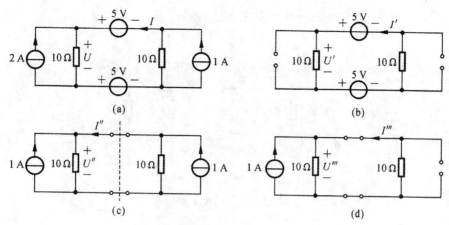

(a)　(b)

(c)　(d)

图 3-4　例 3.2 图

而在图 3-4(d) 所示的电路中,有

$$U''' = 1\ \text{A} \times 5\ \Omega = 5\ \text{V}$$

$$I''' = -\frac{10\ \Omega}{(10+10)\ \Omega} \times 1\ \text{A} = -0.5\ \text{A}$$

因此,由叠加定理求得电流和电压分别为

$$I = I' + I'' + I''' = 0\ \text{A} + 0\ \text{A} - 0.5\ \text{A} = -0.5\ \text{A}$$

$$U = U' + U'' + U''' = 0\ \text{V} + 10\ \text{V} + 5\ \text{V} = 15\ \text{V}$$

【例 3.3】　图 3-5 所示电路是一有源线性电阻电路,已知

(1) 当 $U_{S1} = 0\ \text{V}, U_{S2} = 0\ \text{V}$ 时,$U = 1\ \text{V}$;

(2) 当 $U_{S1} = 1\ \text{V}, U_{S2} = 0\ \text{V}$ 时,$U = 2\ \text{V}$;

(3) 当 $U_{S1} = 0\ \text{V}, U_{S2} = 1\ \text{V}$ 时,$U = -1\ \text{V}$。

试给出 U_{S1} 和 U_{S2} 为任意值时电压 U 的表达式。

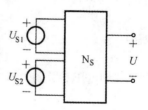

图 3-5　例 3.3 图

解　从所给条件(1)可知,当 $U_{S1} = 0\ \text{V}, U_{S2} = 0\ \text{V}$ 时,$U = 1\ \text{V}$,说明网络 N_S 是一个含有独立电源的线性网络。根据线性电路满足叠加定理,电压 U 是由电压源 U_{S1}、U_{S2} 和网络内电源共同作用产生的,可表示为

$$U = K_1 U_{S1} + K_2 U_{S2} + b$$

根据所给三组条件得如下方程:

$$\begin{cases} 1 = K_1 \times 0 + K_2 \times 0 + b \\ 2 = K_1 \times 1 + K_2 \times 0 + b \\ -1 = K_1 \times 0 + K_2 \times 1 + b \end{cases}$$

解得

$$\begin{cases} K_1 = 1, \\ K_2 = -2, \\ b = 1 \end{cases}$$

所以，当 U_{S1} 和 U_{S2} 为任意值时，电压 U 的表达式为

$$U = U_{S1} - 2U_{S2} + 1$$

【例 3.4】　求图 3-6(a) 所示电路中的电流 I 和电压 U。

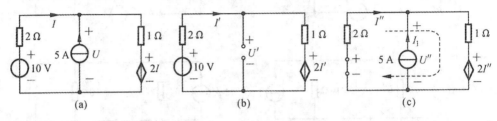

(a)　　　　　　　　　(b)　　　　　　　　　(c)

图 3-6　例 3.4 图

解　本题应用叠加定理求解，应注意的是电路中含有受控源，在各独立电源单独作用时，受控源应保留在原位置。

10 V 电压源单独作用时，5 A 电流源所在处用开路代替，图 3-6(a) 所示电路变换如图 3-6(b) 所示，有

$$(2+1)I' = 10 - 2I'$$

$$I' = 2 \text{ A}$$

$$U' = -2I' + 10 = (-4 + 10) \text{ V} = 6 \text{ V}$$

5 A 电流源单独作用时，10 V 电压源所在处用短路代替，图 3-6(a) 所示电路变换如图 3-6(c) 所示，有

$$-2I'' = (5 + I'') \times 1 + 2I''$$

解得

$$I'' = -1 \text{ A}$$

$$U'' = -I'' \times 2 = -(-1 \times 2) \text{ V} = 2 \text{ V}$$

电流 I 和电压 U 分别为

$$I = I' + I'' = (2 - 1) \text{ A} = 1 \text{ A}$$

$$U = U' + U'' = (6 + 2) \text{ V} = 8 \text{ V}$$

3.1.4　齐性定理

在线性电路中，任一处的响应（电压或电流）都是电路中所有激励（电压源和电流源）的线性组合。当所有激励（电压源和电流源）都同时增大或缩小 K 倍（K 为实常数）时，响应（电压和电流）也同时增大或缩小 K 倍。这就是线性电路的齐性定理。显然，当只有一个独立电源作用在线性电路中时，其响应必然与激励成正比，此时应用齐性定理分析梯形电路特别有效。

【例 3.5】　如图 3-7 所示电路，试用齐性定理求各支路电流。

解　应用齐性定理求解时，首先设定最后一条支路的电流，然后往前推算，求出所需要的电压 U_S' 及倍数 U_S'/U_S，最后根据齐性定理求出各支路电流的实际值。

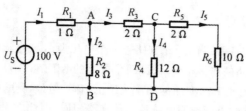

图 3-7 例 3.5 图

本例中,先设电流 I_5 为 $I'_5 = 1$ A,则

$$U'_{CD} = (R_5 + R_6)I'_5 = (2 + 10)\ \Omega \times 1\ \text{A} = 12\ \text{V}$$

又

$$I'_3 = I'_4 + I'_5 = (1 + 1)\ \text{A} = 2\ \text{A}$$

所以

$$U'_{AB} = R_3 I'_3 + R_4 I'_4 = (2 \times 2 + 12)\ \text{V} = 16\ \text{V}$$

又

$$I'_2 = \frac{U'_{AB}}{R_2} = \frac{16}{8}\ \text{A} = 2\ \text{A}$$

所以

$$I'_1 = I'_2 + I'_3 = (2 + 2)\ \text{A} = 4\ \text{A}$$

故

$$U'_S = R_1 I'_1 + R_2 I'_2 = (1 \times 4 + 8 \times 2)\ \text{V} = 20\ \text{V}$$

已知 $U_S = 100$ V 比假设电压扩大 $K = 100/20 = 5$ 倍,根据齐性定理,各支路的实际电流也要扩大同样倍数,所以

$$I_1 = 5I'_1 = 20\ \text{A}, \quad I_2 = 5I'_2 = 10\ \text{A}$$
$$I_3 = 5I'_3 = 10\ \text{A}, \quad I_4 = 5I'_4 = 5\ \text{A}$$
$$I_5 = 5I'_5 = 5\ \text{A}$$

本例计算是应用齐性定理分析梯形电路的典型方法,称为倒推法,即从电路最远离电源的一端元件开始,先假定一个便于计算的电压或电流值,逐步向电源起始端推算,得到对应的电源端的电压、电流值。

3.2 替代定理

3.2.1 替代定理的内容

在任何线性电路或非线性电路中,若某支路电压 u_k 和电流 i_k 已知,且该支路内不含有其他支路中受控电源的控制量,则无论该支路是由什么元件组成的,都可以用以下任何一个元件替代:电压等于 u_k 的理想电压源;电流等于 i_k 的理想电流源;阻值为 u_k / i_k 的电阻元件。

替代以后该电路中全部电压和电流均保持不变,替代定理的示意图如图 3-8 所示。

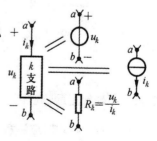

图 3-8 替代定理示意图

3.2.2 替代定理的证明

替代定理的正确性证明:当第 k 条支路被一个电压源 u_k 或电流源 i_k 或电阻 $R_k = u_k/i_k$ 替代后,新电路与原电路的连接相同,因此两个电路的 KCL 和 KVL 约束方程完全相同。除第 k 条支路外,两个电路的其余支路的约束关系也相同。但是,新电路中第 k 条支路的电压或电流或两者的关系被约束为与原电路第 k 条支路相同。因此在电路改变前后,各支路电压、电流满足相同的约束方程,其解也是相同的。

在图 3-9(a) 所示的电路中,若把虚线框内的部分视为一条支路,可求出该支路的电压、电流为

$$I_2 = \frac{E_1 - E_2}{R_1 + R_2} = \frac{-12}{6} \text{ A} = -2 \text{ A}$$

$$U_2 = R_2 I_2 + E_2 = (-8 + 16) \text{ V} = 8 \text{ V}$$

流经 R_1 的电流及端电压为

$$I_1 = I_2 = -2 \text{ A}, \quad U_1 = R_1 I_1 = -4 \text{ V}$$

(1) 将虚线框内的部分用电压为 $U_S = 8 \text{ V}$ 的电压源替代,如图 3-9(b) 所示,求得

$$I_1 = \frac{E_1 - U_1}{R_1} = \frac{4 - 8}{2} \text{ A} = -2 \text{ A}$$

$$U_1 = R_1 I_1 = -4 \text{ V}, \quad U_2 = U_S = 8 \text{ V}$$

与替代前的结果完全相同。

(2) 将虚线框内的部分用 $I_S = -2 \text{ A}$ 的电流源替代,如图 3-9(c) 所示,求得

$$I_1 = -2 \text{ A}, \quad U_1 = R_1 I_1 = -4 \text{ V}$$

$$U_2 = E_1 - U_1 = [4 - (-4)] \text{ V} = 8 \text{ V}$$

与替代前的结果亦完全相同。

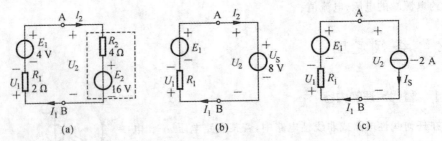

图 3-9 验证替代定理的正确性

3.2.3 替代定理的应用

应用替代定理时应注意以下几点。

(1) 替代定理对线性、非线性,时变、时不变电路均适用。

(2) 当电路中含有受控源、耦合电感之类的耦合元件时,耦合元件所在支路与其控制

量所在的支路,一般不能应用替代定理。因为在替代后该支路的控制量可能不复存在,将造成电路分析的困难。

(3) 应该注意:"替代"和"等效变换"是两个不同的概念。"替代"是用独立电流源或电压源替代已知电流或电压的支路。替代前后,被替代支路之外电路的拓扑结构和元件参数都不能改变,因为一旦改变,替代支路的电压和电流也随之发生变化;而"等效变换"是两个具有相同端口伏安特性的电路之间的相互转换,与变换以外电路的拓扑结构和元件参数无关。

(4) 替代定理不仅可以用电压源或电流源替代已知电压或电流的某一条支路,而且可以替代已知端钮处电压和电流的一端口网络。

(5) 如果某支路的电压 u 和电流 i(设为关联参考方向) 均已知,则该支路也可用电阻值 $R = u/i$ 的电阻替代。

【例 3.6】 电路如图 3-10(a) 所示,当改变电阻 R 的值时,电路中各处电压和电流都将随之改变。已知 $i = 1\,\text{A}$ 时,$u = 20\,\text{V}$;$i = 2\,\text{A}$ 时,$u = 30\,\text{V}$;求当 $i = 3\,\text{A}$ 时,$u = ?$

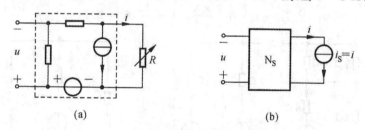

(a)　　　　　　　　　　　　(b)

图 3-10　例 3.6 图

解 首先把虚线框内的电路作为含有独立电源的线性电阻电路 N_S,因流经支路电阻 R 中的电流值已知,根据替代定理,可将支路电阻用电流源来替代,如图 3-10(b) 所示。

根据电路的线性关系,设电流源单独作用时的响应为 $u' = ai$,电路 N_S 中独立电源单独作用时的响应为 $u'' = b$,于是有

$$u = ai + b$$

代入已知条件,解得

$$a = 10\,\Omega, \quad b = 10\,\text{V}$$

于是有

$$u = 10 \cdot i + 10$$

所以,当 $i = 3\,\text{A}$ 时,有

$$u = 40\,\text{V}$$

【例 3.7】 如图 3-11(a) 所示电路,若要使 $I_X = \dfrac{1}{8}I$,试求 R_X。

解 用替代定理,将图 3-11(a) 所示电路转化为图 3-11(b) 所示电路。而图 3-11(b) 所示电路又能表示为图 3-11(c) 所示两个电路的相加,因

$$U' = \frac{1}{2.5}I \times 1 - \frac{1.5}{2.5}I \times 0.5 = 0.1I = 0.8I_X$$

$$U'' = -\frac{1.5}{2.5} \times \frac{1}{8}I = -0.075I = -0.6I_X$$

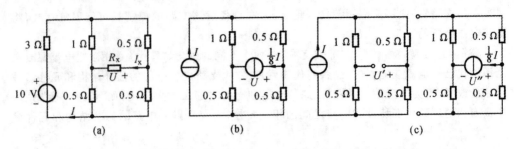

图 3-11 例 3.7 图

得
$$U = U' + U'' = (0.8 - 0.6)I_X = 0.2I_X$$

故
$$R_X = \frac{U}{I_X} = \frac{0.2I_X}{I_X} = 0.2 \ \Omega$$

【例 3.8】 电路如图 3-12(a) 所示，试求 I_1。

解 图 3-12(a) 所示电路可以替代为图 3-12(b) 所示电路，故有

$$I_1 = \left(\frac{7}{6} + \frac{2 \times 4}{2 + 4}\right) \text{A} = \frac{15}{6} \text{A} = 2.5 \text{A}$$

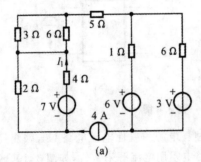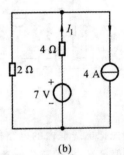

图 3-12 例 3.8 图

【例 3.9】 求图 3-13 所示电路中 $u = f(i)$。已知 $U_S = 2$ V，$\mu = 0.5$，$r = 2$S，$i_S = 1$ A，$R_1 = 1 \ \Omega$，$R_2 = 2 \ \Omega$，$R_3 = 8 \ \Omega$。

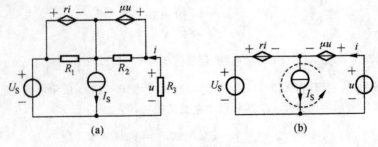

图 3-13 例 3.9 图

解 根据替代定理,将 R_3 电阻的支路用电压为 u 的电压源等效替代,直接求外特性 $u = f(i)$。电路如图 3-13(b) 所示,其中与受控电压源并联的电阻 R_1、R_2 在计算 $u = f(i)$ 时不必考虑。

列出电路方程 $\qquad\qquad\qquad u = \mu u - ri + U_S$

代入所给参数 $\qquad\qquad\qquad u = 0.5u - 2i + 2$

$$u = 4 - 4i$$

3.3 戴维宁定理和诺顿定理

在电路分析中,常把具有一对接线端子的电路部分称为一端口网络。如果一端口网络内部仅含有电阻和受控源而不含有独立电源,则称为无源一端口网络,并标注字符 N_0。由前面分析可知,无源一端口网络 N_0 的输入电压与电流之比为一实常数,定义为 N_0 的输入电阻,即无源一端口网络的等效电阻。如果一端口网络内部不仅含有电阻和受控源,还有独立电源,则称为有源一端口网络,并标注字符 N_S。那么,一个有源一端口网络的等效电路是什么呢?戴维宁定理和诺顿定理提供了分析求解的一般方法。

3.3.1 戴维宁定理

1. 戴维宁定理的内容

任何一个线性有源一端口网络 N_S,如图 3-14(a) 所示,对外电路而言,它可以用一个电压源 u_S 和电阻 R_{eq} 的串联组合电路来等效,如图 3-14(d) 所示。该等效电路电压源的电压 u_S 等于该有源一端口网络在端口处的开路电压 u_{oc},如图 3-14(b) 所示;其等效电阻 R_{eq} 等于该有源一端口网络 N_S 对应的、令独立电源为零时的无源一端口网络 N_0 的等效电阻 R_{eq},如图 3-14(c) 所示。有源一端口网络 N_S 用戴维宁定理等效变换后,不影响对外电路的分析计算,即等效变换后外电路中的电压 u、电流 i 保持不变,如图 3-14(d) 所示。

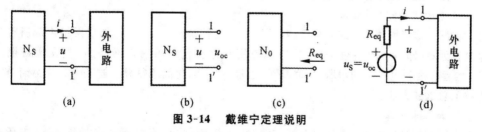

图 3-14 戴维宁定理说明

当有源一端口网络内部含有受控源时,应用戴维宁定理要注意:受控源的控制量可以是该有源一端口网络内部的电压或电流,也可以是该有源一端口网络端口处的电压或电流,但不允许该有源一端口网络内部的电压或电流是外电路中受控源的控制量。

2. 戴维宁定理的证明

戴维宁定理可用替代定理和叠加定理证明如下:如图 3-15(a) 所示电路,设 N_S 接上外

电路后端口电压为 u，电流为 i；根据替代定理，外电路可用一个电流为 $i_S = i$ 的电流源替代，且不影响有源一端口网络的工作状态，如图 3-15(a) 所示。

求解端口电压 u 与电流 i 的关系。根据叠加定理，图 3-15(a) 中的电压 u 等于 N_S 内部独立电源作用时产生的电压 u'（见图 3-15(b)）与电流源 i_S 单独作用时所产生的电压 u''（见图 3-15(c)）之和，即

$$u = u' + u''$$

从图 3-15(b) 可见，u' 就是 N_S 在端口开路时的电压 u_{oc}；在图 3-15(c) 中，N_S 内部独立电源为零时得到一个无源一端口网络 N_0，用等效电阻 R_{eq} 表示。因此，有

$$u'' = -R_{eq} i_S = -R_{eq} i$$

综上所述，一个线性有源一端口网络 N_S 的外特性（电压、电流关系）为

$$u = u' + u'' = u_{oc} - R_{eq} i \tag{3-5}$$

由式(3-5)构造的等效电路如图 3-15(d) 所示，戴维宁定理得证。

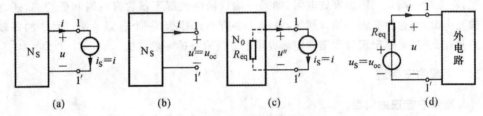

图 3-15   戴维宁定理证明

3. 戴维宁定理的应用

应用戴维宁定理的关键是求出有源一端口网络的开路电压和戴维宁等效电阻。计算开路电压 u_{oc}，可运用前面讲述的各种分析方法，如等效变换法、节点电压法、回路电流法等。但要特别注意的是，电压源 u_{oc} 的方向必须与计算开路电压 u_{oc} 时的方向相同。

计算等效电阻 R_{eq} 的方法有以下四种。

1）电阻串、并联等效法

有源一端口网络 N_S 的结构已知，而且不含受控源时，令有源一端口网络内部所有独立电源为零（即电压源用短路替代，电流源用开路替代），将有源网络 N_S 变成无源网络 N_0，然后直接利用电阻的串联、并联及 Y-△ 等效变换、化简求得 R_{eq}。这是一种最为简单的等效电阻求取方法。

2）加压求流法

有源一端口网络 N_S 内部含有受控源时，为求等效电阻 R_{eq}，可令有源网络 N_S 内所有独立电源为零，保留受控源，使其成为无源一端口网络 N_0，如图 3-16(a) 所示。由于这个无源网络 N_0 含有受控源，已不可能利用电阻串、并联等效方法求得等效电阻，但网络 N_0 总可以用一个电阻 R_{eq} 来等效，所以可将图 3-16(a) 所示电路等效为 3-16(b) 所示电路；若在图 3-16(b) 所示电路两端外施电压源 u_S，所得电路如图 3-16(c) 所示；在外加电压 u_S 的作用下，端口必有电流 i，由图 3-16(c) 不难看出，电压 u_S、电流 i 及电阻 R_{eq} 之间满足欧姆定

律。因此,可得等效电阻

$$R_{eq} = \frac{在 N_0 网络端口处外加电压}{所求得端口电流} = \frac{u_S}{i} \qquad (3-6)$$

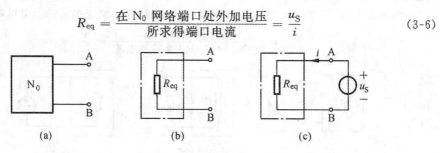

图 3-16 加压求流法

【**例 3.10**】 电路如图 3-17 所示,求 AB 端的等效电阻 R_{eq}。

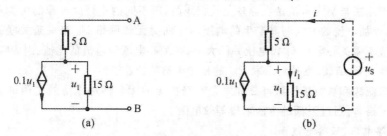

图 3-17 例 3.10 图

解 由图 3-17(a) 可见,该一端口网络是不含独立电源但含受控电流源的无源一端口网络,对此可用加压求流法求等效电阻 R_{eq}。外加电压后电路如图 3-17(b) 所示,由图可得

$$u_S = 5i + u_1$$
$$u_1 = 15i_1$$
$$i_1 = i - 0.1u_1$$

所以

$$i_1 = \frac{1}{2.5}i$$

$$u_S = 5i + 15i_1 = 11i$$

故等效电阻

$$R_{eq} = \frac{u_S}{i} = 11 \ \Omega$$

由例 3.10 可见,外加电压 u_S 的方向与其产生的电流 i 的方向对无源网络 N_0 来说是关联的,在计算中对电压 u_S 与电流 i 的大小一般不必关心,因为响应电流 i 一定是激励电压 u_S 的函数,在最后求取 R_{eq} 的相比中会被约掉。

3)加流求压法

对一个无源一端口网络 N_0,如图 3-18(a) 所示,由于它总可以用一个电阻 R_{eq} 来等效,所以可将图 3-18(a) 所示电路等效为图 3-18(b) 所示电路;若在图 3-18(b) 所示电路两端

外施电流源 i_S,可得电路如图 3-18(c) 所示。在外加电流 i_S 的作用下端口必产生电压 u,由图 3-18(c) 不难看出,电压 u、电流 i_S 及电阻 R_{eq} 之间满足欧姆定律,因此,可得等效电阻为

$$R_{eq} = \frac{\text{所求得端口电压}}{\text{在 } N_0 \text{ 网络端口处外加电流}} = \frac{u}{i_S} \tag{3-7}$$

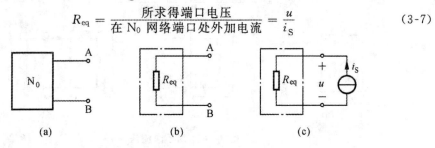

图 3-18   加流求压法

加流求压法与加压求流法在原理上是相同的,所不同的是外施电源的种类不同。加流求压法中,外加电流的方向与其产生的电压的方向对无源网络 N_0 来说是关联的。在实际计算时一般不需关心电流 i_S 和电压 u 的大小,而关心电压与电流的比值。因为响应 u 一定是激励电流 i_S 的函数,在最后求取 R_{eq} 的相比中被约掉。

加压求流法和加流求压法都是针对含有受控源的无源网络求等效电阻的方法。对有源—端口网络,可通过下面的方法求得等效电阻。

4) 开路电压、短路电流法

开路电压、短路电流法求等效电阻 R_{eq} 的对象是含独立电源的有源—端口网络,如图 3-19 所示。由戴维宁定理可知,一个有源—端口网络总可以用一个电压源 u_{oc} 和一个串联电阻 R_{eq} 来等效,因此可将图 3-19(a) 所示电路等效为图 3-19(b) 所示电路,当端口 A、B 开路时,开路电压 $u_{AB} = u_{oc}$;若将图 3-19(b) 中的 A、B 两端短路,如图 3-19(c) 所示,则可得短路电流 i_{sc},即

$$i_{sc} = \frac{u_{oc}}{R_{eq}}$$

由此可得等效电阻

$$R_{eq} = \frac{u_{oc}}{i_{sc}} \tag{3-8}$$

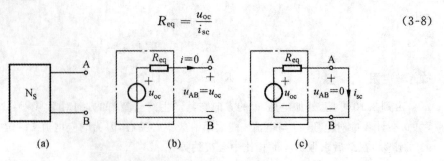

图 3-19   开路电压、短路电流法

这就需要分别求出有源—端口网络的开路电压 u_{oc} 和短路电流 i_{sc} 后,利用式(3-8)算

出等效电阻 R_{eq}。在利用此种方法时,要注意 u_{oc} 和 i_{sc} 的方向,即 u_{oc} 和 i_{sc} 对外电路而言为关联参考方向。

【例 3.11】 用戴维宁定理计算图 3-20 所示电路的支路电流 I_3。已知 $E_1 = 140$ V,$E_2 = 90$ V,$R_1 = 20$ Ω,$R_2 = 5$ Ω,$R_3 = 6$ Ω。

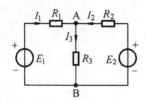

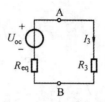

图 3-20 例 3.11 图   图 3-21 图 3-20 所示电路的等效电路

解 图 3-20 所示电路可转化为图 3-21 所示的等效电路,其开路电压 U_{oc} 可由图 3-22(a) 求得:

$$I = \frac{E_1 - E_2}{R_1 + R_2} = \frac{140 - 90}{20 + 5} \text{ A} = 2 \text{ A}$$

于是 $$U_{oc} = E_1 - R_1 I = (140 - 20 \times 2) \text{ V} = 100 \text{ V}$$

或 $$U_{oc} = E_2 + R_2 I = (90 + 5 \times 2) \text{ V} = 100 \text{ V}$$

等效电源的内阻 R_{eq} 可由图 3-22(b) 求得.对 A、B 两端而言,R_1 和 R_2 是并联的,因此

$$R_{eq} = \frac{R_1 R_2}{R_1 + R_2} = \frac{20 \times 5}{20 + 5} \text{ Ω} = 4 \text{ Ω}$$

因此,由图 3-21 可以求出

$$I_3 = \frac{U_{oc}}{R_{eq} + R_3} = \frac{100}{4 + 6} \text{ A} = 10 \text{ A}$$

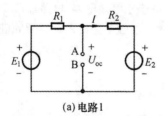

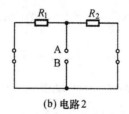

(a) 电路1   (b) 电路2

图 3-22 计算开路电压 U_{oc} 和 R_{eq} 的电路

【例 3.12】 试用戴维宁定理求图 3-23 所示电路中通过 10 Ω 电阻的电流 I。

解 将 10 Ω 电阻从电路中移去,求一端口网络的开路电压;由于端口开路,$I = 0$,受控电流源的电流 $4I = 0$,受控电流所在处开路;1 A 电流源与 20 Ω 电阻的并联组合等效变换为电压源与电阻的串联组合,电路如图 3-24(a) 所示。

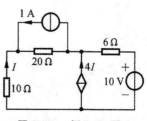

图 3-23 例 3.12 图 1

$$U_{oc} = (20 + 10) \text{ V} = 30 \text{ V}$$

用开路电压、短路电流法求等效电阻 R_{eq},应先求端口短路电流 I_{sc},电路如图 3-24(b)所示,列出图示回路方程

$$20I_1 + 6 \times (I_1 + 4I_1) = -10 - 20$$

$$I_1 = \frac{-30}{50} \text{ A} = -0.6 \text{ A}$$

$$I_{sc} = -I_1 = 0.6 \text{ A}$$

所以等效电阻

$$R_{eq} = \frac{U_{oc}}{I_{sc}} = \frac{30}{0.6} \Omega = 50 \Omega$$

将 10 Ω 电阻支路接入,求得电流

$$I = -\frac{30}{50 + 10} \text{ A} = -0.5 \text{ A}$$

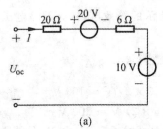 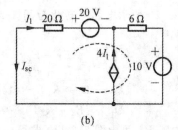

(a) (b)

图 3-24 例 3.12 图 2

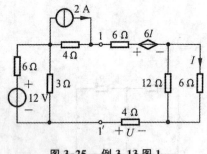

图 3-25 例 3.13 图 1

【例 3.13】 电路如图 3-25 所示,试用戴维宁定理计算 4 Ω 电阻两端的电压 U。

解 分别求 1-1′ 端口左边和右边(不含 4 Ω 电阻)的戴维宁等效电路,电路如图 3-26 所示。求得 1-1′ 端口左边电路的开路电压和等效电阻为

$$u_{oc1} = \left(4 \times 2 + \frac{12}{6+3} \times 3 \right) \text{ V} = 12 \text{ V}$$

$$R_{eq1} = \left(\frac{6 \times 3}{6+3} + 4 \right) \Omega = 6 \Omega$$

因为 1-1′ 端口右边为无源网络,所以 $u_{oc2} = 0$,求 R_{eq2} 的等效电路如图 3-26(b)所示,有

$$U = 6I' + 6I + 6I = 6I' + 12I$$

而

$$I = \frac{12}{12+6}I'$$

代入上式,得

$$U = 14I'$$

$$R_{eq2} = \frac{U}{I'} = 14 \Omega$$

将待求支路接上,如图 3-26(c) 所示,得

$$U = \left(\frac{-12}{6+4+14} \times 4 \right) \text{V} = -2 \text{ V}$$

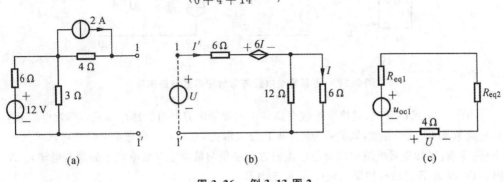

图 3-26   例 3.13 图 2

3.3.2   诺顿定理

1.诺顿定理的内容

诺顿定理是等效电源定理的另一种形式,它是把复杂的线性有源一端口网络 N_S 等效为一个电流源与电阻并联的电源模型,其内容如下:任何一个含有独立电源、线性电阻和受控源的线性有源一端口网络 N_S(见图 3-27(a)),其端口都可等效为一个电流源和电阻并联的电源模型(见图 3-27(b))。该电流源的电流值 i_{sc} 等于有源一端口电路 N_S 的两个端子短路时,其上的短路电流(见图 3-27(c));其并联电阻 R_{eq} 等于有源一端口电路 N_S 内部所有独立电源置零(独立电压源所在处短路,独立电流源所在处开路)后所得无源一端口电路 N_0 的端口等效电阻(见图 3-27(d))。

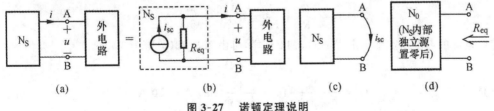

图 3-27   诺顿定理说明

图 3-27(b) 所示电路中的电流源 i_{sc} 与电阻 R_{eq} 的并联组合称为诺顿等效电路。

2.诺顿定理的证明

诺顿定理的证明非常简单。在一般情况下,有源线性一端口可以等效为戴维宁等效电路,根据实际电源两种模型等效互换即可得到诺顿等效电路,如图 3-28 所示。因此,诺顿定理可看做戴维宁定理的另一种形式。值得注意的是,诺顿定理的证明借助于戴维宁定理及电源等效变换原理,然而在实际分析电路中,诺顿等效电路却不需要借助戴维宁等效电路求得。

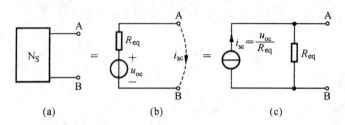

图 3-28 诺顿等效电路与戴维宁等效电路关系

由图 3-28 可以看出,戴维宁等效电路和诺顿等效电路共有开路电压 u_{oc}、等效电阻 R_{eq} 和短路电流 i_{sc} 三个参数,其关系为 $u_{oc} = R_{eq} i_{sc}$。因此,求出其中任意两个量就可求得另一个量。注意:诺顿等效电路中电流源电流的方向必须与戴维宁等效电路中的短路电流 i_{sc} 方向一致,即 A、B 短路时短路电流应从 A 流向 B。

3. 诺顿定理的使用

一般而言,有源线性一端口 N_S 的戴维宁等效电路和诺顿等效电路都存在。但当有源一端口 N_S 内部含受控源时,其等效电阻 R_{eq} 有可能为零,这时戴维宁等效电路成为理想电压源,其诺顿等效电路将不存在。同理,如果等效电阻 $R_{eq} \to \infty$,这时诺顿等效电路成为理想电流源,其戴维宁等效电路就不存在。

戴维宁定理和诺顿定理给出了如何将一个有源线性一端口网络等效成为一个实际电源模型,故这两个定理也可统称为等效电源定理。

【例 3.14】 用诺顿定理计算例题 3.11 图 3-20 所示电路的支路电流 I_3。

解 图 3-20 所示电路可以化简为图 3-29 所示的等效电路,等效电源的电流 I_S 可由图 3-30 求得

$$I_S = \frac{E_1}{R_1} + \frac{E_2}{R_2} = \left(\frac{140}{20} + \frac{90}{5} \right) \text{A}$$

等效电源的内阻与戴维宁定理中例 3.11 一样,可由图 3-22(b)求得

$$R_{eq} = 4 \ \Omega$$

于是

$$I_3 = \frac{R_{eq}}{R_{eq} + R_3} I_S = \frac{4}{4 + 6} \times 25 \text{ A} = 10 \text{ A}$$

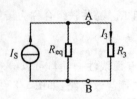

图 3-29 图 3-20 所示电路的等效电路

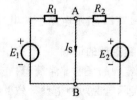

图 3-30 计算 I_S 的电路

【例 3.15】 根据图 3-31(a) 所示电路,求关于端口 AB 的诺顿等效电路。

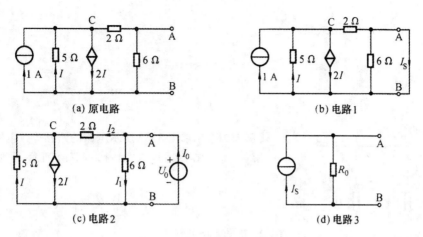

图 3-31 例 3.15 图

解 可以将 A、B 端短路,如图 3-31(b) 所示,用节点分析法求解短路电路 I_S。

C 点的节点方程为

$$\left(\frac{1}{5}+\frac{1}{2}\right)U_C = 1 - 2I$$

用节点电位表示控制量,即

$$I = -\frac{U_C}{5}$$

因此

$$\frac{7}{10}U_C = 1 - \left(-2 \times \frac{U_C}{5}\right)$$

$$U_C = 3.33 \text{ V}$$

故

$$I_S = \frac{U_C}{2} = 1.67 \text{ A}$$

求解等效电源的内阻 R_{eq} 时,将电路中的独立电流源开路,在 A、B 端加一电压 U_0,如图 3-31(c) 所示,依然可以用节点分析法求解。

C 点的节点方程为

$$U_C\left(\frac{1}{5}+\frac{1}{2}\right) - U_0 \times \frac{1}{2} = -2I$$

又

$$I = -\frac{U_C}{5}$$

故得

$$\frac{7}{10}U_C - \frac{1}{2}U_0 = \frac{2}{5}U_C$$

$$U_C = \frac{5}{3}U_0$$

A 点的节点方程(含无伴电压源)为

$$-\frac{1}{2}U_C + \left(\frac{1}{2}+\frac{1}{6}\right)U_0 = I_0$$

将 $U_C = \dfrac{5}{3}U_0$ 代入上式整理得

$$I_0 = -\frac{1}{6}U_0$$

则

$$R_{eq} = \frac{U_0}{I_0} = -6\ \Omega$$

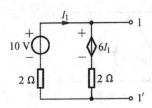

图 3-32   例 3.16 图 1

【例 3.16】 求图 3-32 所示电路的诺顿等效电路。

解   将端口 1-1′ 短路,如图 3-33(a)所示。含独立电源支路电流

$$I'_{SC} = I_1 = \frac{10}{2}\ A = 5\ A$$

含受控电源支路电流

$$I''_{SC} = \frac{6I_1}{2} = \frac{6 \times 5}{2}\ A = 15\ A$$

依 KCL $I_{SC} = I'_{SC} + I''_{SC} = (5+15)\ A = 20\ A$

用外施电源法求等效电阻 R_{eq},在端口 1-1′ 施加电压源,电路内独立电源置零,电路如图 3-33(b)所示。由

$$I_1 = -\frac{U}{2}, \quad U = 6I_1 + 2I_2$$

得 $$I_2 = 2U$$

在节点 1 处应用 KCL,有

$$I = I_2 - I_1$$

即 $$I = 2U - \left(-\frac{U}{2}\right)$$

$$I = 2.5U$$

等效电阻 $$R_{eq} = \frac{U}{I} = 0.4\ \Omega$$

所得诺顿等效电路如图 3-33(c)所示。

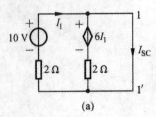 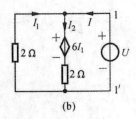 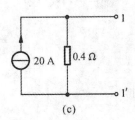

(a)   (b)   (c)

图 3-33   例 3.16 图 2

3.4 最大功率传输定理

3.4.1 负载获得最大功率的条件

为了分析方便,用图 3-34 所示的电路来研究负载获得最大功率的条件。由于任何一个有源线性一端口网络 N_S 都可以用戴维宁等效电路来替代,所以图 3-34(b) 可看成任何一个有源线性一端口网络向负载 R_L 供电的电路。又因为任何一个有源线性一端口网络内部的结构和参数一定,所以戴维宁等效电路中的 u_{oc} 和 R_{eq} 为定值。若 R_L 的值可变,分析 R_L 为何值时,能得到的功率最大。由图 3-34(b) 可知

$$i = \frac{u_{oc}}{R_{eq} + R_L}$$

则负载 R_L 消耗的功率

$$P_L = i^2 R_L = \left(\frac{u_{oc}}{R_{eq} + R_L}\right)^2 R_L \tag{3-9}$$

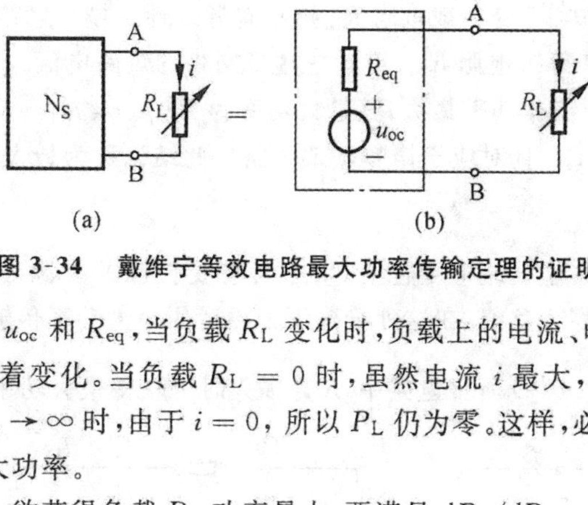

图 3-34 戴维宁等效电路最大功率传输定理的证明

对于一个给定的 u_{oc} 和 R_{eq},当负载 R_L 变化时,负载上的电流、电压将随之变化,所以负载上的功率也会跟着变化。当负载 $R_L = 0$ 时,虽然电流 i 最大,但由于 $R_L = 0$,所以 $P_L = 0$;而当负载 $R_L \to \infty$ 时,由于 $i = 0$,所以 P_L 仍为零。这样,必存在某个数值,使 P_L 为该值时,可获得最大功率。

由数学分析可知,欲获得负载 R_L 功率最大,要满足 $\mathrm{d}P_L/\mathrm{d}R_L = 0$ 的条件。将式(3-9)代入此式,得

$$\frac{\mathrm{d}P_L}{\mathrm{d}R_L} = \frac{\mathrm{d}}{\mathrm{d}R_L}\left[\left(\frac{u_{oc}}{R_{eq}+R_L}\right)^2 R_L\right] = \frac{u_{oc}^2}{(R_{eq}+R_L)^3}(R_{eq} - R_L) = 0$$

解得

$$R_L = R_{eq} \tag{3-10}$$

又由于

$$\left.\frac{\mathrm{d}^2 P_L}{\mathrm{d}R_L^2}\right|_{R_L = R_{eq}} = -\frac{u_{oc}^2}{8R_{eq}^3} < 0$$

因此,当 $R_L = R_{eq}$ 时,负载 R_L 才能获得最大功率,这就是负载获得最大功率的条件。习惯上,把这种工作状态称为负载与电源匹配,所以 $R_L = R_{eq}$ 也称为最大功率匹配条件。

3.4.2 负载获得最大功率的计算

1. 用戴维宁等效电路计算

对于图 3-34 所示电路,将 $R_L = R_{eq}$ 代入式(3-9),即得到计算最大功率匹配条件下负载 R_L 获得最大功率的公式为

$$P_{Lmax} = \frac{u_{oc}^2}{4R_{eq}} = \frac{u_{oc}^2}{4R_L} \tag{3-11}$$

2. 用诺顿等效电路计算

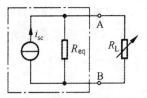

图 3-35 诺顿等效电路最大功率传输定理的证明

如果将有源一端口网络等效为一个如图 3-35 所示的诺顿等效电路,在 i_{sc} 和 R_{eq} 保持不变、而 R_L 的值可变的情况下,同理可推得当 $R_L = R_{eq}$ 时,负载 R_L 获得功率最大;其最大功率的计算公式为

$$P_{Lmax} = \frac{1}{4}R_{eq}i_{sc}^2 = \frac{1}{4}R_L i_{sc}^2 \tag{3-12}$$

3. 结论

归纳以上讨论可知:可变负载电阻 R_L 接在有源线性一端口网络 N_S 上,若已知一端口网络的开路电压 u_{oc} 和等效电阻 R_{eq}、或者一端口网络的短路电流 i_{sc} 和等效电阻 R_{eq},则在 $R_L = R_{eq}$ 时,负载 R_L 获得功率最大;其最大功率为 $P_{Lmax} = u_{oc}^2/4R_{eq}$(对应于戴维宁等效电路)或 $P_{Lmax} = R_{eq}i_{sc}^2/4$(对应于诺顿等效电路)。此结论称为最大功率传输定理。

4. 应用

在使用最大功率传输定理时要注意,对于含有受控源的有源线性网络 N_S,其戴维宁等效电阻 R_{eq} 可能为零或负值,在这种情况下不再适用最大功率传输定理。

【例3.17】 图 3-36(a)所示电路中,R 为多大时可获得最大功率?此最大功率是多少?

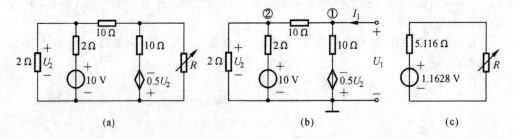

图 3-36 例 3.17 图

解 将图 3-36(a)所示电路等效变换为有源一端口的戴维宁等效电路,如图 3-36(b)所示;通过直接求出端口伏安关系来获得电阻 R 的值。设在端口处外加电压 U_1,列节点方程,得

$$(0.1+0.1)U_1 - 0.1U_2 = I_1 + \frac{(-0.5U_2)}{10}$$

$$-0.1U_1 + (0.5+0.5+0.1)U_2 = \frac{10}{2}$$

解得
$$U_1 = 5.12I_1 + 1.16$$

等效电源电压和等效电阻为

$$U_{oc} = 1.16 \text{ V}$$

$$R_{eq} = 5.12 \ \Omega$$

作出等效电路如图 3-36(c) 所示,可见当 $R = R_{eq} = 5.12 \ \Omega$ 时可获得最大功率,其值为

$$P_{max} = \frac{U_{oc}^2}{4R_{eq}} = \frac{1.16^2}{4 \times 5.12} \text{ W} = 0.07 \text{ W}$$

3.5   特勒根定理

3.5.1   特勒根定理的推论

先观察一个例子。在图 3-37 所示电路中,已知各支路电流(满足 KCL)为 $i_1 = 1$ A,$i_2 = 1$ A,$i_3 = -3$ A,$i_4 = 2$ A,$i_5 = 2$ A;各支路电压与电流取关联参考方向(满足 KVL),其值为 $u_1 = 2$ V,$u_2 = -1$ V,$u_3 = 1$ V,$u_4 = 4$ V,$u_5 = -3$ V,则有

$$\sum_{k=1}^{5} u_k i_k = u_1 i_1 + u_2 i_2 + u_3 i_3 + u_4 i_4 + u_5 i_5$$

$$= 2 \times 1 + (-1) \times 1 + 1 \times (-3) + 4 \times 2 + (-3) \times 2 = 0$$

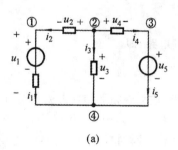 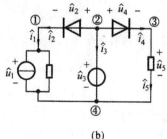 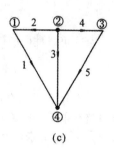

| (a) | (b) | (c) |

图 3-37   示例电路

从上面的结果可知:电路中各支路瞬时功率的代数和等于零。由此推导出特勒根定理的两种形式。

特勒根定理 1:对于一个具有 n 个节点 b 条支路的电路,假设各支路电流和电压取关联参考方向,并令 $i_1, i_2, \cdots, i_b$ 及 $u_1, u_2, \cdots, u_b$ 分别为这 b 条支路的电流和电压,则在任何瞬间 t,各支路电压与其支路电流乘积的代数和恒等于零。特勒根定理也称为功率守恒定理,其数学表达式为

$$\sum_{k=1}^{b} u_k i_k = 0$$

3.5.2   特勒根定理的证明和使用

对于图 3-37(a) 所示的电路：令节点 ④ 为参考节点，u_{N1}，u_{N2}，u_{N3} 分别表示节点 ①、②、③ 的节点电压，按 KVL 可得各支路电压与节点电压之间的关系为

$$u_1 = u_{N1}$$
$$u_2 = u_{N2} - u_{N1}$$
$$u_3 = u_{N2}$$
$$u_4 = u_{N2} - u_{N3}$$
$$u_5 = u_{N3}$$

对于节点 ①、②、③ 应用 KCL，得节点电流关系式

$$\begin{cases} i_1 - i_2 = 0 \\ i_2 + i_3 + i_4 = 0 \\ -i_4 + i_5 = 0 \end{cases}$$

又

$$\sum_{k=1}^{5} u_k i_k = u_1 i_1 + u_2 i_2 + u_3 i_3 + u_4 i_4 + u_5 i_5$$

将各支路电压用节点电压表示后，代入上式并整理可得

$$\sum u_k i_k = u_{N1} i_1 + (u_{N2} - u_{N1}) i_2 + u_{N2} i_3 + (u_{N2} - u_{N3}) i_4 + u_{N3} i_5$$
$$= u_{N1}(i_1 - i_2) + u_{N2}(i_2 + i_3 + i_4) + u_{N3}(i_5 - i_4)$$

代入节点电流关系式得

$$\sum_{k=1}^{5} u_k i_k = 0$$

上式可以推广到任何一个具有 n 个节点 b 条支路的电路，即

$$\sum_{k=1}^{b} u_k i_k = 0 \tag{3-13}$$

特勒根定理 2：有两个具有 n 个节点 b 条支路的电路，它们在拓扑结构上完全相同，支路电流和电压都取关联参考方向，并分别用 $i_1, i_2, \cdots, i_b$ 及 $u_1, u_2, \cdots, u_b$ 和 $\hat{i}_1, \hat{i}_2, \cdots, \hat{i}_b$ 及 $\hat{u}_1, \hat{u}_2, \cdots, \hat{u}_b$ 表示两个电路中 b 条支路的电流和电压，在任一瞬间有

$$\begin{cases} \sum_{k=1}^{b} u_k \hat{i}_k = 0 \\ \sum_{k=1}^{b} \hat{u}_k i_k = 0 \end{cases} \tag{3-14}$$

图 3-37(a) 是与图 3-37(b) 具有相同拓扑结构的不同电器元件组成的电路图，其拓扑结构如图 3-37(c) 所示。

特勒根定理 2 是特勒根定理 1 的推广，条件是这两个电路必须具有相同的拓扑结构。特勒根定理 2 的证明请同学们自己完成。

【例 3.18】　图 3-38 所示无源电路 N_R 内仅含线性电阻元件,当 1-1′ 端接电压源 u_{S1},
2-2′ 端短路时,电路如图(a)所示,测得 $i_1 = 6$ A,$i_2 = 1.2$ A。若将 1-1′ 端接 1.5 Ω 电阻,
2-2′ 端接电压源 $\hat{u}_{S2}$,电路如图(b)所示,欲使 $\hat{i}_1 = 8$ A,$\hat{u}_{S2}$ 应为多少伏?

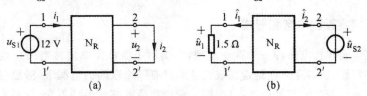

图 3-38　例 3.18 图

解　两个电路的图相同,依特勒根定理 2,有

$$\sum_{k=1}^{b} \hat{u}_k i_k = \hat{u}_1 i_1 + \hat{u}_2 i_2 + \sum_{k=3}^{b} \hat{u}_k i_k = \hat{u}_1 i_1 + \hat{u}_2 i_2 + \sum_{k=3}^{b} \hat{i}_k \hat{R}_k i_k = 0$$

$$\sum_{k=1}^{b} u_k \hat{i}_k = u_1 \hat{i}_1 + u_2 \hat{i}_2 + \sum_{k=3}^{b} u_k \hat{i}_k = u_1 \hat{i}_1 + u_2 \hat{i}_2 + \sum_{k=3}^{b} i_k R_k \hat{i}_k = 0$$

而
$$R_k = \hat{R}_k$$

所以
$$\hat{u}_1 i_1 + \hat{u}_2 i_2 = u_1 \hat{i}_1 + u_2 \hat{i}_2$$

代入数据
$$-1.5 \times 8 \times 6 + \hat{u}_{S2} \times 1.2 = 12 \times 8 + 0 \times \hat{i}_2$$

解得
$$\hat{u}_{S2} = 140 \text{ V}$$

注意:两个电路以同一个有向图作参考,当 u_k 和 $\hat{i}_k$ 的参考方向与有向图对应支路方向
都相同时,$u_k \hat{i}_k$ 前取"+"号;否则,取"—"号。而 $\hat{u}_k i_k$ 前的符号取法与上述相似。

【例 3.19】　如图 3-39 所示电路中,当 $R_1 = R_2 = 2$ Ω,$U_S = 8$ V 时,$I_1 = 2$ A,$U_2 = 2$ V;当 $R_1 = 1.4$ Ω,$R_2 = 0.8$ Ω,$U_S = 9$ V 时, $I_1 = 3$ A,$U_2 = ?$

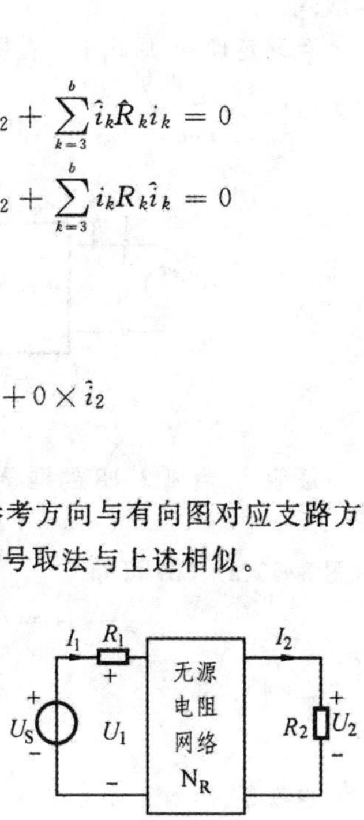

解　把这两种情况看成是结构相同、参数不同的两个电路,根据特勒根定理,有

$$u_1 \hat{i}_1 + u_2 \hat{i}_2 = \hat{u}_1 i_1 + \hat{u}_2 i_2$$

图 3-39　例 3.19 图

可见求解此类问题的关键就是要找到端口 8 个电路变量。由 $U_1 = 4$ V,$I_1 = 2$ A,
$U_2 = 2$ V,得

$$I_2 = U_2 / R_2 = 1 \text{ A}$$

由 $R_1 = 1.4$ Ω, $R_2 = 0.8$ Ω,$U_S = 9$ V,应有

$$\hat{U}_1 = (9 - 3 \times 1.4) \text{ V} = 4.8 \text{ V}, \quad \hat{I}_1 = 3 \text{ A}, \quad \hat{I}_2 = \hat{U}_2/R_2 = (5/4)\hat{U}_2$$

即
$$-4 \times 3 + 2 \times 1.25\hat{U}_2 = -4.8 \times 2 + \hat{U}_2 \times 1$$

得
$$\hat{U}_2 = (2.4/1.5) \text{ V} = 1.6 \text{ V}$$

即此时
$$U_2 = 1.6 \text{ V}$$

3.6 互易定理

3.6.1 互易定理的内容和形式

互易定理是线性电路的一个重要定理,它揭示了线性无源定常电路在满足一定条件时具有互易特性。所谓互易性是指当线性电路只有一个激励的情况下,激励与其在另一支路中的响应可以等价地互换位置,且由同一激励产生的响应保持不变。互易定理有 3 种基本形式。

互易定理　**形式 1**　在图 3-40(a)、(b) 所示电路中,N_R 为只有电阻组成的线性无源电阻电路,有 $\dfrac{i_2}{u_{S1}} = \dfrac{\hat{i}_1}{u_{S2}}$。

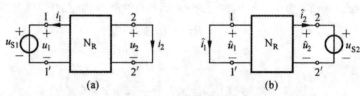

图 3-40　互易定理形式 1

证明　由例 3.18 的推导可知

$$u_1\hat{i}_1 + u_2\hat{i}_2 = \hat{u}_1 i_1 + \hat{u}_2 i_2$$

由图 3-40(a)、(b) 可知

$$u_2 = 0, \quad \hat{u}_1 = 0, \quad u_1 = u_{S1}, \quad \hat{u}_2 = u_{S2}$$

故

$$u_{S1}\hat{i}_1 = u_{S2} i_2$$

即

$$\frac{i_2}{u_{S1}} = \frac{\hat{i}_1}{u_{S2}}$$

也就是说,对于不含受控源的单一激励的线性电阻电路,互易激励(电压源)与响应(电流)的位置,其响应与激励的比值不变。当激励 $u_{S1} = u_{S2}$ 时,$i_2 = \hat{i}_1$。

互易定理　**形式 2**　在图 3-41(a)、(b) 所示电路中,N_R 为只有电阻组成的线性无源电阻电路,有 $\dfrac{u_2}{i_{S1}} = \dfrac{\hat{u}_1}{i_{S2}}$。

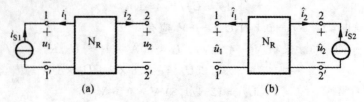

图 3-41　互易定理形式 2

证明
$$u_1\hat{i}_1 + u_2\hat{i}_2 = \hat{u}_1 i_1 + \hat{u}_2 i_2$$

由图 3-41(a)、(b) 可知

$$i_1 = -i_{S1}, \quad i_2 = 0, \quad \hat{i}_1 = 0, \quad \hat{i}_2 = -i_{S2}$$

因此
$$-i_{S2}u_2 = -i_{S1}\hat{u}_1$$

即
$$\frac{u_2}{i_{S1}} = \frac{\hat{u}_1}{i_{S2}}$$

也就是说,对于不含受控源的单一激励的线性电阻电路,互易激励(电流源)与响应(电压)的位置,其响应与激励的比值不变。当激励 $i_{S1} = i_{S2}$ 时,$u_2 = \hat{u}_1$。

互易定理 形式 3 在图 3-42(a)、(b) 所示电路中,N_R 为只有电阻组成的线性无源电阻电路,有 $\dfrac{i_2}{i_S} = \dfrac{\hat{u}_1}{u_S}$。

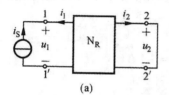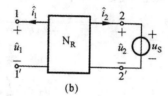

图 3-42 互易定理形式 3

证明
$$u_1\hat{i}_1 + u_2\hat{i}_2 = \hat{u}_1 i_1 + \hat{u}_2 i_2$$

由图 3-42 (a)、(b) 可知

$$i_1 = -i_S, \quad u_2 = 0, \quad \hat{i}_1 = 0, \quad \hat{u}_2 = u_S$$

因此
$$-\hat{u}_1 i_S + u_S i_2 = 0$$

即
$$\frac{i_2}{i_S} = \frac{\hat{u}_1}{u_S}$$

对于不含受控源的单一激励的线性电阻电路,互易激励与响应的位置,且把电流源激励换为电压源激励,把原电流响应改为电压响应,则互换位置后响应与激励的比值保持不变。如果在数值上 $u_S = i_S$,则在数值上 $\hat{u}_1 = i_2$。

3.6.2 互易定理的应用

应用互易定理时必须注意以下几点。

(1)互易定理只适用于单一激励作用的不含受控源的线性电阻电路。

(2)互易前后电路的拓扑结构应保持不变。

(3)要注意定理中激励和响应的参考方向。对于形式 1 和形式 2,若互易的两条支路互易前后激励和响应的参考方向关系一致(都相同或都相反),则相同激励产生的响应相同;不一致时,相同激励产生的响应差一个负号。对于形式 3,若互易两支路互易前后激励和响应的参考方向关系不一致,相同数值的激励产生的响应数值相同;一致时相同数值的激励产生的响应数值上相差一个负号。

【例 3.20】 如图 3-43(a) 所示的电路,求电流 I。

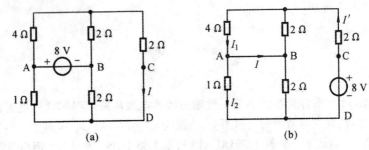

图 3-43 例 3.20 图

解 利用互易定理 1,将图 3-43(a) 所示电路转变为图 3-43(b) 所示电路,则有

$$I' = \frac{8}{2 + 4 \; /\!/ \; 2 + 1 \; /\!/ \; 2} = \frac{8}{4} \text{ A} = 2 \text{ A}$$

$$I_1 = \frac{I' \times 2}{(4 + 2)} = \frac{2}{3} \text{ A}$$

$$I_2 = \frac{I' \times 2}{(1 + 2)} = \frac{4}{3} \text{ A}$$

得

$$I = I_1 - I_2 = -\frac{2}{3} \text{ A}$$

【例 3.21】 如图 3-44 所示电路,求图 3-44(a) 中所示电路的电流 I,图 3-44(b) 中所示电路的电压 U。

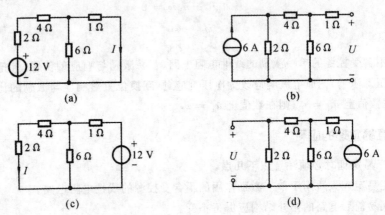

图 3-44 例 3.21 图

解 利用互易定理 1,将图 3-44(a) 所示电路转变为图 3-44(c) 所示电路;利用互易定理 2,将图 3-44(b) 所示电路转变为图 3-44(d) 所示电路,得

$$I = \frac{12}{1 + 6 \; /\!/ \; 6} \times \frac{1}{2} \text{ A} = 1.5 \text{ A}$$

$$U = 3 \times 2 \text{ V} = 6 \text{ V}$$

【例 3.22】 在图 3-45(a) 所示电路中,当 α 与 μ 取何关系时电路具有互易性?

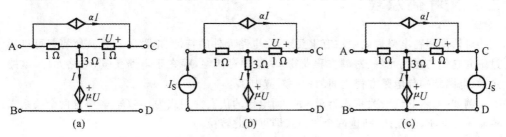

图 3-45 例 3.22 图

解 在 A、B 端口加电流源得到图 3-45(b) 所示电路,解得

$$U_{\text{CD}} = U + 3I + \mu U = (\mu+1)\alpha I + 3I = [(\mu+1)\alpha+3]I_{\text{S}}$$

在 C、D 端口加电流源得到图 3-45(c) 所示电路,解得

$$U_{\text{AB}} = -\alpha I + 3I + \mu U = (3-\alpha)I + \mu(I_{\text{S}} + \alpha I) \times 1 = (\mu+3-\alpha+\mu\alpha)I_{\text{S}}$$

如要求电路具有互易性,则应有 $U_{\text{AB}} = U_{\text{CD}}$,即

$$[(\mu+1)\alpha+3] = (\mu+3-\alpha+\mu\alpha)$$

得

$$\alpha = \frac{\mu}{2}$$

【例 3.23】 图 3-46 所示无源电路 N_R(指方框内部)仅由电阻组成。对图 3-46(a) 所示电路,有 $I_2 = 0.5 \text{ A}$,求图 3-46(b) 所示电路的电压 U_1。

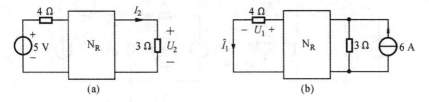

图 3-46 例 3.23 图

解 图 3-46(a) 所示电路中,有

$$U_2 = 3I_2 = 1.5 \text{ V}$$

当图 3-46(b) 所示电路中电流源为 5 A 时,根据互易定理形式 3,图 3-46(b) 所示电路中的 4 Ω 电阻电流为

$$\hat{I}_1 = 1.5 \text{ A}$$

根据齐性定理,当图 3-46(b) 所示电路中电流为 6 A 时,有

$$\hat{I}_1 = k \times 1.5 = \frac{6}{5} \times 1.5 \text{ A} = 1.8 \text{ A}$$

所以
$$U_1 = 4 \times 1.8 \text{ V} = 7.2 \text{ V}$$

3.7　对偶原理

　　对偶原理在电路理论中占有重要地位。电路元件的特性、电路方程及其解答都可以通过研究它们的对偶元件、对偶方程获得。电路的对偶性,存在于电路变量、电路元件、电路定律、电路结构与电路方程之间的一一对应中。

　　例如,电阻的伏安关系式为 $u = Ri$,而电导的伏安关系式为 $i = Gu$。若将这两个关系式中 u、i 互换,R、G 互换,则这两个关系式即可彼此转换。

　　再如,电感元件的伏安关系式为 $u = L\dfrac{\mathrm{d}i}{\mathrm{d}t}$,而电容元件的伏安关系式为 $i = C\dfrac{\mathrm{d}u}{\mathrm{d}t}$,若将这两个关系式中的 u、i 互换,L、C 互换,则这两个关系式即可彼此转换。

　　又如,在图 3-47(a)、(b) 所示电路中,节点电压方程为

$$\begin{cases} (G_1 + G_2)u_{N1} - G_3 u_{N2} = i_{S1} \\ -G_3 u_{N1} + (G_2 + G_3)u_{N2} = -i_{S2} \end{cases} \tag{3-15}$$

网孔电流方程为
$$\begin{cases} (R_1 + R_2)I_{L1} - R_3 i_{L2} = u_{S1} \\ -R_3 i_{L1} + (R_2 + R_3)i_{L2} = -u_{S2} \end{cases} \tag{3-16}$$

　　分析式(3-15) 和式(3-16) 可知,这两组方程具有完全相同的形式。如果 G 和 R 互换,i_S 和 u_S 互换,节点电压 u_N 和网孔电流 i_L 互换,则上述两组方程即可彼此转换。而且,如果 G 和 R 互换,i_S 和 u_S 互换,电路串联和并联互换,节点电压 u_N 和网孔电流 i_L 互换,则图 3-47(a) 和 3-47(b) 所示电路即可相互转换。

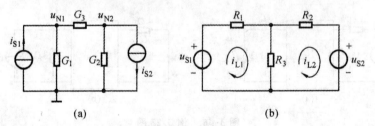

图 3-47　对偶电路

　　这些可以相互转换的元素称为对偶元素,如电阻 R 和电导 G、电压和电流、电感和电容、串联和并联。电路中某些元素之间的关系(或方程),用它们的对偶元素对应地置换后,所得的新关系(或新方程) 也一定成立。这个新关系(或新方程) 与原有关系(或方程) 互为对偶,这就是对偶原理。如果两个平面电路,其中一个的网孔电流方程组(或节点电压方程组) 由对偶元素对应地置换后,可以转换为另一个电路的节点电压方程组(网孔电流方程组),那么这两个电路便互为对偶,或称为对偶电路。

　　根据对偶原理,如果导出了一个电路的某一个关系式和结论,就等于解决了与之对偶的另一个电路的关系式和结论。但必须指出的是,两个电路互为对偶,决非指这两个电路

等效,"对偶"和"等效"是两个完全不同的概念,不可混淆。电路中的对偶关系如表 3-1 所示。

表 3-1 电路中的若干对偶关系

	基尔霍夫电流定律 $\sum i(t)=0$	基尔霍夫电压定律 $\sum u(t)=0$
	欧姆定律 $u=Ri$	欧姆定律 $i=Gu$
对偶关系式	电感元件的伏安关系式 $u_L = L\dfrac{di_L}{dt}$ 或 $i_L = i_L(0_-) + \dfrac{1}{L}\displaystyle\int_{0_-}^{t} u_L(\xi)d\xi$	电容元件的伏安关系式 $i_C = C\dfrac{du_C}{dt}$ 或 $u_C = u_C(0_-) + \dfrac{1}{C}\displaystyle\int_{0_-}^{t} i_C(\xi)d\xi$
	网孔方程	节点方程
对偶元件	电阻	电导
	电感	电容
	电压源	电流源
对偶参数	电阻 R	电导 G
	电感 L	电容 C
	网孔自电阻	节点自电导
	网孔电阻矩阵	节点电导矩阵
	回路电阻矩阵	割集电导矩阵
	网孔互电阻	节点互电导
对偶变量	电压 u	电流 i
	磁链 Ψ	电荷 q
	网孔电流	节点电压
	连支电流	树支电压
	u_L	i_C
	i_L	u_C
对偶结构	网孔	节点
	回路	割集
	连支	树支
	基本回路	基本割集
	串联	并联
对偶状态	开路	短路

本 章 小 结

(1)叠加定理:在线性电阻电路中,任一电压或电流都是电路中各个独立电源单独作用时,在该处所产生的电压或电流的叠加。

(2) 替代定理:在一个线性或非线性的电路中,其中第 k 条支路的电压 u_k 和电流 i_k 为已知,则这条支路总能够由以下的任何一个元器件去替代,即

① 电压值为 u_k 的理想电压源;

② 电流值为 i_k 的理想电流源;

③ 电阻值为 u_k/i_k 的线性电阻元件 R_k。

替代后,电路中全部的电压和电流均将保持不变。

(3) 戴维宁定理:任何一个线性有源一端口网络,对外电路而言,都可以用一个电压源 u_S 和电阻 R_{eq} 的串联组合电路来等效。该等效电压源的电压 u_S 等于该有源一端口网络在端口处的开路电压 u_{oc};其等效电阻 R_{eq} 等于该有源一端口网络对应的令独立电源为零时无源一端口网络的等效电阻。

诺顿定理:任何一个线性有源一端口网络,对外电路而言,都可以用一个电流源 i_S 和电阻 R_{eq} 的并联组合电路来等效。该等效电流源的电流 I_S 等于该有源一端口网络在端口处的短路电流 i_{sc};其等效电阻 R_{eq} 等于该有源一端口网络对应的令独立电源为零时无源一端口网络的等效电阻。

(4) 最大功率传输定理:可变负载电阻 R_L 接在有源线性一端口网络 N_S 上,且一端口网络的开路电压 u_{oc} 和等效电阻 R_{eq} 为已知,或者一端口网络的短路电流 i_{sc} 和等效电阻 R_{eq} 为已知,则在 $R_L = R_{eq}$ 时,负载 R_L 获得功率最大,其最大功率为 $P_{L.max} = \dfrac{u_{oc}^2}{4R_{eq}}$(对应于戴维宁等效电路)或 $P_{L.max} = \dfrac{1}{4}R_{eq}i_{sc}^2$(对应于诺顿等效电路)。此结论称为最大功率传输定理。

(5) 特勒根定理:任何具有 n 个结点 b 条支路的两个电路,有

$$\sum_{k=1}^{b} u_k i_k = 0$$

或

$$\begin{cases} \displaystyle\sum_{k=1}^{b} u_k \hat{i}_k = 0 \\ \displaystyle\sum_{k=1}^{b} \hat{u}_k i_k = 0 \end{cases},$$

前提条件当然是满足具有相同的拓扑结构。

(6) 互易定理:在一个仅含线性电阻的电路中,单一激励产生的响应,即使激励与响应的位置发生互换,其比值仍然保持不变。

(7) 对偶原理:电路中某些元素之间的关系(或方程),用它们的对偶元素对应的置换后,所得的新关系(或新方程)也一定成立,这个新关系(或新方程)与原有关系(或方程)互为对偶。

习　题　三

3-1　用叠加定理求题 3-1 图所示电路的 I。

3-2　用叠加定理求题 3-2 图所示电路的 U_x。

3-3　用叠加定理求题 3-3 图所示电路的 U。

3-4　如题 3-4 图所示电路中,当电流源 I_{S1} 和电压源 U_{S1} 反向(U_{S2} 不变)时,电压 U_{AB} 是从前的 0.5 倍;当 I_{S1} 和 U_{S2} 反向(U_{S1} 不变)时,电压 U_{AB} 是从前的 0.3 倍。求仅 I_{S1} 反向(U_{S1}、U_{S2} 不变),

电压 U_{AB} 是从前多少倍?

3-5 一线性电路如题 3-5 图所示,已知当 $U_{S1} = 0, I_{S1} = 0$ 时,$U_3 = -10$ V;当 $U_{S1} = 18$ V,$I_{S1} = 2$ A 时,$U_3 = 0$ V;当 $U_{S1} = 18$ V,$I_{S1} = 0$ A 时,$U_3 = -6$ V.试求当 $U_{S1} = 30$ V,$I_{S1} = 4$ A 时,$U_3 = ?$

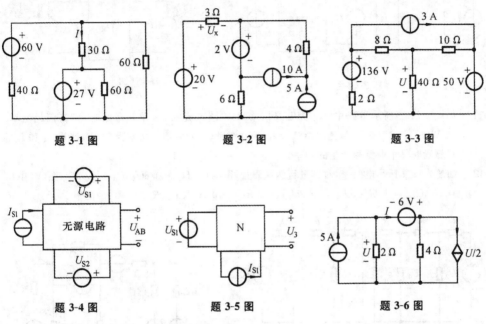

题 3-1 图   题 3-2 图   题 3-3 图

题 3-4 图   题 3-5 图   题 3-6 图

3-6 试用叠加定理求题 3-6 图所示电路的电压 U。

3-7 用替代定理求解题 3-7 图所示电路的电阻 R_x,以满足 25 V 电压源中电流为 0。

3-8 题 3-8 图所示电路 N_R 仅由电阻组成。对于不同的输入直流电压 U_S 及不同的 R_1、R_2 值进行两次测量,测出如下数据:$R_1 = R_2 = 2$ Ω 时,$U_S = 8$ V,$I_1 = 2$ A,$U_2 = 2$ V;$R_1 = 1.4$ Ω,$R_2 = 0.8$ Ω 时,$\hat{U}_S = 9$ V,$\hat{I}_1 = 3$ A ,求 $\hat{U}_2$ 的值。

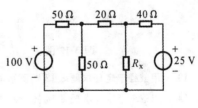

题 3-7 图

3-9 题 3-9 图所示的电路中 N_R 由电阻组成,在题 3-9(a) 图中 $I_2 = 0.5$ A,求题 3-9(b) 图中电压 U_1。

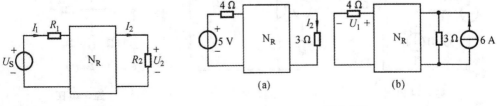

题 3-8 图   题 3-9 图

3-10 如题 3-10 图所示的电路中，N_R 为互易网络，已知 $U_{S1} = 10$ V 时，$I_1 = 2$ A，$I_2 = 1$ A，当接入 $U_{S2} = 5$ V 后，求 U_{S1} 上的电流。

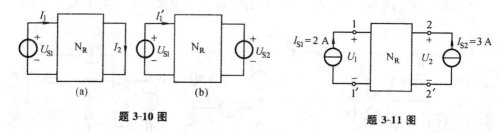

题 3-10 图   题 3-11 图

3-11 如题 3-11 图所示电路中，N_R 为互易网络，1-1′端电流源 I_{S1} 单独激励时，网络消耗功率为 28 W，$U_2 = 8$ V；2-2′端测得电流源 I_{S2} 单独激励时，网络消耗功率为 54 W，计算 I_{S1} 和 I_{S2} 同时激励时每个电流源产生的功率。

3-12 如题 3-12 图所示电路中，对其进行两次测量，图(a)中 $U_2 = 0.6U_S$，$U_4 = 0.3U_S$；图(b)中 $U'_S = U_S$，$U'_4 = 0.5U_S$，$U'_2 = 0.2U_S$，已知 $R_5 = 10$ Ω，求 R_1、R_2、R_3 和 R_4 的值。

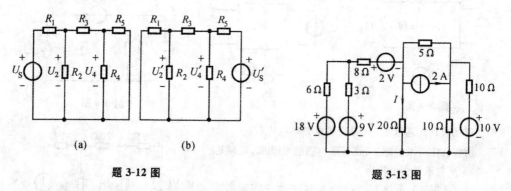

题 3-12 图   题 3-13 图

3-13 用戴维宁定理求题 3-13 图所示电路的电流 I。

3-14 用戴维宁定理求题 3-14 图所示电路中 1 Ω 电阻的电流。

3-15 用戴维宁定理求题 3-15 图所示电路中 2 Ω 电阻的电流。

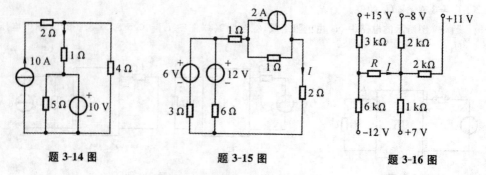

题 3-14 图   题 3-15 图   题 3-16 图

3-16 用戴维宁定理求题 3-16 图所示电路中电阻 R 的电流 I，已知 $R = 2.5$ kΩ。

3-17 求题 3-17 图所示电路 1-1′ 端口的戴维宁等效电路,其中 $R_1 = R_2 = 1\ \text{k}\Omega$。电流控制电流源 (CCCS) 的控制系数 $\beta = 0.5$。

3-18 如题 3-18 图所示电路中,已知 $E_1 = 15\ \text{V}, E_2 = 13\ \text{V}, E_3 = 4\ \text{V}, R_1 = R_2 = R_3 = R_4 = 1\ \Omega$, $R_5 = 10\ \Omega$。

(1) 求当开关 S 断开时,电阻 R_5 上的电压 U_5 和电流 I_5;

(2) 当开关闭合后,用戴维宁定理求电流 I_5。

3-19 电路如题 3-19 图所示,分别用戴维宁定理和诺顿定理求解负载电流 I_L。

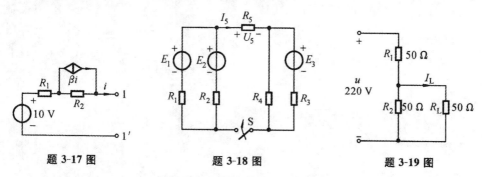

题 3-17 图   题 3-18 图   题 3-19 图

3-20 电路如题 3-20 图所示,分别用戴维宁定理和诺顿定理求电流 I。

3-21 电路如题 3-21 图所示,分别用戴维宁定理和诺顿定理求电流 I。

3-22 证明题 3-22 图所示电路中 $G_{12} = G_{21}$。电路 N_R 仅由电阻组成,端口电压和电流之间的关系可由下式表示:$I_1 = G_{11}U_1 + G_{12}U_2$,$I_2 = G_{21}U_1 + G_{22}U_2$。

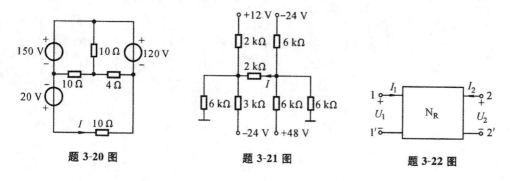

题 3-20 图   题 3-21 图   题 3-22 图

正弦交流电路

本章首先对相关的数学知识进行复习，接着详细介绍正弦交流电量的相量表示法，相量法是分析线性电路正弦稳态响应的重要方法，本章是学习电子技术、电器和电机的理论基础，也是本课程的重点章节之一。本章主要内容包括：复阻抗、复导纳等概念，KCL、KVL及VCR的相量形式，正弦交流电路的分析计算，相量作图法计算，正弦交流电路中的功率及功率因素的提高问题，电路中的串联谐振和并联谐振，最后介绍用Matlab辅助分析电路。

4.1 相关数学知识

4.1.1 复数及复数运算

1. 复数及其表达形式

1) 代数形式

一个复数 A 是由实部和虚部组成的，即

$$A = a + jb \tag{4-1}$$

式(4-1)中，$j = \sqrt{-1}$ 称为虚数单位。在数学中用字母 i 表示虚数单位；但在电路理论中，为了避免和电流 i 符号混淆，而改用 j 来表示。

一个复数 A 在复平面上的表示如图4-1所示，复平面以 $+1$ 作为实轴单位，以 $+j$ 作为虚轴单位。复数 A 在实轴上的投影为 a，在虚轴上的投影为 b，可以表示为

$$\text{Re}[A] = a, \quad \text{Im}[A] = b \tag{4-2}$$

式(4-2)中，"Re"表示取方括号中复数 A 的实部，"Im"表示

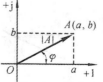

图 4-1　复平面上的复数表示

取方括号中复数 A 的虚部。

由图 4-1 可知,复数 A 的模是

$$|A| = \sqrt{a^2 + b^2} \tag{4-3}$$

复数 A 与实轴的夹角,称为幅角。

$$\varphi = \arctan \frac{b}{a} \tag{4-4}$$

依三角函数可以得到投影 a、b 和模 $|A|$ 的关系为

$$\begin{cases} a = |A| \cos\varphi \\ b = |A| \sin\varphi \end{cases} \tag{4-5}$$

2) 三角函数形式

将式(4-5)代入式(4-1)中,可以得复数三角函数形式,即

$$A = |A| \cos\varphi + j|A| \sin\varphi = |A| (\cos\varphi + j\sin\varphi) \tag{4-6}$$

3) 指数形式

将欧拉公式 $e^{j\varphi} = \cos\varphi + j\sin\varphi$ 代入式(4-6),可得到复数的指数形式,即

$$A = |A| e^{j\varphi} \tag{4-7}$$

4) 极坐标形式

为了简化电路的书写形式,常常用极坐标形式表示复数,即

$$A = |A| \angle \varphi \tag{4-8}$$

由上述复数的四种表示形式可以知道,复数有两个基本的要素:模 $|A|$ 和幅角 φ,这两个基本要素为下面相量法的推导起到关键的作用。

2. 复数运算

设有两个复数

$$A = a_1 + ja_2 = a\angle\varphi_a = ae^{j\varphi_a}$$
$$B = b_1 + jb_2 = b\angle\varphi_b = be^{j\varphi_b}$$

1) 加、减法运算

复数的加法、减法运算用代数形式是比较方便的,即把各个复数的实部和虚部分别相加或相减,有

$$C = A + B = (a_1 + b_1) + j(a_2 + b_2)$$
$$C' = A - B = (a_1 - b_1) + j(a_2 - b_2)$$

复数 A 和 B 的加、减法运算,也可以在复平面上用作图的方法进行,如图 4-2 所示。图中新的复数矢量 C 是矢量($A + B$)的和矢量。图中新的复数矢量 C' 是矢量($A - B$)的差矢量。

2) 乘、除法运算

对于复数的乘法、除法运算采用极坐标形式(或者是指数形式)较为方便。

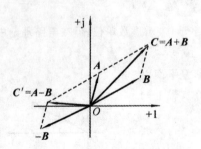

图 4-2 复数加、减图解法

乘法运算：

$$C = A \cdot B = ab\angle(\varphi_a + \varphi_b) = ab\,e^{j(\varphi_a + \varphi_b)}$$

新复数 C 的模为 ab，幅角是 $\varphi_a + \varphi_b$。

除法运算：

$$C' = \frac{A}{B} = \frac{a e^{j\varphi_a}}{b e^{j\varphi_b}} = \frac{a}{b}e^{j(\varphi_a - \varphi_b)} = \frac{a}{b}\angle(\varphi_a - \varphi_b)$$

新复数 C' 的模为 $\frac{a}{b}$，幅角是 $\varphi_a - \varphi_b$。

3）旋转因子

根据欧拉公式，有

$$e^{j\frac{\pi}{2}} = \cos\left(\frac{\pi}{2}\right) + j\sin\left(\frac{\pi}{2}\right) = j$$

$$e^{-j\frac{\pi}{2}} = -j, \quad e^{j\pi} = -1$$

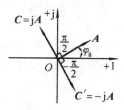

图 4-3　旋转因子 $\pm j$

设有一个复数 $A = a e^{j\varphi_a}$，乘以 j，得到一个新复数 $C = jA = a e^{j\left(\varphi_a + \frac{\pi}{2}\right)}$，即把复数 A 在复平面上逆时针旋转 $\pi/2$ 角度，模不变。

设有一个复数 $A = a e^{j\varphi_a}$，乘以 $-j$（除以 $+j$），得到一个新复数 $C' = -jA = a e^{j\left(\varphi_a - \frac{\pi}{2}\right)}$，即把复数 A 在复平面上顺时针旋转 $\pi/2$，模不变，如图 4-3 所示。

因此，$+j，-j，-1$ 都称为旋转因子。

【例 4.1】 如图 4-4 所示的矢量图中，已知复数 $A = 10\angle 45°$，求它的代数形式；已知复数 $B = 8 - j6$，求它的极坐标形式，并在复平面上画出复数 A、B 的和矢量 $A + B$。

解 已知复数的极坐标形式 $A = 10\angle 45°$，依式（4-5）知，

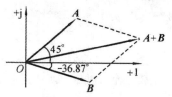

图 4-4　例 4.1 图

复数 A 的实部　　$a = 10 \times \cos 45° = 5\sqrt{2}$

复数 A 的虚部　　$b = 10 \times \sin 45° = 5\sqrt{2}$

复数 A 的代数形式　　$A = 5\sqrt{2} + j5\sqrt{2}$

已知复数 B 的代数形式 $B = 8 - j6$，依式（4-3）和式（4-4）知，

复数 B 的模　　　　　$|B| = \sqrt{8^2 + 6^2} = 10$

复数 B 的幅角　　　　$\varphi = \arctan\left(-\frac{6}{8}\right) = -36.87°$

复数 B 极坐标形式　　$B = 10\angle(-36.87°)$

在复平面上分别画出复数 A 和复数 B，用作图法画出和矢量 $A + B$，如图 4-4 所示。

4.1.2　正弦交流电

正弦信号在日常生活和生产实际中得到非常广泛的应用。其主要的原因是：第一，利用

电子设备可以很方便地将交流电整流成直流电。第二，正弦交流电便于产生、转换和远距离安全传输。例如，发电厂发出的交流电送入电力系统，再通过配电系统分到工厂、学校和千家万户。第三，从信号分析和计算的角度看，正弦周期函数是最简单的周期函数，其他非正弦周期函数均可用傅里叶级数将其分解成直流分量及一系列不同频率的正弦分量的叠加。

在电路中，如果电压或电流随时间按正弦规律变化，则称为正弦量。规定用小写字母 i,u 分别表示正弦电流、正弦电压的瞬时值。本书统一采用 sine 函数表示正弦量。

1. 正弦量的三要素

有一段正弦电流电路，如图 4-5(a) 所示，通过其上的交流电流的波形如图 4-5(b) 所示。正弦交流电流的大小和方向都随时间变化而按正弦规律变化。在分析交流电路时，必须与直流电路一样，先假设交流电流的正方向(i 的正方向用箭头表示)。当 i 的正方向与实际方向一致时，i 是正值，对应的波形如图 4-5(b) 所示的正半周；反之，当 i 的正方向与实际方向相反时，i 是负值，对应的波形如图 4-5(b) 所示的负半周。因此，与图 4-5(b) 所示波形相对应的正弦电流的数学表达式为

$$i(t) = I_m \sin(\omega t + \varphi_i) \tag{4-9}$$

式(4-9) 和图 4-5(b) 表明，如果要完整地表示一个正弦量，需要采用三种特征的物理量，它们分别是幅值、角频率和初相位，这三个物理量通常又称为正弦量的三要素。

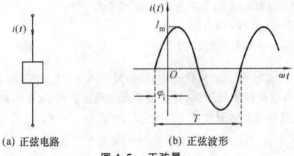

(a) 正弦电路　　　　(b) 正弦波形

图 4-5　正弦量

1) 幅值(振幅、最大值)

幅值是用带有下标 m 的大写字母来表示，如用 I_m 表示正弦电流瞬时值中所达到的最大值或幅值。

对于一个确定的正弦量来说，其最大值是一个常数，它表示了正弦量在振荡过程中的最大幅度。

2) 角频率

正弦量变化的速度用角频率 ω 表示，它是正弦量在单位时间内变化的角速度，即

$$\omega = \frac{2\pi}{T} = 2\pi f \tag{4-10}$$

角频率的单位是 rad/s，式(4-10) 表示了周期、频率和角频率三者的关系。周期 T 的单位是秒(s)，频率 f 的单位是赫兹(Hz)，1赫兹 = 1周 / 秒(1/s)。

　　我国工业用电的频率是 $f = 50$ Hz,这一频率简称为工频。在其他电子技术领域,常常用频率来区分电路,如低频电路、微波电路等。

　　3) 初相位

　　正弦量在任一瞬时的电角度$(\omega t + \varphi_i)$称为相位角,简称为相位。它反映正弦量随时间的变化而变化的进程。φ_i 是正弦量在 $t = 0$ 时刻的相位角,称为初相位,即$(\omega t + \varphi_i)|_{t=0} = \varphi_i$,相位的单位是弧度(rad)或度(°)。由于正弦量是周期变化的,所以规定其取值范围是$|\varphi| \leqslant \pi$。

2. 同频率正弦量的相位差

　　为了比较两个同频率正弦量随时间的变化而变化过程的先后顺序,引出了相位差的概念。例如,正弦电压 $u(t) = U_m \sin(\omega t + \varphi_u)$ 和正弦电流 $i(t) = I_m \sin(\omega t + \varphi_i)$,则 u 和 i 的相位差

$$\varphi = (\omega t + \varphi_u) - (\omega t + \varphi_i) = \varphi_u - \varphi_i \tag{4-11}$$

当 $\varphi > 0$, u 超前(领先)i,或 i 滞后(落后)u;

当 $\varphi < 0$, i 超前(领先)u,或 u 滞后(落后)i。

　　由上式可见,两同频率正弦量的相位差是它们的初相位之差。一般指定一个参考正弦量的初相位为零,那么其他正弦量依此参考正弦量来确定它们之间的相位差。

　　下面分别讨论两个同频率正弦量之间的几种相位关系。

　　(1) $\varphi = 0$, u 和 i 同相,如图 4-6 所示。

　　(2) $\varphi = \pm \pi$, u 和 i 反相,如图 4-7 所示。

　　(3) $\varphi = \pm 90°$, u 和 i 正交,(u 超前 i 90°,或 i 滞后 u 90°),如图 4-8 所示。

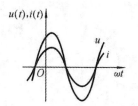
图 4-6　电压与电流同相

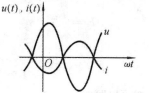
图 4-7　电压与电流反相

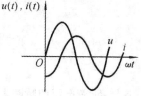
图 4-8　电压与电流正交

3. 正弦量的有效值

　　1) 定义

　　所谓有效值是指在同一个周期内,当一个交流量的作功和一定数值的直流量作功相等时,与这个交流量有相同的热效应的直流电的量值就是有效值。在同一个电阻值为 R 的电阻上分别流过直流电流 I 和交流电流 i,"有效"是指它们对电阻 R 的作功上的等效,如图4-9所示。交流电流 $i(t)$ 在一个周期 T 内消耗的电能为

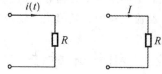
图 4-9　交流电的有效值

$$W_1 = \int_0^T i^2 R \, dt$$

直流电流 I 在一个周期 T 内消耗的电能为

$$W_2 = I^2 R T$$

根据定义,两者在电阻 R 上产生的功相等,即

$$I^2 R T = \int_0^T i^2 R \, dt$$

最后得到交流电流的有效值为

$$I = \sqrt{\frac{1}{T} \int_0^T i^2(t) \, dt} \qquad (4\text{-}12)$$

有效值也称为方均根值。式(4-12)可以适用于任何交流电量的有效值计算。

电压有效值为

$$U = \sqrt{\frac{1}{T} \int_0^T u^2(t) \, dt} \qquad (4\text{-}13)$$

2)正弦电流、正弦电压的有效值

将正弦电流 $i(t) = I_m \sin(\omega t + \varphi_i)$ 代入上式,其正弦电流的有效值为

$$I = \sqrt{\frac{1}{T} \int_0^T I_m^2 \sin^2(\omega t + \varphi_i) \, dt}$$

$$= \sqrt{\frac{I_m^2}{2T} \int_0^T [1 - \cos(2\omega t + \varphi_i)] \, dt} = \sqrt{\frac{I_m^2}{2T} \times T} = \frac{I_m}{\sqrt{2}} \qquad (4\text{-}14)$$

同样,可以计算出正弦电动势和正弦电压的有效值为

$$E = \frac{E_m}{\sqrt{2}} \qquad (4\text{-}15)$$

$$U = \frac{U_m}{\sqrt{2}} \qquad (4\text{-}16)$$

这样,正弦电流的瞬时表达式可以写成

$$i(t) = I_m \sin(\omega t + \varphi_i) = \sqrt{2} I \sin(\omega t + \varphi_i)$$

这说明正弦量最大值 I_m 与有效值 I 的关系总是 $\sqrt{2}$。因此,对于正弦量而言可以用有效值 I 取代最大值 I_m 作为正弦量的一个要素。在工程中,交流测量仪表上读取的数值和电器设备铭牌上额定值都是指有效值。常用的 220V 及 380V 电压,指的均是有效值。

交流电量的有效值统一规定用大写字母 U、I、E 表示。

4.2 相量分析法

相量法是分析和计算正弦交流电路稳态响应的一种重要方法。

4.2.1 正弦量的相量分析示意图

设有一正弦量 $i = I_m\sin(\omega t + \varphi_i)$，从该正弦量出发，最终推导出与它对应的相量，中间要用到复数作为过渡的桥梁，如图 4-10 所示。

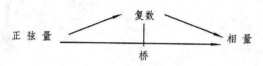

图 4-10 由正弦量推导相量

由 4.1 节分析可知，一个复数具有两个要素，即模和幅角（实部与虚部），例如，复数 $A = ae^{j\varphi_a}$ 的模是 a，幅角是 φ_a。

而正弦量 $i = I_m\sin(\omega t + \varphi_i)$ 具有三要素，那么，怎样用复数去表示正弦量呢？这正是正弦稳态电路分析方法上的一大飞跃。就正弦函数激励下的稳态响应而论，只要激励是正弦函数，响应也必然是同频率的正弦函数，这称为线性电路的正弦性质。在求稳态响应时，先撇开这一已知频率，把正弦量三要素简化成二要素，即振幅与初相位。上面分析得出，正弦量的有效值可以代替振幅作为其要素之一，这样，正弦量的两个要素有效值及初相角就可以用复数的两个要素，即模和幅角来完整表示出来了。

沿图 4-10 中的分析路线进行第一步：由正弦量 → 复数，即分析如何用复数表示正弦量。

先设一个正弦量 $i = \sqrt{2}I\sin(\omega t + \varphi_i)$，再构一个复数 C：模是 $\sqrt{2}I$，幅角是 $\omega t + \varphi_i$，$C = \sqrt{2}Ie^{j(\omega t + \varphi_i)}$。利用数学的欧拉公式展开复数 C，得

$$C = \sqrt{2}I\cos(\omega t + \varphi_i) + j\sqrt{2}I\sin(\omega t + \varphi_i)$$

可见正弦电流 $i = \sqrt{2}I\sin(\omega t + \varphi_i)$ 是对复数 C 取虚部。

$$i = \sqrt{2}I\sin(\omega t + \varphi_i) = \text{Im}\left[\sqrt{2}Ie^{j(\omega t + \varphi_i)}\right] = \text{Im}[C]$$

下面得出图 4-10 中的第一步，用复数表示相量的数学变换式

$$\sqrt{2}I\sin(\omega t + \varphi_i) \underset{\text{数学变换}}{\overset{\text{——对应}}{\Longleftrightarrow}} \sqrt{2}Ie^{j(\omega t + \varphi_i)} = C \tag{4-17}$$

正弦量   复数

沿图 4-10 中的分析路线进行第二步：由复数 → 相量，即分析如何用相量表示复数。

下面用一个符号 $\dot{I}$ 记作式(4-17)中复数 C 的有效值和初相位（又称符号法），鉴于正弦性质，暂时不考虑频率 ω。

$$C = \sqrt{2}Ie^{j(\omega t + \varphi_i)} \underset{\text{数学记法}}{\overset{\text{——对应}}{\Longleftrightarrow}} \dot{I} = Ie^{j\varphi_i} \tag{4-18}$$

复数   相量

沿图 4-10 中的分析路线进行第三步：由正弦量 → 相量，即分析如何用相量表示正弦量。由第一步到第二步，复数完成了中间的桥梁使命，此时"过河拆桥"，直接把正弦量用对应的相量表示。

$$i = \sqrt{2}I\sin(\omega t + \varphi_i) \Longleftrightarrow \Longrightarrow \dot{I} = Ie^{j\varphi_i}$$

$$——对应 \tag{4-19}$$

正弦量　　　　　　　　　　　　　　　　　　相量

例如，写出已知正弦量 $i = 10\sqrt{2}\sin(\omega t + 30°)$ A 所对应的相量形式；写出已知电压相量 $\dot{U} = 60\angle 60°$ V 所对应的正弦量。

正弦量 i 对应的相量为

$$i = 10\sqrt{2}\sin(\omega t + 30°) \text{ A} \rightarrow \dot{I} = 10\angle 30° \text{ A}$$

相量 $\dot{U}$ 对应的正弦量为

$$\dot{U} = 60\angle 60° \text{ V} \rightarrow u = 60\sqrt{2}\sin(\omega t + 60°) \text{ V}$$

从以上分析可知，相量是一种特殊的复数，为区别真正的复数，规定在表示电流和电压有效值的大写字母上面用一个小圆点表示，如 $\dot{I}$、$\dot{U}$ 等，这个小圆点不能随便省去不写，否则这个符号变成有效值的符号了。相量是用复数作为数学工具去分析正弦交流电路稳态响应的，相量与复数有联系也有区别。例如，在表达形式、运算规律上，相量与复数相同，但是它们的含义不同。用相量表示正弦量 $i(t)$ 时，相量表达式中隐含了正弦交流电流 $i(t)$ 数学表达式中的时间 t，则复数 $A = ae^{j\varphi_i}$ 与时间 t 是没有关系的。

4.2.2　相量图及旋转相量

相量是一种特殊的复数，相量和复数一样，可在复平面上用矢量表示，这种相量在复平面上的几何表示图称为相量图。如正弦电流 $i = 60\sqrt{2}\sin(\omega t + 45°)$ A，它对应的电流相量是 $\dot{I} = 60\angle 45°$ A，其相量图如图 4-11 所示。

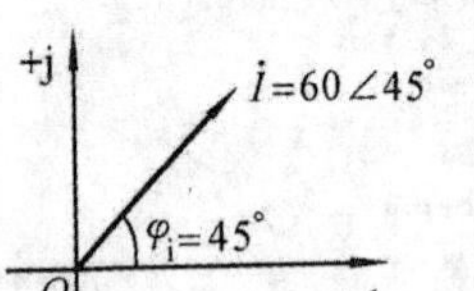

图 4-11　相量图举例

应该指出，在同一个相量图中各个相量所代表的正弦量必须是相同频率的正弦量，这样才可以比较同频率的正弦量的相位关系。

进一步将复数 $C = \sqrt{2}Ie^{j(\omega t + \varphi_i)}$ 写成

$$C = \sqrt{2}I \cdot e^{j\varphi_i} \cdot e^{j\omega t} = \sqrt{2}\dot{I}e^{j\omega t} = A \cdot B$$

式中，
$$A = \sqrt{2}\dot{I}(相量)，\quad B = e^{j\omega t}(旋转因子)$$

因此也把复数 C 称为旋转相量。旋转相量 C 将最大值相量 $\sqrt{2}\dot{I}$ 以角速度 ω，在复平面上逆时针方向旋转，这一旋转相量在虚轴上的投影是一个正弦量，即

$$i = \text{Im}[C] = \text{Im}[\sqrt{2}\dot{I}e^{j\omega t}]$$

如图 4-12 所示的相量图,表示了复指数函数的几何意义。

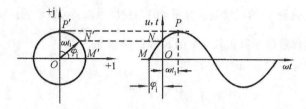

图 4-12 正弦量与旋转相量

4.2.3 相量的运算

相量运算法是分析和计算正弦交流电路的数学工具。

1. 加、减法运算

例如,正弦电压 $u_1 = \sqrt{2}U_1 \sin(\omega t + \varphi_1)$ 和 $u_2 = \sqrt{2}U_2 \sin(\omega t + \varphi_2)$,求它们的和电压 $u = u_1 + u_2$。

将正弦电压 u_1、u_2 用对应的复数的虚部来表示,得

$$u_1 = \sqrt{2}U_1 \sin(\omega t + \varphi_1) = \mathrm{Im}\left[\sqrt{2}\dot{U}_1 \mathrm{e}^{\mathrm{j}\omega t}\right]$$

$$u_2 = \sqrt{2}U_2 \sin(\omega t + \varphi_2) = \mathrm{Im}\left[\sqrt{2}\dot{U}_2 \mathrm{e}^{\mathrm{j}\omega t}\right]$$

那么

$$u = u_1 + u_2 = \mathrm{Im}\left[\sqrt{2}(\dot{U}_1 + \dot{U}_2)\mathrm{e}^{\mathrm{j}\omega t}\right]$$

令

$$u = \mathrm{Im}\left[\sqrt{2}\dot{U}\mathrm{e}^{\mathrm{j}\omega t}\right]$$

有

$$\mathrm{Im}\left[\sqrt{2}\dot{U}\mathrm{e}^{\mathrm{j}\omega t}\right] = \mathrm{Im}\left[\sqrt{2}(\dot{U}_1 + \dot{U}_2)\mathrm{e}^{\mathrm{j}\omega t}\right]$$

上式对于任何时间都成立,则有

$$\dot{U} = \dot{U}_1 + \dot{U}_2$$

因此,对正弦量 $u = u_1 \pm u_2$ 的加、减法运算,就变化成相应的 $\dot{U} = \dot{U}_1 \pm \dot{U}_2$ 的相量运算。这样就把在时间域的正弦量的三角函数的运算,变换成复频域的相量运算,前面已经说过,相量运算也是复数运算,运算后得到了正弦电压 u 的相量形式,即 $\dot{U} = U\angle\varphi_\mathrm{u}$,再经过反变换就可以求得电压的正弦量瞬时值表达式 $u = \sqrt{2}U\sin(\omega t + \varphi_\mathrm{u})$。

可将两个电压相量的加、减法运算推广到多个电压相量的加、减法运算,即

$$\dot{U} = \dot{U}_1 \pm \dot{U}_2 \pm \cdots \tag{4-20}$$

2. 微分、积分运算

有一正弦电压 $u = \sqrt{2}U\sin(\omega t + \varphi_\mathrm{u})$,对 u 求导后,得

$$\frac{\mathrm{d}u}{\mathrm{d}t} = \sqrt{2}U\omega\cos(\omega t + \varphi_\mathrm{u}) = \sqrt{2}U\omega\sin\left(\omega t + \varphi_\mathrm{u} + \frac{\pi}{2}\right)$$

$\dfrac{\mathrm{d}u}{\mathrm{d}t}$ 对应的相量为

$$U\omega e^{j(\varphi_u + \frac{\pi}{2})} = U\omega e^{j\varphi_u} e^{j\frac{\pi}{2}} = j\omega \dot{U} \tag{4-21}$$

上式表明：正弦量 $\dfrac{du}{dt}$ 的相量是正弦量 u 的相量 $\dot{U}$ 乘以 $j\omega$。这说明正弦量的导数是一个同频率正弦量，其相量等于原正弦量 u 的相量 $\dot{U}$ 乘以 $j\omega$。

例如，由电容元件的 VCR 关系可知

$$i_C = C\frac{du_C}{dt}$$

$\dfrac{du_C}{dt}$ 的相量是 u_C 的相量 $\dot{U}_C$ 乘以 $j\omega$，故有

$$\dot{I}_C = j\omega C \dot{U}_C \tag{4-22}$$

在后面的电容元件的 VCR 相量中还会对式(4-22)作进一步分析。

同样可以计算得到，正弦量的积分结果为同频率正弦量，其相量等于原正弦量 u 的相量 $\dot{U}$ 除以 $j\omega$。

例如，由电容元件的积分关系，$u_C = \dfrac{1}{C}\displaystyle\int i_C dt$，同样可以得出 $\displaystyle\int i_C dt$ 的相量是 $\dfrac{\dot{I}_C}{j\omega}$，故有

$$\dot{U}_C = \frac{\dot{I}_C}{j\omega C} \tag{4-23}$$

电容元件时域和相量分析过程如下：

一个正弦量对时间微分，用相量表示后，就变成了对应相量乘以 $j\omega$。

一个正弦量对时间积分，用相量表示后，就变成了对应相量除以 $j\omega$。

用相量法分析单个频率正弦信号的流程如下：

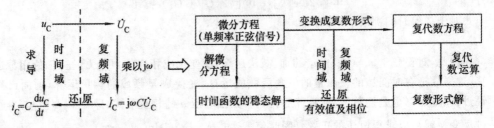

4.2.4　相量法的应用范围

(1) 只能用于单一频率的正弦稳态电路的计算，如果是多频率正弦信号同时作用，则应分别分析每个频率信号，再用叠加定理求和。

(2) 只限于正弦信号，其他非正弦信号可用傅里叶级数分解成多个正弦信号叠加，再分别对不同的频率信号用相量法计算。

(3) 相量法只适用于激励为同频率正弦量的非时变线性电路，不能用于非线性变换。

【例 4.2】 电路如图 4-13(a) 所示,在电容中通以正弦电流 $i = 2\sin(t + 30°)$ A,$C = \frac{1}{2}$F,试求 u_C 及其相量形式。

解 首先写出正弦电流 $i(t)$ 的相量形式

$$\dot{I}_C = \sqrt{2}\angle 30° \text{ A}, \quad \omega = 1 \text{ rad/s}$$

$$C = \frac{1}{2} \text{ F}, \quad \omega C = \frac{1}{2} \text{ S}, \quad \frac{1}{j\omega C} = -j2 \text{ }\Omega$$

由式(4-23) 可知

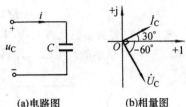

(a)电路图　　　　(b)相量图

图 4-13　例 4.2 图

$$\dot{U}_C = \frac{1}{j\omega C}\dot{I}_C = -2j\dot{I}_C$$

所以 $\quad \dot{U}_C = -2j \times \sqrt{2}\angle 30° \text{ V} = 2\sqrt{2}\angle(-60°) \text{ V}$

相量图如图 4-13(b) 所示。再由 $\dot{U}_C$ 还原成正弦量,有

$$u_C = 4\sin(t - 60°) \text{ V}$$

4.3　电阻、电感和电容元件的 VCR 相量形式

4.3.1　电阻元件的 VCR 相量式

1. 时域分析

某电阻电路如图 4-14(a) 所示,设正弦电流 $i = \sqrt{2}I\sin(\omega t + \varphi_i)$ 通过线性电阻元件 R,依欧姆定理得

$$u = Ri = \sqrt{2}RI\sin(\omega t + \varphi_i) = \sqrt{2}U\sin(\omega t + \varphi_u)$$

由上式可得到电压有效值与电流有效值关系,即

$$U = RI \quad \text{或} \quad I = \frac{U}{R} \tag{4-24}$$

电压和电流同相位

$$\varphi_u = \varphi_i \tag{4-25}$$

电阻电路的波形图如图 4-14(b) 所示。

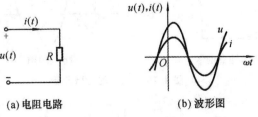

(a) 电阻电路　　　　　　(b) 波形图

图 4-14　电阻的时域分析

结论:电阻 R 上的电压有效值等于电流有效值与 R 相乘之积,且 u 和 i 相位相同。

2.相量分析

设电流相量 $\dot{I} = I\angle\varphi_i$，由式(4-24)、式(4-25)得

$$\dot{U} = U\angle\varphi_u = RI\angle\varphi_i$$

$$\dot{U} = R\dot{I} \quad \text{或} \quad \dot{I} = G\dot{U} \tag{4-26}$$

式(4-26)即为电阻元件的 VCR 的相量形式。如图 4-15(a)所示的是电阻元件相量模型,图 4-15(b)所示的是电阻元件相量图,图中清楚表明,电阻元件电路的 $\dot{I}$ 和 $\dot{U}$ 同相。

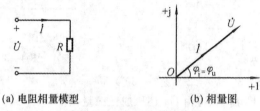

(a) 电阻相量模型   (b) 相量图

图 4-15 电阻的相量分析

4.3.2 电感元件的 VCR 相量式

1.时域分析

某电感电路如图 4-16(a)所示,设正弦电流 $i = \sqrt{2}I\sin(\omega t + \varphi_i)$ 通过线性电感元件 L,依电感元件 VCR 为

$$u = L\frac{\mathrm{d}i}{\mathrm{d}t} = \sqrt{2}\omega LI\sin(\omega t + \varphi_i + 90°) = \sqrt{2}U\sin(\omega t + \varphi_u)$$

由上式可得到电压有效值与电流有效值关系,即

$$U = \omega LI \quad \text{或} \quad I = \frac{U}{\omega L} \tag{4-27}$$

电压与电流的相位关系为

$$\varphi_u = \varphi_i + 90° \tag{4-28}$$

其波形图如图 4-16(b)所示。

结论:电感 L 上的电压有效值等于电流有效值与 ωL 相乘之积,且 u 超前 i 90°。

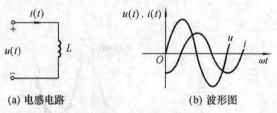

(a) 电感电路   (b) 波形图

图 4-16 电感的时域分析

2.相量分析

设电流相量为 $\dot{I} = I\angle\varphi_i$,由式(4-27)、式(4-28) 得

$$\dot{U} = U\angle\varphi_u = \omega LI\angle\left(\varphi_i + \frac{\pi}{2}\right) = \omega L\angle\frac{\pi}{2}\times I\angle\varphi_i$$

$$\dot{U} = j\omega L \dot{I} \quad 或 \quad \dot{I} = \frac{\dot{U}}{j\omega L} = -j\frac{1}{\omega L}\dot{U} \qquad (4\text{-}29)$$

式(4-29)即为电感元件的 VCR 的相量形式。如图 4-17(a)所示的是电感元件相量模型,图 4-17(b)所示的是电感元件相量图,图中清楚表明电感元件电路的 $\dot{U}$ 超前 $\dot{I}$ 90°。

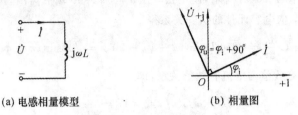

(a) 电感相量模型	(b) 相量图

图 4-17　电感的相量分析

3. 感抗和感纳

由式(4-27)显示,ωL 反映了电感元件对正弦电流的阻碍作用,ωL 称为感抗,单位为欧姆(Ω),用符号 X_L 表示,所以感抗的定义为

$$X_L = \frac{U}{I} = \omega L = 2\pi f L \qquad (4\text{-}30)$$

感抗的物理意义如下。

(1) 表示限制电流的能力。

(2) 感抗与频率成正比,表示电感元件允许低频率信号通过的能力,如图 4-18 所示。

当 $\omega = 0$(直流),$X_L = 0$ 时,电感元件短路;

当 $\omega \to \infty$,$X_L \to \infty$ 时,电感元件开路。

(3) 感抗的存在使电流落后电压。

感抗的倒数 $1/\omega L$ 称为感纳,感纳表示电感元件对正弦电流的导电能力,单位为西门子(S),用符号 B_L 表示,所以感纳的定义为

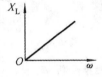

图 4-18　感抗和频率的关系

$$B_L = \frac{1}{X_L} = \frac{1}{\omega L} \qquad (4\text{-}31)$$

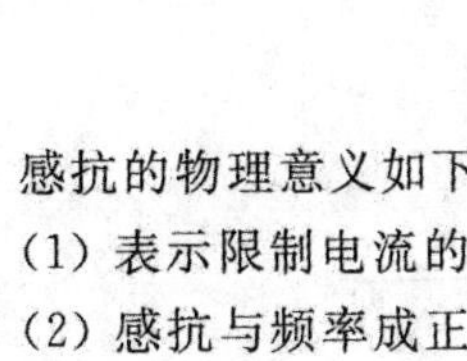

【例 4.3】 电感元件电路的电压、电流在关联方向下,已知 $L = 0.127$ H,$\dot{U} = 220\angle 0°$ V,$f = 50$ Hz,求:(1)X_L,B_L;(2) 电流相量 $\dot{I}$;(3) 画相量图。

解 (1)$X_L = 2\pi f L = 40$ Ω, $B_L = \dfrac{1}{X_L} = 0.025$ S

(2) $\dot{I} = \dfrac{\dot{U}}{j\omega L} = \dfrac{220\angle 0°}{j40} = 5.5\angle(-90°)$ A

(3) 相量图如图 4-19 所示。

图 4-19　例 4.3 图

4.3.3 电容元件的 VCR 相量式

1. 时域分析

某电容电路如图 4-20(a) 所示,设正弦电压 $u = \sqrt{2}U\sin(\omega t + \varphi_u)$ 作用在线性电容值为 C 的电容元件两端,依电容元件的伏安关系得

$$i = C\frac{\mathrm{d}u}{\mathrm{d}t} = \sqrt{2}\omega CU\sin(\omega t + \varphi_u + 90°) = \sqrt{2}I\sin(\omega t + \varphi_i)$$

由上式可得到电压有效值与电流有效值关系,即

$$I = \omega CU \quad 或 \quad U = \frac{I}{\omega C} \tag{4-32}$$

电压与电流的相位关系是

$$\varphi_i = \varphi_u + 90° \tag{4-33}$$

波形图如图 4-20(b) 所示。

结论:电容值为 C 的电容上的电流有效值等于电压有效值与 ωC 的乘积,且 i 超前 u 90°。

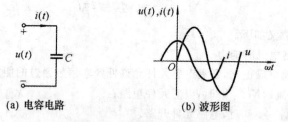

(a) 电容电路 　　　　　 (b) 波形图

图 4-20 电容的时域分析

2. 相量分析

设电压相量为 $\dot{U} = U\angle\varphi_u$,由式(4-32)、式(4-33) 得

$$\dot{I} = I\angle\varphi_i = \omega CU\angle\left(\varphi_u + \frac{\pi}{2}\right) = \omega C\angle\frac{\pi}{2}\times U\angle\varphi_u$$

$$\dot{I} = \mathrm{j}\omega C\dot{U} \quad 或 \quad \dot{U} = \frac{\dot{I}}{\mathrm{j}\omega C} = -\mathrm{j}\frac{1}{\omega C}\dot{I} \tag{4-34}$$

式(4-34) 即为电容元件的 VCR 的相量形式。如图 4-21(a) 所示的是电容元件相量模型,图 4-21(b) 所示为电容元件的相量图,图中清楚表明电容元件电路的 $\dot{I}$ 超前 $\dot{U}$ 90°。

(a) 电容相量模型 　　　　　 (b) 相量图

图 4-21 电容的相量分析

3. 容抗和容纳

因为 $I = \omega C U = \dfrac{U}{1/(\omega C)}$,显然,$\dfrac{1}{\omega C}$ 反映了电容对正弦电流的阻碍作用,$\dfrac{1}{\omega C}$ 称为容抗,单位为欧姆(Ω),用符号 X_C 表示.容抗的定义为

$$X_C = \frac{U}{I} = \frac{1}{\omega C} = \frac{1}{2\pi f C} \qquad (4\text{-}35)$$

容抗的物理意义如下。

(1) 表示限制电流的能力。

(2) 容抗与频率成反比,表示电容元件允许高频率信号通过的能力,如图 4-22 所示。

当 $\omega = 0$(直流),$X_C \to \infty$ 时,电容元件有隔直作用;

当 $\omega \to \infty$,$X_C \to 0$ 时,电容元件有旁路作用。

(3) 容抗的存在使电流的相位超前电压的相位。

容抗的倒数 ωC 称为容纳,容纳表示电容元件对正弦电流的导电能力,单位为西门子(S),用符号 B_C 表示.容纳的定义为

图 4-22　容抗和频率的关系

$$B_C = \omega C = \frac{1}{X_C} \qquad (4\text{-}36)$$

电阻、电感、电容元件正弦交流电路中的电压与电流关系如表 4-1 所示。

表 4-1　电阻、电感、电容元件在正弦交流电路中的电压与电流关系

电路元件	电路模型	电压电流关系		
		VCR 相量式	有效值	相量图
电阻元件		$\dot{U} = R\dot{I}$	$U = RI$	
电感元件		$\dot{U} = jX_L\dot{I}$	$U = X_L I$	
电容元件		$\dot{U} = -jX_C\dot{I}$	$U = X_C I$	

【例4.4】　电容元件电路的电压、电流在关联方向下,已知 $C = 127\ \mu\text{F}, \dot{U} = 220\angle 0° \text{ V},$
$\omega = 314 \text{ rad/s},$ 求 :(1) X_C, B_C ;(2)电流相量 $\dot{I}$;(3)画相量图。

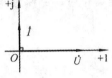

图 4-23　例 4.4 图

解　(1) $X_C = \dfrac{1}{\omega C} = \dfrac{1}{314 \times 127 \times 10^{-6}} \ \Omega = 25\ \Omega$

$B_C = \dfrac{1}{X_C} = 0.04 \text{ S}$

(2) $\dot{I} = j\omega C\dot{U} = jB_C\dot{U} = j \times 0.04 \times 220\angle 0° \text{ A} = 8.8\angle 90° \text{ A}$

(3)相量图如图 4-23 所示。

4.4　复阻抗与复导纳

4.4.1　电路定律的相量形式

1. 基尔霍夫定律的相量形式

在正弦稳态电路中,任一节点上各支路电流瞬时值的代数和等于零,即 $\sum i(t) = 0$,
若将正弦电流用相量表示,则可直接写出相量形式为

$$\sum \dot{I} = 0 \tag{4-37}$$

在正弦稳态电路中,任一回路中各支路电压瞬时值的代数和等于零,即 $\sum u(t) = 0$,
将电压用相量表示后,可直接写出相量形式为

$$\sum \dot{U} = 0 \tag{4-38}$$

2. 三种电路元件的相量关系

$$u_R = Ri_R \rightarrow \dot{U}_R = R\dot{I}_R = Z_R\dot{I}_R \tag{4-39}$$

$$u_L = L\frac{di_L}{dt} \rightarrow \dot{U}_L = j\omega L\dot{I}_L = Z_L\dot{I}_L \tag{4-40}$$

$$u_C = \frac{1}{C}\int i_C dt \rightarrow \dot{U}_C = \frac{1}{j\omega C}\dot{I}_C = Z_C\dot{I}_C \tag{4-41}$$

式中:Z_R 为纯电阻,$Z_R = R$,$Z_R \triangleq \dfrac{\dot{U}_R}{\dot{I}_R}$ 称为电阻元件的复阻抗;Z_L 为纯电感,$Z_L = j\omega L =$
jX_L,$Z_L \triangleq \dfrac{\dot{U}_L}{\dot{I}_L}$ 称为电感元件的复阻抗;Z_C 为纯电容,$Z_C = 1/j\omega C = -jX_C$,$Z_C \triangleq \dfrac{\dot{U}_C}{\dot{I}_C}$ 称为电
容元件的复阻抗。

3. 复阻抗

图 4-24(a) 所示的为一个含线性电阻、电感和电容等元件,但不含独立电源的一端
口电路 N_0。当该端口外加角频率为 ω 的正弦电压(或正弦电流)激励使它处于稳定状态

时，端口的电流（或电压）也为同频率的正弦量。从输入端口看进去的等效复阻抗定义
为

$$Z \triangleq \frac{\dot{U}}{\dot{I}}$$

复阻抗单位为欧姆（Ω），如图 4-24(b) 所示。

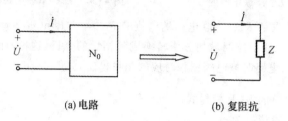

(a) 电路   (b) 复阻抗

图 4-24　复阻抗定义

4. 复导纳

同样，从输入端口看进去的等效复导纳定义为

$$Y \triangleq \frac{\dot{I}}{\dot{U}}$$

复导纳单位为西门子（S）。

采用 KCL、KVL 和 VCR 相量式后，电路的方程与直流电路的相应方程在形式上完全
一样，不同的仅是要按照复数运算方法进行计算。这样，在直流电路中讨论的定理（律）、原
理和各种计算方法，如叠加定理、戴维宁定理、支路法、回路法、节点法、串联公式、并联公
式及 Y-△ 变换等同样适用于正弦交流电路。特别要注意的是，只要用相量符号 $\dot{I}$、$\dot{U}$ 和复数
Z_R 和 Z_L 替代原来在直流电路中的相应的符号 I、U、R 和 L 即可，如式（4-37）～ 式（4-41）
所示。

4.4.2 *RLC* 串联电路

1. *RLC* 串联电路的相量模型

如图 4-25 所示时域电路中，设外施正弦电压为

$$u = \sqrt{2}U\sin(\omega t + \varphi_u)$$

该正弦电压 u 在 R、L、C 元件两端分别产生电压降 u_R、u_L 和 u_C。由 4.3 节分析知道，它
们都是同频率的正弦电压。按照图中的正方向，依据 KVL 定律和 R、L、C 元件的 VCR 相量
式，该 *RLC* 串联电路的电压方程为

$$u = u_R + u_L + u_C = Ri + L\frac{\mathrm{d}i}{\mathrm{d}t} + \frac{1}{C}\int i\mathrm{d}t \tag{4-42}$$

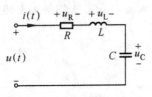
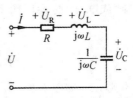

图 4-25 *RLC* 串联电路图   图 4-26 *RLC* 串联电路相量模型

根据式(4-42)求解 *RLC* 串联电路的电流响应 $i = \sqrt{2}I\sin(\omega t + \varphi_i)$，其计算烦琐而困难，所以应把 *RLC* 串联电路时域的分析转换成其相量的分析。这样，计算工作的第一步就是画出与 *RLC* 串联电路时域电路图相对应的相量模型，如图 4-26 所示。

2. *RLC* 串联电路的 VCR 相量式

式(4-42)的相量形式为

$$\dot{U} = \dot{U}_R + \dot{U}_L + \dot{U}_C \tag{4-43}$$

将 $\dot{U}_R = \dot{I}R$，$\dot{U}_L = j\omega L\dot{I}$，$\dot{U}_C = -j\dfrac{1}{\omega C}\dot{I}$ 代入式(4-43)，有

$$\dot{U} = \dot{I}R + j\omega L\dot{I} - j\frac{1}{\omega C}\dot{I} = \dot{I}R + jX_L\dot{I} - jX_C\dot{I}$$

$$= (R + jX_L - jX_C)\dot{I} \tag{4-44}$$

式(4-44)即为 *RLC* 串联电路的 VCR 相量式。

设 $\dot{I} = I\angle\varphi_i$，由式(4-44)得

$$I\angle\varphi_i = \frac{\dot{U}}{R + j\left(\omega L - \dfrac{1}{\omega C}\right)} = \frac{U}{\sqrt{R^2 + \left(\omega L - \dfrac{1}{\omega C}\right)^2}}\angle(\varphi_u - \varphi) \tag{4-45}$$

式(4-45)同时表示了正弦交流电路中电压与电流之间的有效值关系和相位关系。由式(4-45)可以对 *RLC* 串联电路作具体分析。

有效值关系为

$$I = \frac{U}{\sqrt{R^2 + \left(\omega L - \dfrac{1}{\omega C}\right)^2}} \tag{4-46}$$

相位关系为

$$\varphi = \arctan\frac{\left(\omega L - \dfrac{1}{\omega C}\right)}{R} = \varphi_u - \varphi_i \tag{4-47}$$

φ 称为电流滞后电压的相位差角，它可为正、负或零值。

当 $\omega L > \dfrac{1}{\omega C}$ 时，$X_L > X_C$，φ 为正，电路呈感性，电流滞后电压一个 φ 角。

当 $\omega L < \dfrac{1}{\omega C}$ 时，$X_L < X_C$，φ 为负，电路呈容性，电流超前电压一个 φ 角。

当 $\omega L = \dfrac{1}{\omega C}$ 时，$X_L = X_C$，φ 为零，电路呈阻性，电流和电压相位相同。

3. *RLC* **串联电路的相量图**

选电流为参考相量，$\dot{I} = I\angle 0°$，当 $\omega L > 1/\omega C$、$X_L >$ X_C、φ 为正，电路呈感性时的相量图如图 4-27 所示。

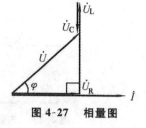

图 4-27 相量图

4. *RLC* **串联电路的复阻抗**

将 $\dot{I} = \dfrac{\dot{U}}{R + \mathrm{j}\left(\omega L - \dfrac{1}{\omega C}\right)}$ 进一步写成

$$\dot{I} = \frac{\dot{U}}{R + \mathrm{j}(X_L - X_C)} = \frac{\dot{U}}{R + \mathrm{j}X} = \frac{\dot{U}}{Z} \tag{4-48}$$

式中：$X = X_L - X_C$，称为电抗，单位为 Ω；$Z = R + \mathrm{j}X$ 为复数（实部为电阻 R，虚部为电抗 X），称为复阻抗。

复阻抗 Z 可以表示为极坐标形式，即

$$Z = |Z| \angle \varphi$$

式中：$|Z|$ 为模，有

$$|Z| = \sqrt{R^2 + X^2} \tag{4-49}$$

φ 为幅角，有

$$\varphi = \arctan \frac{X}{R} \tag{4-50}$$

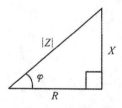

图 4-28 阻抗三角形

由式(4-49)可知，R、X 与 $|Z|$ 三者之间满足勾股定理，构成一个直角三角形，称为阻抗三角形，如图 4-28 所示。

可见， $$Z \neq R + X$$

另外，复阻抗 Z 还可以根据定义式 $Z = \dfrac{\dot{U}}{\dot{I}}$ 得到，有

$$Z = \frac{\dot{U}}{\dot{I}} = \frac{\dot{U}_R + \dot{U}_L + \dot{U}_C}{\dot{I}}$$

$$= R + \mathrm{j}\omega L + \frac{1}{\mathrm{j}\omega C} = R + \mathrm{j}\left(\omega L - \frac{1}{\omega C}\right) = R + \mathrm{j}X$$

即

$$Z = |Z| \angle \varphi = \frac{\dot{U}}{\dot{I}} = \frac{U \angle \varphi_u}{I \angle \varphi_i}$$

有效值关系为

$$|Z| = \frac{U}{I} \tag{4-51}$$

相位关系为

$$\varphi = \varphi_u - \varphi_i \tag{4-52}$$

式(4-51)、式(4-52)说明复阻抗既表达了电压与电流二者之间有效值的大小关系，也指出了二者之间的相位关系，因而全面地反映了电路的正弦性质。为此，电路可由图 4-29 所示的等效电路模型表示。图中，$\mathrm{j}X$ 代表 L 和 C 串联的那一部分电路，用符号"□"表示。

把阻抗三角形的三边同时乘电流有效值 I 后，得到电压三角形，如图 4-30 所示。

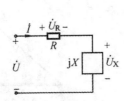

图 4-29　等效电路模型

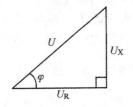

图 4-30　电压三角形

$$U = \sqrt{U_R^2 + U_X^2}$$

$$\dot{U} = \dot{U}_R + \dot{U}_X$$

$$U \neq U_R + U_X$$

【例 4.5】　电路如图 4-31(a) 所示,求:(1) Z;(2) $\dot{I}$, $\dot{U}_L$, $\dot{U}_C$;(3) 画相量图。

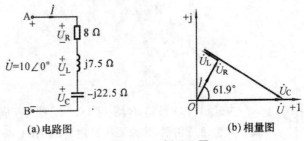

(a)电路图　　　　　(b) 相量图

图 4-31　例 4.5 图

解　(1) $Z = R + j\left(\omega L - \dfrac{1}{\omega C}\right) = [8 + j(7.5 - 22.5)]\Omega = (8 - j15)\Omega$

(2) $\dot{I} = \dfrac{\dot{U}}{Z} = \dfrac{10\angle 0°}{8 - j15}$ A $= \dfrac{10\angle 0°}{17\angle(-61.9°)}$ A $= 0.588\angle 61.9°$ A

$\dot{U}_L = j\omega L \dot{I} = j7.5 \times 0.588\angle 61.9°$ V $= 4.4\angle 151.9°$ V

$\dot{U}_C = -j\dfrac{1}{\omega C}\dot{I} = -j22.5 \times 0.588\angle 61.9°$ V $= 13.23\angle(-28.1°)$ V

4.4.3　RLC 并联电路

1. RLC 并联电路的相量模型

如图 4-32 所示时域电路中,设外施正弦电流为 $i = \sqrt{2}I\sin(\omega t + \varphi_i)$。

按照图 4-32 中的正方向,依据 KCL 定律和三个元件 VCR 关系,该 RLC 并联电路的电流方程为

$$i = i_R + i_L + i_C = \frac{u}{R} + \frac{1}{L}\int u\mathrm{d}t + C\frac{\mathrm{d}u}{\mathrm{d}t}$$

同样,要解出并联电路的电压响应 $u = \sqrt{2}U\sin(\omega t + \varphi_u)$,其计算也是烦琐而困难的。所以要将 RLC 并联电路时域的分析转换成其相量的分析。

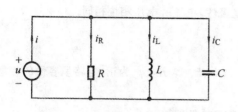

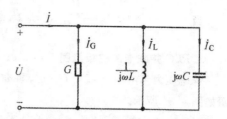

图 4-32 *RLC* 并联电路图   图 4-33 *RLC* 并联电路的相量模型

2. *RLC* 并联电路的 VCR 相量式

与 *RLC* 并联电路时域电路图相对应的相量模型如图 4-33 所示。R、L、C 元件的参数相应变成 G，$-\mathrm{j}\dfrac{1}{\omega L}(-\mathrm{j}B_L)$，$\mathrm{j}\omega C(\mathrm{j}B_C)$。已知 $\dot{I} = I\angle\varphi_i$，求 $\dot{U} = U\angle\varphi_u$。

列出 KCL 相量式

$$\dot{I} = \dot{I}_G + \dot{I}_L + \dot{I}_C \tag{4-53}$$

代入三个元件的相量关系有

$$\dot{I} = \frac{\dot{U}}{R} + \frac{\dot{U}}{\mathrm{j}\omega L} + \frac{\dot{U}}{1/(\mathrm{j}\omega C)} = G\dot{U} + \frac{\dot{U}}{\mathrm{j}\omega L} + \mathrm{j}\omega C\dot{U}$$

$$\dot{I} = \left[G + \mathrm{j}\left(\omega C - \frac{1}{\omega L}\right)\right]\dot{U} = \dot{U}(G + \mathrm{j}B_C - \mathrm{j}B_L) \tag{4-54}$$

式(4-54)即为 *RLC* 并联电路的 VCR 相量式。

设 $\dot{U} = U\angle\varphi_u$，由式(4-54)得

$$U\angle\varphi_u = \frac{\dot{I}}{G + \mathrm{j}\left(\omega C - \dfrac{1}{\omega L}\right)} = \frac{I}{\sqrt{G^2 + \left(\omega C - \dfrac{1}{\omega L}\right)^2}}\angle(\varphi_i - \varphi') \tag{4-55}$$

式(4-55)同时表示 *RLC* 并联电路中电压与电流之间的有效值关系和相位关系。由式(4-55)可以具体分析一下 *RLC* 并联电路。

有效值关系为
$$U = \frac{I}{\sqrt{G^2 + \left(\omega C - \dfrac{1}{\omega L}\right)^2}} \tag{4-56}$$

相位关系为
$$\varphi' = \arctan\frac{\omega C - \dfrac{1}{\omega L}}{G} \tag{4-57}$$

式中，φ' 称为电流超前电压的相位差角，它可为正、负或零值。

当 $\omega C > \dfrac{1}{\omega L}$ 时，$B_C > B_L$，φ' 为正，电路呈容性，电流超前电压一个 φ' 角。

当 $\omega C < \dfrac{1}{\omega L}$ 时，$B_C < B_L$，φ' 为负，电路呈感性，电流滞后电压一个 φ' 角。

当 $\omega C = \dfrac{1}{\omega L}$ 时，$B_C = B_L$，φ' 为零，电路呈阻性，电流和电压相位相同。

3. RLC 并联电路的相量图

选电压为参考相量 $\dot{U} = U\angle 0°$，画 $\omega C > 1/\omega L$、$B_C > B_L$、φ' 为正，电路呈容性的相量图如图 4-34 所示。

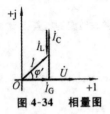

图 4-34　相量图

4. RLC 并联电路的复导纳

由 $\dot{U} = \dfrac{\dot{I}}{G + \mathrm{j}\left(\omega C - \dfrac{1}{\omega L}\right)}$，进一步写成

$$\dot{U} = \frac{\dot{I}}{G + \mathrm{j}(B_C - B_L)} = \frac{\dot{I}}{G + \mathrm{j}B} = \frac{\dot{I}}{Y} \qquad (4\text{-}58)$$

式中：B 称为电纳，$B = B_C - B_L$，即容纳与感纳之差；Y 称为复导纳，$Y = G + \mathrm{j}B$ 为复数（实部为电导 G，虚部为电抗 B）。

复导纳 Y 可以表示成极坐标形式，即

$$Y = |Y| \angle \varphi'$$

式中：$|Y|$ 为模，有

$$|Y| = \sqrt{G^2 + B^2} \qquad (4\text{-}59)$$

φ' 为幅角，有

$$\varphi' = \arctan \frac{B}{G} \qquad (4\text{-}60)$$

由式(4-59)，同样可以画出与阻抗三角形对偶的导纳三角形，如图 4-35 所示。其中，$Y \neq G + B$。另外，复导纳 Y 还可以根据定义式得

$$Y = \frac{\dot{I}}{\dot{U}} = \frac{\dot{I}_G + \dot{I}_L + \dot{I}_C}{\dot{U}} = G + \frac{1}{\mathrm{j}\omega L} + \mathrm{j}\omega C$$

$$= G + \mathrm{j}\left(\omega C - \frac{1}{\omega L}\right) = G + \mathrm{j}B$$

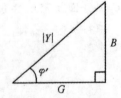

图 4-35　导纳三角形

$$Y = |Y| \angle \varphi' = \frac{\dot{I}}{\dot{U}} = \frac{I\angle \varphi_i}{U\angle \varphi_u}$$

有效值关系为

$$|Y| = \frac{I}{U} \qquad (4\text{-}61)$$

相位关系为

$$\varphi' = \varphi_i - \varphi_u \qquad (4\text{-}62)$$

式(4-61)、式(4-62)说明，复导纳既表达了电压与电流二者之间的有效值的大小关系，也指出了二者之间的相位关系，因而全面反映了电路的正弦性质。为此，电路可由图 4-36 所示等效的电路模型表示。图中，$\mathrm{j}B$ 代表 L 和 C 相并联的那一部分，用符号"$\boxed{}$"表示。

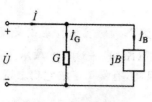

图 4-36   等效电路模型   图 4-37   电流三角形

把导纳三角形三边同时乘电压有效值 U，便可得电流三角形，如图 4-37 所示。

$$I = \sqrt{I^2_G + I^2_B}$$
$$\dot{I} = \dot{I}_G + \dot{I}_B$$
$$I \neq I_G + I_B$$

【例 4.6】   电路如图 4-38 所示，$R_1 = 30\ \Omega$，$L = 0.127\ \text{H}$，$R_2 = 80\ \Omega$，$C = 53\ \mu\text{F}$，电压 $u = 220\sqrt{2}\sin(314t + 30°)$ V，求：(1) 电流相量 $\dot{I}_1$，$\dot{I}_2$ 和 $\dot{I}$；(2) 画出电流和电压的相量图。

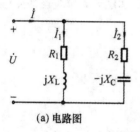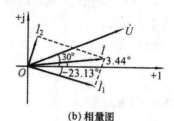

(a) 电路图   (b) 相量图

图 4-38   例 4.6 图

解   (1) 电压相量 $\dot{U} = 220\angle30°$ V， $X_L = \omega L = (314 \times 0.127)\ \Omega = 40\ \Omega$

$$X_C = \frac{1}{\omega C} = \frac{1}{314 \times 53 \times 10^{-6}}\ \Omega = 60\ \Omega$$

支路复阻抗

$$Z_1 = R_1 + jX_L = (30 + j40)\ \Omega = 50\angle53.13°\ \Omega$$
$$Z_2 = R_2 - jX_C = (80 - j60)\ \Omega = 100\angle(-36.87°)\ \Omega$$

支路电流 $$\dot{I}_1 = \frac{\dot{U}}{Z_1} = \frac{220\angle30°}{50\angle53.13°}\ \text{A} = 4.4\angle(-23.13°)\ \text{A}$$

$$\dot{I}_2 = \frac{\dot{U}}{Z_2} = \frac{220\angle30°}{100\angle(-36.87°)}\ \text{A} = 2.2\angle66.87°\ \text{A}$$

总电流 $$\dot{I} = \dot{I}_1 + \dot{I}_2 = [4.4\angle(-23.13°) + 2.2\angle66.87°]\ \text{A}$$
$$= (4.91 + j0.295)\ \text{A} = 4.92\angle3.44°\ \text{A}$$

(2) 电流和电压的相量图如图 4-38(b) 所示。

4.4.4 阻抗与导纳的等效转换

如图 4-39 所示的一个线性无源的二端电路 N_0,对它进行正弦交流电路计算时,可以把该电路化简为图 4-40 所示的两种等效电路,图 4-40(a) 所示为其串联等效电路,图 4-40(b) 所示为其并联等效电路形式。因此,有必要了解它们之间的相互等效变换规律。

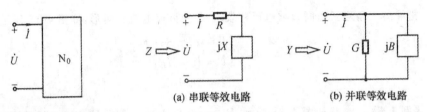

图 4-39　线性无源的二端电路　　　　图 4-40　图 4-39 的等效电路

1. 换算公式推导

图 4-40(a)、(b) 所示的两个电路的端口电压 $\dot{U}$ 和电流 $\dot{I}$ 都应该保持与原电路图4-39的电压 $\dot{U}$ 和电流 $\dot{I}$ 一致。

对于串联电路,有

$$Z = \frac{\dot{U}}{\dot{I}} = \frac{U}{I}\angle(\varphi_u - \varphi_i) = R + jX = |Z|\angle\varphi$$

对于并联电路,有

$$Y = \frac{\dot{I}}{\dot{U}} = \frac{I}{U}\angle(\varphi_i - \varphi_u) = G + jB = |Y|\angle\varphi'$$

因为

$$Z = \frac{\dot{U}}{\dot{I}}, \quad Y = \frac{\dot{I}}{\dot{U}}$$

所以

$$ZY = 1 \quad \text{或} \quad Y = \frac{1}{Z}$$

表示为代数形式的公式推导如下:

$$Z = R + jX$$

$$Y = G + jB = \frac{1}{R + jX} = \frac{R - jX}{(R + jX)(R - jX)} = \frac{R}{R^2 + X^2} + j\frac{(-X)}{R^2 + X^2}$$

有

$$G = \frac{R}{R^2 + X^2}, \quad B = \frac{-X}{R^2 + X^2} \qquad (4\text{-}63)$$

所以

$$G \neq 1/R, \quad B \neq 1/X$$

表示成极坐标形式的公式推导如下:

$$Z = |Z|\angle\varphi, \quad Y = \frac{1}{Z} = \frac{1}{|Z|\angle\varphi} = |Y|\angle\varphi'$$

有
$$|Y| = \frac{1}{|Z|}, \quad \varphi' = -\varphi \tag{4-64}$$

2. 等效电路分析

换算后用复阻抗 $Z = R + jX$ 表示时,分别画出 $X > 0$ 和 $X < 0$ 的等效电路图,如图 4-41(a)、(b) 所示。

用复导纳 $Y = G + jB$ 表示时,分别画出 $B > 0$ 和 $B < 0$ 的等效电路图,如图 4-42(a)、(b) 所示。

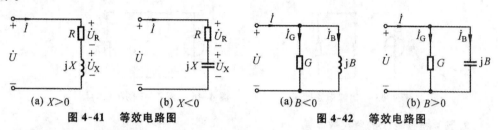

(a) $X > 0$　　　(b) $X < 0$
图 4-41　等效电路图

(a) $B < 0$　　　(b) $B > 0$
图 4-42　等效电路图

【例 4.7】　电路如图 4-43 所示,$\dot{U} = 100 \angle 30° \text{ V}$,$\dot{I} = 40 \angle (-6.9°) \text{ A}$,求:(1)复阻抗 Z 和复导纳 Y;(2)画出图 4-43 所示电路的等效电路图。

解
$$Z = \frac{\dot{U}}{\dot{I}} = 2.5 \angle 36.9° \ \Omega = (2 + j1.5) \ \Omega$$

等效电路如图 4-44(a)所示。

$$Y = \frac{1}{Z} = \frac{1}{2.5 \angle 36.9°} \text{ S} = (0.32 - j0.24) \text{ S}$$

等效电路如图 4-44(b)所示。

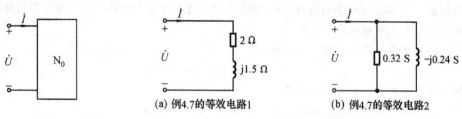

图 4-43　例 4.7 图

(a) 例4.7的等效电路1　　　(b) 例4.7的等效电路2
图 4-44　等效电路

4.5　正弦交流电路的计算

4.5.1　电路的相量模型

对正弦交流电路进行计算的第一步是将时域形式的电路图改画为其对应的相量形式的电路图,又称为相量模型;再依相量模型写出相量形式的复代数方程,具体分析的实例如图 4-45 所示。

1. 列写时域电路微分方程

$$\begin{cases} i = i_L + i_R \\ \dfrac{1}{C}\int i\,\mathrm{d}t + L\dfrac{\mathrm{d}i_L}{\mathrm{d}t} = u_S \\ Ri_R = L\dfrac{\mathrm{d}i_L}{\mathrm{d}t} \end{cases}$$

画出图 4-45 所示时域电路对应的相量模型,如图 4-46 所示。

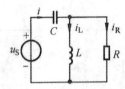

图 **4-45**　时域电路图

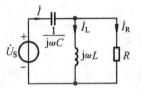

图 **4-46**　图 4-45 的相量模型

2. 列写相量形式的复代数方程

$$\begin{cases} \dot{I} = \dot{I}_L + \dot{I}_R \\ \dfrac{1}{\mathrm{j}\omega C}\dot{I} + \mathrm{j}\omega L\dot{I}_L = \dot{U}_S \\ R\dot{I}_R = \mathrm{j}\omega L\dot{I}_L \end{cases}$$

4.5.2　简单正弦电路的计算

1. 阻抗串联

在实际电路中使用的模型往往是由多个阻抗串联起来的电路。图 4-47(a) 所示的电路就是由 N 个阻抗串联的电路,由 N 个阻抗串联的电路的阻抗可以用一个等效阻抗来替代,如图 4-47(b) 所示的等效阻抗 Z。

列写相量形式的 KVL 方程,有

$$\dot{U} = \dot{U}_1 + \dot{U}_2 + \cdots + \dot{U}_N \tag{4-65}$$

即总电压相量等于各分电压相量之和。

因为串联电路的各阻抗流过同一个电流相量 $\dot{I}$,所以有

$$\dot{U} = Z_1\dot{I} + Z_2\dot{I} + \cdots + Z_N\dot{I} = (Z_1 + Z_2 + \cdots + Z_N)\dot{I} = Z\dot{I} \tag{4-66}$$

式中,Z 是串联阻抗的等效阻抗,它等于各串联阻抗之和,即

$$Z = Z_1 + Z_2 + \cdots + Z_N \tag{4-67}$$

注意:在一般情况下,阻抗的模之间的关系为

$$|Z| \neq |Z_1| + |Z_2| + \cdots + |Z_N|$$

N 个串联复阻抗的分压公式为

$$\dot{U}_k = \dfrac{Z_k}{\sum\limits_{k=1}^{N} Z_k}\dot{U} \tag{4-68}$$

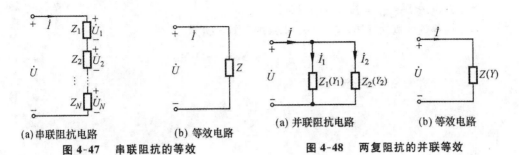

(a)串联阻抗电路　　　　(b) 等效电路

图 4-47　串联阻抗的等效

(a) 并联阻抗电路　　　　(b) 等效电路

图 4-48　两复阻抗的并联等效

2. 阻抗并联

1) 两个阻抗并联

在电力供电系统中,各额定电压相同的负载是并联使用的。因此,最常用的是两个复阻抗 Z_1 和 Z_2 的并联电路,如图 4-48 所示。

两并联交流电路的特点如下。

(1)两并联支路的端电压相等。

(2)列写相量形式 KCL 方程,可知总电流 $\dot{I} = \dot{I}_1 + \dot{I}_2$。

(3)根据等效的概念,两并联电路的等效导纳是 Y,如图 4-48(b)所示,有

$$Y = \frac{\dot{I}}{\dot{U}} = \frac{\dot{I}_1}{\dot{U}} + \frac{\dot{I}_2}{\dot{U}} = Y_1 + Y_2$$

由上式可得

$$Y = \frac{1}{Z} = \frac{1}{Z_1} + \frac{1}{Z_2}$$

由此得两并联电路的等效阻抗

$$Z = \frac{Z_1 Z_2}{Z_1 + Z_2} \tag{4-69}$$

(4)两个并联复阻抗的分流公式为

$$\begin{cases} \dot{I}_1 = \dfrac{Z_2}{Z_1 + Z_2}\dot{I} \\[3mm] \dot{I}_2 = \dfrac{Z_1}{Z_1 + Z_2}\dot{I} \end{cases} \tag{4-70}$$

2) N 个导纳并联

将以上两个导纳 Y_1 和 Y_2 的并联推广到 N 个导纳的并联时,有如下性质,如图 4-49 所示。

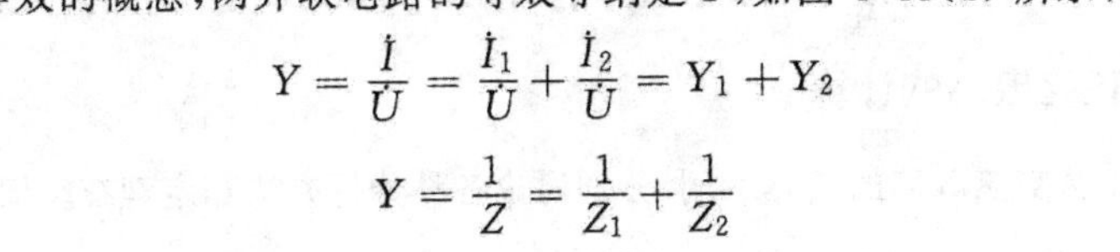

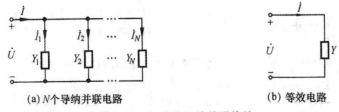

(a)N个导纳并联电路　　　　(b) 等效电路

图 4-49　N 个导纳的并联等效

(1)各并联支路的端电压相同。

(2) 总电流 $\dot{I} = \dot{I}_1 + \dot{I}_2 + \cdots + \dot{I}_N$。

(3) 由等效的概念可知,N 个并联支路的等效导纳为

$$Y = \frac{\dot{I}}{\dot{U}} = Y_1 + Y_2 + \cdots + Y_N \tag{4-71}$$

(4) N 个并联导纳的分流公式为

$$\dot{I}_k = \frac{Y_k}{\sum\limits_{k=1}^{N} Y_k} \dot{I} \tag{4-72}$$

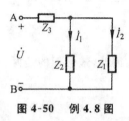

图 4-50   例 4.8 图

【例 4.8】 如图 4-50 所示电路中,已知 $Z_1 = (10 + j6.28)\ \Omega$,$Z_2 = (20 - j31.9)\ \Omega$,$Z_3 = (15 + j15.7)\ \Omega$,求 Z_{AB}。

解 $Z = \dfrac{Z_1 Z_2}{Z_1 + Z_2} = \dfrac{(10 + j6.28)(20 - j31.9)}{10 + j6.28 + 20 - j31.9}\ \Omega$

$\qquad = \dfrac{11.81\angle 32.13° \times 37.65\angle(-57.61°)}{39.45\angle(-40.5°)}\ \Omega$

$\qquad = (10.89 + j2.86)\ \Omega$

$Z_{AB} = Z_3 + Z = [(15 + j15.7) + (10.89 + j2.86)]\ \Omega$

$\qquad = (25.89 + j18.56)\ \Omega = 31.9\angle 35.6°\ \Omega$

4.5.3 复杂正弦电路的计算

下面通过正弦交流电路的具体示例,分别讨论各种分析方法和定理在交流电路中的应用。

1. 支路电流法、回路电流法和节点电压法的应用

1) 支路电流法的应用

【例 4.9】 电路如图 4-51 所示,已知 $Z_1 = Z_2 = (0.1 + j0.5)\ \Omega$,$Z_3 = (5 + j5)\ \Omega$,$\dot{U}_{S1} = 230\angle 0°\ \text{V}$,$\dot{U}_{S2} = 227\angle 0°\ \text{V}$,求 $\dot{I}$ 的值。

解 应用支路电流法列写方程如下。

$$\begin{cases} \dot{I}_1 + \dot{I}_2 = \dot{I} \\ Z_1 \dot{I}_1 - Z_2 \dot{I}_2 = \dot{U}_{S1} - \dot{U}_{S2} \\ Z_2 \dot{I}_2 + Z_3 \dot{I} = \dot{U}_{S2} \end{cases}$$

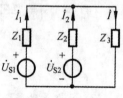

图 4-51   例 4.9 图

代入已知条件,联立求解方程,得

$$\dot{I} = 31.2\angle(-46.1°)\ \text{A}$$

2) 回路电流法的应用

【例 4.10】 电路的已知条件如图 4-52 所示,求 $\dot{I}_L$ 的值。

解 应用回路电流法列写方程如下:

$$\begin{cases} (3 + 4j)\dot{I}_1 - j4\dot{I}_2 = 100\angle 0° \\ -j4\dot{I}_1 + (j4 - j2)\dot{I}_2 = -2\dot{I}_1 \end{cases}$$

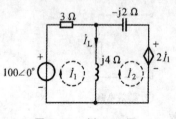

图 4-52   例 4.10 图

求得
$$\dot{I}_1 = 12.4\angle 29.8° \text{ A} = (10.8 + j6.18) \text{ A}$$
$$\dot{I}_2 = 27.2\angle 56.3° \text{ A} = (15.4 + j23) \text{ A}$$
$$\dot{I}_L = \dot{I}_1 - \dot{I}_2 = (-4.6 - j16.82) \text{ A} = 17.3\angle(-105.5°) \text{ A}$$

3）节点电压法的应用

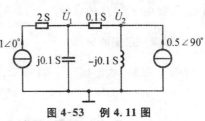

【例 4.11】 电路的已知条件如图 4-53 所示，求 $\dot{U}_1$ 和 $\dot{U}_2$ 的值。

解 应用节点电压法列写方程如下：
$$\begin{cases}(0.1 + j0.1)\dot{U}_1 - 0.1\dot{U}_2 = 1\angle 0° \\ -0.1\dot{U}_1 + (0.1 - j0.1)\dot{U}_2 = 0.5\angle 90°\end{cases}$$

求解可得
$$\dot{U}_1 = (10 - j5)\text{V} = 11.2\angle(-26.5°) \text{ V}$$
$$\dot{U}_2 = 7.07\angle 45° \text{ V}$$

图 4-53 例 4.11 图

2.电源等效变换的应用

【例 4.12】 电路如图 4-54 所示，已知 $R_1 = 60\ \Omega$，$R_2 = 100\ \Omega$，$X_1 = 80\ \Omega$，$X_2 = 100\ \Omega$，$X_3 = 80\ \Omega$，$X_4 = 100\ \Omega$，$X_5 = 50\ \Omega$，$U_1 = U_2 = 200$ V（$\dot{U}_2$ 超前 $\dot{U}_1 36.9°$），求：（1）电流表 Ⓐ 的读数；（2）该电流与 $\dot{U}_1$ 的相位关系。

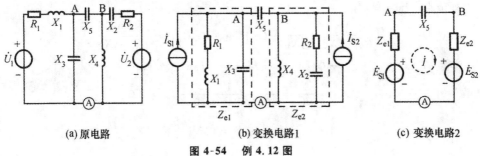

(a)原电路 (b)变换电路1 (c)变换电路2

图 4-54 例 4.12 图

解 设 $\dot{U}_1 = 200\angle 0°$，则 $\dot{U}_2 = 200\angle 36.9°$。

依据电源等效变换，将图 4-54(a) 所示电路变换成图 4-54(b) 所示电路，再将图 4-54(b) 所示电路变换成图4-54(c) 所示电路。

对于图 4-54(b) 所示电路，有
$$\dot{I}_{S1} = \frac{\dot{U}_1}{R_1 + jX_1} = 2\angle 53.1° \text{ A}, \quad \dot{I}_{S2} = \frac{\dot{U}_2}{R_2 - jX_2} = 1.414\angle 81.9° \text{ A}$$

对于图 4-54(c) 所示电路，有
$$Z_{e1} = \frac{(60 + j80)(-j80)}{60 + j80 - j80}\ \Omega = 133.33\angle(-36.9°)\ \Omega$$
$$Z_{e2} = \frac{(100 - j100)j100}{100 - j100 + j100}\ \Omega = 141.4\angle 45°\ \Omega$$
$$\dot{E}_{S1} = \dot{I}_{S1}Z_{e1} = -j266.67 \text{ V}$$

$$\dot{E}_{S2} = \dot{I}_{S2} Z_{e2} = 200\angle 126.9° \text{ V}$$

$$\dot{I} = \frac{\dot{E}_{S1} - \dot{E}_{S2}}{Z_{e1} + Z_{e2} - jX_5} = 2.12\angle(-66.04°) \text{ A}$$

所以,求得电流表 Ⓐ 的读数为 2.12 A,电流 $\dot{I}$ 滞后电压 $\dot{U}_1$ 66.04°。

3. 戴维宁定理的应用

【例 4.13】 电路如图 4-55 所示,$R_1 = 1 \text{ }\Omega, R_2 = 2 \text{ }\Omega, C = 10^3 \text{ }\mu\text{F}, L = 2 \text{ mH}, g = 0.1 \text{ S}, \omega = 10^3 \text{ rad/S}, \dot{U} = 10\angle(-45°) \text{ V}$,画出 AB 端口的戴维宁等效电路图。

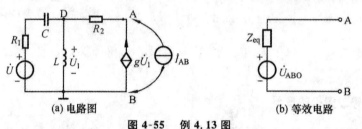

图 4-55   例 4.13 图

解   求解方法同电阻电路类似。

(1) 求开路电压 $\dot{U}_{ABO}$,首先在端口外加一个电流源 $\dot{I}_{AB}$,如图 4-55(a) 所示。

列节点电压方程,有

节点 D $\left(\dfrac{1}{R_1 - jX_C} + \dfrac{1}{jX_L} + G_2\right)\dot{U}_{DB} - G_2\dot{U}_{AB} = \dfrac{\dot{U}}{R_1 - jX_C}$

节点 A $-G_2\dot{U}_{DB} + G_2\dot{U}_{AB} = -\dot{I}_{AB} + g\dot{U}_{DB}$

其中 $$X_C = \frac{1}{\omega C} = \frac{1}{10^3 \times 10^3 \times 10^{-6}} \text{ }\Omega = 1 \text{ }\Omega$$

$$G_2 = \frac{1}{2}\text{S} = 0.5\text{S}$$

$$X_L = \omega L = 10^3 \times 2 \times 10^{-3} \text{ }\Omega = 2 \text{ }\Omega$$

$$\begin{cases} \left(\dfrac{1}{1-j} + \dfrac{1}{2j} + 0.5\right)\dot{U}_{DB} - 0.5\dot{U}_{AB} = \dfrac{10\angle(-45°)}{1-j} \\ -(0.1+0.5)\dot{U}_{DB} + 0.5\dot{U}_{AB} = -\dot{I}_{AB} \end{cases}$$

解出 $$\dot{U}_{AB} = 15\sqrt{2} - 5\dot{I}_{AB} = 21.21 - 5\dot{I}_{AB}$$

$$\dot{U}_{ABO} = 21.21 \text{ V}$$

(2) 求 AB 端口的等效输入端阻抗 Z_{eq} 的值。

$$Z_{eq} = \frac{\dot{U}_{AB}}{-\dot{I}_{AB}} = 5 \text{ }\Omega$$

(3) 画出 AB 端口等效电路图,如图 4-55(b) 所示。

【例 4.14】 图 4-56 所示电路中 L、C、ω 均为已知,若欲使 Z 变化时(但 $Z \neq 0$),$\dot{U}$ 不变,

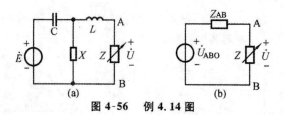

图 4-56　例 4.14 图

电抗 X 应为何值?

解　当 X 确定后,其开路电压 $\dot{U}_{ABO}$ 是确定的值。欲使 Z 变化时,$\dot{U}$ 不变,即 $\dot{U} = \dot{U}_{ABO}$,则 AB 端口的等效输入端阻抗 $Z_{AB} = 0$,如图 4-56(b) 所示。

$$jX_L + \frac{jX(-jX_C)}{j(X - X_C)} = 0$$

$$-X_L X + X_L X_C + X X_C = 0$$

故有

$$X = \frac{X_L X_C}{X_L - X_C} = \frac{\omega L}{\omega^2 LC - 1}$$

4. 相量作图法的应用

【例 4.15】　如图 4-57(a) 所示电路,已知 $U_1 = 80$ V,$U_2 = 70$ V,$U = 120$ V,$f = 25$ Hz,$I = 1.4$ A,求 R、L 的值。

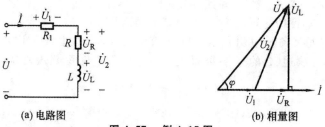

(a) 电路图　　　　　　　　　(b) 相量图

图 4-57　例 4.15 图

解　以 $\dot{I}$ 作为参考相量,$\dot{I} = 1.4\angle 0°$ A。

画出电压的相量图,如图 4-57(b) 所示,由余弦公式得

$$\varphi = \arccos\left(\frac{U^2 + U_1^2 - U_2^2}{2UU_1}\right) = 34.1°$$

$$U_L = \omega L I = U\sin 34.1°$$

所以

$$L = \frac{120\sin 34.1°}{2\pi \times 25 \times 1.4} \text{H} = 0.306 \text{ H}$$

又因为

$$I(R_1 + R) = U\cos\varphi$$

所以

$$R_1 + R = \frac{120\cos 34.1°}{1.4} \ \Omega = 70.98 \ \Omega$$

$$R = 70.98 - R_1 = \left(70.98 - \frac{80}{1.4}\right) \Omega = (70.98 - 57.14) \ \Omega = 13.84 \ \Omega$$

【**例 4.16**】 电路如图 4-58 所示,已知 $\dot{U} = 2\angle 0°$ V,$f = 200$ Hz,$R_1 = 4\ \Omega$,$C_2 = 0.01\ \mu$F,$R_2 = 30\ \text{k}\Omega$,求 $\dot{U}_{AB}$ 与 $\dot{U}$ 两者相位差角。

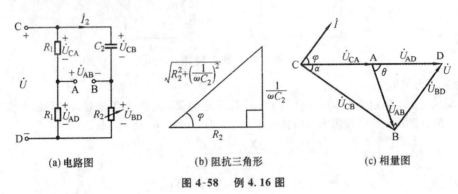

(a) 电路图　　　　　　(b) 阻抗三角形　　　　　　(c) 相量图

图 4-58　例 4.16 图

解　以 $\dot{U}$ 作为参考相量,如图 4-58(c) 所示,有

$$\dot{U}_{CA} = \dot{U}_{AD} = \frac{1}{2}\dot{U}$$

设 $\dot{I}_2$ 在相位上超前电压 $\dot{U}$ 一个 φ 角,采用阻抗三角形表示时,如图 4-58(b) 所示,有

$$\varphi = \arctan\frac{1}{\omega R_2 C_2} = 69.5°$$

$\dot{U}_{BD}$ 同 $\dot{I}_2$ 同相,$\dot{U}_{CB}$ 滞后 $\dot{I}_2$ 90°,并且 $\dot{U}_{CB} + \dot{U}_{BD} = \dot{U}$。

连接 AB 两点,得相量 $\dot{U}_{AB}$,设 $\dot{U}_{AB}$ 与 $\dot{U}$ 相角为 θ。

△CBD 为直角三角形,由几何学可知:由直角三角形斜边中点 A 引向直角顶点 B 的直线 $\overline{AB}$,其长度等于斜边 $\overline{CD}$ 的一半,因而 △CBA 是等腰三角形,设底角为 α。

$$\alpha = \frac{\theta}{2} = 90° - \varphi$$

则有

$$\theta = 2(90° - \varphi) = 180° - 2\times 69.5° = 41°$$

4.6　正弦交流电路的功率

电路分析中,除了计算正弦交流电路的电压、电流以外,还要分析和计算另外一个重要的物理量功率。可以这样说,电路的作用之一是将一定的功率输送到所需要的地方。例如,电力输电线就是将电功率输送到城市、农村、工厂和学校。接收电功率的装置是负载。负载往往是一个无源一端口网络,为此,对无源一端口网络的功率进行一般性的讨论。

本节从分析无源一端口网络的瞬时功率出发,进一步分析有功功率、无功功率、视在功率、功率因素,以及各个功率之间的相互关系。为了方便正弦电路中相量的计算,引入了复功率概念。最后通过电路中复功率的守恒,进而得出有功功率守恒和无功功率守恒。

4.6.1　瞬时功率

在交流电路中,通过任一个无源二端网络的电流及两端电压都是随时间变的,如图

4-59 所示。

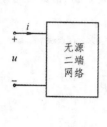

(a) 无源二端网络

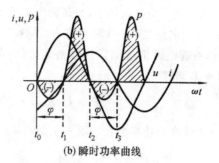

(b) 瞬时功率曲线

图 4-59 无源二端网络的瞬时功率

设 $u = \sqrt{2}U\sin\omega t$，$i = \sqrt{2}I\sin(\omega t - \varphi)$，在 u、i 取关联参考方向下，由功率的定义可得该一端口网络的瞬时功率为

$$
\begin{aligned}
p = ui &= \sqrt{2}U\sin\omega t \times \sqrt{2}I\sin(\omega t - \varphi) \\
&= UI[\cos\varphi - \cos(2\omega t - \varphi)] \\
&= UI\cos\varphi - UI\cos(2\omega t - \varphi)
\end{aligned}
\tag{4-73}
$$

此功率 p 称为瞬时功率，由式(4-73)可知，瞬时功率 p 由两部分组成：一部分为 $UI\cos\varphi$，它是与时间无关的恒定分量；另一部分为 $UI\cos(2\omega t - \varphi)$，它是时间的周期函数，角频率为 2ω。为了便于分析瞬时功率的变化情况，将 u、i、p 三者曲线画在一个坐标系中，如图 4-60(b) 所示。从图中可看出，p 在 $t_0 - t_1$ 区间，其值为负；在 $t_1 - t_2$ 区间，其值为正。p 值可正、可负，说明该无源一端口网络与电源之间存在着能量的往复交换，这是由于无源一端口网络中含有储能元件所致。

另外，从功率 p 的曲线所界定的正面积恒大于负面积来分析，说明该一端口网络是无源网络。在 $p > 0$ 区段，能量由电源送入网络，除了一部分消耗在电阻上，还有一部分转化成储能元件的电磁能量；在 $p < 0$ 区段，表明该一端口网络中的储能元件把储存的电磁能量返还给电源。

消耗在电阻上的能量用有功功率表示，储能元件与电源相互交换的能量用无功功率表示。下面将对有功功率和无功功率作详细介绍。

4.6.2　有功功率

电路中更需要研究的是平均功率，平均功率即为有功功率。平均功率是瞬时功率在一个周期内的平均值，用 P 表示，有

$$
P = \frac{1}{T}\int_0^T p\,\mathrm{d}t = \frac{UI}{T}\int_0^T [\cos\varphi - \cos(2\omega t - \varphi)]\mathrm{d}t
$$

$$
P = UI\cos\varphi
\tag{4-74}
$$

式(4-74)说明正弦电流电路的有功功率不仅与电流、电压的有效值有关，而且与它们之间的相位差角 φ 的余弦有关，此 $\cos\varphi$ 称为电路的功率因数。

　　功率因数不能为负值。如果为负,从式(4-74)可知,则平均功率为负值,这意味着一端口网络平均起来不是吸收功率,而是发出功率,这明显是不成立的。由此可得结论:一端口网络的 $\cos\varphi$ 的取值在 $0\sim 1$ 的范围内。

　　另外,由前面讨论过的阻抗三角形可知,如图 4-60(a) 所示,$\cos\varphi = R/|Z|$,因为 $U/|Z|=I$,则有

$$P = UI\cos\varphi = UI\frac{R}{|Z|} = I^2 R \qquad (4\text{-}75)$$

式(4-75)说明有功功率是在电阻 R 上所消耗的功率。

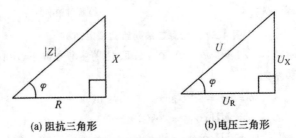

(a) 阻抗三角形　　　　　　(b)电压三角形

图 4-60　阻抗与电压三角形

　　再由电压三角形可知,如图 4-60(b) 所示,$\cos\varphi = U_R/U$,则有

$$P = UI\frac{U_R}{U} = IU_R \qquad (4\text{-}76)$$

　　式(4-76)说明,电阻 R 两端的电压有效值乘以电流有效值是有功功率,因此,又把电阻电压有效值 U_R 称为电压的有功分量或者有功电压。通常所说的功率均是指有功功率,它的单位为瓦特(W),也常用千瓦(kW)表示。可以用瓦特表对有功功率进行测量。

4.6.3　无功功率

　　由有功功率的讨论可知,当电路用复阻抗 Z 表示时,电压分量 U_X 对有功功率无贡献,而电压分量 U_R 没有反映电路储能元件与电源之间的能量交换的情况。因此,这里用无功功率表示电路的储能元件与电源之间所交换的那一部分能量,为此把电压分量 U_X 称为电压的无功分量或无功电压。

　　无功功率用 Q 表示,其定义是

$$Q \triangleq UI\sin\varphi \qquad (4\text{-}77)$$

同样由电压三角形和阻抗三角形可知,$\sin\varphi = U_X/U = X/|Z|$,则有

$$Q = IU_X \qquad (4\text{-}78)$$

$$Q = I^2 X \qquad (4\text{-}79)$$

　　对于电感元件,其两端的电压相量 $\dot{U}_L$ 超前电流相量 $\dot{I}90°$,$\varphi = 90°$,则

$$Q_L = U_L I\sin 90° = U_L I > 0$$

所以,称电感元件为无功功率的负载,它相当于吸收无功功率。

对于电容元件,其两端的电压相量 $\dot{U}_C$ 滞后电流相量 $\dot{I}$ 90°,$\varphi=-90°$,则

$$Q_C = U_C I \sin(-90°) = -U_C I < 0$$

所以,称电容元件为无功功率的电源,它相当于发出无功功率。

如前所述,无功功率是指电路中动态储能元件与电源间所交换的那一部分电磁能量。无功功率单位为伏安或乏(Var),可用无功功率表测量无功功率。

4.6.4　视在功率(表观功率)

仿照直流电路中的功率等于电流与电压相乘的关系,将正弦交流电路中电流有效值与电压有效值的乘积也看成功率,称为视在功率,也称为表观功率。视在功率用 S 表示,单位为伏安(V·A)。

$$S = UI$$

许多电气设备上都标有额定电压和额定电流值,它们二者的乘积称为容量。显然,这也是视在功率,故视在功率往往是指电气设备的容量。

有功功率 P、无功功率 Q 和视在功率 S 有如下关系。

$$P^2 + Q^2 = (UI\cos\varphi)^2 + (UI\sin\varphi)^2 = (UI)^2 = S^2$$

$$S = \sqrt{P^2 + Q^2} \tag{4-80}$$

这说明,P、Q、S 三者之间满足直角三角形的关系式,此三角形称为电路的功率三角形,如图 4-61 所示。由功率三角形可知,

$$\tan\varphi = \frac{Q}{P} \quad 或 \quad Q = P\tan\varphi \tag{4-81}$$

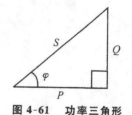

图 4-61　功率三角形

4.6.5　复功率

1. 定义

以有功功率作实部,无功功率作虚部构成一个复数,同样具有功率的概念,称为复功率。若以 $\tilde{S}$ 表示复功率,则有

$$\tilde{S} = P + jQ \tag{4-82}$$

下面讨论如何用相量计算复功率。

$$\tilde{S} = P + jQ = UI\cos\varphi + jUI\sin\varphi = UI\angle\varphi$$

$$= UI\angle(\varphi_u - \varphi_i) = U\angle\varphi_u \times I\angle(-\varphi_i) = \dot{U}\overset{*}{\dot{I}}$$

即

$$\tilde{S} = \dot{U}\overset{*}{\dot{I}} \tag{4-83}$$

式中,$\overset{*}{\dot{I}}$ 表示 $\dot{I}$ 的共轭复数,即复功率等于电压相量与电流相量之共轭复数之积。引入复功率的目的是直接应用由相量法算出的电压相量和电流相量,使三个功率的关系一目了然。

复功率概念适用于单个元件或任何一段电路计算。

2.其他表示形式

复功率的其他表示形式有

$$\tilde{S} = \dot{U}\overset{*}{\dot{I}} = Z\dot{I}\overset{*}{\dot{I}} = ZI^2 \tag{4-84}$$

$$\tilde{S} = \dot{U}\overset{*}{\dot{I}} = \dot{U}(\dot{U}Y)^* = Y^*U^2 \tag{4-85}$$

3.功率守恒

电路中复功率是守恒的,以图 4-62 所示电路为例分析如下。

$$\tilde{S}_R + \tilde{S}_X = \dot{U}_R\overset{*}{\dot{I}} + \dot{U}_X\overset{*}{\dot{I}} = (\dot{U}_R + \dot{U}_X)\overset{*}{\dot{I}} = \dot{U}\overset{*}{\dot{I}} = \tilde{S}$$

即

$$\tilde{S}_R + \tilde{S}_X = \tilde{S}$$

图 4-62　功率守恒示例

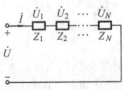

图 4-63　功率守恒

等式左端是 R 和 X 两电路段吸收的复功率之和,它等于右端电源供给电路的复功率,即说明复功率守恒。等式两边实部相等,说明有功功率守恒;等式两边虚部相等,说明无功功率守恒。将以上结果推广到由 N 个复阻抗串联的电路,如图 4-63 所示,则有

$$\tilde{S} = \tilde{S}_1 + \tilde{S}_2 + \cdots + \tilde{S}_N \tag{4-86}$$

$$\begin{cases} P = P_1 + P_2 + \cdots + P_N, & Q = Q_1 + Q_2 + \cdots + Q_N \\ R = R_1 + R_2 + \cdots + R_N, & X = X_1 + X_2 + \cdots + X_N \end{cases} \tag{4-87}$$

应该注意的是,由于电压有效值不能相等,所以视在功率是不守恒的。

$$U \neq U_1 + U_2 + \cdots + U_N$$

所以

$$S = UI \neq (U_1 + U_2 + \cdots + U_N)I = S_1 + S_2 + \cdots + S_N$$

即

$$S \neq S_1 + S_2 + \cdots + S_N$$

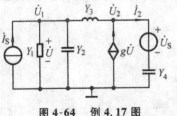

图 4-64　例 4.17 图

4.复功率计算

【例 4.17】　如图 4-64 所示电路,已知 $\dot{I}_S = 10\angle(-90°)$ A,$\dot{U}_S = 10\angle 90°$ V,$Y_1 = 1$ S,$Y_2 = j1$ S,$Y_3 = -j1$ S,$Y_4 = j1$ S,$g = 1$ S,求独立电流源和独立电压源发出的复功率。

解　用节点法求解

$$\dot{U}_1 = \dot{U}$$

$$(1 + j1 - j1)\dot{U}_1 - (-j1)\dot{U}_2 = 10\angle(-90°)$$

$$-(-j1)\dot{U}_1 + (j1 - j1)\dot{U}_2 = g\dot{U} + j1\dot{U}_S$$

求得
$$\dot{U}_1 = \dot{U} = (5+5\mathrm{j})\ \mathrm{V}, \dot{U}_2 = (-15+5\mathrm{j})\ \mathrm{V}$$

$$\tilde{S}_1 = \dot{U}_1 \overset{*}{I}_\mathrm{S} = (-50+50\mathrm{j})\ \mathrm{V \cdot A}$$

$$\tilde{S}_2 = -\overset{*}{I}_2 \dot{U}_\mathrm{S} = -[(\dot{U}_2 - \dot{U}_\mathrm{S})Y_4]^* \dot{U}_\mathrm{S} = (150-\mathrm{j}50)\ \mathrm{V \cdot A}$$

4.6.6 功率及功率因素的提高

1. 提高功率因数的原因

在正弦交流电路中,负载消耗的有功功率 $P = UI\cos\varphi$,有功功率与功率因数 $\cos\varphi$ 有关,而较低的功率因数将产生下面两个方面的问题。

(1)电源设备的容量不能充分利用。

由功率三角形可知 $P = S\cos\varphi$,视在功率 S 表示电源设备的容量,如果 $\cos\varphi = 1$,则设备所能发出或传输的有功功率 $P = S$,此时,电源设备的容量得到了充分的利用。如果 $\cos\varphi < 1$,则有功功率 $P < S$;$\cos\varphi$ 越小,则表示 P 也越小。因此,为了充分提高发电设备的利用率,就要提高功率因数 $\cos\varphi$ 的值。

(2)功率因数低,电力输电线和电机绕组上的功率损耗大。

在电力输电线路中,如果输电线路在一定的电压下,负载所需要的有功功率 P 也是一定的。由于 $P = UI\cos\varphi$,则有 $I = P/U\cos\varphi$。这时,电流 I 与功率因数 $\cos\varphi$ 成反比,在输电线路上和电机绕组上的功率损耗 $\Delta P = I^2R = (P/U\cos\varphi)^2R$,如果功率因数 $\cos\varphi$ 下降,会引起无用损耗 ΔP 成倍的增加。

鉴于以上两个原因,故需提高功率因数。

2. 提高 $\cos\varphi$ 的措施

工业上广泛使用的是感性负载,由前面的分析可知电感元件是一个无功功率负载,由于该无功功率负载与电源之间存在无功功率的往返交换,使得功率因数低。要提高功率因数,可以在感性负载两端并联一个无功功率电源,如并联电容器,如图 4-66 所示。这样,感性负载所需要的无功功率可以从无功功率电源获得部分或全部的补偿,就是利用电感和电容之间磁场能量和电场能量直接交换,从而减轻了电源供给感性负载无功功率的负担。所以,把并联电容称为补偿电容。理论上把功率因数提高到 1,即为全补偿。但在实际中无法进行全补偿,因为一是增加了投资;二是当负载变动时会造成过补偿。过补偿的结果会使得感性的电路变成容性的电路,这时与全补偿相比,线路损耗反而会增大。因此,在电力系统中一般采用欠补偿,电路补偿后的功率因数一般不超过 0.9,而且在经济上也是合理的。

如图 4-65 所示,感性负载的电流相量 $\dot{I}_1$ 滞后电压相量 $\dot{U}$ 一个 φ_1 角,由于并联电容的电流相量 $\dot{I}_\mathrm{C}$ 超前电压相量 $\dot{U}$ 90°,因此并联电容后线路上电流相量 $\dot{I}$ 滞后电压相量 $\dot{U}$ 一个 φ_2 角,$\varphi_2 < \varphi_1$,所以有 $\cos\varphi_2 > \cos\varphi_1$。

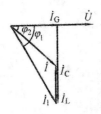

图 4-65　相量图分析

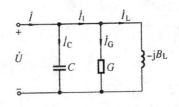

图 4-66　例 4.18 图

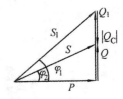

图 4-67　功率三角形

3. 补偿电容 C 的值

下面通过一个例题说明如何确定电容的值。

【**例 4.18**】　设感性负载为 $Y = G - jB_L$，如图 4-66 所示，已知负载平均功率为 P，工作电压为 U，电源角频率为 ω，功率因数为 $\cos\varphi_1$，要将功率因数（也称为 pf）值由 $\cos\varphi_1$ 提高到 $\cos\varphi_2$，求并联电容 C 的值。

解　以电压作为参考相量 $\dot{U} = U\angle 0°$，则 $\dot{I}_G$ 与 $\dot{U}$ 同相，$\dot{I}_L$ 滞后 $\dot{U} 90°$，$\dot{I}_C$ 超前 $\dot{U} 90°$。

由图 4-66 可得节点电流方程为

$$\dot{I}_1 = \dot{I}_G + \dot{I}_L, \quad \dot{I} = \dot{I}_1 + \dot{I}_C = \dot{I}_G + \dot{I}_L + \dot{I}_C$$

电流多边形如图 4-65 所示。再分析各功率，如图 4-67 所示。

负载：平均功率为 P，无功功率为 Q_1，视在功率为 $S_1 = \sqrt{P^2 + Q_1^2}$。

电源(线路)：平均功率为 P，无功功率为 Q，视在功率为 S。

电容：平均功率为零，无功功率为 Q_C。

由功率图可得

$$S = \sqrt{P^2 + Q^2} = \sqrt{P^2 + (Q_1 - |Q_C|)^2}$$
$$Q_1 = P\tan\varphi_1, \quad Q = P\tan\varphi_2$$

所以　　　　$|Q_C| = Q_1 - Q = P\tan\varphi_1 - P\tan\varphi_2 = P(\tan\varphi_1 - \tan\varphi_2)$

另外　　　　$|Q_C| = |UI_C\sin 90°| = |UI_C| = |U^2\omega C| = U^2\omega C = P(\tan\varphi_1 - \tan\varphi_2)$

由此推导出并联补偿电容 C 值的计算公式为

$$C = \frac{P}{\omega U^2}(\tan\varphi_1 - \tan\varphi_2) \tag{4-88}$$

以上分析说明：负载所需的无功功率 Q_1 除由电源提供一部分无功功率 Q 外，其余全部由并联电容器"产生"的无功功率 $|Q_C|$ 来补偿了。

这里给读者提出一个问题，在并联电容 C 前后，感性负载的工作状态，包括电流、功率及功率因数等均发生变化了吗？

【**例 4.19**】　已知 $U = 380$ V，$f = 50$ Hz，$P = 20$ kW，$\cos\varphi_1 = 0.6$，$\cos\varphi_2 = 0.9$，求 C 的值。

解　　　　　　　　　　　$\omega = 2\pi f = 314$ rad/s

$$\tan\varphi_1 = \frac{\sqrt{1 - \cos^2\varphi_1}}{\cos\varphi_1} = \frac{\sqrt{1 - 0.36}}{0.6} = 1.333$$

$$\tan\varphi_2 = \frac{\sqrt{1 - \cos^2\varphi_2}}{\cos\varphi_2} = \frac{\sqrt{1 - 0.81}}{0.9} = 0.4843$$

$$C = \frac{P}{\omega U^2}(\tan\varphi_1 - \tan\varphi_2) = \frac{20 \times 10^3}{314 \times 380 \times 380}(1.333 - 0.4843)\text{F}$$

$$= \frac{200 \times 0.849}{453\ 416}\text{F} = 374.5\ \mu\text{F}$$

【例4.20】 如图4-68所示电路,方框内给出一组数据:$\tilde{S}_L = (300 + \text{j}400)$ V·A,$U = 100$ V,$\omega = 1$ krad/s。在负载端并联一电容时,就下列情况确定电容C值:(1)电路$pf = 1$;(2)$pf = 0.9$(滞后);(3)$pf = 0.9$(超前)。

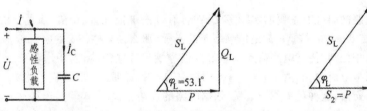

图4-68 例4.20图   图4-69 功率多边形   图4-70 全补偿

解 $\varphi_L = \arctan\dfrac{Q_L}{P} = \arctan\dfrac{400}{300} = 53.1°$,$pf = \cos\varphi_L = \cos 53.1° = 0.6$(滞后),如图4-69所示。

(1) $pf = 1$,$\cos\varphi_2 = 1$,$\varphi_2 = 0°$,说明$\dot{U}$与$\dot{I}$同相,即电路呈阻性,$S_2 = P$。

$$|Q_C| = Q_L = 400 = \omega C U^2$$

$$C = \frac{400}{10^3 \times 100^2}\text{F} = 40\ \mu\text{F}$$

如图4-70所示为电路的全补偿。

(2) 当$pf = 0.9$(滞后)时,$\cos\varphi_3 = 0.9$,$\varphi_3 = 25.84$,如图4-71所示为电路的欠补偿。

$$\tan\varphi_3 = 0.48 = \frac{Q_L - |Q_C|}{P} = \frac{400 - |Q_C|}{300}$$

$$|Q_C| = 400 - 0.48 \times 300 = 256 = \omega C U^2$$

$$C = \frac{256}{10^3 \times 100^2}\text{F} = 25.6\ \mu\text{F}$$

(3) 当$pf = 0.9$(超前)时,$\cos\varphi_4 = 0.9$,$\varphi_4 = -25.84°$,$\tan\varphi_4 = \tan(-25.84°) = -0.48$

$$\tan\varphi_4 = \frac{Q_L - |Q_C|}{P} = \frac{400 - |Q_C|}{300} = -0.48$$

$$|Q_C| = 400 + 0.48 \times 300 = 544 = \omega C U^2$$

$$C = \frac{544}{10^3 \times 100^2}\text{F} = 54.4\ \mu\text{F}$$

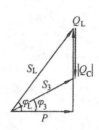

图 4-71 欠补偿

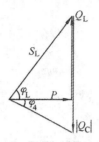

图 4-72 过补偿

如图 4-72 所示为电路的过补偿。

4.7 谐振电路

对谐振电路的研究有重要的实际意义。在含有动态储能元件(L 和 C)的无源一端口网络中,由于感抗 X_L 和容抗 X_C 都是角频率 ω 的函数,那么在某些特定的电源频率下,感抗和容抗的作用互相抵消,使其电路输入端的阻抗或导纳呈纯电阻特性,功率因素 $\cos\varphi = 1$,电路的端口电压与电流同相,由于 $\varphi = 0°$,无功功率 $Q = 0$,说明此时该电路与电源之间没有进行无功功率的交换,这种现象称为谐振。依据电路的连接方式,有串联谐振和并联谐振两种。

4.7.1 串联谐振电路

1. 串联谐振条件

如图 4-73 所示 RLC 串联电路,在正弦输入电压相量 $\dot{U}$ 作用下,其电流响应式

$$\dot{I} = \frac{\dot{U}}{Z} = \frac{U\angle 0°}{R + j\left(\omega L - \dfrac{1}{\omega C}\right)} = \frac{U\angle\left[-\arctan\left(\dfrac{\omega L - \dfrac{1}{\omega C}}{R}\right)\right]}{\sqrt{R^2 + \left(\omega L - \dfrac{1}{\omega C}\right)^2}}$$

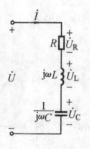

图 4-73 串联谐振电路

若改变正弦输入电压信号的角频率 ω,或在某一确定输入频率下,改变电路参数 L 或 C,使得复阻抗 $Z = R + j(\omega L - 1/\omega C)$ 中的虚部满足发生串联谐振的条件 $\omega L = 1/\omega C$,即 $X_L = X_C$ 成立时,电路就发生了串联谐振。

2. 谐振频率

由谐振条件 $\omega_0 L - 1/\omega_0 C = 0$ 可求得发生谐振时的频率,该频率称为谐振频率(谐振时下标用 0 表示),也称为固有频率。

角频率
$$\omega_0 = \frac{1}{\sqrt{LC}} \tag{4-89}$$

频率
$$f_0 = \frac{1}{2\pi\sqrt{LC}}$$

3. 串联谐振的现象

(1) 复阻抗 Z 为最小值 $Z_{\min}$ 时,用 Z_0 表示。

$$| Z_{\min} | = | Z_0 | = R$$

(2) 电流达到最大值 $I_{\max}$ 时,用 I_0 表示。

$$I_{\max} = I_0 = \frac{U}{R}$$

(3) 由阻抗角的公式 $\varphi = \arctan\left(\dfrac{X_L - X_C}{R}\right)$,当 $\varphi = 0$ 时,电压和电流同相位。

(4) 由于 $X_L = X_C$,表明了谐振时电感上的电压 (用 U_{L0} 表示)与电容上的电压(用 U_{C0} 表示)大小相等,但它们的相位相反,如图 4-74 所示。

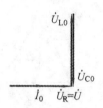

$\dot{U}_{L0} = -\dot{U}_{C0}$,谐振时 L 和 C 两端的电压相量 $\dot{U}_{L0} + \dot{U}_{C0} = 0$,相当于短路。

(5) 输入端的电源电压 U 等于电阻值为 R 的两端的电压 U_R,即 $U = U_R$。

图 4-74 谐振时的相量图

(6) $Q_{L0} = IU_{L0}$(无功功率负载),$Q_{C0} = -IU_{C0}$(无功功率电源),说明电感与电容之间此时是存在着能量互换的,$| Q_{L0} | = | Q_{C0} |$,且电感与电容达到完全的能量补偿;因此,进一步说明了电源与储能元件之间不存在能量的交换,$Q = 0$。

(7) 发生串联谐振时,$X_L = X_C \gg R$,则有 $U_{L0} = U_{C0} \gg U_R = U$,即电感和电容两端电压的有效值大于外加电压的有效值(串联电路中分电压大于总电压),因此把串联谐振又称为电压谐振。

4. 品质因数 Q

发生串联谐振时,在电感和电容两端的分电压的有效值可能大于外加总电压的有效值,为了更确切地描述这种过电压现象,引入了品质因数 Q,其定义式如下。

$$Q \triangleq \frac{U_{L0}}{U} = \frac{U_{C0}}{U} = \frac{\omega_0 L I_0}{R I_0} = \frac{\omega_0 L}{R} = \frac{1}{R \omega_0 C}$$

上式说明,品质因数 Q 与电路中元件的参数 R、L 和 C 有关,当电阻 R 减小时,Q 值增大;但电阻值为 R 的最小数值受到线圈 L 本身所具有的电阻的限制。

在工程上有时利用谐振,有时也要避免谐振。例如,在电子电路中,希望采用 Q 值高的电感元件,使电路能在谐振点附近工作,以获得良好的收音机(电视机)选台性,后面将采用谐振曲线进一步介绍电子电路的选台性问题。但在电力系统中,往往不希望产生谐振电压,因为谐振时出现的局部过电压可能对电气设备造成很大危害,导致电气设备的损坏,为此通过增大电阻 R 以降低 Q 值,限制谐振电压或是适当选择 L、C 参数,使电路不工作在谐振点附近。

5. 频率特性曲线

电路在已知正弦交流电压相量 $\dot{U}$ 激励下,求得电路的电流响应是频率的函数。

$$I(\omega) = \frac{U}{\sqrt{R^2 + \left(\omega L - \dfrac{1}{\omega C}\right)^2}} \tag{4-90}$$

$$\varphi(\omega) = -\arctan\left[\frac{\omega L - \dfrac{1}{\omega C}}{R}\right] \tag{4-91}$$

式(4-90)是电流幅(值)频(率)响应特性,式(4-91)是电流相(位)频(率)响应特性。电流的幅频特性曲线和相频特性曲线分别如图 4-75(a)、(b)所示。

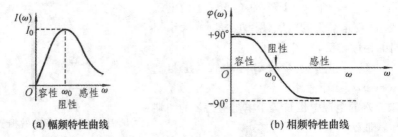

(a) 幅频特性曲线   (b) 相频特性曲线

图 4-75   幅频特性曲线和相频特性曲线

分析特性曲线,可知

(1) 当 $\omega = \omega_0$ 时,$X = 0$,$\varphi = 0$,电路发生串联谐振,呈电阻性。

(2) 当 $\omega < \omega_0$ 时,$X < 0$,$\varphi > 0$,电路呈容性。

(3) 当 $\omega > \omega_0$ 时,$X > 0$,$\varphi < 0$,电路呈感性。

6. 电路的频率响应与 Q 值的关系

电路发生串联谐振时,电流 $\dot{I}_0(\omega)$ 达到最大值,下面将电路中电流的频率响应 $\dot{I}(\omega)$ 与谐振时的最大电流 $\dot{I}_0(\omega)$ 相比较,推导出频率响应 $\dot{I}(\omega)$ 与 Q 值之间的关系式,有

$$\dot{I} = \frac{\dot{U}}{Z} = \frac{\dot{U}}{R + j\left(\omega L - \dfrac{1}{\omega C}\right)} = \frac{\dot{U}}{R} \times \frac{1}{1 + j\left(\dfrac{\omega L}{R} - \dfrac{1}{R\omega C}\right)}$$

$$= \frac{\dot{I}_0}{1 + j\dfrac{\omega_0 L}{R}\left(\dfrac{\omega}{\omega_0} - \dfrac{1}{\omega_0 \omega LC}\right)} = \frac{\dot{I}_0}{1 + jQ\left(\dfrac{\omega}{\omega_0} - \dfrac{\omega_0}{\omega}\right)}$$

可得

$$\frac{\dot{I}(\omega)}{\dot{I}_0(\omega)} = \frac{1}{1 + jQ\left(\dfrac{\omega}{\omega_0} - \dfrac{\omega_0}{\omega}\right)} \tag{4-92}$$

式中,$\dot{I}_0 = \dot{U}/R$ 为谐振电流相量。

下面分析式(4-92)中电流响应的幅值响应

$$\frac{I}{I_0} = \frac{1}{\sqrt{1 + Q^2\left(\dfrac{\omega}{\omega_0} - \dfrac{\omega_0}{\omega}\right)^2}} \tag{4-93}$$

式(4-93)描述了电流响应的幅-频响应,其特性曲线如图 4-76 所示,以 ω/ω_0 为横坐标,I/I_0 为纵坐标,Q 值决定该曲线的参变量。图 4-76 所示曲线中给出三种不同的 Q 值($Q_1 > Q_2 > Q_3$)作为参变量的谐振曲线,该谐振曲线也称为通用谐振曲线。

图中绘出的特性曲线,Q 值愈高,特性曲线顶部愈尖锐,在谐振点两侧的曲线愈陡,这种曲线对非谐振频率的输入信号具有很强的抑制性,即 Q_1 相对 Q_2 曲线来看,Q_1 曲线具有良好的选择

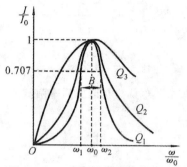

图 4-76 Q 值对谐振频率特性的影响

(台)性。在电子线路的实际应用中,正是利用串联谐振来选择谐振频率(ω_0)的输入信号,使得在 ω_0 处的电流响应 I_0 最大,而对非谐振频率信号具有强的抑制性,所以 Q 值在调谐电路中是一个十分重要的参数。

7. 带通滤波器

如图 4-76 所示的 Q_1 曲线,在谐振 ω_0 两侧,对应电流输出幅值 I 下降为峰值 I_0 的 70.7% 的两个频率 ω_1、ω_2,称为临界频率(截止频率),ω_1 称为下限频率,ω_2 称为上限频率。频带是 ω_1 与 ω_2 之间的频率范围,频带的宽度用 B 表示,即

$$B = \omega_2 - \omega_1 \tag{4-94}$$

下面证明频带宽度 B 与 Q 的关系为

$$B = \omega_2 - \omega_1 = \frac{\omega_0}{Q} \tag{4-95}$$

证明过程如下。

当 $I/I_0 = 1/\sqrt{2} = 0.707$ 时,对应的频率为 ω_1 和 ω_2。

$$\frac{1}{\sqrt{2}} = \frac{1}{\sqrt{1 + Q^2 \left(\frac{\omega}{\omega_0} - \frac{\omega_0}{\omega} \right)^2}} \quad 或 \quad Q^2 \left(\frac{\omega}{\omega_0} - \frac{\omega_0}{\omega} \right)^2 = 1$$

$$\pm \left(\frac{\omega}{\omega_0} - \frac{\omega_0}{\omega} \right) = \frac{1}{Q}$$

因为 $\omega_2 > \omega_1$,则有

$$\frac{\omega_2}{\omega_0} - \frac{\omega_0}{\omega_2} = - \left(\frac{\omega_1}{\omega_0} - \frac{\omega_0}{\omega_1} \right) = \frac{1}{Q}$$

有 $\frac{\omega_2}{\omega_0} - \frac{\omega_0}{\omega_2} + \frac{\omega_1}{\omega_0} - \frac{\omega_0}{\omega_1} = 0$,解此方程得

$$\omega_1 \omega_2 (\omega_1 + \omega_2) = \omega_0^2 (\omega_1 + \omega_2)$$

有

$$\omega_1 \omega_2 = \omega_0^2$$

由上分析可得

$$Q = \frac{1}{\left(\frac{\omega_2}{\omega_0} - \frac{\omega_0}{\omega_2}\right)} = \frac{\omega_0 \omega_2}{\omega_2^2 - \omega_0^2} = \frac{\omega_0 \omega_2}{\omega_2(\omega_2 - \omega_1)} = \frac{\omega_0}{\omega_2 - \omega_1}$$

所以 $\omega_2 - \omega_1 = \frac{\omega_0}{Q}$,得证。

如果近似认为在谐振频率两侧的特性曲线是对称的,于是有

$$\omega_2 = \omega_0 + \frac{B}{2} = \omega_0\left(1 + \frac{1}{2Q}\right) \tag{4-96}$$

$$\omega_1 = \omega_0 + \left(-\frac{B}{2}\right) = \omega_0\left(1 - \frac{1}{2Q}\right) \tag{4-97}$$

以上各式表明了带宽 B 与 Q、ω_0 之间的关系式,这些关系对分析电路的频率特性是非常有用的。

通过以上分析可认为,RLC 串联电路对某一通频带 B 范围内的信号响应幅值大,而对 B 之外的信号响应幅值很小,因此 RLC 串联电路被称为是一种带通滤波器。这种滤波器的作用只允许某一频带 B 内的信号通过,而比通频带下限频率 ω_1 低和比上限频率 ω_2 高的信号都被阻断。它常用于从含有很宽频率成分的信号中选取出所需要的频率信号。

【例 4.21】 某 RLC 串联电路,在外施电压作用下处于谐振状态,已知 $L = 25$ mH,$C = 0.1 \ \mu F$,试求电阻为 $100 \ \Omega$ 和 $10 \ \Omega$ 两种情况下的 Q(品质因数)、B 及截止频率 ω_1、ω_2。

解 电路的谐振频率为

$$\omega_0 = \frac{1}{\sqrt{LC}} = 2 \times 10^4 \ \text{rad/s}$$

$R = 100 \ \Omega$ 时,有

$$Q = \frac{\omega_0 L}{R} = 5$$

$$B = \frac{\omega_0}{Q} = \frac{2 \times 10^4}{5} \ \text{Hz} = 4 \times 10^3 \ \text{Hz}$$

$$\omega_2 = 2 \times 10^4 \times \left(1 + \frac{1}{2Q}\right) = 22\ 000 \ \text{Hz}$$

$$\omega_1 = 2 \times 10^4 \times \left(1 - \frac{1}{2Q}\right) = 18\ 000 \ \text{Hz}$$

$R = 10 \ \Omega$ 时,有

$$Q = \frac{\omega_0 L}{R} = 50, \quad B = 4 \times 10^2 \ \text{Hz}$$

$$\omega_2 = 2 \times 10^4 \times \left(1 + \frac{1}{2Q}\right) = 20\ 200 \ \text{Hz}$$

$$\omega_1 = 2 \times 10^4 \times \left(1 - \frac{1}{2Q}\right) = 19\ 800 \ \text{Hz}$$

计算结果表明:电阻越小,则品质因数越大,频带 B 越窄,电路对信号频率的选择性越强。

【例 4.22】 如图 4-77(a)所示电路,$U = 100$ V,$I = 1$ A,$P = 100$ W,$P_1 = 50$ W,$Q_1 = 50$ Var,求 U_1 和 U_2 的值。

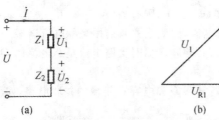

图 4-77 例 4.22 图

解 因为
$$P_2 = P - P_1 = 50 \text{ W}, \quad I = 1 \text{ A}$$

所以
$$R_1 = R_2 = \frac{P_1}{I^2} = 50 \text{ Ω}$$

有
$$U_{R1} = U_{R2} = 50 \text{ V}, \quad U_{R1} + U_{R2} = U = 100 \text{ V}$$

因此可以断言 Z_1 与 Z_2 发生串联谐振,如图 4-77(b) 所示。

由 $Q_1 = 50$ Var,有
$$X_1 = \frac{Q_1}{I^2} = 50 \text{ Ω}, \quad X_2 = -X_1 = -50 \text{ Ω}$$

求得
$$U_1 = I\sqrt{R_1^2 + X_1^2} = 70.7 \text{ V}$$
$$U_2 = I\sqrt{R_2^2 + X_2^2} = 70.7 \text{ V}$$

4.7.2 并联谐振电路

1. RLC 并联电路

如图 4-78 所示 RLC 并联电路,输入正弦交流电流时,其电路图、分析方法和响应等都与 RLC 串联谐振电路具有对偶性。

并联谐振条件是 $B_L = B_C$,即当 $\omega_0 C = 1/\omega_0 L$ 时,可求得并联谐振的角频率 ω_0 和频率 f_0。角频率 $\omega_0 = 1/\sqrt{LC}$,频率 $f_0 = 1/(2\pi\sqrt{LC})$。

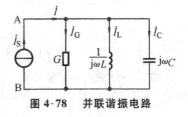

图 4-78 并联谐振电路

并联谐振电路产生的现象如下。

(1) 复阻抗 Y 为最小值 $Y_{\min}$,用 Y_0 表示。
$$|Y_{\min}| = |Y_0| = G$$

(2) 给定输入电流 $\dot{I} = I\angle 0°$,则电压达到最大值 $U_{\max}$,用 U_0 表示。
$$U_{\max} = U_0 = \frac{I}{G}$$

(3) 此时 $\varphi = 0$,电压和电流同相位。

(4) 由于 $B_L = B_C$,表明谐振时 L 和 C 的电流相量 $\dot{I}_{L0} + \dot{I}_{C0} = 0$,相当于开路。

(5) 输入端的电流 I 等于通过电导的电流 I_G,即 $I = I_G$。

(6) 由于 $|Q_{L0}| = |Q_{C0}|$,说明电感与电容之间此时存在着能量互换,电感与电容达到完全的能量补偿,因此进一步说明电源与储能元件之间不存在能量的交换,$Q = 0$。

(7) 发生并联谐振时,如 $\omega L_0 \gg R$,则有 $I_{L0} \approx U/\omega_0 L$,$I_{C0} = \omega_0 CU$,即通过电感和电容的电流有效值大大超过了总电流,因此把并联谐振又称电流谐振。

(8) $Q = I_{L0}/I_0 = I_{C0}/I_0$,并联谐振时支路电流是总电流的 Q 倍。

2. LC 并联电路

在实际工程中,常用的是电感 L 和电容 C 组成的并联电路,如图 4-79(a) 所示。

$$Y = \frac{1}{R + j\omega L} + j\omega C = \frac{R}{R^2 + (\omega L)^2} + j\left[\omega C - \frac{\omega L}{R^2 + (\omega L)^2}\right]$$

$$= G' + j\left(\omega C - \frac{1}{\omega L'}\right) = G' + jB$$

通过以上变换后,根据复导纳 Y 的等效变换式,画出图 4-79(a) 所示电路的并联等效电路,如图 4-79(b) 所示。图中用等效电感 L' 表示。

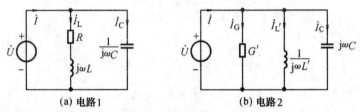

(a) 电路1   (b) 电路2

图 4-79 LC 并联谐振电路

发生并联谐振时,$B = \omega_0 C - \dfrac{\omega_0 L}{R^2 + (\omega_0 L)^2} = 0$,得谐振频率

$$\omega_0 = \frac{1}{\sqrt{\left(\dfrac{R}{\omega_0 L}\right)^2 + 1}} \times \frac{1}{\sqrt{LC}} = \frac{1}{\sqrt{\left(\dfrac{1}{Q}\right)^2 + 1}} \times \frac{1}{\sqrt{LC}} \tag{4-98}$$

式(4-98) 说明,ω_0 与 L、C 有关,还与 R 有关,但通常电感线圈的 R 都很小,而由 $Q = \omega_0 L/R \gg 1$,即 $\omega_0 L \gg R$ 得出

$$\omega_0 \approx \frac{1}{\sqrt{LC}} \quad \text{或} \quad f_0 \approx \frac{1}{2\pi\sqrt{LC}} \tag{4-99}$$

式(4-99) 说明 LC 并联谐振电路如果略去电阻 R 影响,其 $\omega_0(f_0)$ 计算公式与串联谐振电路的频率公式一样。

LC 并联电路产生的谐振现象如下。

(1) 此时 $\varphi = 0$,电路呈纯电阻性。

(2) 电路在谐振时,则阻抗达到最大值 $Z_{\max}$,用 R_0 表示。

$$Y_{\min} = G' = \frac{R}{R^2 + (\omega_0 L)^2}$$

$$R_0 = \frac{1}{G'} = \frac{R^2 + (\omega_0 L)^2}{R} \approx \frac{(\omega_0 L)^2}{R} = \frac{L}{RC} = \frac{\omega_0 L}{R} \times \frac{1}{\omega_0 C} = \frac{Q}{\omega_0 C} = Q\omega_0 L \tag{4-100}$$

(3) 给定输入电压 U,则谐振电流最小时,用 I_0 表示。

$$I_0 = \frac{U}{R_0} = \frac{U}{\dfrac{L}{RC}} = \frac{RC}{L}U \tag{4-101}$$

$$I_{C0} = \omega_0 C U = \omega_0 C I_0 R_0 = \omega_0 C I_0 \frac{Q}{\omega_0 C} = Q I_0 \qquad (4\text{-}102)$$

$$I_{L0}{}' = \frac{\omega_0 L}{R^2 + (\omega_0 L)^2} U \approx \frac{1}{\omega_0 L} I_0 R_0 = \frac{1}{\omega_0 L} I_0 Q \omega_0 L = Q I_0 \qquad (4\text{-}103)$$

电路在发生并联谐振时相当于一个阻值为 R_0 的高电阻,它是谐振感抗或谐振容抗的 Q 倍。这种特性在电子技术中得到广泛应用,如电子振荡器的选频环节和电力系统中的高频阻波器,它们都是采用一个并联谐振电路来完成的。

4.8 Matlab 计算

1. Matlab 的相量图表示

【例 4.23】 用 Matlab 复数运算功能重新求解例题 4.1。

解 在 Matlab 程序中,没有相量的表示法,因此相量都被看做复数,并且不能在变量的上方加点,请读者注意区分。

本例的分析参见例题 4.1,相量图如图 4-80 所示,下面直接给出 Matlab 程序。

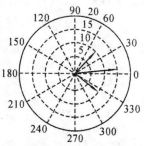

图 4-80 例 4.23 相量图

```
A = 5 * sqrt(2) + j * 5 * sqrt(2)
B = 8 − j * 6      % 定义参数
C = A + B          % 求相量 A 和 B 的和
compass([A,B,C]);%compass 用于绘制复数相量图
```
运行结果:
```
A =
  7.0711 + 7.0711i
B =
  8.0000 − 6.0000i
C =
  15.0711 + 1.0711i
```

2. Matlab 的复数运算

【例 4.24】 用 Matlab 复数运算功能重新求解例题 4.5。

解 本例的分析参见例题 4.5,下面直接给出 Matlab 程序。

```
R = 8
ZL = j * 7.5
ZC = −j * 22.5
Z = R + ZL + ZC
U = 10
I = U/Z
UL = I * ZL
```

UC = I * ZC

compass([U,UL,UC])　　%compass 用于绘制复数相量图(因为电流相量幅值太小,所以未在图 4-81 中显示)。

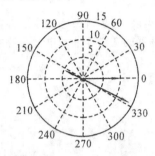

图 4-81　例 4.24 相量图

运行结果:

R = 8

ZL = 0 + 7.5000i

ZC = 0 − 22.5000i

Z = 8.0000 − 15.0000i

U = 10

I = 0.2768 + 0.5190i

UL = − 3.8927 + 2.0761i

UC = 11.6782 − 6.2284i

3. Matlab 的符号计算

【例 4.25】　用 Matlab 重新求解例题 4.6。

解　本例的分析参见例题 4.6,下面直接给出 Matlab 程序。

```
R1 = 30;R2 = 80;w = 314;
U = 220 * exp(30j * pi/180)%输入参数,注意弧度与角度之间的转换
XL = w * 0.127
XC = 1/(w * 0.000053)
Z1 = R1 + j * XL
Z2 = R2 − j * XC
I1 = U/Z1
I2 = U/Z2
I = I1 + I2
compass([I1,I2,I])%compass 用于绘制复数相量图(因为电压值与电流值幅度相差太大,若电压电流一起显示,则电流显示不清楚,因此图 4-82 未画出电压相量)。
```

运行结果:

XL = 39.8780

XC = 60.0889

Z1 = 30.0000 + 39.8780i

Z2 = 80.0000 − 60.0889i

I1 = 4.0568 − 1.7258i

I2 = 0.8623 + 2.0227i

I = 4.9191 + 0.2968i

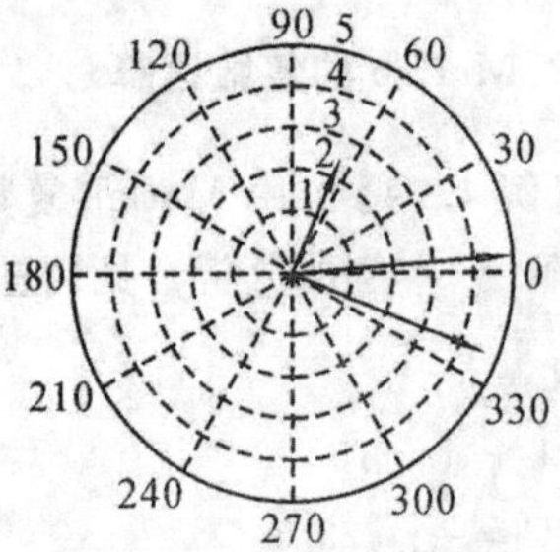

4. Matlab 的频率响应

图 4-82　例 4.25 相量图

【例 4.26】　用 Matlab 重新求解例题 4.20。

解　本例的分析参见例题 4.20,幅频特性曲线如图 4-83 所示。下面直接给出 Matlab 程序。

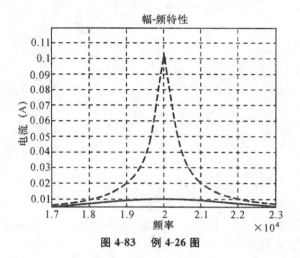

图 4-83 例 4-26 图

L = 0.025;C = 0.0000001;w0 = 1/sqrt(L * C)
R1 = 100;Q1 = (w0 * L)/R1
B1 = w0/Q1
w12 = w0 * (1 + 1/(2 * Q1))
w11 = w0 * (1 − 1/(2 * Q1))
R2 = 10;Q2 = (w0 * L)R2
B2 = w0/Q2
w22 = w0 * (1 + 1/(2 * Q2))
w21 = w0 * (1 − 1/(2 * Q2))
w = [(w0 − 3000) : 10 : (w0 + 3000)];
XL = w * L;
E = linspace(1,1,601);   % 生成 601 点的向量,求 XC
XC = (w * C)./E;
X = XL − XC;
Z1 = j * X + R1;
Z2 = j * X + R2;
I1 = Z1.\E;   % 设此时外加为恒定电压 1V,求 R1 = 100 时电流
I2 = Z2.\E;   % 设此时外加为恒定电压 1V,求 R1 = 10 时电流
Plot(w,abs(I1),'− b',w,abs(I2) ,':r'),grid
Axis([min(w),max(w),0.8 * min(abs(I2)),1.2 * max(abs(I2))])
Title('幅 - 频特性')
Xlabel('频率')
ylabel('电流(A)')
运行结果:
w0 =
     20000
Q1 =
     5
B1 =
     4000

```
w12 =
        22000
w11 =
        18000
Q2 =
        50
B2 =
        400
w22 =
        20200
w21 =
        19800
```

图 4-83 中,实线表示 $R_1 = 100\ \Omega$ 时的情形,虚线表示 $R_2 = 10\ \Omega$ 时的情形,可以看出后者选频特性比前者好得多。

本 章 小 结

(1) 相量法的基础在于用相量表示正弦量,因此也称为符号法。它们之间是一一对应的一种变换关系,相量不等于正弦量。本章主要采用相量法分析正弦电路的稳态响应。

(2) 在正弦交流电路的分析中,先画出电路的相量模型,再将电路中各元件约束用 VCR 相量形式表示,同时电路约束也用 KCL、KVL 的相量形式表示。

KCL 定律的相量形式: $\sum \dot{I} = 0$

KVL 定律的相量形式: $\sum \dot{U} = 0$

电阻元件约束的相量形式: $\dot{U} = R\dot{I}$

电感元件约束的相量形式: $\dot{U} = j\omega L\dot{I}$

电容元件约束的相量形式: $\dot{I} = j\omega C\dot{U}$

若用复阻抗或复导纳表示电压 $\dot{U}$ 和电流 $\dot{I}$ 关系时,则有

$$\dot{U} = Z\dot{I} \cdot \ \text{或} \ \ \dot{I} = Y\dot{U}$$

列写电路方程时与直流电路的相应方程形式一样,不同的只是把直流电路中的实数 U、I、R、G 换成相应的 $\dot{U}$、$\dot{I}$、Z、Y,并将它们进行复数形式的运算。而且在直流电路中所讨论过的各种分析方法、定理和等效变换都适用于正弦交流电路中。分析方法有支路电流法、回路电流法及节点电压法;电路定理有叠加定理、戴维宁定理等;等效变换有电阻和电源的串联、并联及混联,电阻 Y-△ 等效变换、电源等效变换。

(3) 正弦稳态电路分析中,还有一种特有的相量图法。串联电路一般取电流为参考相量;并联电路一般取电压为参考相量。借助于阻抗三角形、导纳三角形、电流三角形、电压三角形和功率三角形,可以启发思维,并起到简化电路计算的作用。

(4) 在电路分析中,除了计算电压、电流以外,还要计算功率。

瞬时功率: $p = ui$

有功功率：
$$P = UI\cos\varphi = I^2 R$$

无功功率：
$$Q = UI\sin\varphi = I^2 X$$

视在功率：
$$S = UI = \sqrt{P^2 + Q^2}$$

复功率：
$$\tilde{S} = \dot{U}\overset{*}{I} = P + jQ$$

功率因数：
$$\cos\varphi = \frac{P}{S}$$

有功功率守恒：
$$P = \sum_{k=1}^{N} P_k$$

无功功率守恒：
$$Q = \sum_{k=1}^{N} Q_k$$

复功率守恒：
$$\tilde{S} = \sum_{k=1}^{N} \tilde{S}_k$$

视在功率不守恒：
$$S \neq \sum_{k=1}^{N} S_k$$

提高功率因数的措施一般是在感性负载两端并联一个合适的电容。并联电容对负载本身的功率因数 $\cos\varphi$、有功功率 P 和端电压 U 都不会有影响。称该电容为补偿电容是因为它作为无功功率电源减轻了电源与感性负载之间的无功能量交换的负担。如果要将电路的功率因数从 $\cos\varphi_1$ 提高到 $\cos\varphi_2$，所需要并联的补偿电容值的计算公式是

$$C = \frac{P}{\omega U^2}(\tan\varphi_1 - \tan\varphi_2)$$

(5)谐振电路是由电感 L 和电容 C 组成的，其基本模型有串联谐振和并联谐振电路两种。串联谐振条件是 $X_L = X_C$；并联谐振条件是 $B_L = B_C$。发生谐振现象的物理实质是电路中电感和电容的无功能量相互补偿，整个电路的无功功率 $Q = 0$。谐振的共同特征是输入端的电压和电流同相位。

串联谐振中，由于阻抗值最小，可能产生过电压，故称为电压谐振。

并联谐振中，由于阻抗值最大，可能产生过电流，故称为电流谐振。

谐振时电路的品质因数是

$$Q = \frac{\omega_0 L}{R} = \frac{1}{\omega_0 CR}$$

习　题　四

4-1　已知正弦电压 $u(t)$ 的振幅 $U_m = 100\text{ mV}$，初相 $\varphi = -45°$，周期 $T = 1\text{ ms}$，写出 $u(t)$ 的函数表达式，并画出它的波形。

4-2　已知 $u = U_m\sin(\omega t - 120°)$，$i = I_m\sin(\omega t + 120°)$，求 u 与 i 的相位差 φ。

4-3　已知 $A = -20 - j40$，求其极坐标形式。

4-4　已知 $A = 13\angle 112.6°$，求其直角坐标形式。

4-5　已知正弦电流波形如题 4-5 图所示，$\omega = 10^3\text{ rad/s}$，(1) 写出 $i(t)$ 表达式；(2) 求最大值发生的时间 t_1。

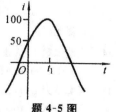

题 4-5 图

4-6 写出下列各电压的相量。

(1) $u_1(t) = 5\sin(100\pi t + 60°)$ V;

(2) $u_2(t) = 8\sin(100\pi t + 45°)$ V;

(3) $u_3(t) = -4\sin(100\pi t + 15°)$ V。

4-7 部分电路如题 4-7 图所示,已知 $i_1 = 5\sqrt{2}\sin(\omega t - 36.9°)$ A,$i_2 = 10\sqrt{2}\sin(\omega t + 53.1°)$ V,求电流 i。

题 4-7 图

4-8 设已知两个正弦电流分别为 $i_1 = 100\sqrt{2}\sin(314t - \pi/3)$ A,$i_2 = 220\sqrt{2}\sin(314t - 5\pi/6)$ A,求:(1)$i_1 + i_2$;(2)试用 Matlab 重新计算此题,并画出相量图。

4-9 电路如题 4-9 图所示,已知输出电压 $\dot{U}_2$ 滞后于电源电压 $\dot{U}_S$,$R_2 = 2500\ \Omega$,$C = 0.01\ \mu F$,$\omega = 10^3\ rad/s$,(1)用相量图和上列已知条件求电阻 R_1 的值;(2)用 Matlab 重新计算此题,并画出相量图。

4-10 电路如题 4-10 图所示,已知 $u(t) = 120\sqrt{2}\sin(5t)$,求 $i(t)$。

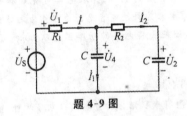

题 4-9 图

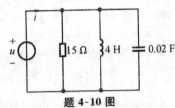

题 4-10 图

4-11 电路如题 4-11 图所示,已知 $u_S(t) = 750\sin(5000t + 60°)$ V,求:(1)频域下的等效电路;(2)用相量法求稳态电流 i。

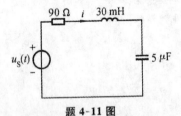

题 4-11 图

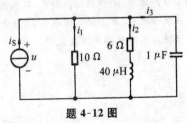

题 4-12 图

4-12 电路如题 4-12 图所示,正弦电流源 $i_S(t) = 8\sin200000t$ A,求:(1)频域下的等效电路;(2)i_1,i_2,i_3 和 u 的稳态响应。

4-13 已知 $i_1 = 4\sqrt{2}\cos(\omega t + 30°)$ A,$i_2 = 5\sqrt{2}\sin(\omega t - 20°)$ A,(1)求 $i_1 + i_2$;(2)用 Matlab 重新计算此题。

4-14 电路如题 4-14 图所示,已知 $R_1 = 3\ k\Omega$,$R_2 = 1\ k\Omega$,$C = 30\ \mu F$,$i_S(t) = \sqrt{2}(\sin t + \sin10t + \sin1000t)$ A,求 $u_o(t)$。

4-15 计算下列 $i_1(t)$、$i_2(t)$ 的相位差。

(1) $i_1(t) = 10\sin(100\pi t + 3\pi/4)$ A,$i_2(t) = 10\sin(100\pi t - \pi/2)$ A;

(2) $i_1(t) = 10\sin(100\pi t + 30°)$ A,$i_2(t) = 10\cos(100\pi t - 15°)$ A;

(3) $u_1(t) = 10\sin(100\pi t + 30°)$ A, $u_2(t) = 10\sin(200\pi t + 45°)$ A;

(4) $i_1(t) = 5\sin(100\pi t - 30°)$ A, $i_2(t) = -3\sin(100\pi t + 60°)$ A。

4-16 电路如题 4-16 图所示,已知 $U_{AB} = 50$ V, $U_{AC} = 78$ V,求 $U_{BC} = ?$

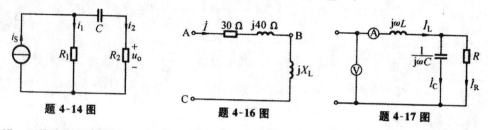

题 4-14 图　　　　题 4-16 图　　　　题 4-17 图

4-17 正弦稳态电路如题 4-17 图所示,已知 $R = 8$ Ω, $\omega L = 5$ Ω, $1/\omega C = 6$ Ω, $I_C = 4$ A,求电压表和电流表的指示值。

4-18 如题 4-18 图所示电路,已知 $R_1 = 5$ Ω, $X_1 = 5$ Ω, $R = 8$ Ω,问 R_0 为何值时,其电流 $\dot{I}_0$ 比电源电压相移 1/4 周期?

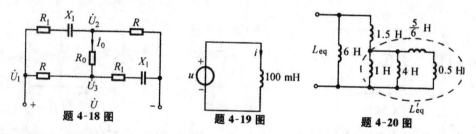

题 4-18 图　　　　题 4-19 图　　　　题 4-20 图

4-19 题 4-19 图所示为电压源作用于 100 mH 的电感,当 $t < 0$ 时, $u = 0$;当 $t > 0$ 时, $u(t) = 20te^{-10t}$,假设 $t \leqslant 0$ 时, $i = 0$。

(1) 绘出以时间为变量的电压曲线;

(2) 求出作为时间函数的电感电流;

(3) 绘出以时间为变量的电流曲线。

4-20 求题 4-20 图所示电路中的等效电感 L_{eq}。

4-21 电路如题 4-21 图(a)所示,电容值为 2 F,初始电压 $u_C(0_-) = -0.5$ V 的电容和电流源 i_S 相接,电流源 i_S 波形如题 4-21 图(b)所示,求响应电压 $u(t)$。

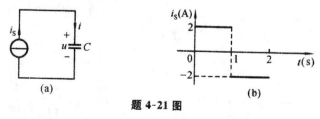

题 4-21 图

4-22 电路如题 4-22 图所示,求电容上的电流 i、功率 $p(t)$ 和储能 $W(t)$。

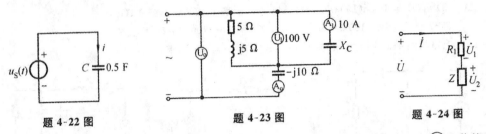

题 4-22 图　　　　　　　　题 4-23 图　　　　　　　题 4-24 图

4-23　题 4-23 图中安培表和伏安表的读数已标出(都是正弦量的有效值),求安培表 Ⓐ 和伏特表 Ⓤ 的读数。

4-24　电路如题 4-24 图所示,已知 $R_1 = 7\ \Omega, U_1 = 70\ \text{V}, U_2 = 150\ \text{V}, U = 200\ \text{V}$,求 Z。

4-25　电路如题 4-25 图所示,$I_1 = I_2 = 5\ \text{A}, U = 50\ \text{V}$,总电压与总电流同相位,求 I, R, X_C, X_L。

4-26　电路如题 4-26 图所示,已知 $Z_1 = (10 + j6.28)\ \Omega, Z_2 = (20 - j31.9)\ \Omega, Z_3 = (15 + j15.7)\ \Omega$,求 Z_{AB}。

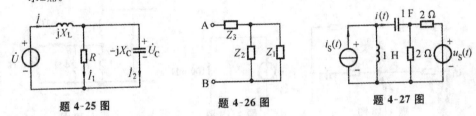

题 4-25 图　　　　　　题 4-26 图　　　　　　题 4-27 图

4-27　正弦稳态电路如题 4-27 图所示,已知 $i_S(t) = 7\sqrt{2}\sin(5t)\ \text{A}, u_S(t) = 4\sqrt{2}\sin(3t)\ \text{V}$,求电流 $i(t)$。

4-28　电路如题 4-28 图所示,求正弦稳态响应下的网孔电流 $i_1(t)$ 和 $i_2(t)$。

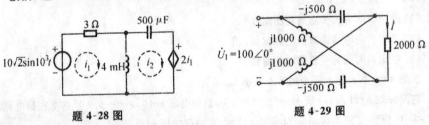

题 4-28 图　　　　　　　　题 4-29 图

4-29　求题 4-29 图所示电阻中的电流 $\dot{I}$。

4-30　如题 4-30 图所示为 RC 双 T 形选频网络且电路参数已知,欲使在某一频率的输入电压作用下输出电压 $\dot{U}_2$ 为零,求输入电压 $\dot{U}_1$ 的频率。

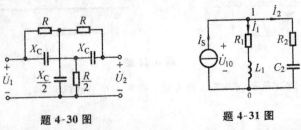

题 4-30 图　　　　　　　　题 4-31 图

4-31　电路如题4-31图所示,已知 $I_S = 10$ A, $\omega = 1000$ rad/s, $R_1 = 10\ \Omega$, $j\omega L_1 = j25\ \Omega$, $R_2 = 5\ \Omega$,
　　　$-j\dfrac{1}{\omega C_2} = -j15\ \Omega$,求各支路的复功率。

4-32　电路如题4-32图所示,已知 $R_1 = 10.1\ \Omega$, $R_2 = 1000\ \Omega$, $C = 10\ \mu$F,电路发生谐振时的角频
　　　率 $\omega_0 = 10^3$ rad/s, $\dot{U}_S = 100$ V,求电感 L 和电压 $\dot{U}_{10}$。

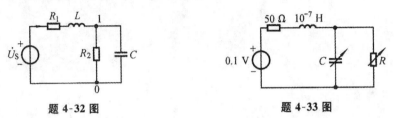

題 4-32 图　　　　　　　　　　　題 4-33 图

4-33　电路如题4-33图所示,电源频率 $f = 10^8$ Hz,欲使电阻 R 吸收功率最大,则 C 和 R 各应为多
　　　大,并求此功率。

4-34　已知题4-34图所示电路中的 $U = 6$ V, $f = 100$ MHz, $R = 50\ \Omega$, $L_1 = 10^{-7}$ H, R_1 和 L_1 表示
　　　电源的阻抗。欲使负载吸取的功率最大,问 C, R 各为多少?并求在此条件下的最大功率。

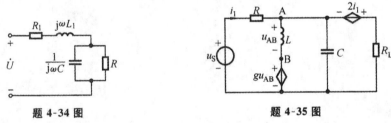

題 4-34 图　　　　　　　　　　　題 4-35 图

4-35　电路如题4-35图所示,已知 $u_S = \sin(5 \times 10^6 t)$ V, $R = 10\ \Omega$, $L = 100\ \mu$F, $C = 100$ pF,要使
　　　R_L 获得最大功率,问 g 和 R_L 应为何值?并求在此条件下的最大功率。

4-36　电路如题4-36图所示,A、B端加角频率为 ω 的电压源 U,要使通过 R_0 的电流 $\dot{I}$ 与 $\dot{U}$ 同相,问
　　　R 应为多少?

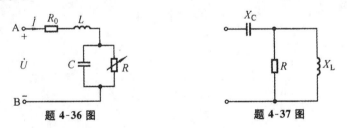

題 4-36 图　　　　　　　　　　　題 4-37 图

4-37　电路如题4-37图所示,已知 $X_C = 20\ \Omega$, $R = 40\ \Omega$, $f = 50$ Hz,求谐振时的电感 L;且计算 L
　　　为何值时,总阻抗为最小?

5 三相电路

本章主要介绍三相电源及三相电路的组成;对称三相电路转化为一相电路的计算方法,以及线电压、线电流与相电压、相电流之间的关系;不对称三相电路的计算方法、三相电路功率及其测量。

5.1 三相电源

在当今农业生产及通信等领域中,广泛使用的是三相电源。三相电源是指具有三个频率相同、幅值相等而相位不同的电压源。用三相电源供电的电路称为三相电路,而日常生活中所用的单相电源,也多数是取自三相电源中的一相。

5.1.1 三相电源的产生及表示

三相电路中的电源通常是由三相发电机或用户变压器提供的,由它可以获得三个频率相同、幅值相等、相位不同的电动势。图 5-1 所示的是三相同步发电机的原理图。

三相发电机中转子的励磁线圈 MN 内通有直流电流,使转子成为一个电磁铁。在定子内侧面、空间相隔 120° 的槽内装有三个完全相同的线圈 A-X、B-Y、C-Z。转子与定子间的磁场被设计成正弦分布。当转子以角度 ω 转动时,三个线圈中便感应出频率相同、幅值相等、相位互相差 120° 的三个电动势。由此构成一对称三相电源。

三相发电机中三个线圈的首端分别用 A、B、C 表示;尾端分别用 X、Y、Z 表示。三相电压的参

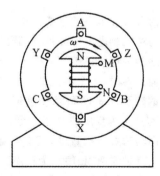

图 5-1 三相同步发电机原理图

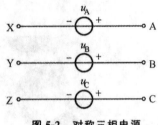

图 5-2 对称三相电源

考方向均设为由首端指向尾端。对称三相电源的电路符号如图 5-2 所示。

对称三相电压的瞬时值表达式为

$$u_A=\sqrt{2}U\sin\omega t \tag{5-1a}$$

$$u_B=\sqrt{2}U\sin(\omega t-120°) \tag{5-1b}$$

$$u_C=\sqrt{2}U\sin(\omega t-240°) \tag{5-1c}$$

$$=\sqrt{2}U\sin(\omega t+120°)$$

对称三相电压的相量为

$$\dot{U}_A=U\angle0° \tag{5-2a}$$

$$\dot{U}_B=U\angle(-120°)=a^2\dot{U}_A \tag{5-2b}$$

$$\dot{U}_C=U\angle(-240°)=U\angle120°=a\dot{U}_A \tag{5-2c}$$

式中,$a=1\angle120°$,它是为了方便而在工程上引入的单位相量算子。对称三相电压的波形图和相量图分别如图 5-3、图 5-4 所示。

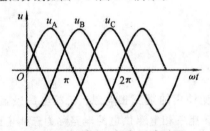

图 5-3 对称三相电压波形图

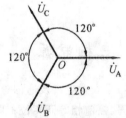

图 5-4 对称三相电压相量图

对称三相电压的瞬时值之和为零,即

$$u_A+u_B+u_C=0$$

三个电压相量之和亦为零,即

$$\dot{U}_A+\dot{U}_B+\dot{U}_C=0$$

这是对称三相电源的重要特点。

对称三相电源中的每一相电压经过同一值(如正的最大值)的先后次序为相序。如图 5-1 所示,当发电机的转子以 ω 的角速度顺时针方向旋转时,三个电压的相序为 A-B-C,称它为正序或顺序;当发电机的转子以 ω 的角速度逆时针方向旋转时,三个电压的相序为 A-C-B,称它为反序或逆序。图 5-3 所示的电压波形与图 5-4 所示的相量图均为顺序相量图,图 5-5 所示的相量图为逆序相量图。本书中若无特别说明,相序均为正序。

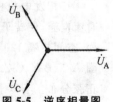

图 5-5 逆序相量图

对称三相电源以一定方式连接起来形成三相电路的电源。通常的连接方式是星形连接(也称 Y 连接)和三角形连接(也称△连接)。

5.1.2 三相电源的星形连接

将对称三相电源的尾端 X、Y、Z 连在一起,如图 5-6 所示,就形成对称三相电源的星形连接。连接在一起的 X、Y、Z 点称为对称三相电源的中点或中性点,用 N 表示。

三个电源的首端引出的导线称为端线或相线,俗称火线。由中点 N 引出的导线称为中线或零线。

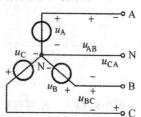

图 5-6 中每相电源的电压称为电源的相电压,其参考方向规定为从首端指向末端,用 u_A、u_B、u_C 表示。两条端线之间的电压称为电源的线电压,通常按相序规定其参考方向,用 u_{AB}、u_{BC}、u_{CA} 表示。下面分析星形连接的对称三相电源的线电压与相电压的关系。

图 5-6 星形连接的对称 三相电源

如图 5-6 所示电路,三相电源的线电压与相电压有以下关系:

$$u_{AB} = u_A - u_B, \quad u_{BC} = u_B - u_C, \quad u_{CA} = u_C - u_A$$

采用相量表示,可得

$$\dot{U}_{AB} = \dot{U}_A - \dot{U}_B = \sqrt{3}U\angle 30° = \sqrt{3}\dot{U}_A\angle 30° \tag{5-3a}$$

$$\dot{U}_{BC} = \dot{U}_B - \dot{U}_C = \sqrt{3}U\angle(-90°) = \sqrt{3}\dot{U}_B\angle 30° \tag{5-3b}$$

$$\dot{U}_{CA} = \dot{U}_C - \dot{U}_A = \sqrt{3}U\angle 150° = \sqrt{3}\dot{U}_C\angle 30° \tag{5-3c}$$

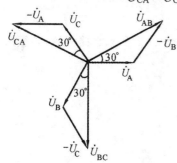

由式(5-3)可知,星形连接的对称三相电源的线电压也是对称的。线电压的有效值(用 U_l 表示)是相电压有效值(用 U_p 表示)的 $\sqrt{3}$ 倍,即

$$U_l = \sqrt{3}U_p$$

式中各线电压的相位领先于相应的相电压 30°,它们的相量关系如图 5-7 所示。

图 5-6 所示电路的供电方式称为三相四线制(三条端线和一条中线);如果没有中线,就称为三相三线制。

图 5-7 星形连接对称三相电源的 电压相量图

5.1.3 三相电源的三角形连接

将对称三相电源中的三个单相电源首尾相接,如图 5-8 所示,由三个连接点引出三条端线形成三角形连接的对称三相电源。

对称三相电源接成三角形时,只有三条端线,没有中线,那么它就为三相三线制。设 u_A、u_B、u_C 为相电压,u_{AB}、u_{BC}、u_{CA} 为线电压,显然

$$
\begin{aligned}
u_{AB} &= u_A & \dot{U}_{AB} &= \dot{U}_A \\
u_{BC} &= u_B \quad \text{或} \quad & \dot{U}_{BC} &= \dot{U}_B \\
u_{CA} &= u_C & \dot{U}_{CA} &= \dot{U}_C
\end{aligned} \tag{5-4}
$$

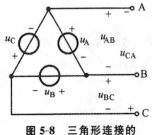

图 5-8 三角形连接的
对称三相电源

式(5-4)说明三角形连接的对称三相电源其线电压等于相应的相电压。

三角形连接的三相电源形成一个回路,如图 5-8 所示。由于对称三相电源电压 $u_A + u_B + u_C = 0$,所以回路中不会有电流。但若有一相电源极性被反接,造成三相电源电压之和不为零,将会在回路中产生足以对电源造成严重损害的短路电流,所以将对称三相电源接成三角形时应特别注意这一点。

【例 5.1】 三相对称电源如图 5-9(a)所示,其中 $\dot{U}_{A1} = 380\angle0°$ V,试作出 Y 形等效电路。

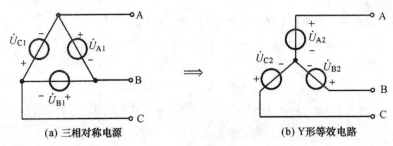

(a) 三相对称电源   (b) Y形等效电路

图 5-9 例 5.1 图

解 设等效电路如图 5-9(b)所示,要使图 5-9(a)、图 5-9(b)所示电路等效,必须保证两电路中的线电压 $\dot{U}_{AB}$ 不变。

对图 5-9(a),有
$$\dot{U}_{AB} = \dot{U}_{A1}$$

对图 5-9(b),有
$$\dot{U}_{AB} = \sqrt{3}\dot{U}_{A2}\angle30°$$

所以
$$\dot{U}_{A1} = \sqrt{3}\dot{U}_{A2}\angle30°$$

即
$$\dot{U}_{A2} = \frac{1}{\sqrt{3}}\dot{U}_{A1}\angle(-30°) = 220\angle(-30°) \text{ V}$$

根据对称性可得
$$\dot{U}_{B2} = \dot{U}_{A2}\angle(-120°) = 220\angle(-150°) \text{ V}$$

$$\dot{U}_{C2} = \dot{U}_{A2}\angle120° = 220\angle90° \text{ V}$$

【例 5.2】 Y 形逆序三相电源的相电压为 $\dot{U}_A = 220\angle0°$ V, $\dot{U}_B = 220\angle120°$ V, $\dot{U}_C = 220\angle(-120°)$ V,求线电压 $\dot{U}_{AB}$、$\dot{U}_{BC}$、$\dot{U}_{CA}$,并画出相量图。

解 $\dot{U}_{AB} = \dot{U}_A - \dot{U}_B = \sqrt{3}\dot{U}_A\angle(-30°)$ V

$$\dot{U}_{BC} = \sqrt{3}\dot{U}_B\angle(-30°) \text{ V}$$

$$\dot{U}_{CA} = \sqrt{3}\dot{U}_C\angle(-30°) \text{ V}$$

画出相量图如图 5-10 所示。

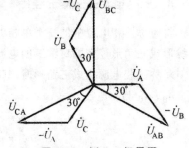

图 5-10 例 5.2 相量图

5.2 三相负载

交流电气设备种类繁多,其中有些设备只有接到三相电源时才能正常工作,如三相交流电动机、大功率的三相电炉等,这些设备称为三相负载。这种三相负载的各相阻抗是相等的,所以称为对称的三相负载。另外,有一些电气设备只需要单相电源就能正常工作,称为单相负载,如各种照明灯具、家用电器、单相电动机等。它们根据额定电压可以接在三相电源的相线与中线之间或两相线之间。大量的单相负载总是均匀地分成三组接到三相电源上,以便各相电源的输出功率大致均衡,这两种负载的连接原理如图 5-11 所示。

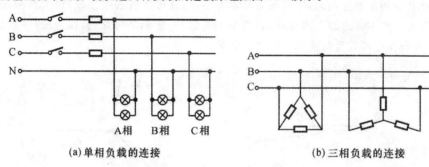

| (a) 单相负载的连接 | (b) 三相负载的连接 |

图 5-11　两种负载的连接

三相负载的连接方式有星形连接和三角形连接两种接法,下面分别进行讨论。

5.2.1　三相负载的星形连接

三相负载的星形连接如图 5-12 所示,三相负载 Z_A、Z_B、Z_C 的一端连在一起并接至电源的中线上,另一端分别与三根端线 A、B、C相接。如果忽略导线电阻,这时加在各相负载上的电压就等于电源的相电压,即

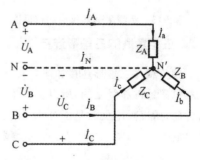

图 5-12　负载的星形连接

$$\dot{U}_A=U_p\angle 0°,\quad \dot{U}_B=U_p\angle(-120°),\quad \dot{U}_C=U_p\angle 120° \tag{5-5}$$

在三相电路中,流过每相负载的电流称为相电流,用 $\dot{I}_a$、$\dot{I}_b$、$\dot{I}_c$ 表示;流过端线的电流称为线电流,用 $\dot{I}_A$、$\dot{I}_B$、$\dot{I}_C$ 表示。当负载作星形连接时,各相线电流等于相应的相电流,即

$$\dot{I}_A=\dot{I}_a,\quad \dot{I}_B=\dot{I}_b,\quad \dot{I}_C=\dot{I}_c \tag{5-6}$$

设备相负载的阻抗分别为 $|Z_A|\angle\varphi_A$、$|Z_B|\angle\varphi_B$、$|Z_C|\angle\varphi_C$,则可根据欧姆定律求得每相负载中流过的电流

$$\dot{I}_a=\frac{\dot{U}_A}{Z_A},\quad \dot{I}_b=\frac{\dot{U}_B}{Z_B},\quad \dot{I}_c=\frac{\dot{U}_C}{Z_C} \tag{5-7}$$

对负载的中性点 N',应用 KCL 可得中性线上电流为

$$\dot{I}_N = \dot{I}_a + \dot{I}_b + \dot{I}_c$$

负载星形连接时,以 $\dot{U}_A$ 为参考相量的各电压电流相量图,如图 5-13 所示。

如果三相负载对称,即阻抗 $Z_A = Z_B = Z_C = |Z| \angle \varphi$,则由式(5-7)可知,三个相电流 $\dot{I}_a$、$\dot{I}_b$、$\dot{I}_c$ 相位互差 $120°$,而有效值相等,用 I_p 表示,即

$$I_a = I_b = I_c = I_p = \frac{U_p}{|Z|}$$

对称负载星形连接时的相量图如图 5-14 所示。由于三相负载对称时三个相电流 $\dot{I}_a$、$\dot{I}_b$、$\dot{I}_c$ 对称,因此只需计算一相电流,即可推知另外两相的电流。负载对称时的中性线电流为

$$\dot{I}_N = \dot{I}_a + \dot{I}_b + \dot{I}_c = 0$$

对称负载用星形连接时,中性线的电流为零,因此可以省去中性线,构成三相三线制电路。工业生产中常用的三相负载(如三相电动机)一般都是对称的,在使用时可以不接中性线,而每相电流的有效值仍可用上式计算。

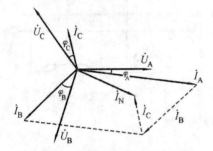

图 5-13　负载星形连接时的相量图

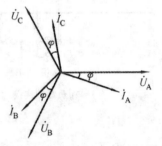

图 5-14　对称负载星形连接时的相量图

5.2.2　三相负载的三角形连接

三相负载作三角形连接如图 5-15 所示。从图 5-15 中可以看出,各相负载实际上是接在三相电源的两相线之间,所以负载上所加的电压等于线电压。由于三相电源的线电压是对称的,所以无论负载是否对称,各相负载上的电压总是对称的。分析三相负载的三角形连接的电路时,常以电压 $\dot{U}_{AB}$ 为参考相量,即

$$\dot{U}_{AB} = U_l \angle 0°, \quad \dot{U}_{BC} = U_l \angle (-120°), \quad \dot{U}_{CA} = U_l \angle 120° \tag{5-8}$$

流过每相负载的电流 $\dot{I}_{AB}$、$\dot{I}_{BC}$、$\dot{I}_{CA}$ 称为负载相电流,它们取决于各相负载的阻抗,即

$$\dot{I}_{AB} = \frac{\dot{U}_{AB}}{Z_{AB}} = \frac{\dot{U}_{AB}}{|Z_{AB}| \angle \varphi_{AB}}, \quad \dot{I}_{BC} = \frac{\dot{U}_{BC}}{Z_{BC}} = \frac{\dot{U}_{BC}}{|Z_{BC}| \angle \varphi_{BC}}, \quad \dot{I}_{CA} = \frac{\dot{U}_{CA}}{Z_{CA}} = \frac{\dot{U}_{CA}}{|Z_{CA}| \angle \varphi_{CA}}$$

$$\tag{5-9}$$

流过相线的电流 $\dot{I}_A$、$\dot{I}_B$、$\dot{I}_C$ 称为负载线电流,可由 KCL 定律求得,即

$$\tag{5-10}$$

$$\dot{I}_A = \dot{I}_{AB} - \dot{I}_{CA}, \quad \dot{I}_B = \dot{I}_{BC} - \dot{I}_{AB}, \quad \dot{I}_C = \dot{I}_{CA} - \dot{I}_{BC}$$

如果三相负载对称,$Z_{AB} = Z_{BC} = Z_{CA} = Z = |Z| \angle \varphi$,则由式(5-9)可知,三个相电流是对称的,它们的相位互差 $120°$,且有效值相等,可由 I_p 表示,即

$$I_{AB} = I_{BC} = I_{CA} = I_p = \frac{U_p}{|Z|}$$

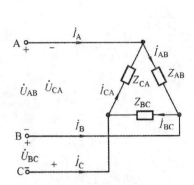

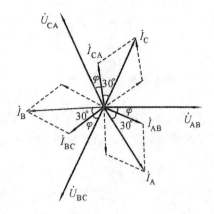

图 5-15 负载的三角形连接　　图 5-16 对称负载三角形连接的相量图

式中,U_p 为每相负载的电压有效值,在负载三角形连接时,各相负载的相电压等于电源的线电压,即 $U_p=U_l$。如果以电压 $\dot{U}_{AB}$ 为参考相量,则负载对称时的电压、电流相量如图 5-16 所示。

相电流 $\dot{I}_{AB}$、$\dot{I}_{BC}$、$\dot{I}_{CA}$ 分别滞后于相应相电压 φ 角,根据式(5-10)可在相量图中作图求出线电流 $\dot{I}_A$、$\dot{I}_B$、$\dot{I}_C$ 相量。由图 5-16 可知,线电流 $\dot{I}_A$、$\dot{I}_B$、$\dot{I}_C$ 也是对称的,它们在相位上分别滞后于相应的相电流 30°,三个线电流的有效值相等,可用 I_l 表示,即

$$I_A = I_B = I_C = I_l$$

由图 5-16 所示相量图可以证明线电流 I_l 的有效值与相电流 I_p 的有效值有确定的关系,即 $I_l = \sqrt{3} I_p$。

5.3　对称三相电路的计算

5.3.1　Y-Y 对称三相电路的分析

图 5-17 所示三相电源为对称星形连接电源,负载为对称星形连接负载,如图 5-17 所示为一对称的三相四线制 Y-Y 连接电路。设 Z_l 为线路阻抗,Z_N 为中线阻抗。假设电路各参数均已知,要求各支路电流、负载的相电压和线电压。因为电路结构具有节点少的特点,所以采用节点分析法。

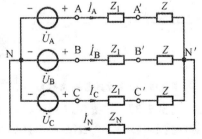

图 5-17　对称三相四线制 Y-Y 系统

设电源的中性点 N 为参考节点,可得

$$\left(\frac{1}{Z_N} + \frac{1}{Z+Z_l} + \frac{1}{Z+Z_l} + \frac{1}{Z+Z_l}\right)\dot{U}_{N'N} = \frac{\dot{U}_A}{Z+Z_l} + \frac{\dot{U}_B}{Z+Z_l} + \frac{\dot{U}_C}{Z+Z_l}$$

故

$$\dot{U}_{N'N} = \frac{\frac{1}{Z+Z_1}(\dot{U}_A+\dot{U}_B+\dot{U}_C)}{\frac{1}{Z_N}+\frac{3}{Z+Z_1}} \tag{5-11}$$

由于三相电源电压对称,即

$$\dot{U}_A+\dot{U}_B+\dot{U}_C=0$$

故有

$$\dot{U}_{N'N}=0$$

即 N′ 与 N 是等电位点。而对称的三相电流为

$$\dot{I}_A=\frac{\dot{U}_A-\dot{U}_{N'N}}{Z_1+Z}=\frac{\dot{U}_A}{Z_1+Z}, \quad \dot{I}_B=\frac{\dot{U}_B}{Z_1+Z}=a^2\dot{I}_A, \quad \dot{I}_C=\frac{\dot{U}_C}{Z_1+Z}=a\dot{I}_A$$

中线电流为

$$\dot{I}_N=\dot{I}_A+\dot{I}_B+\dot{I}_C=\dot{I}_A+a^2\dot{I}_A+a\dot{I}_A=(1+a^2+a)\dot{I}_A=0$$

负载各相电压为

$$\dot{U}_{A'N'}=Z\dot{I}_A$$

$$\dot{U}_{B'N'}=Z\dot{I}_B=Za^2\dot{I}_A=a^2\dot{U}_{A'N'}$$

$$\dot{U}_{C'N'}=Z\dot{I}_C=Za\dot{I}_A=a\dot{U}_{A'N'}$$

负载各线电压为

$$\dot{U}_{A'B'}=\dot{U}_{A'N'}-\dot{U}_{B'N'}=\sqrt{3}\dot{U}_{A'N'}\angle 30°$$

$$\dot{U}_{B'C'}=\dot{U}_{B'N'}-\dot{U}_{C'N'}=\sqrt{3}\dot{U}_{B'N'}\angle 30°$$

$$\dot{U}_{C'A'}=\dot{U}_{C'N'}-\dot{U}_{A'N'}=\sqrt{3}\dot{U}_{C'N'}\angle 30°$$

从上分析计算可知,在对称 Y-Y 电路中,负载中性点 N′ 和电源中性点 N 是等电位点,即 $\dot{U}_{N'N}=0$,中性线没有电流。因此,不论中性线阻抗为多少或有无中性线,中性点 N 和 N′ 之间可以用一条没有阻抗的理想导线连接起来而不影响电路的工作状况,而各相电流仅由本相电压和阻抗所决定。由于对称三相线电流、相电流,以及三相线电压、相电压均构成了对称组,可以任意选取其中的一相(如 A 相)来分析计算,而其他两相的电压、电流就能按对称性原则写出,图 5-17 所示电路的一相计算电路如图 5-18 所示。

上述将三相归结为一相的计算方法,原则上可以推广到其他形式的对称电路中去,如 Y-△、△-Y 和 △-△ 连接方式电路。根据三角形和星形的等效变换,最终化为对称的 Y-Y 电路来处理。

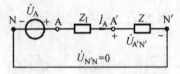

图 5-18 一相计算电路(A 相)

【**例 5.3**】 在图 5-17 所示的对称三相电路中,已知三相电源线电压为 380 V,Y 形负载阻抗 $Z=(10+j12)\Omega$,线路阻抗 $Z_1=(2+j4)\Omega$,试计算 $\dot{I}_A,\dot{I}_B,\dot{I}_C$。

解 根据

$$U_l=\sqrt{3}U_p$$

所以

$$U_p=\frac{U_l}{\sqrt{3}}=\frac{380}{\sqrt{3}} \text{ V}=220 \text{ V}$$

设 $\dot{U}_A=220\angle 0°\text{V}$,取 A 相电路计算,如图 5-18 所示。

$$\dot{I}_A = \frac{\dot{U}_A}{Z_l + Z} = \frac{220\angle 0°}{12 + j16}\ A = 11\angle(-53.1°)\ A$$

根据对称性有

$$\dot{I}_B = 11\angle(-173.1°)\ A, \quad \dot{I}_C = 11\angle 66.9°\ A$$

5.3.2 任意对称三相电路的计算

任意对称的三相电路,是指负载和电源有很多组,而且有的还是△连接,且输电线路的阻抗不为零,如图 5-19 所示。

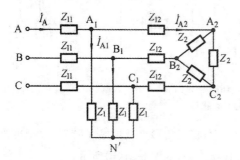

图 5-19 任意对称三相电路

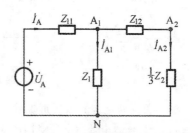

图 5-20 从三相电路中抽出的一相电路

分析任意对称三相电路的思路是将电源及负载均变为 Y-Y 连接的对称三相电路,然后将电源的中性点及负载的中性点短接,抽出一相进行分析和计算,其具体步骤如下。

(1)将△连接的对称三相电源,应用线电压与相电压的关系把它变为等效对称的 Y 连接的三相电源。

$$\dot{U}_A = \dot{U}_{AB}\angle(-30°)/\sqrt{3}, \quad \dot{U}_B = a^2\dot{U}_A, \quad \dot{U}_C = a\dot{U}_A$$

(2)将△连接的对称三相负载,应用△-Y 等效变换的公式,把它变换成对称的 Y 连接的三相负载。

$$Z_Y = Z_\triangle/3$$

(3)将所有负载的中性点与电源的中性点短接起来,抽出一相进行分析和计算。如图 5-19 所示的对称三相电路,抽出其中一相的电路如图 5-20 所示。

在图 5-20 所示的电路中,不难求得 $\dot{I}_A$、$\dot{I}_{A1}$、$\dot{I}_{A2}$ 和 $\dot{U}_{A1N}$、$\dot{U}_{A2N}$。

(4)求得等效 Y 连接的各相电流和各相电压后,就可以根据 Y 连接及△连接的线量与相量的关系,求出原来电路中的各个线量和相量。

$$\begin{cases} \dot{U}_{A1B1} = \sqrt{3}\dot{U}_{A1N}\angle 30° \\ \dot{U}_{A2B2} = \sqrt{3}\dot{U}_{A2N}\angle 30° \\ \dot{I}_{A2B2} = \dot{I}_{A2}\angle 30°/\sqrt{3} \end{cases}$$

对于任何一个不加说明的对称负载,都把它看成是 Y 连接,其相电流等于相应的线电流,线电压等于相应的相电压的$\sqrt{3}$倍,相位超前相应的相电压30°。

【例 5.4】 在图 5-21(a)所示的对称三相电路中,对称三相电源的线电压 $U_l=380$ V,端线阻抗 $Z_1=(1+j2)$ Ω,星形负载阻抗 $Z_1=(40+j30)$ Ω,三角形负载阻抗 $Z_2=(90+j120)$ Ω,求负载端的线电压和两负载的相电流。

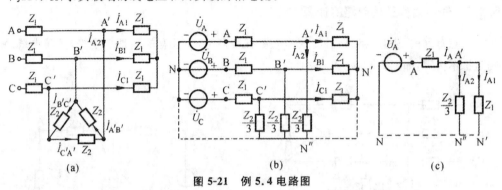

图 5-21 例 5.4 电路图

解 首先将电源看成星形连接,$\dot{U}_A=220\angle 0°$ V;将三角形负载化成 Y 连接,并把电源中性点 N 和负载中性点 N'、N″用一无阻抗导线连接起来,如图 5-21(b)所示。

取出 A 相计算,如图 5-21(c)所示,则等效阻抗为

$$Z=Z_1+Z'=Z_1+\frac{Z_1\times Z_2/3}{Z_1+Z_2/3}=\left[1+j2+\frac{(40+j30)(30+j40)}{40+j30+30+j40}\right]\text{Ω}$$

$$=(1+j2+25.25\angle 45°)\text{Ω}=(18.85+j19.85)\text{ Ω}=27.37\angle 46.48°\text{ Ω}$$

电流 $\dot{I}_A$ 为
$$\dot{I}_A=\frac{\dot{U}_A}{Z}=\frac{220\angle 0°}{27.37\angle 46.48°}\text{ A}=8.04\angle(-46.68°)\text{ A}$$

负载端的相电压为

$$\dot{U}_{A'N'}=Z'\dot{I}_A=25.25\angle 45°\times 8.04\angle(-46.48°)\text{ V}=203\angle(-1.48°)\text{ V}$$

$$\dot{U}_{B'N'}=203\angle(-121.48°)\text{V}$$

$$\dot{U}_{C'N'}=203\angle 118.52°\text{ V}$$

负载端的线电压为

$$\dot{U}_{A'B'}=\sqrt{3}\dot{U}_{A'N'}\angle 30°=351.6\angle 28.52°\text{ V}$$

$$\dot{U}_{B'C'}=351.6\angle(-91.48°)\text{V}$$

$$\dot{U}_{C'A'}=351.6\angle 148.52°\text{ V}$$

星形负载中的相电流为

$$\dot{I}_{A1}=\frac{\dot{U}_{A'N'}}{Z_1}=\frac{203\angle(-1.48°)}{40+j30}\text{ A}=4.06\angle(-38.35°)\text{ A}$$

$$\dot{I}_{B1}=4.06\angle(-158.35°)\text{A}$$

$$\dot{I}_{C1}=4.06\angle 81.56° \text{ A}$$

三角形负载的相电流为

$$\dot{I}_{A'B'}=\frac{\dot{U}_{A'B'}}{Z_2}=\frac{351.6\angle 28.52°}{90+\mathrm{j}120}\text{ A}=2.344\angle(-24.61°)\text{ A}$$

$$\dot{I}_{B'C'}=2.344\angle(-144.61°)\text{ A}$$

$$\dot{I}_{C'A'}=2.344\angle 95.39°\text{ A}$$

【**例 5.5**】 如图 5-22 所示三相对称电路中,$\dot{U}_A=220\angle 30°$ V,线路阻抗 $Z_1=(1+\mathrm{j}2)$ Ω,负载阻抗 $Z=(6+\mathrm{j}6)$ Ω,试求线电流 $\dot{I}_A$。

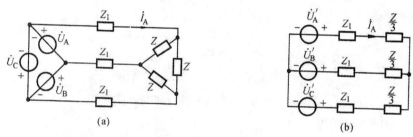

图 5-22 例 5.5 电路图

解 将三相电源及三相负载都变成星形连接,等效为图 5-22(b)所示的电路。其中,$\dot{U}_A$、$\dot{U}_B$、$\dot{U}_C$ 组成对称三相电源。

$$\dot{U}'_A=\frac{\dot{U}_A}{\sqrt{3}}\angle(-30°)=\frac{220\angle 30°}{\sqrt{3}}\angle(-30°)\text{V}=127\angle 0°\text{ V}$$

三相负载每相阻抗为

$$Z/3=(2+\mathrm{j}2)\text{ Ω}$$

$$\dot{I}_A=\frac{\dot{U}'_A}{Z_1+Z/3}=\frac{127\angle 0°}{1+\mathrm{j}2+2+\mathrm{j}2}\text{ A}=25.4\angle(-53.1°)\text{ A}$$

5.4 非对称三相电路的计算

三相电路中只要电源、负载阻抗或线路阻抗中某一个不满足对称条件,就是非对称三相电路。在低压配电线路中,一般三相电源是对称的,而三相负载一般不对称,如各种单相负载(照明灯、单相电动机、单相电焊机等)就很不容易均匀地分配到三相电路的各相上。因此,除电源电压外,各相电流及负载各相电压不再具有对称性。星形接法中,如果存在中线阻抗($Z_N\neq 0$),各个中性点之间的电压也不再为零。一般情况下,不对称三相电路无法抽取一相电路来计算,而只能按复杂的正弦稳态电路来处理,根据具体情况选择合适的方法来求解,如节点法、回路法、戴维宁定理等。典型的非对称三相电路通常有两种情况:一是电源对称、负载不对称的 Y-Y 电路;二是电源对称、部分负载对称、部分负载不对称的三相电路。

【例 5.6】 在图 5-23 所示电路中,已知电源为相电压 $U_p = 220$ V 的对称三相电源,负载阻抗 $X_A = X_B = R_C = 10$ Ω,求中性点 N 与 N′ 之间的电压和负载各相电压。

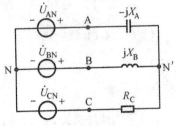

图 5-23 例 5.6 电路图

解 尽管三相负载的阻抗值相等,但由于性质不同,因此,仍为不对称三相电路。

令 $\dot{U}_{AN} = 220\angle 0°$ V, $\dot{U}_{BN} = 220\angle(-120°)$ V, $\dot{U}_{CN} = 220\angle 120°$ V,且采用节点分析法,有

$$\left(\frac{1}{-jX_A} + \frac{1}{jX_B} + \frac{1}{R_C}\right)\dot{U}_{N'N} = \frac{\dot{U}_{AN}}{-jX_A} + \frac{\dot{U}_{BN}}{jX_B} + \frac{\dot{U}_{CN}}{R_C}$$

代入各参数解得

$$\dot{U}_{N'N} = \frac{\dfrac{\dot{U}_{AN}}{-jX_A} + \dfrac{\dot{U}_{BN}}{jX_B} + \dfrac{\dot{U}_{CN}}{R_C}}{\dfrac{1}{-jX_A} + \dfrac{1}{jX_B} + \dfrac{1}{R_C}} = \frac{\dfrac{220}{-j10} + \dfrac{220\angle(-120°)}{j10} + \dfrac{220\angle 120°}{10}}{\dfrac{1}{-j10} + \dfrac{1}{j10} + \dfrac{1}{10}}$$ V

$$= 220[j - j\angle(-120°) + 1\angle 120°]$$ V $= 600\angle 120°$ V

负载各相的相电压分别为

$$\dot{U}_{AN'} = \dot{U}_{AN} - \dot{U}_{N'N} = (220\angle 0° - 600\angle 120°)$$ V $= 735\angle(-45°)$ V

$$\dot{U}_{BN'} = \dot{U}_{BN} - \dot{U}_{N'N} = (220\angle(-120°) - 600\angle 120°)$$ V $= 735\angle(-75°)$ V

$$\dot{U}_{CN'} = \dot{U}_{CN} - \dot{U}_{N'N} = (220\angle 120° - 600\angle 120°)$$ V $= 380\angle(-60°)$ V

从本例可以看出,在不对称的三相三线制 Y-Y 电路中,尽管三相电源电压是对称的,但由于负载不对称,负载的中性点 N′ 与电源中性点 N 的电位不相等(即中性点之间的电压 $\dot{U}_{N'N}$ 不等于零),称为中性点位移。显然,中性点的位移,使得负载各相的电压大小不同,某些相的电压升高,某些相的电压降低,都将影响负载的正常工作。相电压升高,有可能使该相用电设备因超过额定工作电压而损坏(如白炽灯过热烧毁等);而相电压降低,使得用电设备不能正常工作(如白炽灯不亮等)。本例中各相的相电压都比额定工作电压 220V 大许多,出现严重不对称的情况。为了使负载在不对称情况下中性点不发生位移或减少位移,以便保持负载各相尽可能正常工作,通常在低压供电配电系统中采用加接中线的方法,即采用三相四线制。即使出现严重的不对称负载情况,只要有中线,供电线路上的各线电压、相电压就不会过大地偏离额定工作电压范围,从而保证各种单相负载和三相负载可靠地运行。

【例 5.7】 图 5-24(a)所示电路接至角频率为 ω 的对称三相正弦交流电源。已知 $R = \omega L = 1/\omega C = 100$ Ω, $R_0 = 200$ Ω, $R_A = R_B = R_C = 300$ Ω,电源线电压 $U_l = 380$ V,求电阻 R_0 两端电压。

解 将图 5-24(a)所示电路改画为图 5-24(b)所示电路,其中的三相电源作 Y 连接,中性点为 N,已知线电压为 380 V,故相电压为 220 V。选 A 相电压为参考相量,即有

$$\dot{U}_A = 220\angle 0°$$ V, $\dot{U}_B = 220\angle(-120°)$ V, $\dot{U}_C = 220\angle 120°$ V

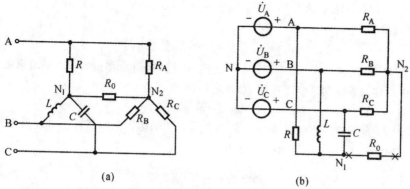

图 5-24 例 5.7 电路图

根据戴维宁定理,把 R_0 以外的电路用等效电源代替。

(1)求开路电压。将 R_0 支路断开后,对 N_1 点列节点方程

$$\left(\frac{1}{R}+\frac{1}{j\omega L}+j\omega C\right)\dot U_{N1N}=\frac{\dot U_A}{R}+\frac{\dot U_B}{j\omega L}+j\omega C\dot U_C$$

$$\dot U_{N1N}=\left\{\frac{\dfrac{220}{100}+\dfrac{220\angle(-120°)}{100\angle90°}+\dfrac{220\angle120°}{100\angle(-90°)}}{\dfrac{1}{100}-j\dfrac{1}{100}+j\dfrac{1}{100}}\right\}V=-161.05\ V$$

因为 $R_A=R_B=R_C$

所以 $\dot U_{N2N}=0$

开路电压 $\dot U_{N2N1}=\dot U_{N2N}-\dot U_{N1N}=161.05\ V$

(2)求等效阻抗,有

$$Z_{eq}=\frac{1}{\dfrac{1}{R}-j\dfrac{1}{\omega L}+j\omega C}+\frac{1}{\dfrac{1}{R_A}+\dfrac{1}{R_B}+\dfrac{1}{R_C}}=R+\frac{R_A}{3}=(100+100)\ \Omega=200\ \Omega$$

(3)求 R_0 两端电压 $\dot U_{N1N2}$,有

$$\dot U_{N1N2}=\frac{-161.05R_0}{R_0+Z_{eq}}=\frac{-161.05\times200}{200+200}\ V=-80.5\ V$$

所以,R_0 两端电压为 $-80.5\ V$。

5.5 三相电路的功率

由功率守恒关系可知,三相负载的总平均功率应为各单相平均功率之和,即

$$P=P_a+P_b+P_c=U_{ap}I_{ap}\cos\varphi_a+U_{bp}I_{bp}\cos\varphi_b+U_{cp}I_{cp}\cos\varphi_c \tag{5-12}$$

式中,U_{ap}、U_{bp}、U_{cp} 及 I_{ap}、I_{bp}、I_{cp} 分别为各相的相电压和相电流。φ_a、φ_b、φ_c 为各相负载的阻抗角,即各相电压与电流的相位差角。同理,三相无功功率为

$$Q = Q_a + Q_b + Q_c = U_{ap}I_{ap}\sin\varphi_a + U_{bp}I_{bp}\sin\varphi_b + U_{cp}I_{cp}\sin\varphi_c \qquad (5\text{-}13)$$

三相视在功率为

$$S = \sqrt{P^2 + Q^2} \qquad (5\text{-}14)$$

式(5-12)、式(5-13)、式(5-14)可适应任何三相电路功率的计算,即无论负载如何连接、是否对称均可使用。当三相负载对称时,则有

$$P = 3P_a = 3U_p I_p \cos\varphi \qquad (5\text{-}15)$$

式中,U_p、I_p 为某相的相电压和相电流,φ 为某一相的阻抗角。当对称负载为 Y 连接时,有 $U_l = \sqrt{3}U_p$,$I_l = I_p$,所以式(5-15)可写为

$$P = \sqrt{3}\sqrt{3}U_p I_p \cos\varphi = \sqrt{3}U_l I_l \cos\varphi$$

当对称负载为△连接时,有 $I_l = \sqrt{3}I_p$,$U_l = U_p$,所以式(5-15)也可写为

$$P = \sqrt{3}U_p \sqrt{3}I_p \cos\varphi = \sqrt{3}U_l I_l \cos\varphi$$

所以,无论对称负载作 Y 连接还是作△连接,三相总平均功率都为

$$P = \sqrt{3}U_l I_l \cos\varphi \qquad (5\text{-}16)$$

同理,可以得到对称负载的总无功功率为

$$Q = \sqrt{3}U_l I_l \sin\varphi \qquad (5\text{-}17)$$

对称负载时的视在功率为

$$S = \sqrt{3}U_l I_l \qquad (5\text{-}18)$$

式中,U_l、I_l 分别为线电压和线电流,φ 为某一相的功率因数角或阻抗角。这里要特别强调,式(5-16)、式(5-17)、式(5-18)可用于任何连接方式的对称负载三相电路的功率计算,但不能用于不对称三相电路功率计算。

1. 三相瞬时功率

设三相负载对称,a 相的电压、电流分别为

$$u_a = \sqrt{2}U\sin\omega t \ , \quad i_a = \sqrt{2}I\sin(\omega t - \varphi)$$

则其他各相电压、电流均由对称性所确定。因此,各相瞬时功率为

$$\begin{aligned}
P_a &= u_a i_a = \sqrt{2}U\sin\omega t \times \sqrt{2}I\sin(\omega t - \varphi) \\
&= UI[\cos\varphi - \cos(2\omega t - \varphi)] \\
P_b &= u_b i_b = \sqrt{2}U\sin(\omega t - 120°) \times \sqrt{2}I\sin(\omega t - 120° - \varphi) \\
&= UI[\cos\varphi - \cos(2\omega t - 240° - \varphi)] \\
P_c &= u_c i_c = \sqrt{2}U\sin(\omega t + 120°) \times \sqrt{2}I\sin(\omega t + 120° - \varphi) \\
&= UI[\cos\varphi - \cos(2\omega t + 240° - \varphi)]
\end{aligned}$$

三相瞬时功率的和为

$$P = P_a + P_b + P_c = 3UI\cos\varphi = \sqrt{3}U_l I_l \cos\varphi$$

上式表明,对称三相负载所取得的瞬时功率为一个常量,其值等于三相平均功率。这是三相电路的一个重要特点。

由于电动机转轴上输出的转矩与电动机的瞬时功率成正比,所以三相电动机在任意时刻转轴上所输出的转矩恒定,这使得交流电动机可以稳定地转动。

2. 三相功率的测量

三相功率的测量指的是三相平均功率 P 的测量。一般使用的测量工具是电动式瓦特计,即功率表。它有两个线圈:一个是电压线圈;另一个是电流线圈。电压线圈的匝数较多,电流线圈的匝数较少。测量功率时,电压线圈与被测负载并联,电流线圈与被测负载串联。功率表在电路中的符号及接线方法如图 5-25 所示。

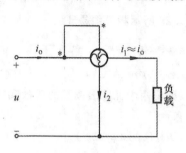

图 5-25　功率表接法

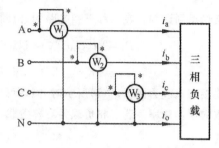

图 5-26　三表法测三相功率

三相功率的测量可分为两种情况。在三相四线制系统中,三相功率的测量方法是:按照图 5-26 所示的方法连接功率表,测出每一相的功率 P_a、P_b、P_c,则三相总功率为

$$P = P_a + P_b + P_c$$

显然,三相四线制系统功率的测量,实际是按单相电路的原理进行分析的。

3. 三相三线制电路功率的测量

在电力系统中,经常要测量三相电路的功率。对于三相三线制的电路,不管其对称与否,均可用两只瓦特表测量出该三相电路的功率。图 5-27 所示即为两瓦特表的一种连接方式。两瓦特表的电流线圈分别串入两端线(A,B)中,它们的电压线圈则分别跨接在这两条端线(A,B)与第三条端线(C)之间。可以看出,这种功率测量方法与负载及电源的连接方式无关,习惯上称作二表法。

可以证明,图 5-27 所示是两个瓦特表读数的代数和,即为三相负载吸收的平均功率。设其读数分别为 W_1,W_2,按照瓦特表读数的原理有

$$P_1 = \mathrm{Re}[\dot{U}_{AC}\overset{*}{I}_A], \quad P_2 = \mathrm{Re}[\dot{U}_{BC}\overset{*}{I}_B]$$

$$P_1 + P_2 = \mathrm{Re}[\dot{U}_{AC}\overset{*}{I}_A + \dot{U}_{BC}\overset{*}{I}_B]$$

因为　　　　　　$\dot{U}_{AC} = \dot{U}_A - \dot{U}_C, \quad \dot{U}_{BC} = \dot{U}_B - \dot{U}_C, \quad \overset{*}{I}_A + \overset{*}{I}_B = -\overset{*}{I}_C$

代入上式得

$$P_1 + P_2 = \mathrm{Re}[\dot{U}_A\overset{*}{I}_A + \dot{U}_B\overset{*}{I}_B - \dot{U}_C(\overset{*}{I}_A + \overset{*}{I}_B)]$$

$$= \mathrm{Re}[\dot{U}_A\overset{*}{I}_A + \dot{U}_B\overset{*}{I}_B + \dot{U}_C\overset{*}{I}_C] = \mathrm{Re}[\bar{S}_A + \bar{S}_B + \bar{S}_C] = \mathrm{Re}[\bar{S}]$$

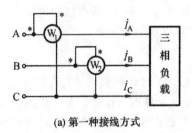

(a) 第一种接线方式

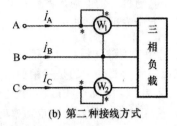

(b) 第二种接线方式

图 5-27 三相三线制功率测量

上述结论得到证明。在对称三相电路中,由图 5-28 所示相量图易证明:

$$P_1 = \mathrm{Re}[\dot{U}_{\mathrm{AC}}\overset{*}{I}_{\mathrm{A}}] = U_{\mathrm{AC}}I_{\mathrm{A}}\cos(30°-\varphi) \tag{5-19a}$$

$$P_2 = \mathrm{Re}[\dot{U}_{\mathrm{BC}}\overset{*}{I}_{\mathrm{B}}] = U_{\mathrm{BC}}I_{\mathrm{B}}\cos(30°+\varphi) \tag{5-19b}$$

若将连接方式改为图 5-27(b)所示时,同理可以证明两个瓦特表读数的代数和即为三相负载吸收的平均功率。若三相负载为对称负载,有

$$P_1 = U_{\mathrm{AB}}I_{\mathrm{A}}\cos(\varphi+30°) \tag{5-20a}$$

$$P_2 = U_{\mathrm{CB}}I_{\mathrm{C}}\cos(\varphi-30°) \tag{5-20b}$$

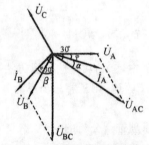

图 5-28 对称负载星形连接
时的相量图

式中,φ 为负载阻抗角。根据式(5-19)、式(5-20)可知,当$|\varphi|=60°$时,其中一个瓦特表读数为零;当$|\varphi|>60°$时,则其中一个瓦特表读数为负。求代数和时读数应取负值。

三相四线制电路不能用二瓦表测量三相电路的功率,其原因是一般情况下

$$\dot{I}_{\mathrm{A}}+\dot{I}_{\mathrm{B}}+\dot{I}_{\mathrm{C}}\neq0$$

【例 5.8】 已知三角形连接的对称三相负载,每相阻抗 $Z=(10+\mathrm{j}15)\ \Omega$,接到 380 V 对称三相电源上。试求负载的有功功率、无功功率、视在功率及功率因数。

解 负载为三角形连接时,每相负载上的相电压就是电源的线电压(因为无端线阻抗),由 $Z=(10+\mathrm{j}15)\ \Omega$,可知其阻抗角为 56.3°。

$$I_{\mathrm{p}} = \frac{380}{|Z|} = \frac{380}{\sqrt{10^2+15^2}}\ \mathrm{A} = 21.1\ \mathrm{A}$$

所以得出三相负载的总功率 $P_{总}$、$Q_{总}$、$S_{总}$ 分别为

$$P_{总} = 3U_{\mathrm{p}}I_{\mathrm{p}}\cos\varphi = 3\times380\times21.1\cos56.3°\ \mathrm{W} = 13\ 346.2\ \mathrm{W}$$

$$Q_{总} = 3U_{\mathrm{p}}I_{\mathrm{p}}\sin\varphi = 3\times380\times21.1\sin56.3°\ \mathrm{Var} = 20\ 011.8\ \mathrm{Var}$$

$$S_{总} = \sqrt{P_{总}^2+Q_{总}^2} = \sqrt{13\ 344.2^2+20\ 011.8^2}\ \mathrm{V\cdot A} = 24\ 054\ \mathrm{V\cdot A}$$

三相负载的功率因数为

$$\lambda = \cos\varphi = \cos56.3° = 0.555$$

【例 5.9】 图 5-29(a) 所示电路中,已知负载吸收的有功功率 $P=2.4$ kW,功率因数 $\lambda=0.4$(感性负载)。试求:(1)两个瓦特表的读数;(2)功率因数提高到 0.8 时的瓦特表的读数。

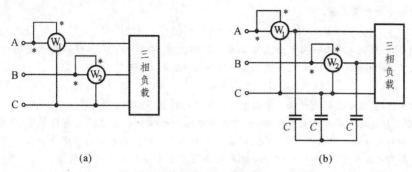

(a)   (b)

图 5-29 例 5.9 电路图

解 (1)用二表法测量功率时,两表读数分别为

$$P_1=U_l I_l\cos(\varphi-30°),\quad P_2=U_l I_l\cos(\varphi+30°)$$

又知

$$P=P_1+P_2=2.4 \text{ kW} \tag{1}$$

$$\varphi=\arccos 0.4=66.42° \tag{2}$$

由

$$\frac{P_1}{P_2}=\frac{\cos(\varphi-30°)}{\cos(\varphi+30°)}=\frac{\cos 36.42°}{\cos 96.42°}=-8.887$$

即

$$P_1=-8.887 P_2$$

将 P_1 值代入式(1)得

$$P_1+P_2=-8.887 P_2+P_2=2.4\times10^3 \text{ W}$$

$$P_2=\frac{2.4\times10^3}{1-8.887}\text{W}=-0.304\times10^3 \text{ W}$$

$$P_1=P-P_2=[2.4\times10^3-(-0.304\times10^3)]\text{W}=2.704\times10^3 \text{ W}$$

(2)功率因数提高到 0.8 时,应并联一组对称的三相电容,如图 5-29(b)所示。并联电容之前 $\varphi=\varphi_1$,$Q_前=P\tan\varphi_1=2.4\times10^3\tan 66.42°=5.5\times10^3$ Var;并入电容后有功功率不变,即 P 不变,由 $\cos\varphi_2=0.8$,所以 $\varphi_2=36.87°$,则

$$Q_后=P\tan\varphi_2=2.4\times10^3\tan 36.87° \text{ Var}=1.8\times10^3 \text{ Var}$$

即并入三相电容必须产生 3.7×10^3 Var 的无功功率。

$$\frac{P_1}{P_2}=\frac{\cos(\varphi_2-30°)}{\cos(\varphi_2+30°)}=\frac{\cos 6.87°}{\cos 66.87°}=2.53$$

所以

$$P_1=2.53 P_2$$

则

$$P=P_1+P_2=2.53 P_2+P_2=(1+2.53)P_2$$

所以

$$P_2=\frac{P}{1+2.53}=\frac{2.4\times10^3}{3.53}\text{W}=0.68\times10^3 \text{ W}$$

$$P_1=P-P_2=(2.4\times10^3-0.68\times10^3)\text{ W}=1.72\times10^3 \text{ W}$$

本 章 小 结

(1)三相电路在星形连接时,无论有无中线,其线电流都等于相电流,即 $I_l=I_p$,但线电压等于其相应的两个相电压之差,即

$$\dot{U}_{AB}=\dot{U}_A-\dot{U}_B, \quad \dot{U}_{BC}=\dot{U}_B-\dot{U}_C, \quad \dot{U}_{CA}=\dot{U}_C-\dot{U}_A$$

当电源对称时,则线电压有效值等于相电压有效值的 $\sqrt{3}$ 倍,即 $U_l=\sqrt{3}U_p$,在三角形连接时,线电压等于相电压,即 $U_l=U_p$,但线电流等于相应的两个相电流之差,即

$$\dot{I}_A=\dot{I}_{AB}-\dot{I}_{CA}, \quad \dot{I}_B=\dot{I}_{BC}-\dot{I}_{AB}, \quad \dot{I}_C=\dot{I}_{CA}-\dot{I}_{BC}$$

当电流对称时,则线电流的有效值等于相电流有效值的 $\sqrt{3}$ 倍,即 $I_l=\sqrt{3}I_p$。

(2)在星形连接的对称三相电路中,由于电源中性点电位和负载中性点电位相等,故各相的电流仅由该相的电压和该相的阻抗所决定,与其他两相无关。因此各相的计算具有独立性,即可画出一相来计算其电流和电压,其他两相的电流和电压可根据电路的对称性直接写出。对于其他连接方式的对称三相电路,可通过 Y-Δ 变换先转化成星形连接后再计算。

(3)对于电源对称负载不对称的三相电路,当负载作星形连接时,其上电流和电压可先用节点法计算出中性点位移,然后依 KVL 来计算;当负载作三角形连接时,可用 Y—△ 变换先化成星形连接后再计算。

(4)对称三相电路平均功率、无功功率与视在功率,是一相功率的三倍。它们可用相电压与相电流计算,也可用线电压与线电流计算,即

$$P=3U_pI_p\cos\varphi=\sqrt{3}U_lI_l\cos\varphi, \quad Q=3U_pI_p\sin\varphi=\sqrt{3}U_lI_l\sin\varphi, \quad S=3U_pI_p=\sqrt{3}U_lI_l$$

式中,φ 是某一相的阻抗角。

对称三相电路的功率因数,也就是一相的功率因数。

(5)三相三线制电路不管是否对称,用两只功率表可以测量三相总的平均功率。

习 题 五

5-1 题 5-1 图所示对称三相电路,负载阻抗 $Z_L=(150+j150)$ Ω,传输线电阻和感抗分别为 $R_l=2$ Ω,$X_l=2$ Ω,负载线电压为 380 V。求电源端的线电压。

5-2 题 5-2 图所示电路中,已知 $\dot{U}_{S1}=220\angle0°$ V,$\dot{U}_{S2}=220\angle(-120°)$ V,$Z_1=j2$ Ω,$Z_2=(8-j6)$ Ω。求 $\dot{U}_{S1}$ 和 $\dot{U}_{S1}$ 各自提供的平均功率。

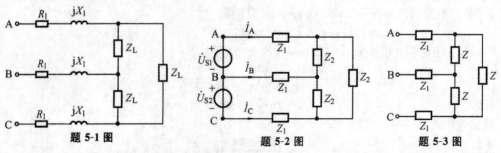

题 5-1 图　　　　题 5-2 图　　　　题 5-3 图

5-3 题 5-3 图所示对称三相电路中,已知线路(复)阻抗 $Z_1=(1+j3)$Ω,三角形连接负载(复)阻抗 $Z=(15+j15)$ Ω,负载的三相功率 $P_Z=4500$ W,求三相电源供出的功率 P

5-4 题 5-4 图所示对称三相电路中,已知电源线电压 $\dot{U}_{AB} = 380 \angle 0°$ V,线电流 $\dot{I}_A =$ $17.32 \angle (-30°)$ A,第一组负载的三相功率 $P_1 = 5.7$ kW,$\cos\varphi_1 = 0.866$(滞后),求第二组星形连接负载的三相功率 P_2。

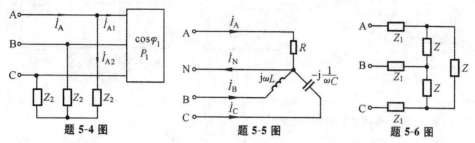

题 5-4 图   题 5-5 图   题 5-6 图

5-5 题 5-5 图所示三相电路中,已知三相电源为对称电源,欲使中线电流 $I_N = 0$。求星形连接负载参数之间的关系。

5-6 题 5-6 图所示对称三相电路中,已知电源端线电压 $U_l = 300$ V,线路(复)阻抗 $Z_1 = (1+j3)$ Ω,三相电源供出功率 $P = 5400$ W,三相负载 Z 获得功率 $P_Z = 4500$ W。求三角形连接负载(复)阻抗 Z。

5-7 题 5-7 图所示三相电路中,已知电源线电压 $U_l = 380$ V。对称三角形连接负载 $Z_1 = (8+j6)$ Ω,星形连接对称负载 $Z_2 = (9+j12)$ Ω,单相电阻负载 $R = 1$ Ω。求图中两电流表的读数。

5-8 题 5-8 图所示对称三相电路中,已知电源线电压 $U_l = 380$ V,星形负载复阻抗 $Z_1 = (30+j40)$ Ω,三角形负载复阻抗 $Z_2 = (90+j120)$Ω,线路复阻抗 $Z_3 = 5$ Ω,求:(1)三角形连接负载复阻抗中相电流;(2)图中功率表读数。

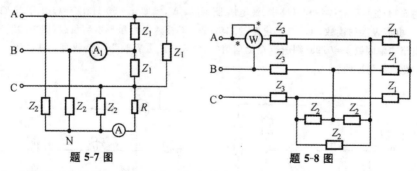

题 5-7 图   题 5-8 图

5-9 题 5-9 图所示三相电路中,已知对称三相电源线电压 $U_l = 380$ V,星形连接负载复阻抗 $Z = (15+j15)$ Ω,A′ 与 N′ 之间另接有单相负载,$R = 1$ Ω,$\omega L = 3$ Ω,试求:(1)图中电流 I;(2)各线电流 I_A、I_B、I_C。

5-10 题 5-10 图所示电路中 A、B、C 接线电压为 380 V 的三相对称电源,$Z_1 = (1+j2)$ Ω,$Z_2 = (3+j4)$ Ω,求 Z_L 为何值时其消耗的平均功率最大,并求此最大功率。

5-11 题 5-11 图所示三相对称电路,相序为 ABC,线电压 $U_l = 380$ V,测得两瓦特表的读数分别为 $P_1 = 0$ W,$P_2 = 1.65$ kW。求负载阻抗的参数 R 和 X。

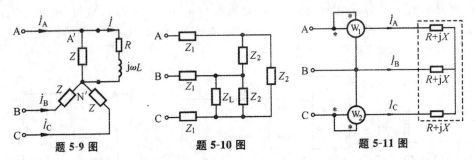

题 5-9 图　　　　　　题 5-10 图　　　　　　题 5-11 图

5-12　题 5-12 图所示电路中,对称三相电源供给不对称三相负载,用三只电流表测得线电流均为 20 A。试求中性线中电流表的读数。

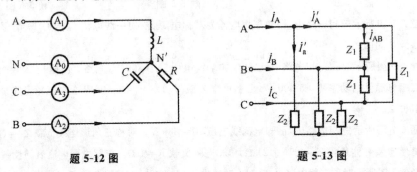

题 5-12 图　　　　　　　　　　题 5-13 图

5-13　题 5-13 图所示电路中,已知线电压为 380 V,Y 形负载的功率为 10 kW,功率因数 $\lambda_1=0.85$(感性负载),△形负载的功率为 20 kW,功率因数 $\lambda_2=0.8$(感性负载),求:(1)电源的线电流;(2)电源的视在功率、有功功率和无功功率及功率因数。

5-14　题 5-14 图所示对称三相电路中,线电压 $U_l=380$ V,频率 $f=50$ Hz,$Z=(16+j12)$ Ω。试求:(1)电流表 Ⓐ 的读数;(2)三相电路的总功率;(3)接入一组星形电容负载(图中虚线所示),使线路功率因数 $\lambda=0.95$,则电容 C 为何值?(4)若将此电容改为与负载直接并联的△形连接,则此时 λ 为何值?

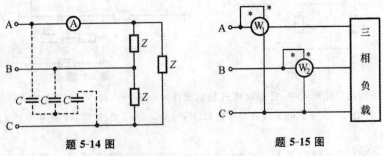

题 5-14 图　　　　　　　题 5-15 图

5-15　如题 5-15 图所示用二瓦计法测量对称三相电路的功率,试证:

$$Q=\sqrt{3}(P_1-P_2), \quad \tan\varphi=\sqrt{3}\frac{P_1-P_2}{P_1+P_2}$$

其中 φ 为阻抗角。

6 含耦合电感电路

在实际工程中,互感现象是一种常见的现象。含有互感耦合电路的分析与计算,是工程中常见的问题。本章主要介绍磁耦合现象、互感和耦合系数、同名端、磁通链、耦合电路中的电压、电流关系;然后介绍含有耦合电感电路的分析计算,以及空心变压器、理想变压器的特性。

6.1 耦合电感的伏安关系与同名端

6.1.1 耦合电感的概念

当两个靠近的线圈中有一个线圈有电流通过时,该电流产生的磁通不仅通过本线圈,还部分或全部地通过相邻线圈。一个线圈电流产生的磁通与另一线圈交链的现象,称为两个线圈的磁耦合。具有磁耦合的线圈称为耦合线圈或互感线圈。忽略线圈的损耗电阻和匝间分布电容的耦合线圈,称为耦合电感元件,它是耦合线圈的理想化模型。

两个耦合线圈如图 6-1 所示,设线圈 1 和线圈 2 的匝数分别为 N_1 和 N_2。当线圈 1 有电流 i_1 流过时,由 i_1 产生的通过线圈 1 的磁通为 Φ_{11},通过线圈 2 的磁通为 Φ_{21},显然有 $\Phi_{21} \leqslant \Phi_{11}$。两个线圈的磁通链分别为 $\Psi_{11} = N_1\Phi_{11}$ 和 $\Psi_{21} = N_2\Phi_{21}$。Ψ_{11} 称为自感磁通链,简称自磁链,Ψ_{21} 称为互感(耦合)磁通链,简称互磁链。

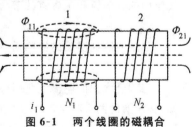

图 6-1　两个线圈的磁耦合

同理,若线圈 2 有电流 i_2 通过,则该电流在其自身线圈产生自磁链 Ψ_{22},在相邻的线圈 1 中产生互感磁通链 Ψ_{12}。

如图 6-1 所示,电流的方向与它产生的磁通链的方向满足右手螺旋关系,参考方向按这一关系设定。若线圈周围没有磁铁物质,则各磁通链与产生该磁通链的电流成正比,即

$$\Psi_{11} = L_1 i_1, \quad \Psi_{21} = M_{21} i_1 \tag{6-1a}$$

$$\Psi_{22} = L_2 i_2, \quad \Psi_{12} = M_{12} i_2 \tag{6-1b}$$

式中，L_1、L_2、M_{12}、M_{21} 均为正常数，单位为亨利(H)。L_1、L_2 分别为线圈1和线圈2的自感系数，简称为自感。M_{12}、M_{21} 称为两个线圈的互感系数，简称为互感。可证明 $M_{12} = M_{21}$，只有当两个线圈耦合时，可略去下标，表示为 $M = M_{12} = M_{21}$。

6.1.2 耦合电感的伏安关系

如图 6-2(a) 所示的具有磁耦合的两个线圈之间存在磁耦合，因此每个线圈电流产生的磁通不仅与本线圈交链，还部分或全部与另一线圈交链，所以每个线圈中的磁链由本线圈电流产生的磁链和另一线圈电流产生的磁链两部分组成。

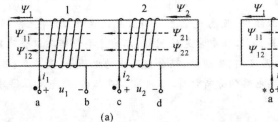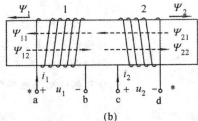

图 6-2 说明耦合线圈的伏安关系用图

若选定线圈中各部分磁链的参考方向与产生该磁链的线圈电流的参考方向符合右手螺旋法则，每个线圈的总磁链的参考方向与它所在线圈电流的参考方向也符合右手螺旋法则，则各线圈的总磁链在如图 6-2(a) 所示的电流参考方向下可表示为

$$\Psi_1 = \Psi_{11} + \Psi_{12}, \quad \Psi_2 = \Psi_{22} + \Psi_{21}$$

随着线圈电流的参考方向和线圈绕向及相对位置的不同，自磁链与互磁链的参考方向可能一致，也可能相反。当线圈绕向和电流的参考方向如图 6-2(a) 所示时，每个线圈中的自磁链和互磁链的参考方向均一致；当线圈绕向和电流的参考方向如图 6-2(b) 所示时，每个线圈中的自磁链和互磁链的参考方向均不一致。因此，耦合线圈中的总磁链可表示为

$$\Psi_1 = \Psi_{11} \pm \Psi_{12}, \quad \Psi_2 = \Psi_{22} \pm \Psi_{21} \tag{6-2}$$

如果线圈周围无磁铁物质，则各磁链是产生该磁链电流的线性函数，故有

$$\Psi_1 = L_1 i_1 \pm M_{12} i_2, \quad \Psi_2 = L_2 i_2 \pm M_{21} i_1 \tag{6-3}$$

当耦合线圈的电流变化时，线圈中的自磁链和互磁链将随之变化。由电磁感应定律可知，各线圈的两端将会产生感应电压。若设各线圈的电流与电压取关联参考方向，则有

$$u_1 = \frac{d\Psi_1}{dt} = \frac{d\Psi_{11}}{dt} \pm \frac{d\Psi_{12}}{dt} = u_{11} + u_{12} = L_1 \frac{di_1}{dt} \pm M \frac{di_2}{dt} \tag{6-4a}$$

$$u_2 = \frac{d\Psi_2}{dt} = \frac{d\Psi_{22}}{dt} \pm \frac{d\Psi_{21}}{dt} = u_{22} + u_{21} = L_2 \frac{di_2}{dt} \pm M \frac{di_1}{dt} \tag{6-4b}$$

式(6-4)即为耦合电感的伏安关系式。可见，耦合电感中每一线圈的感应电压由自磁链产

生的自感电压(u_{11} 和 u_{22}）和互磁链产生的互感电压(u_{12} 和 u_{21}）两部分组成,自感电压和互感电压的本质是相同的,都是由于线圈中的磁链变化而产生的感应电压。根据电磁感应定律,若自感电压和互感电压的参考方向与产生感应电压的磁链的参考方向符合右手螺旋法则,当线圈的电流与电压取关联参考方向时,自感电压前的符号总为正;而互感电压前的符号可正可负。当互磁链与自磁链的参考方向一致时,取"＋"号;反之,当互磁链与自磁链的参考方向不一致时,取"－"号。

　　由耦合电感的伏安关系式可知,两个线圈组成的耦合电感是一个由 L_1、L_2 和 M 三个参数表征的四端元件,并且由于它的自感电压和互感电压分别与两个线圈中的电流的变化率成正比,因此是一种动态元件和记忆元件。

6.1.3　耦合线圈的同名端

　　由前可知,耦合电感线圈中的互磁链和自磁链的参考方向可能一致,也可能不一致,由线圈电流的参考方向和线圈的绕向及线圈间的相对位置决定。但实际的耦合电感是密封的,一般不能从外观看到线圈的绕向;另外,要求在电路图中画出每个线圈的绕向及线圈间的相对位置也很不方便。为解决这一问题,引入了同名端的概念。所谓同名端是指耦合线圈中的这样一对端钮:当线圈电流同时流入(或流出)该对端钮时,各线圈中的自磁链与互磁链的参考方向一致。从感应电压的角度看,如果电流与其产生的磁链及磁链与其产生的感应电压的参考方向符合右手螺旋法则,则同名端可定义为任一线圈电流在各线圈中产生的自感电压或互感电压的同极性端(正极性端或负极性端),即互感电压的正极性端与产生该互感电压的线圈电流的流入端为同名端。同名端通常用标志"·"(或"＊")表示。利用同名端的概念,图 6-2(a) 和图 6-2(b) 所示的耦合电感可分别用图 6-3(a) 和图 6-3(b) 所示的电路符号表示,图中耦合电感标有"·"的两个端钮为同名端,余下的一对无标志符的端钮也是一对同名端。必须指出,耦合线圈的同名端只取决于线圈的绕向和线圈间的相对位置,而与线圈中电流的方向无关。

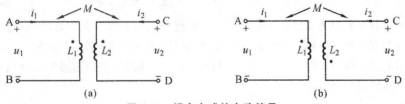

图 6-3　耦合电感的电路符号

　　对于未标出同名端的一对耦合线圈,可用图 6-4 所示的电路来确定其同名端。在该电路中,当开关 S 闭合时,i_1 将从线圈 1 的 A 端流入,且 $di/dt > 0$。如果电压表正向偏转,表示线圈 2 中的互感电压 $u_{21} = M di_1/dt > 0$,则可判定电压表的正极所接端钮 C 与 i_1 的流入端钮 A 为同名端;反之,如果电压表反向偏转,表示线圈 2 中的互感电压 $u_{21} = -M di_1/dt$ < 0,可判定电压表端钮 C 与 A 为异名端,而端钮 D 与 A 为同名端。

　　有了同名端的概念,根据各线圈电压和电流的参考方向,就能从耦合电感直接写出其伏安关系式.具体规则是:若耦合电感的线圈电压和电流的参考方向为关联参考方向,该线圈的自感电压前取"+"号,否则取"—"号;若耦合电感线圈的线圈电压的正极性端与在该线圈中产生互感电压的另一线圈的电流的流入端为同名端,该线圈的互感电压前取"+"号,否则取"—"号.

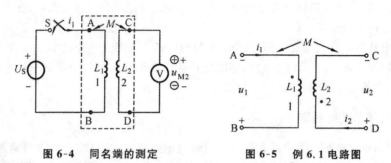

图 6-4　同名端的测定　　　　　图 6-5　例 6.1 电路图

【例 6.1】　试写出图 6-5 所示耦合电感电路的伏安关系.

解　耦合电感电路各线圈的电压可表示为

$$u_1 = u_{11} + u_{12}, \quad u_2 = u_{22} + u_{21}$$

对于图 6-5 所示的耦合电路,由于线圈 1 的电流 i_1 与电压 u_1 为非关联参考方向,故 $u_{11} = -L_1 \mathrm{d}i_1/\mathrm{d}t$;线圈 1 的电压 u_1 的正极性端和线圈 2 电流 i_2 的流入端为非同名端,故 $u_{12} = -M\mathrm{d}i_2/\mathrm{d}t$.线圈 2 的电流 i_2 与电压 u_2 为关联参考方向,故 $u_{22} = L_2 \mathrm{d}i_2/\mathrm{d}t$;线圈 2 电压 u_2 的正极性端和线圈 1 电流 i_1 的流入端为同名端,故 $u_{21} = M\mathrm{d}i_1/\mathrm{d}t$.

因此,可得该耦合电感的伏安关系为

$$u_1 = u_{11} + u_{12} = -L_1 \frac{\mathrm{d}i_1}{\mathrm{d}t} - M \frac{\mathrm{d}i_2}{\mathrm{d}t}$$

$$u_2 = u_{22} + u_{21} = L_2 \frac{\mathrm{d}i_2}{\mathrm{d}t} + M \frac{\mathrm{d}i_1}{\mathrm{d}t}$$

由于耦合电感中的互感电压反映了耦合电感线圈间的耦合关系,为了在电路模型中以较明显的方式将这种耦合关系表示出来,各线圈中的互感电压可用 CCVS 表示.若用受控源表示互感电压,则图 6-3(a) 和图 6-3(b) 所示耦合电感可分别用图 6-6(a) 和图 6-6(b) 所示的电路模型来表示.

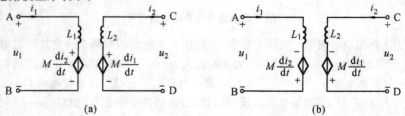

(a)　　　　　　　　　　　　(b)

图 6-6　用受控源表示互感电压时耦合电感的电路模型

在正弦稳态电路中,式(6-4)所述的耦合电感伏安关系的相量形式为

$$\dot{U}_1 = j\omega L_1 \dot{I}_1 \pm j\omega M \dot{I}_2, \quad \dot{U}_2 = j\omega L_2 \dot{I}_2 \pm j\omega M \dot{I}_1 \tag{6-5}$$

式中:$j\omega L_1$、$j\omega L_2$称为自感阻抗,$j\omega M$称为互感阻抗。若用受控源表示互感电压,图 6-3(a)、(b) 去耦等效电路可分别用图 6-7(a) 和图 6-7(b) 所示电路模型来表示。

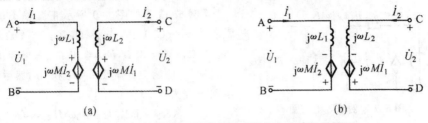

(a) 　　　　　　　(b)

图 6-7　用受控源表示互感电压时耦合电感的相量模型

6.1.4　耦合系数 K

互感线圈之间存在磁耦合,在一般情况下,一个线圈中的电流所产生的磁通只有一部分与邻近的线圈相交链,还有一部分则没有与邻近的线圈相交链,这一部分磁通称为漏磁通。不难想象,漏磁通越少,互感线圈之间的耦合程度就越紧密,通常用耦合系数 K 来表示互感线圈之间耦合的紧密程度。耦合系数定义为两个互磁链的乘积与两个自磁链的乘积之比的几何平均值,即

$$K = \sqrt{\frac{\Psi_{21}}{\Psi_{11}} \cdot \frac{\Psi_{12}}{\Psi_{22}}}$$

进一步推导,则

$$K = \sqrt{\frac{\Psi_{21}/i_1 \cdot \Psi_{12}/i_2}{\Psi_{11}/i_1 \cdot \Psi_{22}/i_2}} = \sqrt{\frac{M \cdot M}{L_1 \cdot L_2}} = \frac{M}{\sqrt{L_1 L_2}}$$

因此,耦合系数 K 又可定义为互感系数 M 与 $\sqrt{L_1 L_2}$ 之比。

由于 $\Psi_{11} \geqslant \Psi_{21}$,$\Psi_{22} \geqslant \Psi_{12}$,所以耦合系数为 $0 \leqslant K \leqslant 1$。当 $K = 1$ 时,是无漏磁通的理想情况,称为全耦合;当 K 接近 1 时,称为紧耦合;当 K 较小时,称为松耦合。当两个线圈互相垂直放置时,因两线圈间没有磁耦合,互感磁链为零,所以 $K = 0$。

【例 6.2】　电路如图 6-8 所示,已知 $i_S(t) = 2e^{-4t}$ A,$L_1 = 3$ H,$L_2 = 6$ H,$M = 2$ H。求 $u_{AC}(t)$、$u_{AB}(t)$、$u_{BC}(t)$。

解　由于 BC 处开路,所以电感 L_2 所在支路无电流,故有

$$u_{AC}(t) = L_1 \frac{\mathrm{d}i_S(t)}{\mathrm{d}t} = -24e^{-4t} \text{ V}$$

$$u_{AB}(t) = M \frac{\mathrm{d}i_S(t)}{\mathrm{d}t} = -16e^{-4t} \text{ V}$$

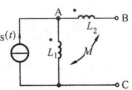

图 6-8　例 6.2 电路图

$$u_{BC}(t) = -u_{AB} + u_{AC} = -8e^{-4t} \text{ V}$$

此题中的电路不是正弦稳态电路,故不能用相量法。自感电压应与本支路电流同方向,而互感电压应与产生它的电流的同名端一致,即当电流从同名端流入时,它所产生的互感电压也应从同名端指向异名端(如 u_{AB})。

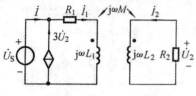

图 6-9 例 6.3 电路图

【例 6.3】 如图 6-9 所示正弦稳态电路中,$\dot{U}_S = 20\angle 30° \text{ V}, R_1 = 3 \ \Omega, \omega L_1 = 4 \ \Omega, \omega L_2 = 17.32 \ \Omega, \omega M = 2 \ \Omega, R_2 = 10 \ \Omega$。求电流 $\dot{I}$。

解 此题应先解出 $\dot{I}_1$、$\dot{I}_2$ 和 $\dot{U}_2$,然后求 $\dot{I}$。的电路方程为

$$\begin{cases} (R_1 + j\omega L_1)\dot{I}_1 + j\omega M\dot{I}_2 = \dot{U}_S \\ j\omega M\dot{I}_1 + (R_2 + j\omega L_2)\dot{I}_2 = 0 \end{cases}$$

代入数据,则

$$\begin{cases} (3 + j4)\dot{I}_1 + j2\dot{I}_2 = 20\angle 30° \\ j2\dot{I}_1 + (10 + j17.32)\dot{I}_2 = 0 \end{cases}$$

电流 $\dot{I}_1$ 为

$$\dot{I}_1 = \frac{20\angle 30°}{3 + j4 + \dfrac{2}{10 + j17.32}} \text{ A} = \frac{20\angle 30°}{3 + j4 + 0.1 - j0.1732} \text{ A}$$

$$= \frac{20\angle 30°}{3.1 + j3.83} \text{ A} = 4.06\angle(-21°) \text{ A}$$

电流 $\dot{I}_2$ 为

$$\dot{I}_2 = \frac{-j2 \times 4.06\angle(-21°)}{10 + j17.32} \text{ A} = 0.406\angle(-171°) \text{ A}$$

电压 $\dot{U}_2$ 为

$$\dot{U}_2 = -R_2\dot{I}_2 = -10 \times 0.406\angle(-171°) \text{ V} = 4.06\angle 9° \text{ V}$$

电流 $\dot{I}$ 为

$$\dot{I} = \dot{I}_1 - 3\dot{U}_2 = [4.06\angle(-21°) - 3 \times 4.06\angle 9°] \text{ A}$$

$$= 8.87\angle(-157.82°) \text{ A}$$

6.2 耦合电感器的串联和并联

6.2.1 耦合电感器的串联

图 6-10 所示为两个有耦合的实际线圈的串联电路,其中 R_1、L_1 和 R_2、L_2 分别为两个线圈的等效电阻和电感,而 M 为互感。

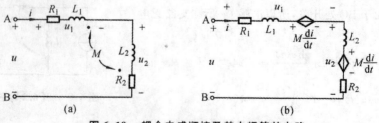

图 6-10 耦合电感顺接及其去耦等效电路

对于图 6-10(a) 所示电路,电流均从两个线圈的同名端流出(流进),这种接法称为顺接。图 6-10(b) 所示为其受控源去耦等效电路。顺接时,电压与电流的关系为

$$u_1 = R_1 i + L_1 \frac{\mathrm{d}i}{\mathrm{d}t} + u_{12} = R_1 i + L_1 \frac{\mathrm{d}i}{\mathrm{d}t} + M \frac{\mathrm{d}i}{\mathrm{d}t}$$

$$u_2 = R_2 i + L_2 \frac{\mathrm{d}i}{\mathrm{d}t} + u_{21} = R_2 i + L_2 \frac{\mathrm{d}i}{\mathrm{d}t} + M \frac{\mathrm{d}i}{\mathrm{d}t}$$

$$u = u_1 + u_2 = R_1 i + L_1 \frac{\mathrm{d}i}{\mathrm{d}t} + R_2 i + L_2 \frac{\mathrm{d}i}{\mathrm{d}t} + 2M \frac{\mathrm{d}i}{\mathrm{d}t}$$

$$(R_1 + R_2)i + (L_1 + L_2 + 2M) \frac{\mathrm{d}i}{\mathrm{d}t}$$

在正弦稳态的情况下,应用相量法可得

$$\dot{U}_1 = R_1 \dot{I} + \mathrm{j}\omega L_1 \dot{I} + \mathrm{j}\omega M \dot{I} = R_1 \dot{I} + \mathrm{j}\omega(L_1 + M)\dot{I}$$

$$\dot{U}_2 = R_2 \dot{I} + \mathrm{j}\omega L_2 \dot{I} + \mathrm{j}\omega M \dot{I} = R_2 \dot{I} + \mathrm{j}\omega(L_2 + M)\dot{I}$$

$$\dot{U} = \dot{U}_1 + \dot{U}_2 = (R_1 + R_2)\dot{I} + \mathrm{j}\omega(L_1 + L_2 + 2M)\dot{I}$$

令

$$L = L_1 + L_2 + 2M$$

式中,L 为顺接时的串联等效电感。可见,顺接时互感增强了电感。

对于图 6-11(a) 所示电路,电流从一个线圈的同名端流入,从另一个线圈的同名端流出,这种接法称为反接。图 6-11(b) 所示为其受控源去耦等效电路。反接时,电流与电压的关系为

$$u_1 = R_1 i + L_1 \frac{\mathrm{d}i}{\mathrm{d}t} - u_{12} = R_1 i + L_1 \frac{\mathrm{d}i}{\mathrm{d}t} - M \frac{\mathrm{d}i}{\mathrm{d}t}$$

$$u_2 = R_2 i + L_2 \frac{\mathrm{d}i}{\mathrm{d}t} - u_{21} = R_2 i + L_2 \frac{\mathrm{d}i}{\mathrm{d}t} - M \frac{\mathrm{d}i}{\mathrm{d}t}$$

$$u = u_1 + u_2 = R_1 i + L_1 \frac{\mathrm{d}i}{\mathrm{d}t} + R_2 i + L_2 \frac{\mathrm{d}i}{\mathrm{d}t} - 2M \frac{\mathrm{d}i}{\mathrm{d}t}$$

$$= (R_1 + R_2)i + (L_1 + L_2 - 2M) \frac{\mathrm{d}i}{\mathrm{d}t}$$

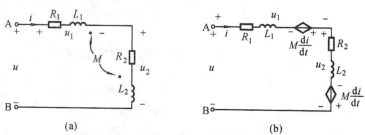

图 6-11　耦合电感反接及其去耦等效电路

在正弦稳态的情况下,应用相量法可得

$$\dot{U}_1 = R_1 \dot{I} + \mathrm{j}\omega L_1 \dot{I} - \mathrm{j}\omega M \dot{I} = R_1 \dot{I} + \mathrm{j}\omega(L_1 - M)\dot{I}$$

$$\dot{U}_2 = R_2 \dot{I} + \mathrm{j}\omega L_2 \dot{I} - \mathrm{j}\omega M \dot{I} = R_2 \dot{I} + \mathrm{j}\omega(L_2 - M)\dot{I}$$

$$\dot{U} = \dot{U}_1 + \dot{U}_2 = (R_1 + R_2)\dot{I} + \mathrm{j}\omega(L_1 + L_2 - 2M)\dot{I}$$

等效电感为

$$L = L_1 + L_2 - 2M$$

等效电感小于两自感之和,这说明反接时互感有消弱电感的作用,把互感的这种作用称为"容性"效应。

6.2.2 耦合电感器的并联

同串联连接法相对应,耦合电感的并联电路,也有两种接法,分别对应于图6-12(a)和图6-13(a)。在图6-12(a)中,两个线圈的同名端在同一侧,这种并联方法称为同侧并联;图6-13(a)中,两个线圈的同名端不在同一侧,这种并联方法称为异侧并联。

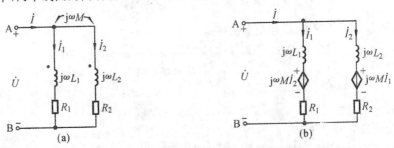

图 6-12 耦合电感的同侧并联及其去耦等效电路

在正弦稳态的情况下,按照图中所示的参考方向和极性,可画出其受控源去耦等效电路,如图6-12(b)、图6-13(b)所示。应用相量可得下列方程。

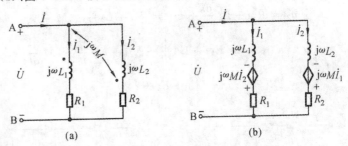

图 6-13 耦合电感的异侧并联及其去耦等效电路

对同侧并联
$$\dot{U} = (R_1 + j\omega L_1)\dot{I}_1 + j\omega M\dot{I}_2$$
$$\dot{U} = (R_2 + j\omega L_2)\dot{I}_2 + j\omega M\dot{I}_1$$

对异侧并联
$$\dot{U} = (R_1 + j\omega L_1)\dot{I}_1 - j\omega M\dot{I}_2$$
$$\dot{U} = (R_2 + j\omega L_2)\dot{I}_2 - j\omega M\dot{I}_1$$

综合起来,可以写成
$$\dot{U} = (R_1 + j\omega L_1)\dot{I}_1 \pm j\omega M\dot{I}_2 = Z_1\dot{I}_1 \pm Z_M\dot{I}_2$$
$$\dot{U} = (R_2 + j\omega L_2)\dot{I}_2 \pm j\omega M\dot{I}_1 = Z_2\dot{I}_2 \pm Z_M\dot{I}_1$$

式中,含有 M(或 Z_M)项前面的"±"符号表示的意义是:上面"+"号对应同侧并联;下面

"一"号对应异侧并联。

求解上面两个方程可得

$$\dot{I}_1 = \frac{\dot{U}(Z_2 \mp Z_M)}{Z_1 Z_2 - Z_M^2}, \quad \dot{I}_2 = \frac{\dot{U}(Z_1 \mp Z_M)}{Z_1 Z_2 - Z_M^2}$$

根据 KCL,有

$$\dot{I} = \dot{I}_1 + \dot{I}_2 = \frac{\dot{U}(Z_1 + Z_2 \mp Z_M)}{Z_1 Z_2 - Z_M^2}$$

根据上式可得两个耦合电感并联后的等效阻抗为

$$Z = \frac{\dot{U}}{\dot{I}} = \frac{Z_1 Z_2 - Z_M^2}{Z_1 + Z_2 \mp 2Z_M}$$

在特殊情况(纯电感,即 $R_1 = R_2 = 0$)时,有

$$Z = j\omega \frac{L_1 L_2 - M^2}{L_1 + L_2 \mp 2M}, \quad L = \frac{L_1 L_2 - M^2}{L_1 + L_2 \mp 2M}$$

式中,L 表示耦合电感并联后的等效电感。

6.3　T 形去耦等效电路

前面介绍的将互感电压用 CCVS 去耦的方法分析互感电路,仍然要考虑互感线圈的同名端和互感电压的极性,并不简单。下面介绍一种将互感电路等效转化为无互感电路的方法,称为 T 形去耦。

下面通过图 6-14 所示的具有互感的三端电路来介绍如何去耦。图 6-14(a) 中,公共端子 3 为两线圈同名端的连接点;图 6-14(b) 中,公共端子 3 为两线圈异名端的连接点。按图 6-14(a) 所示支路电流的参考方向,左、右两个回路的电压相量方程为

$$\begin{cases} \dot{U}_{13} = j\omega L_1 \dot{I}_1 + j\omega M \dot{I}_2 \\ \dot{U}_{23} = j\omega L_2 \dot{I}_2 + j\omega M \dot{I}_1 \end{cases}$$

将 $\dot{I}_3 = \dot{I}_1 + \dot{I}_2$ 代入上式,可得

$$\dot{U}_{13} = j\omega L_1 \dot{I}_1 + j\omega M(\dot{I}_3 - \dot{I}_1) = j\omega(L_1 - M)\dot{I}_1 + j\omega M \dot{I}_3$$

$$\dot{U}_{23} = j\omega L_2 \dot{I}_2 + j\omega M(\dot{I}_3 - \dot{I}_2) = j\omega(L_2 - M)\dot{I}_2 + j\omega M \dot{I}_3$$

图 6-14　具有互感的三端电路

在上式中,如果将 M 看成 $\dot{I}_1$、$\dot{I}_2$ 同时流过的公共支路的电感,并把 L_1 和 L_2 分别以电感($L_1 - M$)和($L_2 - M$)代替,根据上式可作出图 6-15(a) 所示的等效电路。而图 6-15(a) 所示的电路已经是一个没有互感的电路了,可以按一般正弦电路的分析方法求解 1、2、3 端以外部分各支路的电压、电流。

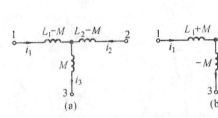

图 6-15 去耦后的三端等效电路

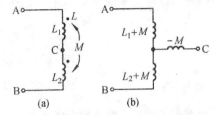

图 6-16 二端电路及其去耦等效电路

同理,图 6-14(b) 去耦后的等效电路如图 6-15(b) 所示。公共支路出现的负电感是去掉互感后等效的结果,这一结果给网络综合理论中需要负电感值的情况提供了一种实现的手段。

最后有两点说明:① 去耦后等效电路的参数与电流的参考方向无关,只与互感线圈是同名端相接还是异名端相接有关;② T 形去耦法虽然是通过三端电路导出的,但也适合二端电路和四端电路,如图 6-16、图 6-17 所示。

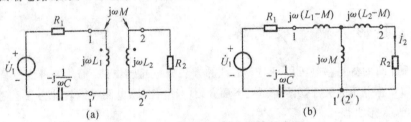

图 6-17 四端电路及其去耦等效电路

【例 6.4】 图 6-18(a) 所示正弦稳态电路中,$R_1 = 3\ \Omega, L_1 = 3\ \text{H}, L_2 = 2\ \text{H}, M = 1\ \text{H}$,
$R_2 = 4\ \Omega, C_1 = C_2 = 0.5\ \text{F}$,电压源电压 $u_S = 10\sqrt{2}\sin 2t\ \text{V}$,求各支路电流相量。

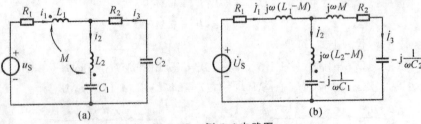

图 6-18 例 6.4 电路图

解 先消去互感,做出原电路的相量模型,如图 6-18(b) 所示,其中 $\dot{U}_S = 10\angle 0°\ \text{V}$。
各支路阻抗分别为

$$Z_1 = R_1 + j\omega(L_1 - M) = [3 + j2(3-1)]\ \Omega = (3 + j4)\ \Omega$$

$$Z_2 = j\omega(L_2 - M) - j\frac{1}{\omega C_1} = \left[j2(2-1) - j\frac{1}{2 \times 0.5}\right]\ \Omega = j1\ \Omega$$

$$Z_3 = R_2 + j\omega M - j\frac{1}{\omega C_2} = \left[4 + j2 \times 1 - j\frac{1}{2 \times 0.5}\right]\ \Omega = (4 + j1)\ \Omega$$

电路的等效阻抗 Z_i 为

$$Z_i = Z_1 + \frac{Z_2 Z_3}{Z_2 + Z_3} = \left[3 + j4 + \frac{j1(4 + j1)}{4 + j2} \right] \Omega$$
$$= (3 + j4 + 0.2 + j0.9) \Omega = 5.85\angle 56.85° \Omega$$

支路电流 $\dot{I}_1$ 为

$$\dot{I}_1 = \frac{\dot{U}_s}{Z_i} = \frac{10\angle 0°}{5.85\angle 56.85°} A = 1.71\angle (-56.85°) A$$

支路电流 $\dot{I}_2$ 和 $\dot{I}_3$ 为

$$\dot{I}_2 = \frac{Z_3}{Z_2 + Z_3}\dot{I}_1 = \frac{4 + j1}{4 + j2} \times 1.71\angle (-56.85°) A = 1.577\angle (-69.41°) A$$

$$\dot{I}_3 = \frac{Z_2}{Z_2 + Z_3}\dot{I}_1 = \frac{j1}{4 + j2} \times 1.71\angle (-56.85°) A = 0.383\angle 6.59° A$$

6.4 含耦合电感器复杂电路的分析

这一节重点介绍受控源去耦法及 T 形去耦法分析含互感的正弦稳态电路。

【例 6.5】 具有耦合电感的一端口网络如图 6-19(a) 所示,若正弦激励角频率为 ω 时,$\omega L_1 = 6\ \Omega$, $\omega L_2 = 3\ \Omega$, $\omega M = 3\ \Omega$, $R_1 = 3\ \Omega$, $R_2 = 6\ \Omega$,试求此一端口的输入阻抗。

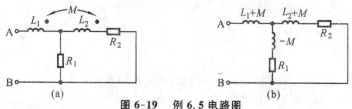

图 6-19　例 6.5 电路图

解 由图 6-19(a) 所示电路可以看出,此为异名端共端的三端电路,其等效电路如图 6-19(b) 所示。已知 $\omega(L_1 + M) = 9\ \Omega$, $\omega(L_2 + M) = 6\ \Omega$,由电感的串、并联关系可得

$$Z_{AB} = \left[j9 + \frac{(6 + j6)(3 - j3)}{6 + j6 + 3 - j3} \right] \Omega = \left(j9 + \frac{12}{3 + j1} \right) \Omega = (3.6 + j7.8)\ \Omega$$

【例 6.6】 如图 6-20(a) 所示正弦稳态电路,已知 $I_S = \sqrt{2}\sin 1000t\ A$, $R = 10\ \Omega$, $C = 100\ \mu F$, $L_1 = 5\ mH$, $L_2 = 4\ mH$, $M = 4\ mH$,计算各支路电流。

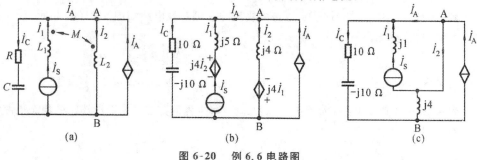

图 6-20　例 6.6 电路图

解 解法1:用受控源去耦等效电路求解。图6-20(b)所示去耦电路中,$\dot{I}_S = \dot{I}_1 = 1\angle 0° \text{ A}$,$j\omega L_1 = j5 \text{ }\Omega$,$j\omega L_2 = j4 \text{ }\Omega$,$j\omega M = j4 \text{ }\Omega$,$-j/\omega C = -j10 \text{ }\Omega$。对 A 节点用 KCL,可知

$$\dot{I}_2 = \dot{I}_A - \dot{I}_A = 0$$

$$\dot{U}_{AB} = -j\omega M\dot{I}_1 = -j4 \times 1\angle 0° \text{ V} = 4\angle(-90°) \text{ V}$$

$$\dot{I}_C = \frac{\dot{U}_{AB}}{R - j\frac{1}{\omega C}} = \left[\frac{4\angle(-90°)}{10 - j10}\right] \text{ A} = 0.2\sqrt{2}\angle(-45°) \text{ A}$$

$$\dot{I}_A = \dot{I}_C - \dot{I}_1 = [0.2\sqrt{2}\angle(-45°) - 1\angle 0°] \text{ A} = 0.824\angle(-165.96°) \text{ A}$$

相量对应的正弦量分别为

$$i_1 = \sqrt{2}\sin 1000t \text{ A}, \quad i_2 = 0$$

$$i_C = 0.4\sin(1000t - 45°) \text{ A}, \quad i_A = 0.824\sqrt{2}\sin(1000t - 165.96°) \text{ A}$$

解法2:用 T 形去耦法求解。如图6-20(c)所示去耦电路中,$j\omega(L_1 - M) = j1 \text{ }\Omega$,$j\omega(L_2 - M) = 0$,故用短路线替代。

$$j\omega M = j4 \text{ }\Omega$$

由电路图可知 $\dot{I}_1 = \dot{I}_S = 1\angle 0° \text{ A}$, $\dot{I}_2 = \dot{I}_A - \dot{I}_A = 0$

$$\dot{U}_{AB} = -j\omega M\dot{I}_1 = -j4 \times 1\angle 0° = 4\angle(-90°) \text{ V}$$

$$\dot{I}_C = 0.2\sqrt{2}\angle(-45°) \text{ A}, \quad \dot{I}_A = 0.824\angle(-165.96°) \text{ A}$$

相量对应的正弦量与上面解法一致。

【**例6.7**】 按图6-21所示电路中的回路,列写回路电流方程。

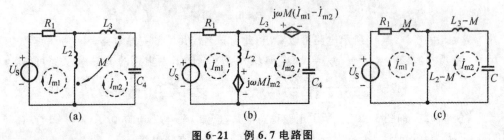

图6-21 例6.7 电路图

解 解法1:图6-21(a)所示电路的受控源去耦等效电路如图6-21(b)所示,设正弦激励角频率为ω,依图6-21(b)列写的网孔方程为

$$(R_1 + j\omega L_2)\dot{I}_{m1} - j\omega L_2\dot{I}_{m2} + j\omega M\dot{I}_{m2} = \dot{U}_S$$

$$-j\omega L_2\dot{I}_{m1} + j\left(\omega L_2 + \omega L_3 - \frac{1}{\omega C_4}\right)\dot{I}_{m2} + j\omega M\dot{I}_{m1} - 2j\omega M\dot{I}_{m2} = 0$$

解法2:用 T 形去耦法,如图6-21(c)所示。写方程的方法与前面所述正弦稳态电路的方法完全一样,有

$$[R_1 + j\omega M + j\omega(L_2 - M)]\dot{I}_{m1} - j\omega(L_2 - M)\dot{I}_{m2} = U_S$$

$$-j\omega(L_2-M)\dot{I}_{m1}+j\left[\omega(L_3-M)+\omega(L_2-M)-\frac{1}{\omega C_4}\right]\dot{I}_{m2}=0$$

整理后结果与上面列写的方程完全一样。

【例6.8】 图6-22所示的耦合电感电路中,已知 $\omega=1\ \text{rad/s}$, $R=1\ \Omega$, $M=1\ \text{H}$, $L_1=2\ \text{H}$, $L_2=3\ \text{H}$, $C=1\ \text{F}$, $\dot{I}_S=1\angle 0°\ \text{A}$, $\dot{U}_S=1\angle 90°\ \text{V}$。求 $\dot{I}_1$ 和 $\dot{I}_2$。

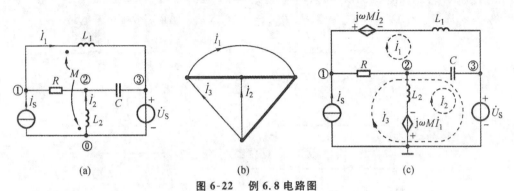

图 6-22 例 6.8 电路图

解 解法1:L_1 和 L_2 有耦合,但无公共节点。此题采用回路法,选择电感、电流源支路为连支,得到的电路有向图如图6-22(b)所示。其中细实线为连支,粗实线为树支。连支电流分别设为 $\dot{I}_1$、$\dot{I}_2$、$\dot{I}_3$,其受控源去耦等效电路如图6-22(c)所示。

$$\left(R+j\omega L_1-j\frac{1}{\omega C}\right)\dot{I}_1-\left(-j\frac{1}{\omega C}\right)\dot{I}_2+j\omega M\dot{I}_2-\left(R-j\frac{1}{\omega C}\right)\dot{I}_3=0$$

$$-\left(-j\frac{1}{\omega C}\right)\dot{I}_1+j\omega M\dot{I}_1+\left(j\omega L_2-j\frac{1}{\omega C}\right)\dot{I}_2+\left(-j\frac{1}{\omega C}\right)\dot{I}_3=-\dot{U}_S$$

$$\dot{I}_3=\dot{I}_S$$

代入数字并整理

$$(1+j)\dot{I}_1+j2\dot{I}_2-(1-j)\dot{I}_3=0$$

$$j2\dot{I}_1+j2\dot{I}_2-j\dot{I}_3=-1\angle 90°$$

该方程的解为 $\dot{I}_3=1\angle 0°\ \text{A}$, $\dot{I}_1=1\angle 0°\ \text{A}$, $\dot{I}_2=1\angle 180°\ \text{A}$

解法2:此题亦可用节点法求解。以⓪节点为参考节点,依图6-22(a)列写①、②、③节点的方程,有

$$\frac{1}{R}\dot{U}_{n1}-\frac{1}{R}\dot{U}_{n2}=\dot{I}_S-\dot{I}_1$$

$$-\frac{1}{R}\dot{U}_{n1}+\left(\frac{1}{R}+j\omega C\right)\dot{U}_{n2}-j\omega C\dot{U}_{n3}=\dot{I}_2$$

$$\dot{U}_{n3}=\dot{U}_S$$

由于将电感上的电流 $\dot{I}_1$、$\dot{I}_2$ 视为变量,故还要附加两个用节点电压表示电流的方程

$$\dot{U}_{n1}-\dot{U}_{n3}=j\omega L_1\dot{I}_1+j\omega M\dot{I}_2$$

$$\dot{U}_{n2} = -j\omega L_2 \dot{I}_2 - j\omega M \dot{I}_1$$

整理可得
$$(1+j3)\dot{I}_1 + j4\dot{I}_2 = 1-j$$

$$(1-j3)\dot{I}_1 + (2-j4)\dot{I}_2 = -1+j$$

解方程可得
$$\dot{I}_1 = 1\angle 0° \text{ A}, \quad \dot{I}_2 = 1\angle 180° \text{ A}$$

【例 6.9】 如图 6-23(a) 所示电路,已知 $\dot{U}_S = 120\angle 0°$ V, $\omega = 2$ rad/s, $L_1 = 8$ H, $L_2 = 6$ H, $L_3 = 10$ H, $M_{12} = 4$ H, $M_{23} = 5$ H,求端口 AB 等效戴维宁电路。

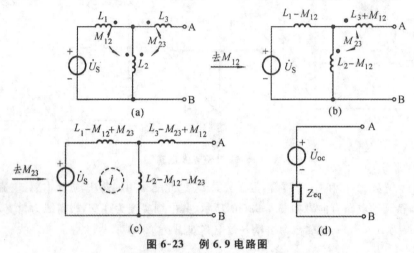

图 6-23 例 6.9 电路图

解 分别对 L_1 和 L_2 耦合电感 M_{12} 及 L_2 和 L_3 耦合电感 M_{23} 去耦等效,其电路如图 6-23(c) 所示。等效后电感分别为 $L_1 - M_{12} + M_{23} = 9$ H, $L_2 - M_{23} - M_{12} = -3$ H, $L_3 + M_{12} - M_{23} = 9$ H。AB 端开路时,流过回路的电流为

$$\dot{I} = \frac{\dot{U}_S}{j\omega 9 + j\omega(-3)} = \frac{120\angle 0°}{j12} \text{ A} = 10\angle(-90°) \text{ A}$$

开路电压为
$$\dot{U}_{oc} = j\omega(-3)\dot{I} = -j6 \times 10\angle(-90°) \text{ V} = -60 \text{ V}$$

将电压源置零,利用电感串、并联,等效阻抗为

$$Z_{eq} = j\omega \times 9 + \frac{j\omega \times 9 \times j\omega(-3)}{j\omega \times 9 + j\omega(-3)} = (j18 - j9) \text{ Ω} = j9 \text{ Ω}$$

其戴维宁等效电路如图 6-23(d) 所示。

6.5 空心变压器

变压器是电工、电子技术常用的电气设备,它是由两个耦合线圈绕在一个共同的芯子上制成的。其中,一个线圈作为输入,接入电源后形成一个回路,称为原边回路(或初级回路);另一线圈作为输出,接入负载后形成另一个回路,称为副边回路(或次级回路)。空心变压器的芯子是非铁磁材料制成的,其电路模型如图 6-24(a) 所示,图中的负载设为电阻

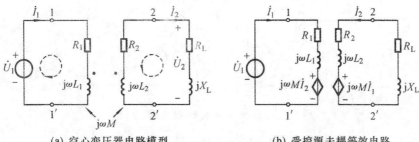

(a) 空心变压器电路模型　　(b) 受控源去耦等效电路

图 6-24　空心变压器电路模型及其受控源去耦等效电路

和电感串联。变压器通过耦合作用,将原边的输入传递到副边输出。图 6-24(b) 所示为其受控源去耦等效电路。在正弦稳态下,有

$$(R_1 + j\omega L_1)\dot{I}_1 + j\omega M\dot{I}_2 = \dot{U}_1 \tag{6-6a}$$

$$j\omega M\dot{I}_1 + (R_2 + j\omega L_2 + R_L + jX_L)\dot{I}_2 = 0 \tag{6-6b}$$

令 $Z_{11} = R_1 + j\omega L_1$,称为原边回路阻抗;$Z_{22} = R_2 + j\omega L_2 + R_L + jX_L$,称为副边回路阻抗,$Z_M = j\omega M$,由上列方程可求得

$$\dot{I}_1 = \frac{\dot{U}_1}{Z_{11} - Z_M^2 Y_{22}} = \frac{\dot{U}_1}{Z_{11} + (\omega M)^2 Y_{22}} \tag{6-7}$$

$$\dot{I}_2 = \frac{-Z_M Y_{11}\dot{U}_1}{Z_{22} - Z_M^2 Y_{11}} = \frac{-j\omega M Y_{11}\dot{U}_1}{R_2 + j\omega L_2 + R_L + jX_L + (\omega M)^2 Y_{11}} \tag{6-8}$$

式中,$Y_{11} = 1/Z_{11}$,$Y_{22} = 1/Z_{22}$。式(6-7)中的分母 $Z_{11} + (\omega M)^2 Y_{22}$ 是原边的输入阻抗,其中,$(\omega M)^2 Y_{22}$ 称为引入阻抗或反映阻抗,它是副边的回路阻抗通过互感反映到原边的等效阻抗。引入阻抗的性质与 Z_{22} 相反,即感性(容性)变为容性(感性)。式(6-7)可以用图 6-25(a)所示等效电路表示,称为原边等效电路。

应用同样的方法分析式(6-8),可以得出图 6-25(b)所示的等效电路,它是从副边看进去的含源一端口的一种等效电路。令 $\dot{I}_2 = 0$,可以得到此含源一端口在端子 2-2' 的开路电压 $j\omega M Y_{11}\dot{U}_1$,戴维宁等效阻抗为

$$Z_{eq} = R_2 + j\omega L_2 + (\omega M)^2 Y_{11}$$

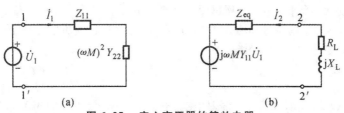

图 6-25　空心变压器的等效电器

【例 6.10】　图 6-26 所示电路中,已知 $\dot{U} = 20\angle 0° \text{ V}$,$R_1 = 10 \text{ Ω}$,$L_1 = L_2 = 10 \text{ H}$,$M = 2 \text{ H}$,$Z_L = (0.2 - j9.8) \text{ Ω}$,$\omega = 1 \text{ rad/s}$。试求负载吸收的功率。

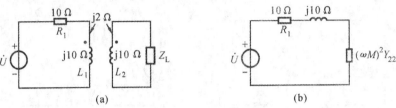

图 6-26 例 6.10 电路图

解 先判别变压器的性质，根据耦合系数 K 的计算式，即

$$K = \frac{M}{\sqrt{L_1 L_2}} = \frac{2}{\sqrt{10 \times 10}} = \frac{1}{5}$$

由于耦合系数 $K < 1$，可知该变压器属空心变压器，其原边等效电路如图 6-26(b) 所示。其中 $(\omega M)^2 Y_{22}$ 为次级反映到初级的反映阻抗，其值为

$$(\omega M)^2 Y_{22} = -\frac{2^2}{0.2 - j9.8 + j10} = \frac{4}{0.2 + j0.2} = 10 - j10$$

在图 6-26(b) 中，由欧姆定律得

$$\dot{I}_1 = \frac{\dot{U}}{Z_{11} + (\omega M)^2 Y_{22}} = \frac{20 \angle 0^\circ}{10 + j10 + (10 - j10)} \text{A} = \frac{20 \angle 0^\circ}{20} \text{A} = 1 \angle 0^\circ \text{A}$$

由于负载吸收的功率等于反映电阻乘以初级电流有效值的平方，所以

$$P_L = 10 \times 1^2 \text{ W} = 10 \text{ W}$$

6.6 理想变压器

理想变压器是理想化的耦合元件，是构成实际变压器电路模型的基本元件，满足以下条件的变压器称为理想变压器。

(1) 无损耗 —— 线圈和磁芯均无损耗；

(2) 全耦合 —— 无漏磁，耦合系数 $K = 1$；

(3) L_1，L_2 和 M 均为无限大 —— 磁芯的磁导率为无限大，但仍保持 $\sqrt{L_1/L_2} = n$，$n = N_1/N_2$ 称为匝数比，亦称为理想变压器的变比。

理想变压器的电路符号如图 6-27(a) 所示。在图示同名端和电流、电压参考方向下，理想变压器的定义式(伏安关系)为

$$u_1 = n u_2, \quad i_1 = -\frac{1}{n} i_2 \tag{6-9}$$

式(6-9)是代数关系式，表示任一时刻电流、电压的关系，与以前的情况无关，因此理想变压器是无记忆元件。在图 6-27(a) 所示电流和电压的参考方向下，任一时刻理想变压器吸收的功率为

$$p = u_1 i_1 + u_2 i_2 = n u_2 \left(-\frac{1}{n}\right) i_2 + u_2 i_2 = 0$$

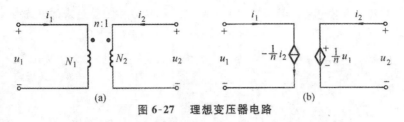

图 6-27 理想变压器电路

上式表明,理想变压器任一时刻吸收的总功率为零,它是一个既不耗能也不储能的元件,只起着传递能量的作用。在正弦电流电路中,理想变压器伏安关系的相量形式为

$$\dot{U}_1 = n\dot{U}_2, \quad \dot{I}_1 = -\frac{1}{n}\dot{I}_2 \tag{6-10}$$

理想变压器不仅能变换电压和电流,而且能够变换阻抗。若在理想变压器的副边接负载阻抗 Z_L,如图 6-28 所示,则理想变压器原边端口的等效阻抗为

$$Z_i = \frac{\dot{U}_1}{\dot{I}_1} = \frac{n\dot{U}_2}{-\dot{I}_2/n} = n^2\frac{\dot{U}_2}{-\dot{I}_2} = n^2 Z_L$$

即原边端口的输入阻抗是负载阻抗的 n^2 倍。在电信工程中常利用理想变压器的阻抗变换性质达到匹配传输的目的。

含理想变压器电路的分析计算,仍可应用节点法、回路法等,在列写方程时要考虑使用理想变压器的伏安关系。在初级与次级无耦合支路连接时,也可采用阻抗变换特性,简化为初级等效电路或次级等效电路求解。从伏安关系中可以看出,初级电压 u_1 与初级电流 i_1,次级电压 u_2 与次级电流 i_2 均无直接的约束关系,均由它们的外接电路而决定。在应用理想变压器伏安

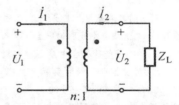

图 6-28 理想变压器的阻抗变换性质

关系时还应注意,电压变换、电流变换时均与同名端及电压、电流参考方向有关。如果初级和次级电压、电流均取关联参考方向时,若 u_1,u_2 参考方向的"+"极性端都与同名端相连,则 $u_1 = nu_2$;若"+"极性端分别与异名端相连,则 $u_1 = -nu_2$。对电流而言,若 i_1,i_2 参考方向分别从同名端同时流入(或同时流出),则 $i_1 = -(1/n)i_2$;若 i_1,i_2 的参考方向分别从异名端同时流入,则 $i_1 = (1/n)i_2$。理想变压器用受控源表示,如图 6-27(b) 所示。

【例 6.11】 图 6-29(a) 所示电路中,已知 $\dot{U}_1 = 120\angle 0° \text{ V}, R_1 = 4 \text{ }\Omega, R_2 = 1 \text{ }\Omega$,$X_C = 8 \text{ }\Omega, X_L = 2 \text{ }\Omega, n = 2$。试求 $\dot{I}_1, \dot{I}_2$。

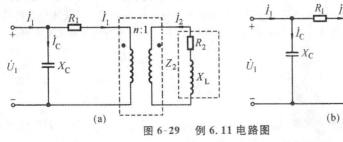

图 6-29 例 6.11 电路图

解　其相应等效电路如图 6-29(b) 所示。图 6-29(b) 中折算过来的阻抗为

$$Z' = n^2 Z_2 = 4 \times (1 + j2)\ \Omega = (4 + j8)\ \Omega$$

得

$$\dot{I}_1' = \frac{\dot{U}_1}{R_1 + Z'} = \frac{120\angle 0°}{4 + 4 + j8}\ A = (7.5 - j7.5)\ A = 10.6\angle(-45°)\ A$$

$$\dot{I}_C = \frac{\dot{U}_1}{-jX_C} = \frac{120\angle 0°}{-j8}\ A = j15\ A$$

则

$$\dot{I}_1 = \dot{I}_C + \dot{I}_1' = (7.5 - j7.5 + j15)\ A = 10.6\angle 45°\ A$$

根据理想变压器的电流关系可得

$$\dot{I}_2 = -n\dot{I}_1 = -21.2\angle(-45°)\ A = 21.2\angle 135°\ A$$

本 章 小 结

(1) 两个互感线圈的互感系数为

$$M = \Psi_{21}/i_1 = \Psi_{12}/i_2$$

(2) 互感电压与产生它的电流之间的关系为

$$u_{21} = M di_1/dt, \quad u_{12} = M di_2/dt$$

或用相量表示为

$$\dot{U}_{21} = j\omega M \dot{I}_1, \quad \dot{U}_{12} = j\omega M \dot{I}_2$$

(3) 同名端是一个重要概念。利用它可以判别互感线圈之间的绕向关系,从而可确定互感电压的参考极性;当电流从一个线圈的同名端流入,在另一个线圈中产生的互感电压的正极性必定在同名端上。

(4) 分析含有耦合电感器电路的关键是处理互感电压。常用的处理方法如下。

① 用受控电压源表示互感电压,即用受控电压源去耦化电路。

② T 形去耦。当耦合电感器有一个公共连接点时,互感可以去除。去耦等效电路中的元件参数,只与耦合电感器是同名端相接,还是异名端相接有关,与电流、电压参考方向是无关的。

电路去耦后,以前各章介绍的各种分析方法均可使用。

(5) 两个具有耦合电感的线圈串联时,其等效电感为

$$L = L_1 + L_2 \pm 2M$$

式中,顺接串联时取"+"号,反接串联时取"−"号。

两个具有互感的线圈并联时,其等效电感为

$$L = \frac{L_1 L_2 - M^2}{L_1 + L_2 \mp 2M}$$

式中,2M 前的"−"号对应于同名端在同侧相连接,"+"号对应于同名端在异侧相连接。

(6) 分析空心变压器时,可以把互感电压作为受控源看待,然后利用回路法列出方程进行求解,也可以利用反映阻抗的概念进行分析。

(7) 理想变压器是从实际铁芯变压器中抽象出的一种理想模型,它反映了实际变压器的主要特性,它有三种变换关系即电压变换、电流变换和阻抗变换。理想变压器既不耗能也不储能,它只传输电能和变换信号。

习　题　六

6-1　为保证一互感线圈的极性端如题 6-1 图所示,则 L_2 线圈应如何绕制?画出线圈的绕向。

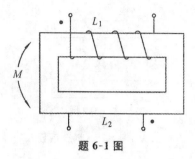

题 6-1 图

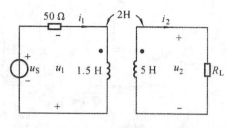

题 6-2 图

6-2 已知如题 6-2 图所示电路中,$i_1(t) = 3e^{-20t}$ A,$i_2(t) = -1.8e^{-20t}$ A.求 $u_1(t)$、$u_2(t)$ 和 $u_S(t)$。

6-3 电路如题 6-3 图所示,求 $\dot{I}_1$ 和 $\dot{I}_2$。

6-4 在题 6-4 图所示电路中,求输入电流 $\dot{I}_1$ 和输出电压 $\dot{U}_2$。

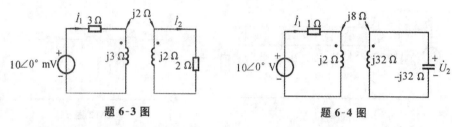

题 6-3 图   题 6-4 图

6-5 求题 6-5 图所示电路中,当 $\omega = 10^4$ rad/s 而耦合系数 K 分别为 0 和 1 时的 Z_{AB}。

6-6 电路如题 6-6 图所示,求电路消耗的功率。已知 $u_S = 10\sqrt{2}\sin(2t+30°)$ V。

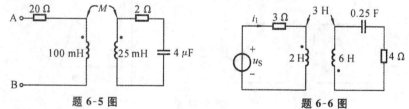

题 6-5 图   题 6-6 图

6-7 试写出如题 6-7 图所示电路的网孔方程相量形式。

6-8 如题 6-8 图所示电路中,求 $\dot{I}_2$,$\dot{I}_3$。

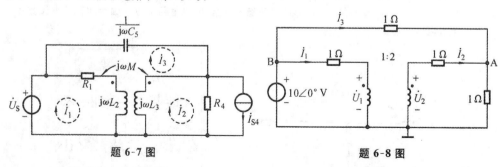

题 6-7 图   题 6-8 图

6-9 正弦稳态电路的相量模型如题 6-9 图所示.试计算 Z_L 为何值时获得最大功率,并求此最大功率.已知电源 $\dot{U}_S = 200\angle 0°$ V。

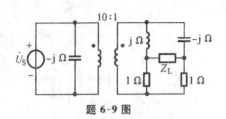

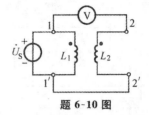

题 6-9 图   题 6-10 图

6-10   如题 6-10 图所示,线圈 1 和线圈 2 的自感抗 $X_{L1} = 100\ \Omega$,$X_{L2} = 25\ \Omega$,耦合系数 $K = 0.8$,$U_S = 100\ \text{V}$,求电压表 ⓥ 的读数。

6-11   如题 6-11 图所示电路,已知 $\dot{U}_1 = 10\angle 0°\ \text{V}$,$Z = (3 - j4)\ \Omega$。求 $\dot{U}_2$。

6-12   题 6-12 图中 $u_S = 100\sqrt{2}\cos 10^3 t\ \text{V}$,问 L_1 为多少时,副边开路电压 u_2 比 u_S 滞后 135°?并求出 u_2。

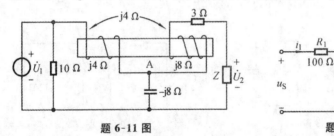

题 6-11 图   题 6-12 图

6-13   如题 6-13 图(a) 所示的耦合线圈,若 i_1 的波形为题 6-13 图(b) 所示。(1) 试绘出 u_2 的波形;(2) 电压表的读数为多少(有效值)?

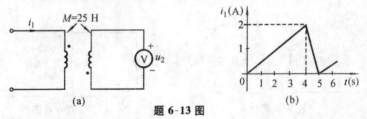

(a)   题 6-13 图   (b)

6-14   具有耦合电感的一端口网络如题 6-14 图所示,若正弦激励角频率为 ω 时,$\omega L_1 = 6\ \Omega$,$\omega L_2 = 3\ \Omega$,$\omega M = 3\ \Omega$,$R_1 = 3\ \Omega$,$R_2 = 6\ \Omega$,求此一端口的输入阻抗。

6-15   如题 6-15 图所示为含有耦合电感的正弦稳态电路,电源角频率为 ω,试写出网孔电流方程和节点电压方程。

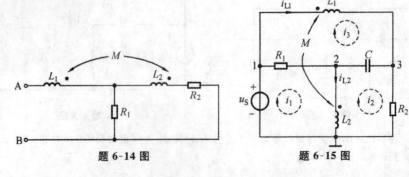

题 6-14 图   题 6-15 图

非正弦周期电流电路

本章先介绍非正弦周期信号展开为傅里叶级数形式；然后介绍在非正弦周期信号激励下的电路分析，即谐波分析法，以及周期信号频谱的概念，高、低滤波器的概念；最后介绍非正弦周期信号的有效值、平均值、功率等概念和计算。

正弦信号是最简单、最基本的信号形式。将正弦信号作用于线性电路，电路中各部分的稳态电流、稳态电压都是与信号同频率的正弦量。因此，能用"相量法"对单一频率正弦信号作用下的电路的稳态响应进行分析。如果是非正弦信号作用于电路，电路的分析就会很复杂。不过，工程实践中所处理的信号多半是有规律的，如周期性信号。从高等数学可以知道，非正弦周期性函数在满足一定的条件下，可以展开为恒定量和无穷多个正弦量的和，即傅里叶级数。利用这一知识，非正弦周期信号可以等价于直流信号和无穷多项正弦信号的叠加。因此简单而言，非正弦周期信号的电路分析，是傅里叶级数、直流电路分析、正弦电路分析和叠加定理的综合应用。本章就是按照这个思路来讲解和学习的。

7.1 非正弦周期信号

7.1.1 非正弦周期信号

在工程实践中遇到的大多是非正弦周期性信号，即使是交流电源，也或多或少与正弦波形有些差别。图 7-1 所示的是几种常见的非正弦周期性信号的波形。

非正弦信号是指信号的函数 $f(t)$ 不能简单地用一个正弦或余弦函数来表示。信号的周期性，是指每隔一个周期时间，信号的函数便重复一次，即函数 $f(t)$ 满足下式

$$f(t + kT) = f(t) \tag{7-1}$$

式中:k 是整数,T 是函数的周期。下一节中将要对这样的信号进行变换处理。

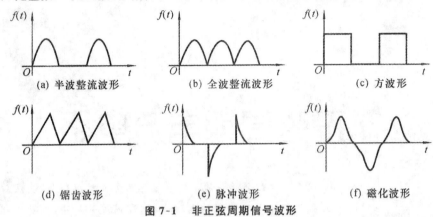

(a) 半波整流波形　　　　(b) 全波整流波形　　　　(c) 方波形

(d) 锯齿波形　　　　(e) 脉冲波形　　　　(f) 磁化波形

图 7-1　非正弦周期信号波形

7.1.2　信号的对称性

有一些周期信号,存在特殊的性质。下面介绍几种具有对称性的周期信号,如图 7-2 所示信号的函数。利用对称性有时可以简化一些计算,因此了解函数的对称性将对后续的分析计算有帮助。

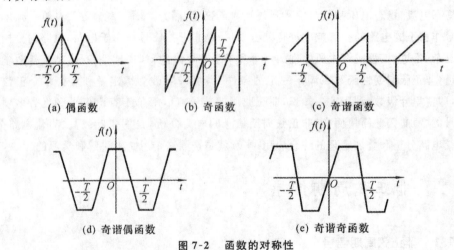

(a) 偶函数　　　　(b) 奇函数　　　　(c) 奇谐函数

(d) 奇谐偶函数　　　　(e) 奇谐奇函数

图 7-2　函数的对称性

1. 偶函数(纵轴对称)

若信号波形相对于纵轴对称,即满足如下函数关系

$$f(-t) = f(t) \tag{7-2}$$

则 $f(t)$ 是偶函数。例如,函数 $f_1(t) = t^2$、$f_2(t) = \cos t$ 及图 7-2(a)所示的波形函数都是偶函数。偶函数有如下性质:

$$\int_{-T/2}^{T/2} f(t)\,\mathrm{d}t = 2\int_{0}^{T/2} f(t)\,\mathrm{d}t \tag{7-3a}$$

$$\int_{-T/2}^{T/2} f(t)\cos k\omega t\,\mathrm{d}t = 2\int_{0}^{T/2} f(t)\cos k\omega t\,\mathrm{d}t \tag{7-3b}$$

$$\int_{-T/2}^{T/2} f(t)\sin k\omega t\,\mathrm{d}t = 0 \tag{7-3c}$$

式中：k 为整数，$\omega = 2\pi/T$。

式(7-3a)比较容易理解；对于式(7-3b)，由于 $f(t)$ 和 $\cos k\omega t$ 都是偶函数，则它们的乘积 $f(t)\cos k\omega t$ 也是偶函数，再利用式(7-3a)可以得证；对于式(7-3c)，由于 $\sin k\omega t$ 是奇函数，则乘积 $f(t)\sin k\omega t$ 是奇函数，利用式(7-5a)可以得证。

式(7-3b)和式(7-3c)也可以用图来解释。如图 7-3 所示，实线表示偶函数 $f(t)$ 的波形，虚线分别表示 $\cos\omega t$ 和 $\sin\omega t$ 的波形。观察图 7-3(a)，由于 $f(t)$ 和 $\cos\omega t$ 两个函数都相对于纵轴对称，相乘后 $f(t)\cos\omega t$ 的前半周与后半周仍以纵轴对称，相对应的值大小和符号完全相同，也就是它们在一个周期内的积分等于半个周期内积分的 2 倍。再观察图 7-3(b)，$f(t)$ 与 $\sin\omega t$ 相乘后 $f(t)\sin\omega t$ 的前半周与后半周相对应的值大小相同、符号相反，也就是它们在一个周期内的积分等于 0。

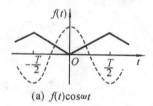

(a) $f(t)\cos\omega t$　　　　(b) $f(t)\sin\omega t$

图 7-3　偶函数性质说明

2. 奇函数(原点对称)

若信号波形相对于纵轴反对称，即满足如下函数关系

$$f(-t) = -f(t) \tag{7-4}$$

则 $f(t)$ 是奇函数。例如，函数 $f_1(t) = t^3$、$f_2(t) = \sin t$ 及图 7-2(b)所示的波形函数都是奇函数。奇函数右半平面的波形绕原点旋转 180° 后与左半平面的波形重合。奇函数有如下性质：

$$\int_{-T/2}^{T/2} f(t)\,\mathrm{d}t = 0 \tag{7-5a}$$

$$\int_{-T/2}^{T/2} f(t)\cos k\omega t\,\mathrm{d}t = 0 \tag{7-5b}$$

$$\int_{-T/2}^{T/2} f(t)\sin k\omega t\,\mathrm{d}t = 2\int_{0}^{T/2} f(t)\sin k\omega t\,\mathrm{d}t \tag{7-5c}$$

关于奇函数和偶函数，还有其他一些性质，列举如下：

(1) 两个偶函数的乘积仍是偶函数；

(2) 两个奇函数的乘积是偶函数；

(3) 一个奇函数与一个偶函数的乘积是奇函数；

(4) 两个偶函数的和、差仍是偶函数;

(5) 两个奇函数的和、差仍是奇函数;

(6) 一个奇函数与一个偶函数的和、差既不是奇函数又不是偶函数。

3. 奇谐函数(横轴对称)

若信号波形的后半周是前半周的上下反转,即满足如下函数关系

$$f\left(t+\frac{T}{2}\right)=-f(t) \tag{7-6}$$

则 $f(t)$ 是奇谐函数。例如,函数 $f_1(t)=\sin t$、$f_2(t)=\cos t$ 及图 7-2(c) 所示的波形函数都是奇谐函数。奇谐函数有如下性质:

$$\int_{-T/2}^{T/2} f(t)\mathrm{d}t = 0 \tag{7-7a}$$

$$\int_{-T/2}^{T/2} f(t)\cos k\omega t\,\mathrm{d}t = \begin{cases} 2\int_0^{T/2} f(t)\cos k\omega t\,\mathrm{d}t, & k\text{ 为奇数} \\ 0, & k\text{ 为偶数} \end{cases} \tag{7-7b}$$

$$\int_{-T/2}^{T/2} f(t)\sin k\omega t\,\mathrm{d}t = \begin{cases} 2\int_0^{T/2} f(t)\sin k\omega t\,\mathrm{d}t, & k\text{ 为奇数} \\ 0, & k\text{ 为偶数} \end{cases} \tag{7-7c}$$

读者可以仿造图 7-3 绘制 $f(t)\cos\omega t$、$f(t)\sin\omega t$、$f(t)\cos 2\omega t$ 及 $f(t)\sin 2\omega t$ 的图形来解释式(7-7b)和式(7-7c)。

以上介绍的三种波形对称性称为基本对称性,下面再介绍两种组合对称性。

观察图 7-2 所示波形,应注意到:

(1) 奇谐函数与波形起点位置的选择无关,即将波形平移一段距离,它的性质不变;

(2) 奇函数或偶函数与波形起点位置有关,如将波形平移一段距离后,它的性质会发生变化。

4. 奇谐偶函数(纵轴对称同时横轴对称)

若信号既是偶函数又是奇谐函数,即同时满足下面两个函数关系

$$f(-t)=f(t), \quad f\left(t+\frac{T}{2}\right)=-f(t) \tag{7-8}$$

则 $f(t)$ 是奇谐偶函数。例如,函数 $f(t)=\cos t$ 及图 7-2(d) 所示的波形函数都是奇谐偶函数。奇谐偶函数具备偶函数和奇谐函数的综合性质,有

$$\int_{-T/2}^{T/2} f(t)\mathrm{d}t = 0 \tag{7-9a}$$

$$\int_{-T/2}^{T/2} f(t)\cos k\omega t\,\mathrm{d}t = \begin{cases} 2\int_0^{T/2} f(t)\cos k\omega t\,\mathrm{d}t, & k\text{ 为奇数} \\ 0, & k\text{ 为偶数} \end{cases} \tag{7-9b}$$

$$\int_{-T/2}^{T/2} f(t)\sin k\omega t\,\mathrm{d}t = 0 \tag{7-9c}$$

5. 奇谐奇函数（原点对称同时横轴对称）

若信号既是奇函数又是奇谐函数，即同时满足下面两个函数关系

$$f(-t)=-f(t), \qquad f\left(t+\frac{T}{2}\right)=-f(t) \tag{7-10}$$

则 $f(t)$ 是奇谐奇函数。例如，函数 $f(t)=\sin t$ 及图 7-2(e) 所示的波形函数都是奇谐奇函数。奇谐奇函数具备奇函数和奇谐函数的综合性质，有

$$\int_{-T/2}^{T/2} f(t)\,\mathrm{d}t = 0 \tag{7-11a}$$

$$\int_{-T/2}^{T/2} f(t)\cos k\omega t\,\mathrm{d}t = 0 \tag{7-11b}$$

$$\int_{-T/2}^{T/2} f(t)\sin k\omega t\,\mathrm{d}t = \begin{cases} 2\displaystyle\int_{0}^{T/2} f(t)\sin k\omega t\,\mathrm{d}t, & k\ 为奇数 \\ 0, & k\ 为偶数 \end{cases} \tag{7-11c}$$

7.2　周期信号的傅里叶级数展开

7.2.1　傅里叶分析

1. 傅里叶级数及分析

由高等数学已知，任意一个周期为 T 的周期函数 $f(t)$，若满足如下的三个充分条件（称为"狄利克雷"条件），则它可以展开成一个收敛的傅里叶级数。

(1) 在一个周期内连续或只存在有限个间断点。

(2) 在一个周期内只有有限个极大值或极小值。

(3) 在一个周期内函数绝对可积，即积分 $\int_{-T/2}^{T/2} |f(t)|\,\mathrm{d}t$ 为有限值。

该傅里叶级数为

$$\begin{aligned} f(t) &= a_0 + (a_1\cos\omega t + b_1\sin\omega t) + (a_2\cos 2\omega t + b_2\sin 2\omega t) \\ &\quad + \cdots + (a_k\cos k\omega t + b_k\sin k\omega t) + \cdots \\ &= a_0 + \sum_{k=1}^{\infty} (a_k\cos k\omega t + b_k\sin k\omega t) \end{aligned} \tag{7-12}$$

式中，$\omega = 2\pi/T$，傅里叶系数 a_0、a_k 和 b_k 按下列公式计算。

$$a_0 = \frac{1}{T}\int_0^T f(t)\,\mathrm{d}t = \frac{1}{T}\int_{-T/2}^{T/2} f(t)\,\mathrm{d}t \tag{7-13a}$$

$$a_k = \frac{2}{T}\int_0^T f(t)\cos k\omega t\,\mathrm{d}t = \frac{2}{T}\int_{-T/2}^{T/2} f(t)\cos k\omega t\,\mathrm{d}t \tag{7-13b}$$

$$b_k = \frac{2}{T}\int_0^T f(t)\sin k\omega t\,\mathrm{d}t = \frac{2}{T}\int_{-T/2}^{T/2} f(t)\sin k\omega t\,\mathrm{d}t \tag{7-13c}$$

根据三角函数公式，式(7-12)中的同频率正弦项和余弦项（括号内的两项）可以合并，合并后的傅里叶级数的另一种形式为

$$f(t) = A_0 + A_1\sin(\omega t + \theta_1) + A_2\sin(2\omega t + \theta_2) + \cdots + A_k\sin(k\omega t + \theta_k) + \cdots$$

$$= A_0 + \sum_{k=1}^{\infty} A_k \sin(k\omega t + \theta_k) \tag{7-14}$$

式(7-14)中的系数与式(7-12)的系数关系如下：

$$\left. \begin{array}{l} A_0 = a_0, \quad A_k = \sqrt{a_k^2 + b_k^2}, \quad a_k = A_k \sin\theta_k \\ b_k = A_k \cos\theta_k, \quad \theta_k = \arctan(a_k/b_k) \end{array} \right\} \tag{7-15}$$

对式(7-14)的各项作如下的说明。

(1) 常数项 A_0 是 $f(t)$ 的直流分量(或恒定分量)，又称为零次谐波，它的大小是 $f(t)$ 在一个周期内的平均值。

(2) $A_1 \sin(\omega t + \theta_1)$ 项是 $f(t)$ 的 1 次谐波，又称为基波分量，与 $f(t)$ 有同样的频率。

(3) $A_2 \sin(2\omega t + \theta_2)$ 项是 $f(t)$ 的 2 次谐波分量，频率是 $f(t)$ 的 2 倍。

(4) 依此类推，其他项分别是 3 次、4 次、…、k 次谐波分量。

(5) 2 次及 2 次以上的分量通称为高次谐波。

(6) k 为奇数的分量称为奇次谐波，k 为偶数的分量称为偶次谐波。

式(7-14)所列傅里叶级数采用正弦三角函数形式，傅里叶级数也可以用余弦三角函数形式表示为

$$f(t) = A_0 + \sum_{k=1}^{\infty} A_k \cos(k\omega t + \varphi_k) \tag{7-16}$$

式(7-16)中的系数与式(7-12)、式(7-14)的系数关系如下：

$$\left. \begin{array}{l} A_0 = a_0, \quad A_k = \sqrt{a_k^2 + b_k^2}, \quad a_k = A_k \cos\varphi_k \\ b_k = -A_k \sin\varphi_k, \quad \varphi_k = \arctan(-b_k/a_k) = \theta_k - \dfrac{\pi}{2} \end{array} \right\} \tag{7-17}$$

将周期函数展开为一系列谐波之和的傅里叶级数称为谐波分析或傅里叶分析。

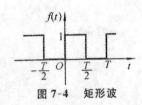

图 7-4 矩形波

【例 7.1】 试将图 7-4 所示的周期性矩形波信号展开为傅里叶级数。

解 观察图 7-4 所示波形，$f(t)$ 在一个周期内的表达式为

$$f(t) = \begin{cases} 1, & 0 \leqslant t \leqslant T/2 \\ 0, & T/2 \leqslant t \leqslant T \end{cases}$$

下面按照式(7-13)计算傅里叶系数：

$$a_0 = \frac{1}{T}\int_0^T f(t)\,\mathrm{d}t = \frac{1}{T}\int_0^{T/2}\mathrm{d}t = \frac{1}{2}$$

$$a_k = \frac{2}{T}\int_0^T f(t)\cos k\omega t\,\mathrm{d}t = \frac{2}{T}\int_0^{T/2}\cos k\omega t\,\mathrm{d}t = \frac{1}{k\pi}(\sin k\omega t)_0^{T/2} = \frac{1}{k\pi}\sin k\pi = 0$$

$$b_k = \frac{2}{T}\int_0^T f(t)\sin k\omega t\,\mathrm{d}t = \frac{2}{T}\int_0^{T/2}\sin k\omega t\,\mathrm{d}t = -\frac{1}{k\pi}(\cos k\omega t)_0^{T/2} = -\frac{1}{k\pi}(\cos k\pi - 1)$$

$$= \begin{cases} \dfrac{2}{k\pi}, & k \text{ 为奇数} \\ 0, & k \text{ 为偶数} \end{cases}$$

于是,按式(7-12)求得傅里叶级数为

$$f(t) = \frac{1}{2} + \frac{2}{\pi}\sin\omega t + \frac{2}{3\pi}\sin3\omega t + \frac{2}{5\pi}\sin5\omega t + \cdots$$

式中,$\omega = 2\pi/T$。上式说明该矩形波只含有直流分量和奇次谐波正弦分量。

2. 简化计算

7.1节介绍了函数对称性的性质,利用波形函数的对称性质,在计算傅里叶系数 a_0、a_k、b_k 时,可以简化积分的计算。

表7-1列出了几个简化规则。

表7-1 函数的对称性与傅里叶系数的关系

函数 $f(t)$	波形举例	直流分量 a_0	余弦分量 a_k	正弦分量 b_k
偶函数 $f(-t) = f(t)$		$\dfrac{2}{T}\displaystyle\int_0^{T/2} f(t)\mathrm{d}t$	$\dfrac{4}{T}\displaystyle\int_0^{T/2} f(t)\cos k\omega t\,\mathrm{d}t$ $(k=1,2,3,\cdots)$	0
奇函数 $f(-t) = -f(t)$		0	0	$\dfrac{4}{T}\displaystyle\int_0^{T/2} f(t)\sin k\omega t\,\mathrm{d}t$ $(k=1,2,3,\cdots)$
奇谐函数 $f\left(t+\dfrac{T}{2}\right)=-f(t)$		0	$\dfrac{4}{T}\displaystyle\int_0^{T/2} f(t)\cos k\omega t\,\mathrm{d}t$ $(k=1,3,5,\cdots)$	$\dfrac{4}{T}\displaystyle\int_0^{T/2} f(t)\sin k\omega t\,\mathrm{d}t$ $(k=1,3,5,\cdots)$
奇谐偶函数 $f(-t)=f(t)$ $f\left(t+\dfrac{T}{2}\right)=-f(t)$		0	$\dfrac{4}{T}\displaystyle\int_0^{T/2} f(t)\cos k\omega t\,\mathrm{d}t$ $(k=1,3,5,\cdots)$	0
奇谐奇函数 $f(-t)=-f(t)$ $f\left(t+\dfrac{T}{2}\right)=-f(t)$		0	0	$\dfrac{4}{T}\displaystyle\int_0^{T/2} f(t)\sin k\omega t\,\mathrm{d}t$ $(k=1,3,5,\cdots)$

现在,如果将图7-4所示的波形下移1/2,得到图7-5所示的波形,于是 $f(t) = f_1(t)+1/2$。可以看出,$f_1(t)$ 是奇谐奇函数,对照表7-1,$f_1(t)$ 只含有奇次正弦分量,而其他分量都为零。

$$a_0 = a_k = 0$$

$$b_k = \frac{4}{T}\int_0^{T/2} f(t)\sin k\omega t\,\mathrm{d}t = \frac{4}{T}\int_0^{T/2}\frac{1}{2}\sin k\omega t\,\mathrm{d}t = \frac{2}{k\pi}, \quad k=1,3,5,\cdots$$

所以

$$f_1(t) = \frac{2}{\pi}\sin\omega t + \frac{2}{3\pi}\sin3\omega t + \frac{2}{5\pi}\sin5\omega t + \cdots$$

与上例比较,得到的结果是一样的。

将波形适当地进行变换,使它具有对称性,可以令傅里叶分析变得简单些。

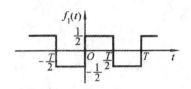

图 7-5　图 7-4 下移后的矩形波

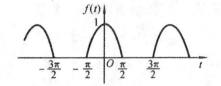

图 7-6　半波整流波形

【**例 7.2**】　试将图 7-6 所示半波整流波形展开成傅里叶级数。

解　很明显, $f(t)$ 是偶函数,周期 $T = 2\pi$,频率 $\omega = 2\pi/T = 1$ rad/s。波形在一个周期内的表达式为

$$f(t) = \begin{cases} \cos t, & -0.5\pi \leqslant t \leqslant 0.5\pi \\ 0, & t \text{ 为其他值} \end{cases}$$

根据对称性,有

$$b_k = 0$$

$$a_0 = \frac{2}{T}\int_0^{T/2} f(t)\,\mathrm{d}t = \frac{2}{2\pi}\int_0^{0.5\pi}\cos t\,\mathrm{d}t = \frac{1}{\pi}\left[\sin t\right]_0^{0.5\pi} = \frac{1}{\pi}$$

$$a_k = \frac{4}{T}\int_0^{T/2} f(t)\cos k\omega t\,\mathrm{d}t = \frac{4}{2\pi}\int_0^{0.5\pi}\cos t\cos kt\,\mathrm{d}t$$

$$= \frac{2}{\pi}\int_0^{0.5\pi}\frac{1}{2}\left[\cos(k+1)t + \cos(k-1)t\right]\mathrm{d}t$$

式中,当 $k = 1$ 时,有

$$a_1 = \frac{1}{\pi}\int_0^{0.5\pi}\left[\cos 2t + 1\right]\mathrm{d}t = \frac{1}{\pi}\left[\frac{\sin 2t}{2} + t\right]_0^{0.5\pi} = \frac{1}{2}$$

当 $k > 1$ 时,有

$$a_k = \frac{1}{\pi}\int_0^{0.5\pi}\left[\cos(k+1)t + \cos(k-1)t\right]\mathrm{d}t = \frac{\sin(k+1)\pi/2}{(k+1)\pi} + \frac{\sin(k-1)\pi/2}{(k-1)\pi}$$

k 为奇数时,有

$$a_k = 0$$

k 为偶数时,有

$$a_k = \frac{(-1)^{k/2}}{(k+1)\pi} + \frac{-(-1)^{k/2}}{(k-1)\pi} = \frac{-2(-1)^{k/2}}{(k^2-1)\pi}$$

求得傅里叶级数如表 7-2 所列。

表 7-2　常见周期信号傅里叶级数

$f(t)$ 的波形图	$f(t)$ 是分解为傅里叶级数	有效值	平均值
$f(t)$ 波形（A_m，$\frac{T}{2}$，T）	$f(t) = A_m\cos\omega t$	$\dfrac{A_m}{\sqrt{2}}$	$\dfrac{2A_m}{\pi}$
$f(t)$ 波形（A_{max}，d，$\frac{T}{2}$，T）	$f(t) = \dfrac{4A_{max}}{a\pi}\Big(\sin a\sin\omega t$ $+ \dfrac{1}{9}\sin 3a\sin 3\omega t + \dfrac{1}{25}\sin 5a\sin 5\omega t$ $+ \cdots + \dfrac{1}{k^2}\sin ka\sin k\omega t + \cdots\Big)$ （式中 $a = 2\pi d/T$, k 为奇数）	$A_{max}\sqrt{1 - \dfrac{4a}{3\pi}}$	$A_{max}\left(1 - \dfrac{a}{\pi}\right)$

续表

$f(t)$ 的波形图	$f(t)$ 是分解为傅里叶级数	有效值	平均值
	$f(t) = A_{\max}\left[\dfrac{1}{2} - \dfrac{1}{\pi}(\sin\omega t\right.$ $\left. + \dfrac{1}{2}\sin2\omega t + \dfrac{1}{3}\sin3\omega t + \cdots)\right]$	$\dfrac{A_{\max}}{\sqrt{3}}$	$\dfrac{A_{\max}}{2}$
	$f(t) = A_{\max}\left[a + \dfrac{2}{\pi}(\sin a\pi\cos\omega t\right.$ $+ \dfrac{1}{2}\sin2a\pi\cos2\omega t$ $\left. + \dfrac{1}{3}\sin3a\pi\cos3\omega t + \cdots)\right]$	$\sqrt{a}\,A_{\max}$	$aA_{\max}$
	$f(t) = \dfrac{8A_{\max}}{\pi^2}\left[\sin\omega t - \dfrac{1}{9}\sin3\omega t + \dfrac{1}{25}\sin5\omega t\right.$ $\left. - \cdots + \dfrac{(-1)^{\frac{k-1}{2}}}{k^2}\sin k\omega t + \cdots\right]$ $(k \text{ 为奇数})$	$\dfrac{A_{\max}}{\sqrt{3}}$	$\dfrac{A_{\max}}{2}$
	$f(t) = \dfrac{4A_{\max}}{\pi}\left(\sin\omega t + \dfrac{1}{3}\sin3\omega t\right.$ $\left. + \dfrac{1}{5}\sin5\omega t + \cdots + \dfrac{1}{k}\sin k\omega t + \cdots\right)$ $(k \text{ 为奇数})$	$A_{\max}$	$A_{\max}$
	$f(t) = \dfrac{4A_{\mathrm{m}}}{\pi}\left(\dfrac{1}{2} + \dfrac{1}{1\times3}\cos2\omega t\right.$ $\left. - \dfrac{1}{3\times5}\cos4\omega t + \dfrac{1}{5\times7}\cos6\omega t - \cdots\right)$	$\dfrac{A_{\mathrm{m}}}{\sqrt{2}}$	$\dfrac{2A_{\mathrm{m}}}{\pi}$

资料来源:邱关源. 电路. 第4版. 北京:高等教育出版社,1999.

$$f(t) = \frac{1}{\pi} + \frac{1}{2}\cos t - \frac{2}{\pi}\sum_{k=偶}^{\infty}\frac{(-1)^{k/2}}{k^2-1}\cos kt$$

$$= \frac{1}{\pi} + \frac{1}{2}\cos t + \frac{2}{3\pi}\cos2t - \frac{2}{15\pi}\cos4t + \frac{2}{35\pi}\cos6t - \frac{2}{63\pi}\cos8t + \cdots$$

偶对称的半波整流波形含有直流分量、基波及偶次谐波余弦分量。

为了应用方便,表 7-2 列出了常见周期信号的傅里叶级数,以便查找。

7.2.2　周期信号的合成

周期信号的傅里叶级数呈衰减性(收敛性),谐波次数越高,它的幅值就越小。谐波幅值衰减的快慢取决于信号波形的形态,信号波形越接近于正弦波,谐波幅值衰减越快。读者可以对比例 7.1 和例 7.2 的傅里叶级数进行分析。正弦波或余弦波没有谐波,它们收敛于原函数。

由于具有衰减性,在工程计算上,只取级数的前几项便可以近似地表达原周期函数,截取的项数依据谐波衰减的快慢来确定。一般来说,只要级数收敛较快,可以略去 5 次以上的谐波分量。

下面分别计算取不同谐波项数时例 7.1 和例 7.2 的求和结果,如表 7-3 所示。对于例 7.1,设 $T=2\pi$,$\omega=1$ rad/s,计算 $t=T/4=\pi/2$ 时的求和结果;对于例 7.2,计算 $t=0$ 时的求和结果。

表 7-3　取不同谐波次数傅里叶级数求和结果与误差

级　　数	$f(t)$	求和结果、误差值				
		取 5 次	取 7 次	取 9 次	取 11 次	取 13 次
$f(t)=\dfrac{1}{2}+\dfrac{2}{\pi}\sin t+\dfrac{2}{3\pi}\sin 3t$ $+\dfrac{2}{5\pi}\sin 5t+\cdots$	$f\left(\dfrac{\pi}{2}\right)=1$	1.0517 5.17%	0.9608 3.92%	1.0315 3.15%	0.9737 2.63%	1.0226 2.26%
$f(t)=\dfrac{1}{\pi}+\dfrac{1}{2}\cos t+\dfrac{2}{3\pi}\cos 2t-$ $\dfrac{2}{15\pi}\cos 4t+\dfrac{2}{35\pi}\cos 6t-\dfrac{2}{63\pi}\cos 8t+\cdots$	$f(0)=1$	0.9881 1.19%	1.0063 0.63%	0.9962 0.38%	1.0026 0.26%	0.9981 0.19%

矩形波展开为傅里叶级数后,收敛较慢,取到 13 次谐波时求和仍有 2.26% 的误差。而半波整流波形由于接近正弦波形,收敛很快,取到 5 次谐波时求和精确度已达 98% 以上。

如图 7-7(a) 所示的是一个矩形波周期信号,图 7-7(b)、(c)、(d) 所示的是将矩形波展开为傅里叶级数后分别取 5 次、7 次、9 次谐波合成的结果示意图。取的谐波项数越多,合成的波形越接近原矩形波。如果取无穷项谐波合成,可以准确得到原来的波形。

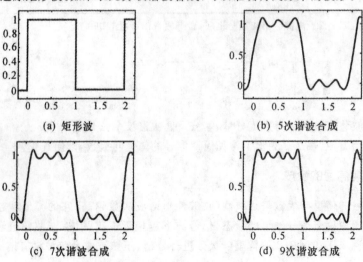

(a) 矩形波　　(b) 5次谐波合成

(c) 7次谐波合成　　(d) 9次谐波合成

图 7-7　谐波合成示意图

7.3 有效值、平均值和平均功率

7.3.1 有效值

在正弦电流电路分析的章节中,定义了正弦周期信号的有效值为该信号的均方根值,即平方的平均值的平方根。对于非正弦周期信号,它的有效值仍采用这个定义。以电流为例,任意一周期电流 i 的有效值 I 定义为

$$I = \sqrt{\frac{1}{T}\int_0^T i^2 \, \mathrm{d}t}\tag{7-18}$$

可以用式(7-18)直接计算周期函数的有效值。下面用谐波分析的方法,推导电流 i 的有效值与 i 的各次谐波有效值的关系。

将周期电流 i 展开成博里叶级数形式。

$$i = I_0 + \sum_{k=1}^{\infty} I_{km}\sin(k\omega t + \theta_k)$$

式中:I_0 是直流分量,I_{km} 是 k 次谐波的幅值。将上式代入式(7-18)中计算有效值。

电流的平方项为

$$i^2 = \left[I_0 + \sum_{k=1}^{\infty} I_{km}\sin(k\omega t + \theta_k) \right]^2$$

$$= I_0^2 + \sum_{k=1}^{\infty} I_{km}{}^2\sin^2(k\omega t + \theta_k) + \sum_{k=1}^{\infty} 2I_0 I_{km}\sin(k\omega t + \theta_k)$$

$$+ \sum_{k=1,n=1,k\neq n}^{\infty} 2I_{km} I_{nm}\sin(k\omega t + \theta_k)\sin(n\omega t + \theta_n)$$

上式各项的平均值为

第一项:
$$\frac{1}{T}\int_0^T I_0^2 \, \mathrm{d}t = I_0^2$$

第二项:$\dfrac{1}{T}\displaystyle\int_0^T I_{km}^2\sin^2(k\omega t + \theta_k)\,\mathrm{d}t = \dfrac{I_{km}^2}{T}\displaystyle\int_0^T \dfrac{1}{2}[1 - \cos2(k\omega t + \theta_k)]\,\mathrm{d}t = \dfrac{I_{km}{}^2}{2} = I_k^2$

第三项:
$$\frac{1}{T}\int_0^T 2I_0 I_{km}\sin(k\omega t + \theta_k)\,\mathrm{d}t = 0$$

第四项:
$$\frac{1}{T}\int_0^T I_{km} I_{nm}\sin(k\omega t + \theta_k)\sin(n\omega t + \theta_n)\,\mathrm{d}t = 0,\text{其中 } k \neq n$$

式中,I_{km} 为 k 次谐波的有效值。

于是周期电流 i 的有效值为

$$I = \sqrt{I_0^2 + I_1^2 + I_2^2 + I_3^2 + \cdots} = \sqrt{I_0^2 + \sum_{k=1}^{\infty} I_k^2}\tag{7-19a}$$

周期电流的有效值等于直流分量的平方与各次谐波有效值的平方之和的平方根。

同理,任意周期电压的有效值为

$$U = \sqrt{U_0^2 + U_1^2 + U_2^2 + U_3^2 + \cdots} = \sqrt{U_0^2 + \sum_{k=1}^{\infty} U_k^2} \tag{7-19b}$$

7.3.2 平均值

仍以电流为例,任意周期电流 i 的平均值 I_{av} 定义为

$$I_{av} = \frac{1}{T} \int_0^T |i| \, dt \tag{7-20}$$

即周期电流的平均值等于该电流绝对值的平均值,有时称为绝对平均值。

注意,取绝对值后计算平均值与直接计算平均值,一般情况下两者的结果是不一样的。例如,正弦电流的直接平均值为零。

$$\frac{1}{T} \int_0^T I_m \sin\omega t \, dt = 0$$

而它的绝对平均值

$$I_{av} = \frac{1}{T} \int_0^T |I_m \sin\omega t| \, dt = \frac{4}{T} \int_0^{T/4} I_m \sin\omega t \, dt$$

$$= \frac{4 I_m}{\omega T} [-\cos\omega t]_0^{T/4} = \frac{2 I_m}{\pi} = 0.6366 I_m = 0.9I$$

正弦电流取绝对值相当于电流全波整流,全波整流的平均值为正弦电流有效值的 0.9 倍。

7.3.3 平均功率

任意周期电流 i 的平均功率定义为该电流加在 1 Ω 电阻上所消耗功率的平均值,即

$$P_{1\Omega} = \frac{1}{T} \int_0^T i^2 \, dt \tag{7-21}$$

将周期电流 i 展开成傅里叶级数,再类似上面有效值的推导,得到

$$P_{1\Omega} = I^2 = I_0^2 + I_1^2 + I_2^2 + I_3^2 + \cdots = I_0^2 + \sum_{k=1}^{\infty} I_k^2$$

$$= P_0 + P_1 + P_2 + P_3 + \cdots = P_0 + \sum_{k=1}^{\infty} P_k \tag{7-22}$$

式(7-22)中,$P_{1\Omega} = I^2$ 表示周期电流 i(有效值为 I)在 1 Ω 电阻上的平均功率;$P_0 = I_0^2$ 表示周期电流 i 的直流分量 I_0 在 1 Ω 电阻上的平均功率;$P_k = I_k^2$ 表示周期电流 i 的 k 次谐波分量(有效值为 I_k)在 1 Ω 电阻上的平均功率。

周期信号的平均功率等于直流分量的平均功率与各次谐波平均功率之和。

【例 7.3】 已知某周期电流信号为

$$i = [10 + 40\cos10t - 30\cos(20t - 30°) + 20\cos(30t + 60°) + 10\sin(40t - 135°)]A$$

试计算该电流信号的有效值 I 和平均功率 $P_{1\Omega}$。

解 上面的电流表达式不是如式(7-12)、式(7-14) 或式(7-16) 的标准形式,在谐波分析时通常先将它们转化为标准形式,以使它们有一致的初相位标准。但是如果只是计算

有效值和平均功率,并不涉及初相位值,就不需要改写成标准形式。

从表达式知道直流分量、各次谐波的有效值为

$$I_0 = 10 \text{ A}, \quad I_1 = \frac{40}{\sqrt{2}} \text{ A}, \quad I_2 = \frac{30}{\sqrt{2}} \text{ A}, \quad I_3 = \frac{20}{\sqrt{2}} \text{ A}, \quad I_4 = \frac{10}{\sqrt{2}} \text{ A}$$

周期电流 i 的有效值为

$$I = \sqrt{I_0^2 + I_1^2 + I_2^2 + I_3^2 + I_4^2}$$

$$= \left(\sqrt{10^2 + \left(\frac{40}{\sqrt{2}}\right)^2 + \left(\frac{30}{\sqrt{2}}\right)^2 + \left(\frac{20}{\sqrt{2}}\right)^2 + \left(\frac{10}{\sqrt{2}}\right)^2} \right) \text{A} = 40 \text{ A}$$

平均功率为

$$P_{1\Omega} = I^2 = 40^2 \text{ W} = 1600 \text{ W}$$

或

$$P_{1\Omega} = I_0^2 + I_1^2 + I_2^2 + I_3^2 + I_4^2 = 1600 \text{ W}$$

7.4　非正弦周期电流电路中的功率

在一个非正弦周期电流电路中,任意一个端口(或一条支路)的平均功率(即有功功率) P,定义为在一个周期内它的瞬时功率 p 的(直接)平均值,有

$$P = \frac{1}{T} \int_0^T p \, \mathrm{d}t \tag{7-23}$$

瞬时功率 p 仍然是电压 u 与电流 i 的乘积。

设 u、i 取关联参考方向,将 u、i 展开成傅里叶级数,瞬时功率

$$p = ui = \left[U_0 + \sum_{k=1}^{\infty} U_{km} \sin(k\omega t + \theta_{uk}) \right] \times \left[I_0 + \sum_{k=1}^{\infty} I_{km} \sin(k\omega t + \theta_{ik}) \right]$$

$$= U_0 I_0 + \sum_{k=1}^{\infty} U_{km} I_{km} \sin(k\omega t + \theta_{uk}) \sin(k\omega t + \theta_{ik}) + U_0 \sum_{k=1}^{\infty} I_{km} \sin(k\omega t + \theta_{ik})$$

$$+ I_0 \sum_{k=1}^{\infty} U_{km} \sin(k\omega t + \theta_{uk}) + \sum_{k=1, n=1, k \neq n}^{\infty} U_{km} I_{nm} \sin(k\omega t + \theta_{uk}) \sin(n\omega t + \theta_{in})$$

对上式取平均值,第一项直流功率

$$\frac{1}{T} \int_0^T U_0 I_0 \, \mathrm{d}t = U_0 I_0$$

第二项 k 次谐波交流功率

$$\frac{1}{T} \int_0^T U_{km} I_{km} \sin(k\omega t + \theta_{uk}) \sin(k\omega t + \theta_{ik}) \, \mathrm{d}t$$

$$= \frac{1}{T} \int_0^T \frac{U_{km} I_{km}}{2} [\cos(\theta_{uk} - \theta_{ik}) - \cos(2k\omega t + \theta_{uk} + \theta_{ik})] \, \mathrm{d}t$$

$$= U_k I_k \cos(\theta_{uk} - \theta_{ik}) = U_k I_k \cos\theta_{uik}$$

其他三项的平均值都为零。因为第三、四项是正弦函数,一周期的平均值为零。第五项是不同频率正弦函数的乘积,由于正交性,它的平均值也为零。

于是,总平均功率为

$$P = U_0 I_0 + U_1 I_1 \cos\theta_{ui1} + U_2 I_2 \cos\theta_{ui2} + U_3 I_3 \cos\theta_{ui3} + \cdots$$

$$= U_0 I_0 + \sum_{k=1}^{\infty} U_k I_k \cos\theta_{uik} \tag{7-24}$$

式中：U_k、I_k 分别是电压、电流 k 次谐波的有效值；$\theta_{uik} = \theta_{uk} - \theta_{ik}$ 是电压、电流 k 次谐波的相位差；$\cos\theta_{uik}$ 称为 k 次谐波的功率因数。

如果 u，i 用式(7-16)的余弦三角函数的傅里叶级数展开，注意到式(7-17)，有 $\theta_{uik} = \varphi_{uik} = \varphi_{uk} - \varphi_{ik}$，$\cos\theta_{uik} = \cos\varphi_{uik}$。

非正弦周期电流电路的平均功率等于直流分量的功率和各次谐波平均功率的代数和，有

$$P = P_0 + P_1 + P_2 + P_3 + \cdots = P_0 + \sum_{k=1}^{\infty} P_k \tag{7-25}$$

【例7.4】 设电路中某一支路的电流为 $i = [10 - 8\cos(10t + 150°) + 4\sin(50t + 50°)]$ A，电压为 $u = [100 + 80\cos(10t + 30°) + 60\cos(30t + 60°) + 40\cos(50t - 160°)]$ V，计算电流、电压的有效值，以及支路的平均功率。

解 先将电流和电压改写成如式(7-14)的标准形式

$$i = [10 + 8\sin(10t + 60°) + 4\sin(50t + 50°)] \text{ A}$$

$$u = [100 + 80\sin(10t + 120°) + 60\sin(30t + 150°) + 40\sin(50t - 70°)] \text{ V}$$

计算电流有效值

$$I = \left[\sqrt{10^2 + \left(\frac{8}{\sqrt{2}}\right)^2 + \left(\frac{4}{\sqrt{2}}\right)^2} \right] \text{ A} = \sqrt{140} \text{ A} = 11.83 \text{ A}$$

计算电压有效值

$$U = \left[\sqrt{100^2 + \left(\frac{80}{\sqrt{2}}\right)^2 + \left(\frac{60}{\sqrt{2}}\right)^2 + \left(\frac{40}{\sqrt{2}}\right)^2} \right] \text{ V} = \sqrt{15800} \text{ V} = 125.7 \text{ V}$$

计算平均功率

$$P = \left[100 \times 10 + \frac{80}{\sqrt{2}} \frac{8}{\sqrt{2}} \cos(120° - 60°) + 0 + \frac{40}{\sqrt{2}} \frac{4}{\sqrt{2}} \cos(-70° - 50°) \right] \text{ W}$$

$$= (1000 + 160 - 40) \text{ W} = 1120 \text{ W}$$

与正弦交流电路一样，非正弦周期电流电路的视在功率定义为电压与电流有效值的乘积，有

$$S = UI = \sqrt{U_0^2 + U_1^2 + U_2^2 + U_3^2 + \cdots} \times \sqrt{I_0^2 + I_1^2 + I_2^2 + I_3^2 + \cdots} \tag{7-26}$$

所以，例中电路支路的视在功率为

$$S = UI = (\sqrt{140} \times \sqrt{15800}) \text{ W} = 1487.3 \text{ W}$$

对于非正弦周期电流电路无功功率，这里不作讨论。

7.5 非正弦周期电流电路的计算

在学习电路定理时，对于含有多个电源的线性电路，可用叠加定理计算电路中任一支

路的电流和电压(但不能计算功率)。方法是将每个电源分别单独作用于电路,同时认为其他电源为零,然后对所有电源单独作用的结果求代数和,该代数和即是所求结果。

本章中,将非正弦周期电流分解为直流分量和无穷多个不同频率的正弦交流分量的和,也可以只取直流分量和有限项的交流分量,近似地表示该非正弦周期电流。

于是,将非正弦周期电流的各个分量,看成同时施加到电路的多个电源,其中包括一个直流电源,若干不同频率的正弦交流电源。这样,也可用叠加定理来分析电路中的电压和电流。对直流电源,用直流电路分析方法;对交流电源,用相量法分析正弦稳态响应。

值得注意的是:根据7.4节的介绍,非正弦周期电流电路中的平均功率也可用叠加定理来计算。

按照上面的叙述,非正弦周期电流电路分析的具体步骤如下。

(1) 将非正弦周期信号(或电源)展开为傅里叶级数,根据精度需要,截取合适的谐波项数,例如保留到5次谐波,并将傅里叶级数转换为标准形式。

(2) 如果存在直流分量,做直流分析。将电路改画为直流电路,对原电路中的电容开路,电感短路。然后计算所求支路的直流电压、电流和功率。

(3) 对各次谐波用相量法做正弦稳态分析。采用原电路,将余弦谐波分量表示成相量形式,根据谐波频率,计算各电容、电感的电抗。然后计算所求支路的电压、电流相量和功率,再把电压、电流相量还原为瞬时值表达式。

(4) 应用叠加定理,将步骤(2)和(3)的计算结果相加,即得到所求支路电压、电流和功率的最后结果。注意:电压、电流的叠加应是瞬时值表达式的叠加。

【例7.5】   如图7-8(a)所示电路中,$R_1 = 5\ \Omega$, $R_2 = 2\ \Omega$, $L = 1$ mH。设输入电压源信号的傅里叶级数(截留后)为 $u_S = \left[10 + 100\sqrt{2}\sin\omega t + 50\sqrt{2}\sin(3\omega t + 30°)\right]$ V,其中 $\omega = 1000$ rad/s。求:电路中电感所在支路电流 i 的稳态响应,计算电流有效值及该支路的平均功率 P。

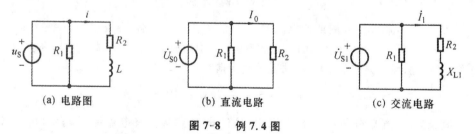

(a) 电路图   (b) 直流电路   (c) 交流电路

图 7-8   例 7.4 图

解   非正弦周期电压已分解为傅里叶级数,直接进行后续步骤的计算。

直流分析:将电路改画为图7-8(b)所示的形式,其中原电路的电感被短路,电路中直流电源为 $U_{S0} = 10$ V。支路直流电流和功率分别为

$$I_0 = \frac{U_{S0}}{R_2} = 5\ \text{A}, \quad P_0 = U_{S0}I_0 = 50\ \text{W}$$

1 次谐波分析:将电路改画为图 7-8(c) 所示的形式,电源相量为 $\dot{U}_{S1} = 100\angle 0°$ V,电感的感抗为 $X_{L1} = \omega L = (1000 \times 1 \times 10^{-3})$ Ω $= 1$ Ω。支路电流相量、平均功率分别计算如下

$$\dot{I}_1 = \frac{\dot{U}_{S1}}{R_2 + jX_{L1}} = \frac{100\angle 0°}{2+j} \text{ A} = 44.72\angle(-26.57°) \text{ A}$$

$$P_1 = U_{S1} I_1 \cos\theta_{ui1} = (100 \times 44.72 \times \cos 26.57°) \text{ W} = 4\,000 \text{ W}$$

3 次谐波分析:电路图如图 7-8(c) 所示,此时电源相量为 $\dot{U}_{S3} = 50\angle 30°$ V,电感的感抗为 $X_{L3} = 3\omega L = (3 \times 1000 \times 1 \times 10^{-3})$ Ω $= 3$ Ω。支路电流相量、平均功率计算如下

$$\dot{I}_3 = \frac{\dot{U}_{S3}}{R_2 + jX_{L3}} = \frac{50\angle 30°}{2+j3} \text{ A} = 13.87\angle(-26.31°) \text{ A}$$

$$P_3 = U_{S3} I_3 \cos\theta_{ui3} = 50 \times 13.87 \times \cos[30° - (-26.31°)] \text{ W} = 384.68 \text{ W}$$

叠加:将电流相量改写成瞬时值形式后叠加。支路电流、电流有效值和平均功率分别计算如下

$$i = I_0 + i_1 + i_3 = \left[5 + 44.72\sqrt{2}\sin(\omega t - 26.57°) + 13.87\sqrt{2}\sin(3\omega t - 26.31°)\right] \text{A}$$

$$I = \sqrt{I_0^2 + I_1^2 + I_3^2} = \sqrt{5^2 + 44.72^2 + 13.87^2} \text{A} = 47.09 \text{ A}$$

$$P = P_0 + P_1 + P_3 = (50 + 4000 + 384.68) \text{ W} = 4434.68 \text{ W}$$

【例 7.6】 电路如图 7-9(a) 所示,$R = 1$ Ω,$C = 1$ F,电流源信号波形如图 7-9(b) 所示。试计算电容电压 u_C 的稳态响应和电流源发出的平均功率 P_S。

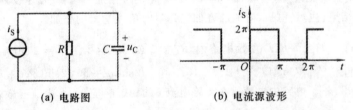

(a) 电路图　　　　　　　　(b) 电流源波形

图 7-9　例 7.5 图

解　首先将非正弦周期性电流源 i_S 分解为傅里叶级数。从图 7-9(b) 知周期 $T = 2\pi$ s,$\omega = 2\pi/T = 1$ rad/s。参见例 7.1(注意例 7.1 中的波形高度为 1,此处波形高度为 2π),可知(为简化计算,只取前 4 项,略去其他高次谐波):

$$i_S = \left(\pi + 4\sin t + \frac{4}{3}\sin 3t + \frac{4}{5}\sin 5t\right) \text{ A}$$

直流分析:直流分析时电容相当于开路,电容支路没有电流流过。直流电流源为 $I_{S0} = \pi = 3.14$ A,电容电压和电流源功率分别为

$$U_{C0} = I_{S0}R = 3.14 \text{ V}, \quad P_{S0} = U_{S0}I_{S0} = 9.86 \text{ W}$$

谐波分析:先写出电容电压的幅值相量表达式

$$\dot{U}_{Ckm} = \frac{-j\dfrac{R}{k\omega C}}{R - j\dfrac{1}{k\omega C}}\dot{I}_{Skm} = \frac{-j}{k-j}\dot{I}_{Skm} = \frac{\dot{I}_{Skm}}{1+kj}$$

式中：k 是谐波次数；$\dot{I}_{Skm}$ 是电流源 k 次谐波电流幅值相量。根据傅里叶级数，电流源 1、3、5 次谐波幅值相量分别为

$$\dot{I}_{S1m} = 4\angle 0° \text{ A}, \quad \dot{I}_{S3m} = \frac{4}{3}\angle 0° \text{ A}, \quad \dot{I}_{S5m} = \frac{4}{5}\angle 0° \text{ A}$$

所以，电容电压的 1、3、5 次谐波幅值相量分别为

$$\dot{U}_{C1m} = \frac{\dot{I}_{S1m}}{1+j} = \frac{4\angle 0°}{1+j} \text{ V} = 2\sqrt{2}\angle(-45°) \text{ V}$$

$$\dot{U}_{C3m} = \frac{\dot{I}_{S3m}}{1+j3} = \frac{(4/3)\angle 0°}{1+j3} \text{ V} = 0.42\angle(-71.6°) \text{ V}$$

$$\dot{U}_{C5m} = \frac{\dot{I}_{S5m}}{1+j5} = \frac{(4/5)\angle 0°}{1+j5} \text{ V} = 0.16\angle(-78.7°) \text{ V}$$

将瞬时值叠加，电容电压瞬时值表达式为

$$u_C = u_{C0} + u_{C1} + u_{C3} + u_{C5}$$
$$= [3.14 + 2\sqrt{2}\sin(t-45°) + 0.42\sin(3t-71.6°) + 0.16\sin(5t-78.7°)] \text{ V}$$

电流源发出的功率为

$$P_S = P_{S0} + P_{S1} + P_{S3} + P_{S5}$$
$$= P_{S0} + U_{C1}I_{S1}\cos\theta_{ui1} + U_{C3}I_{S3}\cos\theta_{ui3} + U_{C5}I_{S5}\cos\theta_{ui5}$$
$$= \left[9.86 + 2\times\frac{4}{\sqrt{2}}\cos(-45°) + \frac{0.42}{\sqrt{2}}\times\frac{4/3}{\sqrt{2}}\cos(-71.6°)\right.$$
$$\left. + \frac{0.16}{\sqrt{2}}\times\frac{4/5}{\sqrt{2}}\cos(-78.7°)\right] \text{ W} \approx 14 \text{ W}$$

电流源发出的功率也是电阻 R 上消耗的平均功率，可以通过计算电阻的电压有效值来求得，即

$$U_R = U_C = \sqrt{U_{C0}^2 + U_{C1}^2 + U_{C3}^2 + U_{C5}^2} = \sqrt{U_{C0}^2 + \left(\frac{U_{C1m}}{\sqrt{2}}\right)^2 + \frac{1}{2}U_{C3m}^2 + \frac{1}{2}U_{C5m}^2}$$
$$= \sqrt{3.14^2 + 2^2 + 0.5\times0.42^2 + 0.5\times0.16^2} \text{ V} \approx \sqrt{14} \text{ V}$$
$$P_S = \frac{U_R^2}{R} \approx 14 \text{ W}$$

7.6　周期性信号的频谱

7.6.1　三角形式傅里叶级数与频谱

从 7.2 节知道，周期性信号有三种三角形式的傅里叶展开式。再分析式(7-13)、式(7-15) 和式(7-17) 可以看出：直流分量、正弦、余弦各分量的幅度值 a_k、b_k、A_k 及各初相位 θ_k、φ_k，它们都是离散频率 $k\omega$ 的函数。这样，对周期性信号，除了用数学表达式来描述傅里叶分解的结果外，还可以用图形的形式更清楚、直观地加以描述。

将幅度 A_k 对 $k\omega$ 的关系,初相位 φ_k 对 $k\omega$ 的关系分别绘制成图形(这里采用的是式(7-16)表示的余弦三角函数傅里叶级数形式,而不是用式(7-14)表示的正弦三角函数傅里叶级数形式),如图 7-10 所示。这两个图形都是由离散的线段(称为谱线)组成,谱线分布在基频 ω 的整数倍频率点上。

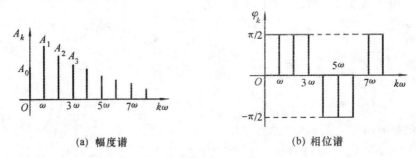

(a) 幅度谱　　　　　　　　　　(b) 相位谱

图 7-10　周期信号频谱

A_k 对 $k\omega$ 的关系图形称为周期信号的幅度频谱,简称幅度谱。

φ_k 对 $k\omega$ 的关系图形称为周期信号的相位频谱,简称相位谱。

由于更关心各分量的大小,而不太注重它们的初相位,可以说一个信号的频谱一般是指它的幅度谱。

【例 7.7】　已知矩形波展开的傅里叶级数为(见例 7.1)

$$f(t) = \frac{1}{2} + \frac{2}{\pi}\sin\omega t + \frac{2}{3\pi}\sin3\omega t + \frac{2}{5\pi}\sin5\omega t + \cdots$$

试画出它的频谱图。

解　将傅里叶级数展开式表示为余弦三角函数形式

$$f(t) = \frac{1}{2} + \frac{2}{\pi}\cos(\omega t - 90°) + \frac{2}{3\pi}\cos(3\omega t - 90°) + \frac{2}{5\pi}\cos(5\omega t - 90°) + \cdots$$

观察级数,1/2 是直流分量的幅度,余弦函数的系数是基波和各奇次谐波的幅度,所有分量的初相位值均为 $-90°$。画出的频谱图如图 7-11 所示。

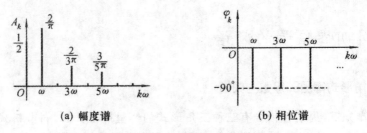

(a) 幅度谱　　　　　　　　　　(b) 相位谱

图 7-11　矩形波的频谱

【例 7.8】　已知例 7.2 的半波整流波形为偶函数,试画出它的频谱图。

解 从例 7.2 已经知道半波整流波形的傅里叶展开式为

$$f(t) = \frac{1}{\pi} + \frac{1}{2}\cos t + \frac{2}{3\pi}\cos 2t - \frac{2}{15\pi}\cos 4t + \frac{2}{35\pi}\cos 6t - \frac{2}{63\pi}\cos 8t + \cdots$$

$$= \frac{1}{\pi} + \frac{1}{2}\cos t + \frac{2}{3\pi}\cos 2t + \frac{2}{15\pi}\cos(4t + 180°) + \frac{2}{35\pi}\cos 6t$$

$$+ \frac{2}{63\pi}\cos(8t + 180°) + \cdots$$

画出幅度谱、相位谱分别如图 7-12(a)、(b) 所示。

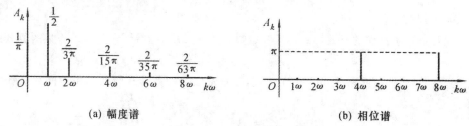

(a) 幅度谱 　　　　　　　　　　　(b) 相位谱

图 7-12 半波整流波形的频谱

7.6.2 指数形式傅里叶级数与频谱

欧拉公式是三角函数与指数函数之间的关系,有

$$e^{j\alpha} = \cos\alpha + j\sin\alpha$$

根据欧拉公式,三角形式傅里叶级数式(7-12)中的正弦、余弦式都可以转化为指数形式

$$\cos k\omega t = \frac{1}{2}(e^{jk\omega t} + e^{-jk\omega t}), \quad \sin k\omega t = -\frac{j}{2}(e^{jk\omega t} - e^{jk\omega t})$$

这样,式(7-12)可表示为

$$f(t) = a_0 + \sum_{k=1}^{\infty} \left(a_k \frac{e^{jk\omega t} + e^{-jk\omega t}}{2} - jb_k \frac{e^{jk\omega t} - e^{-jk\omega t}}{2} \right)$$

$$= a_0 + \sum_{k=1}^{\infty} \frac{1}{2}(a_k - jb_k)e^{jk\omega t} + \sum_{k=1}^{\infty} \frac{1}{2}(a_k + jb_k)e^{-jk\omega t} \qquad (7\text{-}27)$$

如果令 $\qquad \dot{F}_k = \frac{1}{2}(a_k - jb_k) \quad (k = 1, 2, 3, \cdots)$

又由 $\qquad a_k = \frac{2}{T}\int_{-T/2}^{T/2} f(t)\cos k\omega t \, dt, \quad b_k = \frac{2}{T}\int_{-T/2}^{T/2} f(t)\sin k\omega t \, dt$

可知 $\qquad \dot{F}_{-k} = \frac{1}{2}(a_k + jb_k)$

再将 $\dot{F}_k$ 和 $\dot{F}_{-k}$ 代入式(7-27),得

$$f(t) = a_0 + \sum_{k=1}^{\infty} \dot{F}_k e^{jk\omega t} + \sum_{k=1}^{\infty} \dot{F}_{-k} e^{-jk\omega t}$$

再令 $\qquad \dot{F}_0 = a_0$

考虑到
$$\sum_{k=1}^{\infty}\dot{F}_{-k}\mathrm{e}^{-\mathrm{j}k\omega t}=\sum_{k=-1}^{-\infty}\dot{F}_k\mathrm{e}^{\mathrm{j}k\omega t}$$

于是
$$f(t)=\sum_{k=-\infty}^{\infty}\dot{F}_k\mathrm{e}^{\mathrm{j}k\omega t} \tag{7-28}$$

其中
$$\dot{F}_k=\frac{1}{2}(a_k-\mathrm{j}b_k)=\frac{1}{T}\int_{-T/2}^{T/2}f(t)(\cos k\omega t-\mathrm{j}\sin k\omega t)\mathrm{d}t$$

即
$$\dot{F}_k=\frac{1}{T}\int_{-T/2}^{T/2}f(t)\mathrm{e}^{-\mathrm{j}k\omega t}\mathrm{d}t\quad(k=\cdots,-2,-1,0,1,2,\cdots) \tag{7-29}$$

式中,$\omega=2\pi/T$。

式(7-28)为 $f(t)$ 的指数形式傅里叶级数,式(7-29)为指数形式傅里叶级数的复数系数。

与三角形式傅里叶系数式(7-17)比较,三角形式与指数形式级数的系数间存在如下关系

$$\dot{F}_0=A_0=a_0 \tag{7-30a}$$

$$\dot{F}_k=\frac{1}{2}(a_k-\mathrm{j}b_k)=|\dot{F}_k|\mathrm{e}^{\mathrm{j}\varphi_k} \tag{7-30b}$$

$$\dot{F}_{-k}=\frac{1}{2}(a_k+\mathrm{j}b_k)=|\dot{F}_{-k}|\mathrm{e}^{-\mathrm{j}\varphi_k} \tag{7-30c}$$

$$|\dot{F}_k|=|\dot{F}_{-k}|=\frac{1}{2}\sqrt{a_k^2+b_k^2}=\frac{1}{2}A_k \tag{7-30d}$$

$$|\dot{F}_k|+|\dot{F}_{-k}|=A_k \tag{7-30e}$$

$$\dot{F}_k+\dot{F}_{-k}=a_k \tag{7-30f}$$

$$\mathrm{j}(\dot{F}_k-\dot{F}_{-k})=b_k\quad(k=1,2,3,\cdots) \tag{7-30g}$$

指数形式傅里叶级数与三角形式傅里叶级数在本质上是一致的,指数形式更为简洁。但需要注意的是:

(1) $f(t)$ 是 t 的实函数,它的傅里叶级数也应是实函数。除了 F_0 项外,任何单独的一项 $\dot{F}_k\mathrm{e}^{\mathrm{j}k\omega t}$ 都不是 $f(t)$ 的谐波项(因为它是复数形式),它只是数学推导的结果。

(2) 指数形式傅里叶级数中出现了负频率项,显然负频率是不合理的。只有一个正频率项和同频率的负频率项共同组成一个谐波项

$$\dot{F}_k\mathrm{e}^{\mathrm{j}k\omega t}+\dot{F}_{-k}\mathrm{e}^{-\mathrm{j}k\omega t}=|\dot{F}_k|[\mathrm{e}^{\mathrm{j}(k\omega t+\varphi_k)}+\mathrm{e}^{-\mathrm{j}(k\omega t+\varphi_k)}]=A_k\cos(k\omega t+\varphi_k)$$

复系数 $\dot{F}_k$ 也是离散频率 $k\omega$ 的函数,与三角形式傅里叶级数的频谱一样,同样也可以用图形的形式来表示指数形式傅里叶级数所表示的信号的频谱。

由于 $\dot{F}_k$ 一般是复函数,这样,画出来的频谱称为复数频谱。由于

$$\dot{F}_k=|\dot{F}_k|\mathrm{e}^{\mathrm{j}\varphi_k}$$

幅值 $|\dot{F}_k|$ 对 $k\omega$ 的关系称为复数幅度谱,初相 φ_k 对 $k\omega$ 的关系称为复数相位谱,如图7-13(a)、(b) 所示。因为幅值都是正值,幅度谱线应该都在横轴的上方,而相位谱线在横轴

的上、下都可能存在。

当复系数 $\dot{F}_k$ 为实函数时，$\dot{F}_k$ 的结果可以是正实数，也可以是负实数。由于幅值始终是正值，说明当 $\dot{F}_k$ 为正时初相位是 0，当 $\dot{F}_k$ 为负时初相位是 π（或 −π）。这样可以把幅度谱和相位谱合在一张图上，如图 7-13(c) 所示。谱线在横轴上方表示初相为 0，谱线在横轴下方表示初相为 π（或 −π）。

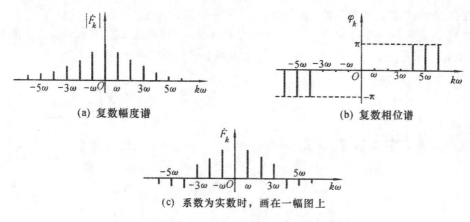

(a) 复数幅度谱

(b) 复数相位谱

(c) 系数为实数时，画在一幅图上

图 7-13 周期信号的复数频谱

在三角形式 $A_k : k\omega$ 的幅度谱中，谱线是一条高度为 A_k 的线段。

在指数形式 $|\dot{F}_k| : k\omega$ 的幅度谱中，谱线是两条对称于纵轴、高度为 $A_k/2$ 的线段，分别在 $-k\omega$ 和 $k\omega$ 处。可见复数频谱是双边频谱，对应地把三角形式的频谱称为单边频谱。

在两种幅度谱中，A_0 的谱线都是一样的。

从式(7-30b)、式(7-30c) 知，复数相位频谱中正频率部分与单边谱的相位频谱一样，负频率部分与正频率部分以坐标原点对称。

由于复数频谱的对称性，实际应用中，常常只画出正频率部分的频谱。

通过上面的分析可以知道：如果已知其中一种形式的频谱，即可画出另一种形式的频谱图。

【例 7.9】 已知某信号表达式为

$$f(t) = 1 + 2\cos t + \sin 2t - \cos 2t + \cos(4t - 270°) - (1/3)\cos(6t - 45°)$$

试画出它的三角形式和指数形式两种频谱图。

解 将信号 $f(t)$ 改写成标准形式

$$f(t) = 1 + 2\cos t + (\sin 2t - \cos 2t) + \cos(4t - 270°) - (1/3)\cos(6t - 45°)$$

$$= 1 + 2\cos t + \sqrt{2}\cos(2t - 135°) + \cos(4t + 90°) + (1/3)\cos(6t + 135°)$$

根据上式画出 $f(t)$ 的单边幅度频谱和相位频谱，如图 7-14(a)、(b) 所示。

再由单边频谱画出复数频谱如图 7-14(c)、(d) 所示。图 7-14(c) 中，$k\omega = 0$ 处谱线与单边频谱一样,其他谱线的高度则是单边频谱的一半,但有左、右对称的两条。图 7-14(d) 中,右半平面的相位谱与单边频谱一样,左半平面的相位谱是右半平面相位谱旋转 $180°$ 的结果。

总之,周期信号的频谱具有以下特性。

(1) 离散性:谱线是离散的而不是连续的,谱线间隔为 $\omega = 2\pi/T$,也就是周期信号的频谱是离散谱。

(2) 谐波性:谱线在频率轴上的位置,在基频 ω 的整数倍处。

(3) 收敛性:随着频率的增长,各谱线高度的总趋势是逐渐衰减的。尽管谱线高度的变化可能有起有伏,但谱线包络线的最大值总是随频率增长而减小的。

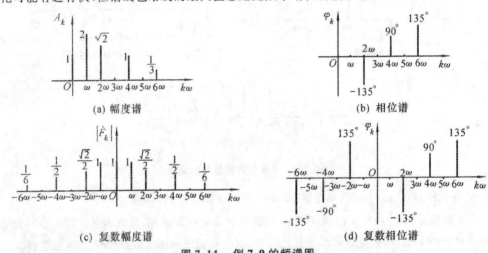

(a) 幅度谱   (b) 相位谱

(c) 复数幅度谱   (d) 复数相位谱

图 7-14   例 7.9 的频谱图

7.7   低通、高通滤波器

电路中,电容 C、电感 L 的阻抗大小与通过它的电流的频率有关。如果电流的角频率为 $\omega = 2\pi f = 2\pi/T$,则它们的阻抗分别为

$$X_C = \frac{1}{\omega C}, \quad X_L = \omega L$$

如果通过的是直流信号,其频率为 0,这时电容的阻抗无穷大,在电路中呈开路状态;而电感的阻抗是 0,在电路中呈短路状态。

对于含有各次谐波的周期信号,谐波频率越高,电容呈现的阻抗越小,电感呈现的阻抗越大。反之,谐波频率越低,电容呈现的阻抗越大,电感呈现的阻抗越小。这样,在电路中电容对低频电流有阻碍作用,对高频电流有分流作用。而电感的情况正好相反。

电容和电感对信号中各次谐波反应不同的这种性质在工程上有广泛的应用,本节介绍的低通和高通滤波器就是其典型的应用。

滤波器是接在输入和输出之间的一种电路,由电容、电感与电阻组成,它允许部分频率分量从输入传输到输出,而抑制部分频率分量。

7.7.1   低通滤波器

如图 7-15 所示由电阻元件 R 和电容元件 C 串联组成的电路,以电容电压 u_o 作为输出,这是一个典型的低通滤波器。

对于信号中的谐波成分,输出电压 $\dot{U}_\text{o}$ 与输入电压 $\dot{U}_\text{i}$ 之比为

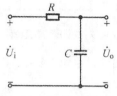

图 7-15 RC 低通滤波器

$$\dot{H}(\text{j}\omega) = |\dot{H}(\text{j}\omega)| e^{\text{j}\varphi(\omega)} = \frac{\dot{U}_\text{o}}{\dot{U}_\text{i}} = \frac{1/(\text{j}\omega C)}{R + 1/(\text{j}\omega C)} = \frac{1}{1 + \text{j}\omega RC} \tag{7-31}$$

式中,ω 是输入信号的角频率。令 $\omega_\text{H} = 1/(RC)$,上式又写成

$$\dot{H}(\text{j}\omega) = \frac{1}{1 + \text{j}\dfrac{\omega}{\omega_\text{H}}} \tag{7-32}$$

将幅值与频率的关系、相位与频率的关系分别表示为

$$|\dot{H}(\text{j}\omega)| = \frac{1}{\sqrt{1 + \left(\dfrac{\omega}{\omega_\text{H}}\right)^2}}, \quad \varphi(\omega) = -\arctan\frac{\omega}{\omega_\text{H}} \tag{7-33}$$

式(7-32)称为滤波器的频率特性。$|\dot{H}(\text{j}\omega)|$ 和 $\varphi(\omega)$ 分别称为滤波器的幅频特性和相频特性。

经过计算可知:$|\dot{H}(\text{j}0)| = 1$,$|\dot{H}(\text{j}\infty)| = 0$。将幅频特性和相频特性分别绘制成曲线,如图 7-16(a)、(b) 所示。

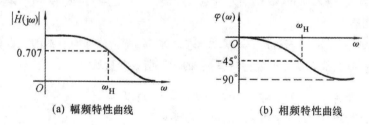

(a) 幅频特性曲线   (b) 相频特性曲线

图 7-16   低通滤波器的频率特性曲线

从幅频特性可以看到:对高频部分($\omega > \omega_\text{H}$)输出幅值衰减较大,低频部分($\omega < \omega_\text{H}$)的衰减非常小。如:当 $\omega = 0.1\omega_\text{H}$ 时,$|\dot{H}(\text{j}\omega)| \approx 1$;当 $\omega = 10\omega_\text{H}$ 时,$|\dot{H}(\text{j}\omega)| \approx 0.1$。因而该电路具有"低通"作用。

在 $\omega = \omega_\text{H}$ 处,$|\dot{H}(\text{j}\omega)| = 1/\sqrt{2} \approx 0.707$,此频率点称为半功率点,$\omega_\text{H}$ 称为低通滤波器的上限截止频率。一般认为,低通滤波器允许从直流到截止频率 ω_H 的谐波分量通过。

7.7.2   高通滤波器

如图 7-17 所示电路,以电阻电压 u_o 作为输出,这是一个典型的高通滤波器。

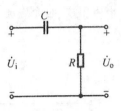

图 7-17　RC 高通滤波器

输出电压 $\dot{U}_o$ 与输入电压 $\dot{U}_i$ 之比为

$$\dot{H}(j\omega) = |\dot{H}(j\omega)| e^{j\varphi(\omega)}$$

$$= \frac{\dot{U}_o}{\dot{U}_i} = \frac{R}{R + 1/(j\omega C)} = \frac{j\omega RC}{1 + j\omega RC} \quad (7\text{-}34)$$

令 $\omega_L = 1/(RC)$，上式改写成

$$\dot{H}(j\omega) = \frac{1}{1 - j\omega_L/\omega} \quad (7\text{-}35)$$

幅频特性和相频特性为

$$|\dot{H}(j\omega)| = \frac{1}{\sqrt{1 + (\omega_L/\omega)^2}}, \quad \varphi(\omega) = \arctan\frac{\omega_L}{\omega} \quad (7\text{-}36)$$

可知：$|\dot{H}(j0)| = 0$，$|\dot{H}(j\infty)| = 1$。幅频曲线和相频曲线如图 7-18(a)、(b) 所示。

(a) 幅频特性曲线　　　(b) 相频特性曲线

图 7-18　高通滤波器的频率特性曲线

从幅频特性可以看到：对低频部分($\omega < \omega_L$)输出幅值衰减较大，高频部分($\omega > \omega_L$)的衰减非常小。当 $\omega = 0.1\omega_L$ 时，$|\dot{H}(j\omega)| \approx 0.1$；当 $\omega = 10\omega_L$ 时，$|\dot{H}(j\omega)| \approx 1$。因而该电路具有"高通"作用。

在半功率点 $\omega = \omega_L$，$|\dot{H}(j\omega)| = 1/\sqrt{2} \approx 0.707$，$\omega_L$ 称为高通滤波器的下限截止频率。一般认为，高通滤波器允许高于截止频率 ω_L 的所有谐波分量通过。

例 7.10　如图 7-19 所示电路，$R_1 = R_2 = 1\ k\Omega$，$L = 10\ mH$。判断该电路是什么滤波器，截止频率是多少？

解　分析电路后，写出输出电压 $\dot{U}_o$ 与输入电压 $\dot{U}_i$ 之比为

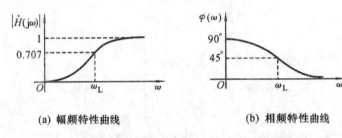

图 7-19　例 7.10 图

$$\dot{H}(j\omega) = \frac{\dot{U}_o}{\dot{U}_i} = \frac{\frac{j\omega R_2 L}{R_2 + j\omega L}}{R_1 + \frac{j\omega R_2 L}{R_2 + j\omega L}}$$

$$= \frac{R_2}{R_1 + R_2} \times \frac{1}{1 - j\frac{1}{\omega} \times \frac{R_1 R_2}{(R_1 + R_2)L}}$$

上式与式(7-35)形式上一致(前部的分式为衰减系数)，因此是高通滤波器。

对照式(7-35)，截止频率为

$$\omega_L = \frac{R_1 R_2}{(R_1 + R_2)L} = 50 \text{ krad/s}$$

即

$$f_L = \frac{\omega_L}{2\pi} \approx 8 \text{ kHz}$$

本 章 小 结

(1) 非正弦周期函数信号是常见的信号形式。在满足狄利克雷条件下,非正弦周期函数可以展开为傅里叶级数,级数中包括直流分量和各次谐波分量,各分量的系数称为傅里叶系数。直流分量是函数一个周期的平均值,各分量系数用积分式来计算。

(2) 如果周期函数的波形具有对称性,傅里叶系数的计算可以简化。当周期函数为偶函数,波形对称于纵轴时,级数中只含有直流和余弦分量。当周期函数为奇函数,波形对称于原点时,级数中只含正弦分量。当周期函数为奇谐函数,波形移动半周期后与原波形对称于横轴时,级数中只含奇次谐波分量。

(3) 非正弦周期信号的傅里叶级数具有衰减性,总的趋势是,谐波频率越高,傅里叶系数值越小。工程上可以只取级数中前面少量的几项来近似表示周期信号。反过来,用有限的项数代替无穷的级数项,可以近似地合成周期信号。项数的多少,根据傅里叶级数衰减的快慢程度和精度要求来决定。

(4) 非正弦周期信号的有效值等于直流分量的平方与各次谐波有效值的平方之和的平方根。非正弦周期信号的平均功率是该信号作用在 $1\ \Omega$ 电阻上的功率,等于直流分量作用的功率与各次谐波作用的平均功率之和。

(5) 非正弦周期电流电路中的平均功率等于直流分量下的功率和各次谐波分量下的平均功率的代数和。谐波下平均功率的计算仍然是该谐波下电压有效值、电流有效值与功率因数的乘积。

(6) 非正弦周期电流电路中电压、电流及功率的计算,可以应用叠加定理来进行。首先将周期电流展开成傅里叶级数形式,然后计算直流、各次谐波电流单独作用下的电压、电流和平均功率,最后将各个值相加,注意电压、电流的叠加是瞬时值相加。

(7) 三角形式的傅里叶级数可以表示成指数形式的傅里叶级数。两者之间的系数可以互相转换。

(8) 非正弦周期信号的频谱有单边频谱和双边频谱两种形式。用三角形式的傅里叶级数画出的是单边频谱,用指数形式的傅里叶级数画出的是双边频谱。双边频谱是复数频谱,复数频谱也可以根据单边频谱画出。

频谱包括幅度频谱和相位频谱。谱线分布在基波频率整数倍的离散频率点上。幅度频谱表示的是直流分量和各次谐波分量的大小与频率的关系。相位频谱表示的是各次谐波分量的初相位与频率的关系。

(9) 滤波器由电容、电感与电阻组成。对于不同频率的谐波分量,电容、电感表现出的阻抗大小不同。滤波器对某一部分的谐波分量有阻碍作用。

低通滤波器允许频率低于截止频率的谐波分量通过;高通滤波器允许频率高于截止频率的谐波分量通过。

习 题 七

7-1 试证明下列函数具有周期性,求其周期 T。

(1) $f(t) = \cos 3t + \sin 4t$ (2) $f(t) = \cos 2\pi t \sin 3\pi t$

(3) $f(t) = \cos^2 t$ (4) $f(t) = e^{j10t}$

7-2 将例 7.1 的矩形波信号左移 $T/4$、将例 7.2 的半波整流信号右移 $T/4$，分别得到如题 7-2 图 (a)、(b) 所示波形。求它们的傅里叶级数表达式，与原波形的傅里叶级数表达式比较，由此得到什么结论？

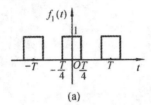 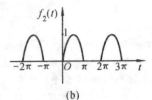

题 7-2 图

7-3 先求题 7-3 图(a)所示周期信号的傅里叶级数，再由题 7-3 图(a)的结果求题 7-3 图(b)所示周期信号的傅里叶级数，分别画出它们的频谱图。

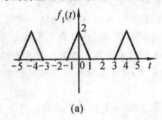 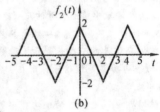

题 7-3 图

7-4 求题 7-4 图所示周期信号的指数形式傅里叶级数表达式，画出频谱图。

7-5 如题 7-5 图所示各周期信号，请利用周期信号的对称性，并仿照图 7-3 的方法，判断它们的傅里叶级数中所含有的频率分量。

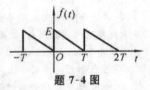

题 7-4 图

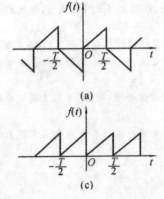 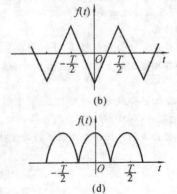

题 7-5 图

7-6 已知周期信号 $f(t)$ 的 1/4 周期波形如题 7-6 图所示,按下列要求画出 $f(t)$ 在整个周期的波形(不考虑直流分量)。

(1) $f(t)$ 是偶函数,只含有奇次谐波分量。

(2) $f(t)$ 是偶函数,只含有偶次谐波分量。

(3) $f(t)$ 是奇函数,只含有奇次谐波分量。

(4) $f(t)$ 是奇函数,只含有偶次谐波分量。

7-7 根据题 7-7 图所示的双边幅度频谱、单边相位频谱,分别画出单边幅度频谱、双边相位频谱,并写出周期信号 $f(t)$ 的傅里叶级数。

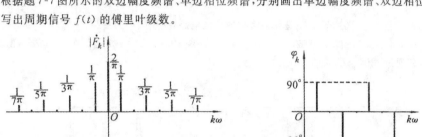

(a)   (b)

题 7-7 图

7-8 求题 7-8 图所示周期电流 $i(t)$ 的直接平均值、绝对平均值、有效值。

7-9 题 7-9 图所示电路中,变压器原边电流源为 $i_S = [2\sin(t+36.9°) + 3\sin(2t-53.1°)]$ A,副边电压源为 $u_S = [10\sin t + 8\sin 2t + 2\sin 3t]$ V。求两个电源的电流、电压有效值,平均功率值。

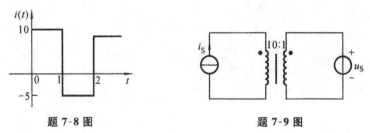

题 7-8 图   题 7-9 图

7-10 某单口网络的输入电压为 $u = [100 + 100\sin(\omega t+15°) + 40\sin(3\omega t+30°)]$ V,输入电流为 $i = [10 + 20\sin(\omega t-30°) + 10\sin(3\omega t-90°) + 20\sin(5\omega t-90°)]$ A。求 u、i 的有效值,单口网络消耗的平均功率。

7-11 RLC 串联电路,输入电压 $u = [100 + 100\sin 1000t + 20\sin(3000t+60°)]$ V,$R = 6\ \Omega$,$L = 2$ mH,$C = 100\ \mu$F。求电流 i,有效值 I,有功功率 P。

7-12 如题 7-12 图所示电路,$u = (10 + 10\sin 1000t)$ V,$i = [5 + \frac{\sqrt{50}}{2}\sin(1000t-8.13°)]$ A。求 R_1、R_2、L。

7-13 如题 7-13 图所示电路,判断它是什么类型的滤波电路?截止频率为多少?如果输入电压 $u_i = (2 + 2\sin t + \sin 100t)$ V,求输出电压 u_o。

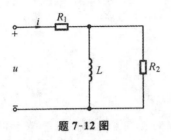

题 7-12 图

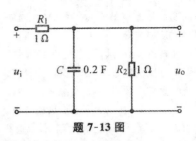

题 7-13 图

7-14   试判断题 7-14 图所示电路是什么类型的滤波电路,截止频率为多少?

7-15   如题 7-15 图所示滤波电路,$\omega = 1000$ rad/s,要求输出电压中不含有 3 次谐波成分,但基波能全部通过。求 C_1、C_2 的值。

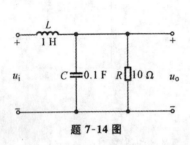

题 7-14 图

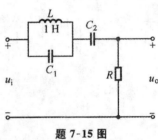

题 7-15 图

一阶电路

本章采用时域分析法即经典法研究一阶线性定常电路,通过线性非齐次微分的解,介绍零输入响应、零状态响应和全响应的概念;给出了阶跃函数和冲激函数的定义,及其引入的意义,并介绍如何求阶跃响应和冲激响应。

从是否含有储能元件的角度,可以将电路分为两大类:电阻性电路和动态电路。不论是哪种电路,电路中的各支路电流和电压都分别受 KCL 和 KVL 的约束,由于构成电路元件的性质不同,相应的 VCR 也不相同,因而描述电路的数学模型也不相同。电阻性电路是用代数方程来描述的,动态电路则是用微分方程描述。

电容和电感是动态元件,又称为储能元件或记忆元件,含有动态元件的电路称为动态电路。凡是用一阶微分方程描述的电路,通称为一阶(动态)电路;用 n 阶微分方程来描述的电路,就通称为 n 阶(动态)电路。在实际工作中只含一个动态元件的线性非时变一阶电路(线性定常电路)比较常见,这种电路可以用一阶线性常系数的常微分方程来描述。

8.1　过渡过程及初始条件

在前面章节的讲述中,电路处于稳定状态(称为稳态)时,各支路电流、电压变量都是按周期规律变化,或保持恒定不变。当电路的拓扑结构,或者其中元件的参数发生任何变化时,各支路变量的变化规律也随之发生变化,使电路原有的正常稳定工作状态遭到破坏,变为不稳定状态,例如,个别支路的接入或断开,无源元件参数或电源参数的改变。导致电路稳定状态被破坏的任何突然性变化称为换路。若换路以后,电路的外加激励具有周期性的特点,则电路经过一定的时间(过程)后会自动过渡到新的稳定工作状态。电路由于换路从一种稳定状态向另外一种稳定状态转变的物理过程,称为过渡过程;电路的过渡过程往往时间短暂,所以此过程中电路的工作状态常称为暂态,因而过渡过程又称为暂态过程,它是电路的不稳定状态。

换路时间非常短暂,可以近似认为是瞬间完成的。如果换路这一时刻记为 $t=0$,则用 $t=0_-$ 来表示换路前的一瞬间(换路前电路稳态的终点时刻),$t=0_+$ 来表示换路后的一瞬间(换路结束后电路进入过渡过程的起始时刻)。从理论上讲,电路的过渡过程所需要的时间 $t=\infty$。

8.1.1 动态电路微分方程

一阶电路中仅含一个动态元件 —— 电容或电感,由此分别构成一阶 RC 电路和一阶 RL 电路,都可以用一阶微分方程来描述。分析电路时,通常将含源的电阻部分、动态元件分别看成一个单口网络,则一阶电路是由两个单口网络构成的。利用戴维宁定理或诺顿定理可以将含源的电阻网络简化,把电路等效为基本的一阶电路形式,有利于简化电路的定量分析。

如图 8-1(a) 所示为一阶 RL 电路,图 8-1(b)、图 8-1(c) 所示电路分别是它所对应的串联等效和并联等效形式的基本电路。下面以图 8-1(b) 所示电路为例,求电路中的端口电流,即电感电流 i_L。

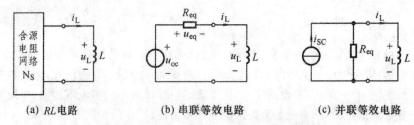

(a) RL电路　　　　(b) 串联等效电路　　　　(c) 并联等效电路

图 8-1　一阶 RL 电路及其对应的等效电路

由 KVL 可知
$$u_{eq} + u_L = u_{oc} \tag{8-1}$$

由元件的 VCR
$$u_{eq} = R_{eq} i_L, \quad u_L = L\frac{di_L}{dt} \tag{8-2}$$

将式(8-2)代入式(8-1)有

$$L\frac{di_L}{dt} + R_{eq} i_L = u_{oc} \tag{8-3}$$

同理,对图 8-1(c) 所示电路,由 KCL 和元件的 VCR 可得到

$$G_{eq} L\frac{di_L}{dt} + i_L = i_{sc} \tag{8-4}$$

给定初始条件 $i_L(0_+)$ 以及 $t\geqslant 0$ 时的 u_{oc} 或 i_{sc},就可以通过方程式(8-3)或式(8-4)求得 $t\geqslant 0$ 时的 i_L。

对一阶 RC 电路,求解电容端电压 u_C 的分析过程与上述一阶 RL 电路类似,读者可自行推导。u_C 可由微分方程

$$R_{eq} C\frac{du_C}{dt} + u_C = u_{oc} \tag{8-5}$$

或
$$C\frac{\mathrm{d}u_C}{\mathrm{d}t} + G_{eq}u_C = i_{sc} \tag{8-6}$$

在给定初始条件 $u_C(0_+)$ 时求得。

描述一阶 RC 电路和一阶 RL 电路的微分方程也可通过两电路的对偶量互求。u_C 和 i_L 为电路的状态变量,以它们为求解对象列出的微分方程称为电路的状态方程。一旦由状态方程求得状态变量后,便可根据置换定理用与状态变量等效的电源置换动态元件(如电感 L 可以用电流为 i_L 的电流源置换),把原动态电路变换为一个电阻电路,再运用电阻电路的分析方法就可求出 $t \geqslant 0$ 时电路支路中的所有变量。

8.1.2 初始条件的确定

从 8.1.1 节可以看出,求解描述动态电路的线性常系数非齐次微分方程,除了要给出电路的结构、电路参数和激励外,还必须知道反映动态元件初始状态的初始条件。为了确定电路动态元件的初始值,下面首先介绍换路定律。

1. 换路定律

对线性电容元件,在任意时刻关于它的变量之间存在如下关系

$$q(t) = q(t_0) + \int_0^t i_C(\xi)\mathrm{d}\xi$$

$$u_C(t) = u_C(t_0) + \frac{1}{C}\int_0^t i_C(\xi)\mathrm{d}\xi$$

把换路瞬间作为记时的起始时刻,令 $t_0 = 0_-, t = 0_+$ 可得

$$q(0_+) = q(0_-) + \int_{0_-}^{0_+} i_C(\xi)\mathrm{d}\xi \tag{8-7}$$

$$u_C(0_+) = u_C(0_-) + \frac{1}{C}\int_{0_-}^{0_+} i_C(\xi)\mathrm{d}\xi \tag{8-8}$$

0_- 到 0_+ 的时间是电路换路的瞬间,一般情况下,在这个期间电容的电流 i_C 不可能为无穷大,应为一有限值,所以式(8-7)、式(8-8)中的积分项为零,据此可得

$$q(0_+) = q(0_-) \tag{8-9}$$

$$u_C(0_+) = u_C(0_-) \tag{8-10}$$

因此在换路前后,电容的电荷和电压均不发生跃变,具有连续性和记忆性。$u_C(0_+)$ 为 $t \geqslant 0$ 时电容的初始条件。

从能量的观点出发也能说明换路前后瞬间电容的电压不能发生跃变。如果电容电压 u_C 换路时发生跃变,则储存在电容元件中的能量 $W_C(t) = (1/2)Cu_C^2$ 也将随之发生跃变。此时的功率 $p = \lim\limits_{\Delta t \to 0}\frac{\Delta W_C}{\Delta t} = \infty$,即要使电容电压发生跃变必须保证电源的功率为无穷大,但这实际上是不可能的,因而电容电压不能跃变。

在任意时刻,线性电感元件的磁通链与电压及电流的关系为

$$\psi(t) = \psi(t_0) + \int_0^t u_L(\xi)\,\mathrm{d}\xi$$

$$i_L(t) = i_L(t_0) + \frac{1}{L}\int_0^t u_L(\xi)\,\mathrm{d}\xi$$

令 $t_0 = 0_-$, $t = 0_+$ 可得

$$\psi(0_+) = \psi(0_-) + \int_{0_-}^{0_+} u_L(\xi)\,\mathrm{d}\xi \tag{8-11}$$

$$i_L(0_+) = i_L(0_-) + \frac{1}{L}\int_{0_-}^{0_+} u_L(\xi)\,\mathrm{d}\xi \tag{8-12}$$

在 0_- 到 0_+ 的瞬间,若电感的电压 u_L 为有限值,则式(8-11)、式(8-12)中的积分项将为零。由此可得

$$\psi(0_+) = \psi(0_-) \tag{8-13}$$

$$i_L(0_+) = i_L(0_-) \tag{8-14}$$

故在换路前后,电感的磁通链和电流均不发生跃变,具有连续性和记忆性。类似于电容,可以从能量的角度出发,说明此结论的正确性。

式(8-9)、式(8-10)、式(8-13)、式(8-14)等统称为动态电路的换路定律。

2. 初始条件的计算

1) 电容电压和电感电流的初始值

画出 $t = 0_-$ 时的等效电路,求出此时刻的 $u_C(0_-)$ 或 $i_L(0_-)$,再根据换路定律可得 $u_C(0_+)$ 或 $i_L(0_+)$。电路在稳态时,电容、电感可分别作开路和短路处理。$u_C(0_+)$、$i_L(0_+)$ 一起被称为电路的独立初始条件。

2) 导出量的初始值

画出 $t = 0_+$ 时的等效电路,其中将电容或电感分别用电压源 $u_C(0_+)$ 或电流源 $i_L(0_+)$ 等效,可求出在 $t = 0_+$ 时电路中电阻的电压或电流、电容电流、电感电压等初始值。它们为电路的非独立初始条件,在换路时这些变量可以发生跃变,所以不能由这些变量在 $t = 0_-$ 时的值来确定其在 $t = 0_+$ 时的初始值。

【例 8.1】 图 8-2(a)所示电路中,$t = 0$ 时换路,S 闭合前电路已达稳态,试求开关 S 闭合后电路的初始值 $u_C(0_+)$、$i_C(0_+)$、$u_L(0_+)$、$i_L(0_+)$。

解　(1)　求 $t = 0_+$ 时的独立初始条件。

画 $t = 0_-$ 时的等效电路如图 8-2(b)所示。由图可知

$$u_C(0_-) = \left(\frac{12}{30 \times 10^3 + 20 \times 10^3} \times 20 \times 10^3\right)\mathrm{V} = 4.8\ \mathrm{V}$$

$$i_L(0_-) = \frac{12}{30 \times 10^3 + 20 \times 10^3}\ \mathrm{mA} = 0.24\ \mathrm{mA}$$

由换路定律可得

$$u_C(0_+) = u_C(0_-) = 4.8\ \mathrm{V}$$

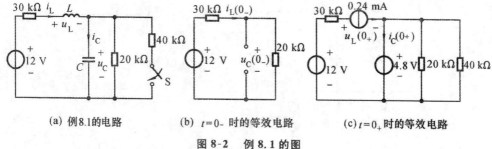

(a) 例8.1的电路　　　(b) $t=0_-$ 时的等效电路　　(c) $t=0_+$ 时的等效电路

图 8-2　例 8.1 的图

$$i_L(0_+) = i_L(0_-) = 0.24 \text{ mA}$$

(2) 求 $t=0_+$ 时的非独立初始条件。

画 $t=0_+$ 时的等效电路如图 8-2(c) 所示。由电阻电路的分析方法知

$$u_L(0_+) = (12 - 4.8 - 30 \times 10^3 \times 0.24 \times 10^{-3}) \text{ V} = 0$$

$$i_C(0_+) = \left(0.24 - \frac{4.8}{20} - \frac{4.8}{40}\right) \text{ mA} = -0.12 \text{ mA}$$

8.2　零输入响应

若动态电路换路后无外加电源激励,在动态元件的初始值作用下,电路中会产生响应,使支路变量不为零。这种在外加输入为零,仅由电路的非零初始条件所引起的响应称为零输入响应,其实质就是储能元件释放能量的过程。此时,式(8-3)、式(8-4)、式(8-5)、式(8-6)的右边等于零,描述电路的微分方程是一阶齐次微分方程。从数学的角度看,研究电路中支路电压、电流的变化规律,就是求解一阶齐次微分方程的过程。

8.2.1　*RC* 电路的零输入响应

所谓 *RC* 电路的零输入,是指无电源激励、输入信号为零。在此条件下,由电容元件的初始值 $u_C(0_+)$ 作用下所产生的电路响应,称为零输入响应。

1. 零输入响应的求法

图 8-3(a) 所示的 *RC* 电路零输入响应的输入是一个直流电压源,换路前开关 S_1 接通,S_2 断开,电路已达稳态;在 $t=0$ 时开关 S_1 断开,S_2 接通。当 $t \geq 0$ 时,电路中的状态变量及其他支路变量按什么规律来变化呢?

当 $t=0_-$ 时,$u_C(0_-) = U_0$,则 $u_C(0_+) = U_0$,画 $t \geq 0$ 时的等效电路如图 8-3(b) 所示,先求状态变量 u_C。

由 KCL 有
$$i_C + i_R = 0$$

由 VCR 有
$$i_C = C\frac{\mathrm{d}u_C}{\mathrm{d}t}, \quad i_R = \frac{u_R}{R}$$

由 KVL 有
$$u_C - u_R = 0$$

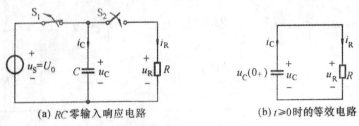

(a) RC 零输入响应电路　　　　(b) $t \geqslant 0$时的等效电路

图 8-3　RC 电路零输入响应示例

将 VCR 方程代入 KCL 方程,则有 $C\dfrac{du_C}{dt} + \dfrac{u_R}{R} = 0$,再利用 KVL 方程有

$$RC\frac{du_C}{dt} + u_C = 0$$

可见,求解零输入响应实质上就是求解一阶齐次微分方程。令通解 $u_C = Ae^{pt}$,可得相应的特征根方程

$$RCp + 1 = 0$$

其特征根

$$p = -\frac{1}{RC}$$

则

$$u_C = Ae^{-t/(RC)}$$

式中,A 为常系数,由电路的初始值来确定。把 $u_C(0_+) = U_0$ 代入上式,$A = U_0$,于是微分方程的解为

$$u_C = U_0 e^{-t/(RC)} \quad (t \geqslant 0)$$

电路中的电流变量

$$i_C = -i_R = C\frac{du_C}{dt} = -\frac{u_C}{R} = -\frac{U_0}{R}e^{-t/(RC)} \quad (t \geqslant 0)$$

而

$$u_R = u_C = U_0 e^{-t/(RC)} \quad (t \geqslant 0)$$

即求得状态变量后,其他的支路变量都可以一一得到。

可以看出,电路中各元件的变量都是以相同的指数规律衰减变化的。以 u_C 为例,从 $t = 0_+$ 时的初始值 $u_C(0_+) = U_0$ 开始按指数规律衰减,理论上 $t \to \infty$ 时电容电压衰减到零,电路达到新的稳态。这实际上就是具有初始值的电容在换路后放电的物理过程。

从能量的角度来看,RC 电路的零输入响应变化的过程,实际上是一个能量的转换过程:电容在换路之前储存有电场能,在换路后的放电过程中不断释放电场能,而电阻不断将电场能转换为热能,消耗能量,可以证明电阻消耗的能量与电容释放的电场能刚好相等。

2. 时间常数

零输入响应衰减的快慢均取决于衰减指数 $p = -1/RC$。令 $\tau = RC$,称其为电路的时间常数,由电路的元件参数决定其大小,单位为秒(s),可通过下列单位变换得到。

$$欧姆(\Omega) \cdot 法拉(F) = \frac{伏特(V)}{安培(A)} \cdot \frac{库仑(C)}{伏特(V)} = \frac{库仑(C)}{安培(A)} = 秒(s)$$

由此可知,p 具有频率的量纲,称为电路的固有频率。零输入响应的衰减变化取决于电路时间常数 τ 的大小,图 8-4 所示曲线为电容电压 $u_C = U_0 e^{-t/\tau}$ 随时间变化的曲线。

对时间常数 τ 的几点说明如下。

(1) τ 的大小反映了一阶电路过渡过程的快慢,是反映电路过渡过程特性的一个重要的量。

(2) 在电路换路后的任一时刻 t_0,经过时间 τ 后的响应为 t_0 时刻的 0.368 倍。因为

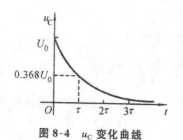

图 8-4 u_C 变化曲线

$$u_C(t_0 + \tau) = U_0 e^{-(t_0+\tau)/\tau} = U_0 e^{-1} e^{-t_0/\tau} = e^{-1} u_C(t_0) = 0.368 u_C(t_0)$$

即经过一个时间常数 τ 后,u_C 衰减为原来的 36.8%,如图 8-4 所示。

(3) 从理论上讲,当 $t \to \infty$ 时,过渡过程才能结束,电路中的电压和电流衰减为零,达到新的稳态。当时间 $t = 5\tau$ 时,$u_C = U_0 e^{-5} = 0.007 U_0$,电容电压已接近于零,电容放电过程基本结束,所以工程实践中一般认为经过 $3\tau \sim 4\tau$ 的时间,过渡过程即告结束。

8.2.2 RL 电路的零输入响应

RL 电路的零输入响应是指无电源激励,即输入信号为零时,由电感元件的初始值 $i_L(0_+)$ 作用下所产生的电路响应。

根据 RL 电路和 RC 电路的对偶性,RL 电路零输入响应的求解过程类似于 RC 电路零输入响应的求解过程。图 8-5(a) 所示电路中,u_S 是一个直流电压源,换路前开关 S 接通,电路已达稳态,在 $t = 0$ 时开关 S 断开。$t \geqslant 0$ 时的等效电路如图 8-5(b) 所示。

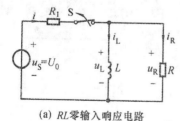

(a) RL 零输入响应电路

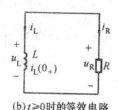

(b) $t \geqslant 0$ 时的等效电路

图 8-5 RL 电路零输入响应示例

由图 8-5(a) 所示,$t = 0_-$ 时,电感 L 可看做短路,$i_L(0_-) = U_0/R_1 = I_0$,由换路定律,$i_L(0_+) = i_L(0_-) = I_0$。在图 8-5(b) 中,根据 KVL

$$u_L - u_R = 0$$

而 $u_R = Ri_R$,$u_L = L\dfrac{di_L}{dt}$,$i_R + i_L = 0$,则可得到电路关于状态变量 i_L 的微分方程为

$$L\frac{di_L}{dt} + Ri_L = 0$$

上述一阶齐次微分方程的特征根方程为

$$Lp + R = 0$$

则特征根为

$$p = -\frac{R}{L}$$

故微分方程的解为

$$i_L = Ae^{-Rt/L}$$

令 $\tau = L/R$ 为一阶 RL 电路的时间常数,意义与 RC 电路中的时间常数相同。令 $t = 0_+$,将 $i_L(0_+) = I_0$ 代入上式,可求得 $A = I_0$,所以

$$i_L = I_0 e^{-t/\tau} \quad (t \geqslant 0)$$

由此可知其他变量为

$$i_R = -I_0 e^{-t/\tau} \quad (t \geqslant 0)$$
$$u_R = Ri_R = -RI_0 e^{-t/\tau} \quad (t \geqslant 0)$$
$$u_L = L\frac{di_L}{dt} = -RI_0 e^{-t/\tau} \quad (t \geqslant 0)$$

由 RL 电路零输入响应的数学式可以看出,零输入响应都是从初始值按指数规律衰减到零的变化过程。从能量的角度出发,过渡过程就是电感释放储存的磁场能,电阻消耗能量,把磁场能全部转换为热能的过程。

综上所述,零输入响应是在输入为零时,由状态变量非零初始值引起的,它取决于电路的初始状态和电路的特性。通过定量分析的结果不难看出,若动态元件初始值增大 α 倍,则电路的零输入响应也相应增大 α 倍,即对于一阶线性定常电路来说,零输入响应是初始状态的一个线性函数,这种关系称为零输入比例性,反映了线性电路激励与响应间的线性关系。

【**例 8.2**】 在图 8-6(a)所示电路中,$t = 0$ 时刻换路,开关 S 由 A 投向 B,在此之前电路已达稳态,已知 $R_1 = R_2 = 20 \ \Omega, L = 1 \ H, U_0 = 10 \ V$。求 $t \geqslant 0$ 时电流 i_L 和电压 u_L。

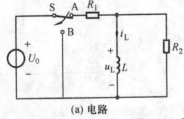 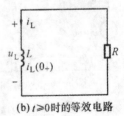

(a) 电路　　　　　　　(b) $t \geqslant 0$ 时的等效电路

图 8-6　例 8.2 的图

解 先求状态变量的初始值。由题意,$t = 0_-$ 时,电感可以看做短路处理,则

$$i_L(0_-) = \frac{U_0}{R_1} = \frac{10}{20} A = 0.5 \ A$$

根据换路定律 $\qquad i_L(0_+) = i_L(0_-) = 0.5 \ A$

$t \geqslant 0$ 时的等效电路如图 8-6(b)所示。

时间常数 $\qquad\qquad\qquad \tau = L/R_2 = (1/20) \ s$

故 $\qquad\qquad i_L = Ae^{-t/\tau} = i_L(0_+)e^{-R_2 t/L} = 0.5e^{-20t} \ A \quad (t \geqslant 0)$

由电感元件的 VCR 关系,有

$$u_L = L\frac{di_L}{dt} = -10e^{-20t}\ \text{V} \quad (t \geqslant 0)$$

8.3 零状态响应

零状态响应又称为零初始状态响应,是指在电路的初始状态 $u_C(0_+)$ 或 $i_L(0_+)$ 为零,仅由初始时刻施加于电路的外加输入作用引起的响应。通过式(8-3)、式(8-4)、式(8-5)、式(8-6),从数学的角度看,研究零状态响应的变化规律,就是求解一阶非齐次微分方程。本节讨论一阶 RC、RL 电路在直流电源激励下产生的零状态响应。

在恒定的直流电源激励下,电路内的物理过程实质上是动态元件的储能从无到有的增长过程,经历过渡过程后电路达到新的稳态。类似于求解零输入响应,研究零状态响应首先要找出状态变量的变化规律。

8.3.1 RC 电路的零状态响应

图 8-7(a) 所示电路中,$u_C(0_-)=0$,$t=0$ 时换路,开关 S 断开,$t \geqslant 0$ 时的等效电路如图 8-7(b) 所示。电路的过渡过程实际上就是电流源对电容元件的充电过程,随着电容储能的不断增加,电容电压 u_C 从零逐步上升到稳态值,通过以下的分析过程可以得到其具体的变化规律。

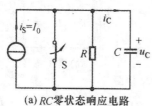 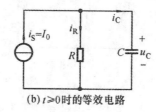

(a)RC零状态响应电路   (b)$t \geqslant 0$时的等效电路

图 8-7 RC 电路零状态响应示例

根据图 8-7(b) 所示,可列出 KCL 方程

$$i_R + i_C = I_0$$

将 VCR 关系 $i_R = u_C/R$ 和 $i_C = Cdu_C/dt$ 代入上式,得到状态变量 u_C 的微分方程为

$$RC\frac{du_C}{dt} + u_C = RI_0 \quad (t \geqslant 0)$$

则非齐次方程的解

$$u_C = u_C' + u_C''$$

包括两个部分,其中齐次解 $u_C' = Ae^{-t/\tau}$,特解 $u_C'' = u_C(\infty) = RI_0$,$\tau = RC$ 为时间常数。即

$$u_C = RI_0 + Ae^{-t/\tau} \quad (t \geqslant 0)$$

将初始条件 $u_C(0_+) = 0$ 代入,有

$$u(0_+) = RI_0 + A$$

于是

因此

$$A = -RI_0$$
$$u_C = RI_0(1 - e^{-t/\tau}) \quad (t \geqslant 0)$$

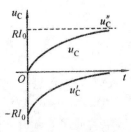

图 8-8 u_C 变化曲线

通过 VCR 关系，可以分别求出电路中的 i_R、i_C、u_C 的变化曲线如图 8-8 所示。分析结果表明，换路瞬间 $u_C(0_-) = u_C(0_+) = 0$，电容相当于短路，$i_R(0_+) = 0$，I_0 全部流入电容，电容充电，u_C 增长，其增长率为 $\dfrac{du_C}{dt}\bigg|_{0_+} = \dfrac{I_0}{C}$。与此同时，$i_R$ 增长，i_C 减小。当 $t \to \infty$ 时，$i_C(\infty) = 0$，电容相当于开路，I_0 全部流入电阻，$u_C(\infty) = RI_0$，这时有 $\dfrac{du_C}{dt}\bigg|_{\infty} = 0$，电容电压不再变化，电路经过电容充电的过渡过程后进入新的稳态。

在整个动态过程中，特解 $u_C'' = u_C(\infty) = RI_0$，是电容电压达到稳态时的值，称为稳态值或稳态分量。由于 u_C'' 是外加激励作用产生的结果，它的变化规律与外加激励相同，因而又可称为强制分量。而非齐次方程的齐次解(即通解)u_C' 的变化规律取决于方程的特征根，与外加激励无关，称为自由变量，它呈指数规律衰减，最终为零，所以又称为瞬态分量。

【例 8.3】 图 8-9(a) 所示电路中，已知 $I_0 = 0.5$ A，$R_1 = 10\ \Omega$，$R_2 = 20\ \Omega$，$C = 0.1$ F，求 $t \geqslant 0$ 时的零状态响应 u_C。

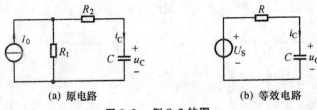

(a) 原电路   (b) 等效电路

图 8-9 例 8.3 的图

解 由戴维宁定理将电路等效变换如图 8-9(b) 所示，其中 $R = R_1 + R_2$，$U_S = R_1 I_0$，则根据 KVL 方程

$$Ri_C + u_C = U_S$$

将 $i_C = C du_C / dt$ 和元件参数代入上式，有

$$3\frac{du_C}{dt} + u_C = 5$$

设 $u_C = u_C' + u_C''$，其中特解

$$u_C'' = U_S = 5\ \text{V}$$

方程的齐次解

$$u_C' = A e^{-t/\tau}$$

时间常数 $\tau = RC = 3$ s，因此

$$u_C = (5 + A e^{-t/3})\ \text{V}$$

代入初始值 $u_C(0_+) = u_C(0_-) = 0$，可求得常数 $A = -5$，则所求响应为

$$u_C = 5 - 5e^{-t/3} = 5(1 - e^{-t/3})\ \text{V} \quad (t \geqslant 0)$$

8.3.2 *RL* 电路的零状态响应

图 8-10 所示的 *RL* 电路中，$i_L(0_-) = 0$，$t = 0$ 时换路，开关 S 闭合，恒定直流电压接入电路。下面以状态变量 i_L 为对象讨论电路的零状态响应的变化规律。

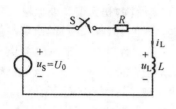
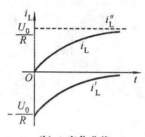

(a) 基本*RL*电路的零状态响应　　　　(b) i_L 变化曲线

图 8-10 *RL* 电路零状态响应示例

电路的微分方程为

$$L\frac{\mathrm{d}i_L}{\mathrm{d}t} + Ri_L = U_0 \quad (t \geqslant 0)$$

方程的全解
$$i_L = i_L' + i_L''$$

其中
$$i_L' = Ae^{-t/\tau}, \quad i_L'' = U_0/R$$

式中，$\tau = L/R$ 是电路的时间常数，则

$$i_L = \frac{U_0}{R} + Ae^{-t/\tau} \quad (t \geqslant 0)$$

将初始条件 $i_L(0_-) = i_L(0_+) = 0$ 代入，可得 $A = -U_0/R$，故

$$i_L = \frac{U_0}{R}(1 - e^{-t/\tau}) \quad (t \geqslant 0)$$

图 8-10(b) 所示为 i_L 的变化曲线。

可见，换路瞬间 $i_L(0_-) = i_L(0_+) = 0$，电感相当于开路，$u_L(0_+) = U_0$，电源电压全部加到电感上，电流的变化率为 $\dfrac{\mathrm{d}i_L}{\mathrm{d}t}\bigg|_{0_+} = \dfrac{U_0}{L}$。随后 i_L 从零逐渐增长，电阻电压增大，u_L 减小。当 $t \to \infty$ 时，$u_L(\infty) = 0$，电感相当于短路，U_0 全部加在电阻两端，$i_L(\infty) = U_0/R$，这时有 $\dfrac{\mathrm{d}i_L}{\mathrm{d}t}\bigg|_{\infty} = 0$，电感电流不再变化，电路经过电感储能的过渡过程后进入直流稳态。

特解 $i_L'' = U_0/R$ 是电感电流达到稳态时的值，称为稳态值或稳态分量，也称为强制分量。而齐次解（即通解）$i_L' = Ae^{-t/\tau}$ 又称为瞬态分量。

类似于一阶零输入响应，在零状态响应电路中，外加激励和零状态响应之间存在正比关系，即电路具有零状态比例性。

8.4 一阶电路的全响应

在前两节讨论一阶电路的零输入响应和零状态响应的基础上,再来分析一阶电路的全响应。

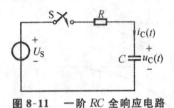

图 8-11 一阶 RC 全响应电路

电路中,由动态元件的初始值和外加输入共同作用下的响应称为全响应。由 8.1.1 节可知,求解一阶电路的全响应仍是求解一阶线性常系数非齐次微分方程的问题,与求解零状态响应不同的是动态变量的初始值不为零。下面举例说明全响应的计算方法。

图 8-11 所示为一阶 RC 电路,设在 $t = 0$ 时换路,已知 $u_C(0_-) = U_0$。在 $t \geqslant 0$ 时,该电路既有外加输入直流电源的作用,又有初始状态的作用。求开关 S 闭合后的 u_C,由 KVL 列出方程

$$RC \frac{\mathrm{d}u_C}{\mathrm{d}t} + u_C = U_S \tag{8-15}$$

微分方程的通解为

$$u_C = u_C' + u_C''$$

式中,$u_C' = A\mathrm{e}^{-t/\tau}$ 为齐次解,$u_C'' = U_S$ 为特解,时间常数 $\tau = RC$。于是

$$u_C = A\mathrm{e}^{-t/\tau} + U_S$$

考虑初始状态 $u_C(0_+) = u_C(0_-) = U_0$,可求常数 A,由

$$U_0 = A + U_S$$

即

$$A = U_0 - U_S$$

故得全响应

$$u_C = U_S + (U_0 - U_S)\mathrm{e}^{-t/\tau} \quad (t \geqslant 0) \tag{8-16}$$

在电路中若令 $U_S = 0$,则由初始值引起的零输入响应为

$$u_{C1}(t) = U_0 \mathrm{e}^{-t/\tau} \tag{8-17}$$

而在初始值 $u_C(0_+) = 0$ 时,电路的零状态响应为

$$u_{C2} = U_S(1 - \mathrm{e}^{-t/\tau}) \tag{8-18}$$

不难发现,零输入响应和零状态响应都是全响应的特殊情况,一阶电路的全响应是零输入响应和零状态响应的叠加,即全响应是零输入响应和零状态响应之和。这个结论是线性电路的叠加性在动态电路中的体现,称为线性动态电路的叠加定理。

从式(8-15)微分方程看,式(8-16)右边的第一项是方程的特解(强制响应),第二项是方程的齐次解(固有响应);从响应随时间变化的规律来看,第一项是常量,为稳态分量,第二项是按指数规律衰减的,为瞬态分量。所以可以把全响应表示为

全响应 = 零输入响应 + 零状态响应 = 瞬态分量 + 稳态分量

无论将全响应分解成零输入响应和零状态响应,还是分解成瞬态分量和稳态分量,同一响应的两种不同分解方法都是基于线性电路的叠加原理,电路真正的响应则取决于电

路的初始值、特解和时间常数的全响应。

因为 $u_C(0_+) = U_0, u_C(\infty) = U_S$，所以式(8-16)可以写成

$$u_C = u_C(\infty) + [u_C(0_+) - u_C(\infty)]e^{-t/\tau}$$

将上述分析推广到一般情况：在直流电源的作用下，若 $f(\infty)$ 表示待求响应的稳态值，$f(0_+)$ 表示待求响应的初始值，τ 为电路的时间常数，则待求全响应

$$f(t) = f(\infty) + [f(0_+) - f(\infty)]e^{-t/\tau} \tag{8-19}$$

由此可知，只要已知电路的 $f(\infty)$、$f(0_+)$ 和 τ 三个要素，就能用式(8-19)求解全响应，这种求一阶电路在直流激励下全响应的方法称为三要素法。

如果电路中的电源是时间的函数，对应的特解（稳态解）为 $f_S(t)$，则这种情况下利用三要素法求得全响应是

$$f(t) = f_S(t) + [f(0_+) - f_S(0_+)]e^{-t/\tau}$$

式中，$f_S(0_+)$ 是特解 $f_S(t)$ 在 $t = 0_+$ 时的初始值。

下面介绍一阶电路中三个要素的求法：初始值 $f(0_+)$ 按 8.1.2 节中提供的方法计算，稳态值 $f(\infty)$ 由 $t = \infty$ 时的等效电路计算（若激励电源是直流，则将等效电路中电容、电感分别作开路和短路处理），时间常数 τ 可由 $t \geqslant 0$ 的电路转化成的基本形式电路计算。三要素法不仅适用于求解一阶电路的状态变量，也适用于求解电路中的任一个变量。

【例 8.4】 如图 8-12(a)所示电路中，已知 $U_0 = 10$ V，$R_1 = R_2 = 30\ \Omega$，$R_3 = 20\ \Omega$，$L = 1$ H。$t = 0$ 时开关 S 闭合，开关闭合前电路已达稳态，求开关闭合后各支路电流。

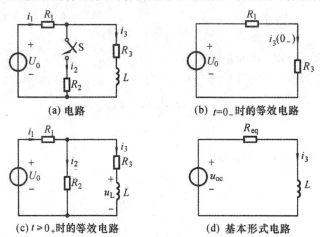

图 8-12 例 8.4 的图

解 图 8-12(b)所示为 $t = 0_-$ 时的等效电路，电感电流的初始值为

$$i_3(0_+) = i_3(0_-) = \frac{U_0}{R_1 + R_3} = \frac{10}{30 + 20}\ \text{A} = 0.2\ \text{A}$$

$t \geqslant 0_+$ 的等效电路如图 8-12(c)所示，应用戴维宁定理可画出相应的一阶 RL 电路基本形式如图 8-12(d)所示，其中 $u_{oc} = 5$ V，$R_{eq} = 35\ \Omega$。

$$i_3(\infty) = \frac{u_{oc}}{R_{eq}} = \frac{5}{35} \text{ A} = 0.143 \text{ A}$$

时间常数

$$\tau = \frac{L}{R_{eq}} = \frac{1}{35} \text{ s}$$

由三要素法

$$i_3 = i_3(\infty) + [i_3(0_+) - i_3(\infty)]\mathrm{e}^{-t/\tau}$$

$$= (0.143 + 0.057\mathrm{e}^{-35t}) \text{A} \quad (t \geqslant 0)$$

在电路图 8-12(c) 中，由 KCL、KVL 方程

$$R_1 i_1 + R_2(i_1 - i_3) = U_0$$

代入已求的 i_3，整理可得

$$i_1 = (0.238 + 0.029\mathrm{e}^{-35t}) \text{A} \quad (t \geqslant 0)$$

而由 KCL 列出方程

$$i_2 = i_1 - i_3 = (0.095 - 0.028\mathrm{e}^{-35t}) \text{A} \quad (t \geqslant 0)$$

【例 8.5】　图 8-13(a) 所示电路中，开关 S_1 在 $t = 0$ 时换路，换路前电路已达稳态。已知 $I_0 = 3$ A，$R_1 = R_2 = R_3 = 10 \ \Omega$，$C = 1$ F，求 $t \geqslant 0$ 时的电压 u_C 和 i_C。

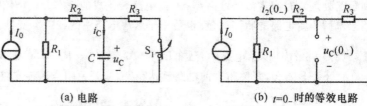

(a) 电路　　　　　　　　(b) $t = 0_-$ 时的等效电路

图 8-13　例 8.5 的图

解　同例 8.4 利用三要素法求解。

根据 $t = 0_-$ 时的等效电路如图 8-13(b) 所示，求 u_C 初始值。由分流公式

$$i_2(0_-) = \frac{R_1}{R_1 + R_2 + R_3} I_0 = 1 \text{ A}$$

$$u_C(0_+) = u_C(0_-) = R_3 i_2(0_-) = 10 \text{ V}$$

$t \to \infty$ 时电容开路处理，u_C 的稳态值为

$$u_C(\infty) = R_1 I_0 = 30 \text{ V}$$

时间常数

$$\tau = (R_1 + R_2)C = 20 \text{ s}$$

则

$$u_C = u_C(\infty) + [u_C(0_+) - u_C(\infty)]\mathrm{e}^{-t/\tau}$$

$$= (30 - 20\mathrm{e}^{-t/30}) \text{ V} \quad (t \geqslant 0)$$

因为 $i_C = C \mathrm{d}u_C/\mathrm{d}t$，所以

$$i_C = \frac{2}{3} \mathrm{e}^{-t/30} \text{ A} \quad (t \geqslant 0)$$

【例 8.6】　图 8-14(a) 所示电路中，已知 $u_C(0_-) = 0$，$R_1 = R_2 = 10 \ \Omega$，$C = 0.1$ F，$I_0 = 1$ A。S_1 在 $t = 0$ 时打开，S_2 在 $t = 1$ s 时闭合，求 $t \geqslant 0$ 时的电容电压 u_C 的波形。

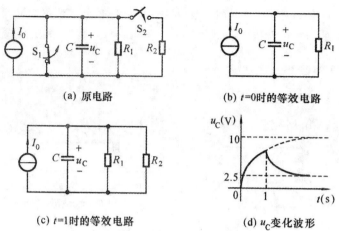

(a) 原电路　　　(b) $t=0$时的等效电路

(c) $t=1$时的等效电路　　(d) u_C变化波形

图 8-14　例 8.6 的图

解　(1) S_1 在 $t=0$ 时打开的等效电路如图 8-14(b) 所示,此时的响应为零状态响应,则

$$u_C(\infty) = R_1 I_0 = 10 \text{ V}$$

$$\tau_1 = R_1 C = 1 \text{ s}$$

故

$$u_C = [10(1-e^{-t})]\text{V} \quad (0_+ \leqslant t \leqslant 1_-)$$

(2) 图 8-14(c) 所示是 S_2 在 $t=1$ s 时闭合的等效电路,此时所求响应为全响应,其初始值 $u_C(1_+)$ 和稳态值分别为

$$u_C(1_+) = u_C(1_-) = [10(1-e^{-1})]\text{V}$$

$$u_C(\infty) = \frac{R_1 R_2}{R_1 + R_2} I_0 = 2.5 \text{ V}$$

时间常数

$$\tau_2 = \frac{R_1 R_2}{R_1 + R_2} C = 2.5 \text{ s}$$

于是由三要素法有

$$u_C(t) = 2.5 + [10(1-e^{-1}) - 2.5]e^{-(t-1)/2.5}\text{V} \quad (t \geqslant 1\text{s})$$

电压 u_C 的变化波形如图 8-14(d) 所示。

8.5　一阶电路的阶跃响应

在分析动态电路时,常引入奇异函数,以方便描述电路的激励和响应。

1.阶跃函数

单位阶跃函数是一种奇异函数,用 $\varepsilon(t)$ 表示,其定义为

$$\varepsilon(t) = \begin{cases} 0 & (t<0) \\ 1 & (t \geqslant 0) \end{cases}$$

波形如图 8-15(a) 所示,在 $t=0$ 时刻函数值从 0 跃变到 1,函数值不确定。若阶跃发生在 $t=t_0$ 处,则此时的函数称为延时单位阶跃函数,用 $\varepsilon(t-t_0)$ 表示,其定义式如下

$$\varepsilon(t-t_0) = \begin{cases} 0 & (t < t_0) \\ 1 & (t > t_0) \end{cases}$$

图 8-15(b) 所示为它的波形。

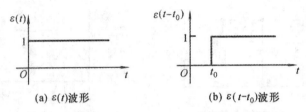

(a) $\varepsilon(t)$波形　　　　　　(b) $\varepsilon(t-t_0)$波形

图 8-15　单位阶跃函数的波形图

利用单位阶跃函数的特点,可以很方便地将有开关的电路用一个无开关的电路来等效表示。如图 8-15(a) 所示电路,在引入了 $\varepsilon(t)$ 后,可以简化为图 8-16 所示电路。而前面所求的零输入响应和零状态响应也无须在后面注明 $t \geqslant 0$,直接将响应乘以 $\varepsilon(t)$ 即可表示响应作用的时域。

利用阶跃函数还可以将一些很难用闭式表达的函数,或复杂的波形简单地用一个完整的闭式写出,如

$$f(t) = \begin{cases} 2t+1 & (0 \leqslant t \leqslant 1) \\ t^2+1 & (1 < t \leqslant 3) \\ 2 & (t > 3) \end{cases}$$

可用阶跃函数写成

$$f(t) = (2t+1)[\varepsilon(t) - \varepsilon(t-1)] + (t^2+1)[\varepsilon(t-1) - \varepsilon(t-3)] + 2\varepsilon(t-3)$$
$$= (2t+1)\varepsilon(t) + (t^2 - 2t)\varepsilon(t-1) + (-t^2 + 1)\varepsilon(t-3)$$

图 8-17 所示波形所表示的函数可用阶跃函数写成

$$f(t) = 2t[\varepsilon(t) - \varepsilon(t-1)] + 2[\varepsilon(t-1) - \varepsilon(t-3)]$$
$$= 2t\varepsilon(t) + 2(1-t)\varepsilon(t-1) - 2\varepsilon(t-3)$$

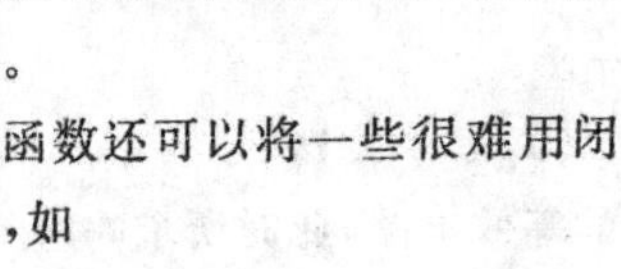

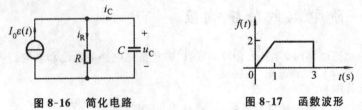

图 8-16　简化电路 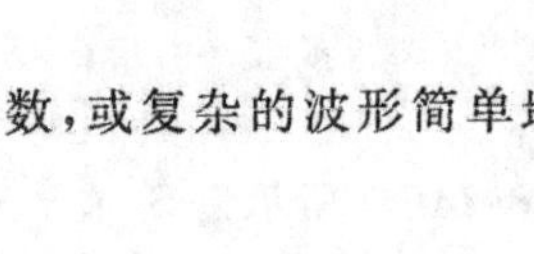　　　　　　**图 8-17　函数波形**

2. 阶跃响应

电路在单位阶跃函数激励下产生的零状态响应称为单位阶跃响应,用 $s(t)$ 表示。若电

路的输入是幅度为 A 的阶跃函数,由电路的零状态比例性可知此时的零状态响应为 $As(t)$。另外,线性定常电路还具有非时变的性质,在 $\varepsilon(t - t_0)$ 作用下的零状态响应则为 $s(t - t_0)$。

【例 8.7】 求图 8-18 所示零状态 RC 电路在图 8-19 所示脉冲电压作用下的电压 u_C。已知 $R = 1\ \Omega, C = 1\ \mathrm{F}$。

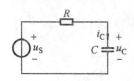 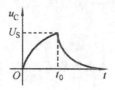

图 8-18　例 8.7 的电路　　　图 8-19　输入电压波形　　　图 8-20　u_C 变化曲线

解 由图 8-19 可知

$$u_S = U_S\varepsilon(t) - U_S\varepsilon(t - t_0)$$

当 $0 \leqslant t \leqslant t_0$ 时,电路是直流电压激励,此时的响应 u_C 是零状态响应。

$$u_C = U_S(1 - \mathrm{e}^{-t/\tau}) = U_S(1 - \mathrm{e}^{-t}) \quad (0 \leqslant t \leqslant t_0)$$

当 $t = t_0$ 时,　　　　　　$u_C(t_0) = U_S(1 - \mathrm{e}^{-t_0})$

当 $t \geqslant t_0$ 时,$u_S = 0$,由 $u_C(t_0)$ 产生电路的零输入响应,由换路定律和三要素法可得

$$u_C = u_C(t_{0+})\mathrm{e}^{-(t-t_0)/\tau} = U_S(1 - \mathrm{e}^{-t_0})\mathrm{e}^{-(t-t_0)} \quad (t \geqslant t_0)$$

则所要求的响应可表示为

$$u_C = U_S(1 - \mathrm{e}^{-t_0})[\varepsilon(t) - \varepsilon(t - t_0)] + U_S(1 - \mathrm{e}^{-t_0})\mathrm{e}^{-(t-t_0)}\varepsilon(t - t_0)$$
$$= U_S(1 - \mathrm{e}^{-t_0})\varepsilon(t) - U_S[1 - \mathrm{e}^{-t_0} + \mathrm{e}^{-t} - \mathrm{e}^{-(t-t_0)}]\varepsilon(t - t_0)$$

u_C 的变化曲线如图 8-20 所示。

也可以先求出 $U_S\varepsilon(t)$ 激励下电路产生的零状态响应,再根据线性电路的线性性质和非时变性质得到 u_S 激励电路产生的零状态响应。

8.6　一阶电路的冲激响应

1.冲激函数

单位冲激函数也是一种奇异函数,用 $\delta(t)$ 表示,其定义为

$$\begin{cases} \delta(t) = 0 \\ \int_{-\infty}^{\infty} \delta(t)\mathrm{d}t = 1 \end{cases} \quad (t \neq 0)$$

它是发生在 $t = 0$ 时刻,作用时间趋近于零,幅度无穷大,冲激所围面积为 1,即冲激强度为 1 的一个奇异函数。在工程上,通过把一个面积为 1 的矩形脉冲的作用时间趋近于零可近似得到 $\delta(t)$ 值。$\delta(t)$ 的波形如图 8-21(a) 所示,如图 8-21(b) 所示为发生在 $t = 0$ 时刻,冲激强度为 A 的冲激函数,$\delta(t - t_0)$ 可用图 8-21(c) 所示波形表示。

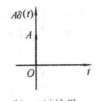

(a) $\delta(t)$波形 (b) $A\delta(t)$波形 (c) $\delta(t-t_0)$波形

图 8-21 单位冲激函数的波形图

冲激函数具有如下性质。

(1) 由冲激函数和阶跃函数的定义,两奇异函数存在以下关系

$$\int_{-\infty}^{t} \delta(t)\mathrm{d}t = \varepsilon(t), \qquad \frac{\mathrm{d}\varepsilon(t)}{\mathrm{d}t} = \delta(t)$$

(2) 冲激函数的筛选性质。当 $t \neq 0$ 时单位冲激函数为零,则对任意 $t = 0$ 处连续的函数 $f(t)$,有

$$f(t)\delta(t) = f(0)\delta(t)$$

所以

$$\int_{-\infty}^{\infty} f(t)\delta(t)\mathrm{d}t = f(0)\int_{-\infty}^{\infty} \delta(t)\mathrm{d}t = f(0)$$

由此可推导出,对任意一个在 $t = t_0$ 处连续的函数 $f(t)$,有

$$\int_{-\infty}^{\infty} f(t)\delta(t-t_0)\mathrm{d}t = f(t_0)\int_{-\infty}^{\infty} \delta(t-t_0)\mathrm{d}t = f(t_0)$$

即冲激函数可以把一个函数在冲激发生那一时刻的值筛选出来。

2. 冲激响应

单位冲激函数 $\delta(t)$ 激励零状态电路所产生的响应称为单位冲激响应,用 $h(t)$ 表示。求解电路的冲激响应可以分为两步:先求冲激函数给动态元件带来的初始值;然后冲激消失,求由初始值引起的零输入响应。

【**例 8.8**】 图 8-22(a) 所示电路中,$u_C(0_-) = 0$,$R_1 = R_2 = 4\ \Omega$,$C = 1\ \mathrm{F}$。求电路的冲激响应 u_C 和 i_C。

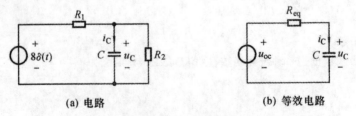

(a) 电路 (b) 等效电路

图 8-22 例 8.8 的图

解 首先用戴维宁定理将电路等效为基本的一阶 RC 电路,如图 8-22(b) 所示。其中 $R_{\mathrm{eq}} = 2\ \Omega$,$u_{\mathrm{oc}} = 4\delta(t)\mathrm{V}$,再进而求 u_{oc} 在电容上引起的初始值 $u_C(0_+)$。

由 KVL 得
$$R_{eq}C\frac{du_C}{dt}+u_C=4\delta(t)$$

将方程两边同时从 0_- 到 0_+ 积分有

$$\int_{0_-}^{0_+}R_{eq}C\frac{du_C}{dt}dt+\int_{0_-}^{0_+}u_C\,dt=\int_{0_-}^{0_+}4\delta(t)\,dt$$

由于电压 u_C 为有限值,所以上式左边的第二项积分为零,则

$$2[u_C(0_+)-u_C(0_-)]=4$$

代入 $u_C(0_-)=0$,可得

$$u_C(0_+)=2\text{ V}$$

$t\geqslant 0_+$ 时,因为 $\delta(t)=0$,则由 $u_C(0_+)$ 引起的响应即冲激响应为

$$u_C=u_C(0_+)e^{-t/\tau}\text{ V}=2e^{-0.5t}\text{ V},\quad i_C=C\frac{du_C}{dt}=-e^{-0.5t}\text{ A}$$

利用单位阶跃函数可以将上两式分别写为

$$u_C=2e^{-t/2}\varepsilon(t)\text{ V},\quad i_C=-e^{-t/2}\varepsilon(t)\text{ A}$$

单位阶跃函数和单位冲激函数之间存在如下关系

$$\delta(t)=\frac{d\varepsilon(t)}{dt},\quad \varepsilon(t)=\int_{-\infty}^{t}\delta(\xi)\,d\xi$$

根据线性定常电路的微积分性质,即若两个外加激励之间存在微积分关系,则它们分别去激励同一电路时,相对应的零状态响应之间也存在微积分关系。所以有

$$h(t)=\frac{ds(t)}{dt}$$

$$s(t)=\int_{-\infty}^{t}h(\xi)\,d\xi$$

知道电路的单位阶跃响应或者单位冲激响应,可通过上述关系直接求出另一种响应。

8.7 RC 微分电路和 RC 积分电路

一阶电路在电子技术中有着非常广泛的应用,尤其是具有特殊功能的一阶 RC 电路处于重要的地位,如 RC 微分电路、RC 积分电路等。本节简单讨论这两种典型电路的工作原理。

1. RC 微分电路

图 8-23(a) 所示的一阶 RC 微分电路,当电路的元件参数满足一定条件时,电路的输出电压和输入电压之间对时间的导数成正比,两者的数学关系式为

$$u_2=RC\frac{du_1}{dt}$$

通过下面讨论来说明该电路在什么情况下具有微分功能。

电路的输入为图 8-23(b) 所示的脉冲信号,设 $u_C(0_-)=0$。$t=0$ 时,电容开始充电,$u_2=u_1$,随着电容不断的充电,u_C 上升,而 u_2 随之下降,若放电时间常数远小于 t_0,则 $t=t_0$

(a) RC 微分电路   (b) 输入脉冲信号   (c) u_2 波形

图 8-23 RC 微分电路示例

时, $u_C = u_1, u_2 = 0; t \geqslant t_0, u_1 = 0$, 电容放电, u_C 下降至零, $u_2 = -u_C$。因为

$$u_1 = U_S[\varepsilon(t) - \varepsilon(t - t_0)]$$

当 $u_1 = U_S\varepsilon(t)$ 时, 电路的响应为

$$u_C = U_S(1 - e^{-t/(RC)})\varepsilon(t)$$

根据线性非时变电路的延时性, $U_S\varepsilon(t - t_0)$ 单独激励电路的响应为

$$u_C = U_S(1 - e^{-(t-t_0)/(RC)})\varepsilon(t - t_0)$$

对应图 8-23(b) 所示的脉冲信号激励, 由线性动态电路的叠加定理可得响应

$$u_C = U_S(1 - e^{-t/(RC)})\varepsilon(t) - U_S(1 - e^{-(t-t_0)/(RC)})\varepsilon(t - t_0)$$

根据 KVL 有

$$u_2 = u_1 - u_C = U_S e^{-t/(RC)}\varepsilon(t) - U_S e^{-(t-t_0)/(RC)}\varepsilon(t - t_0)$$

当 R 很小, 时间常数 $\tau = RC$ 也很小, 且 $\tau \ll t_0$ 时, 电容的充电过程早已完成, 则 $t = t_0$ 时, 电容的电压 $u_C = U_S$, 而 $u_2 = 0$。$t \geqslant t_0$ 时, 输入电压 $u_1 = 0$, 相当于短路, 此时的输出

$$u_2 = -U_S e^{-(t-t_0)/(RC)}\varepsilon(t - t_0)$$

u_2 的波形如图 8-23(c) 所示。

比较电路的输出和输入波形可知, 当 $t = 0$ 时, 输入信号的 "前沿" 被 RC 电路进行了 "微分", 从而出现了一个正向尖脉冲; $t = t_0$ 时, 输入信号的 "后沿" 也被 "微分", 使得输出又成为一个负向的尖脉冲。因此, 微分电路突出地反映了输入信号的变化特性, 抑制了输入信号的恒定部分, 这就是微分电路的物理实质。

通常, 当微分电路的时间常数 $\tau = (1/4)t_0 \sim (1/5)t_0$ 时, 就可以认为输出信号与输入信号之间存在微分的关系。

2. RC 积分电路

RC 积分电路的结构如图 8-24(a) 所示, 当电路的元件参数满足一定条件时, 其输出电压与输入电压之间满足积分运算关系, 即

$$u_2 \approx \frac{1}{RC}\int_0^t u_1 \, dt$$

下面讨论该电路在满足什么条件的情况下具有积分功能。设输入如图 8-24(b) 所示, $u_C(0_-) = 0$。

当 $0 \leqslant t \leqslant t_0$ 时, 电阻 R 上的电压为

$$u_R = U_S e^{-t/(RC)}$$

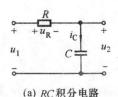
(a) RC 积分电路

(b) 输入信号波形

(c) u_2 波形

图 8-24　RC 积分电路示例

则

$$i_C = \frac{u_R}{R} = \frac{U_S}{R} e^{-t/(RC)}$$

由电容的 VCR,输出电压

$$u_2 = \frac{1}{C}\int_0^t i_C \, \mathrm{d}t = \frac{1}{RC}\int_0^t u_R(\xi) \, \mathrm{d}\xi$$

若由电路参数确定的时间常数 $\tau = RC \gg t_0$,则下列关系成立

$$u_R \approx u_1 = U_S, \quad u_2 \approx \frac{1}{RC}\int_0^t u_1(\xi) \, \mathrm{d}\xi$$

当 $t \geqslant t_0$ 时,电容的放电会非常缓慢地进行。由图 8-24(c) 所示的 u_2 变化波形看出,积分电路可以抑制输入信号的突变,输出信号相对输入信号而言变化平缓。

通常,在 $\tau \gg (4\sim5)t_0$ 时,电路就具有积分的功能;若不满足此条件,电路不一定能实现积分功能。

本 章 小 结

(1) 含储能元件的电路称为动态电路,可以用一阶微分方程描述的电路称为一阶电路。描述线性定常电路的数学模型是线性非时变的微分方程。

(2) 电路的零输入响应是指在外加激励为零,由储能元件的初始值引起的响应,解的基本形式为指数形式,其变化规律取决于电路的时间常数 τ。基本一阶 RC、RL 电路的时间常数分别为 RC、L/R。一阶线性电路的零输入响应是初始状态的一个线性函数。

(3) 电路的零状态响应是指电路在零初始状态下,由外加激励作用引起的响应,函数形式取决于电路的外加激励和电路本身的固有性质。一阶线性电路的零状态响应是电路的外加激励的一个线性函数。

(4) 一阶线性电路的全响应是由电路的初始状态和外加激励同时作用于电路产生的,既可以分解为零输入响应和零状态响应之和,也可以分解为瞬态分量(固有响应)和稳态分量(强制响应)之和。瞬态分量是微分方程的齐次解,稳态分量是微分方程的特解。

(5) 在直流电源作用下的一阶电路,求得任一变量的初始值、稳态值和电路的时间常数后,其全响应可以用三要素法快速求得,零输入响应和零状态响应是全响应的特殊情况。

(6) 一阶电路的冲激响应是单位冲激信号作用于电路所引起的零状态响应。求解冲激响应可以归结为求解零输入响应,电路的初始值就是由冲激信号作用赋予动态元件的初始状态。

(7) 一阶电路的阶跃响应是电路在外加的单位阶跃信号作用下所引起的零状态响应。对线性一阶电路而言,单位冲激信号和单位阶跃信号之间存在微积分的关系,相应地,电路的冲激响应和阶跃响应之间也满足微积分的关系。

习 题 八

8-1 题 8-1 图所示电路,换路前处于稳定状态,试求换路后电路中各元件的电压、电流初始值。已知:$U_0 = 5$ V,$R_1 = 5$ Ω,$R_2 = R_3 = 10$ Ω,$L = 2$ H。

8-2 题 8-2 图所示电路换路前已达稳态。试计算(1)换路前 $t = 0_-$ 时关于电容、电感元件的电压和电流值;(2)换路后 $t = 0_+$ 时关于电容、电感元件的电压和电流值。

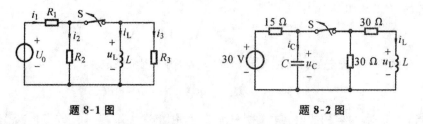

题 8-1 图   题 8-2 图

8-3 如题 8-3 图所示电路,换路前电路已处于稳态,求开关 S 由 A 投向 B 时的 $i(0_+)$。

8-4 求如题 8-4 图所示电路的时间常数。

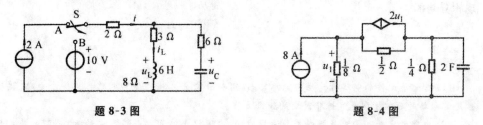

题 8-3 图   题 8-4 图

8-5 如题 8-5 图所示电路换路前已达稳态。试求换路后的 u_C 和 i_C。

8-6 如题 8-6 图所示电路,换路前已达稳态,$t = 0$ 时将开关 S 由 A 投向 B,求 $t \geqslant 0$ 时的 u_L、i_L 和 u_{ab}。

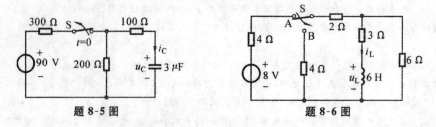

题 8-5 图   题 8-6 图

8-7 如题 8-7 图所示电路,换路前已达稳态,$t = 0$ 时将开关 S 打开,求 $t \geqslant 0$ 时的 u_C,i_C,i 和 u_1。

8-8 (1)如题 8-8(a)图所示电路,换路前电路已处于稳态,$t = 0$ 时将开关 S 闭合,试用三要素法求 $t \geqslant 0$ 时的 u_C。(2)如题 8-16(b)图所示电路,换路前电路已处于稳态,$t = 0$ 时将开关 S 打开,试用三要素法求 $t \geqslant 0$ 时的 u_L。

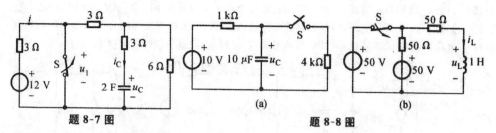

题 8-7 图   题 8-8 图

8-9 如题 8-9 图所示电路，换路前已达稳态，$t=0$ 时将开关 S 闭合，求 $t \geqslant 0$ 时的 u_C 和 i_C。

8-10 在题 8-10 图所示电路中，已知换路前电路达到稳态，$t=0$ 时将开关 S 闭合，求 $t \geqslant 0$ 时的 i_L。

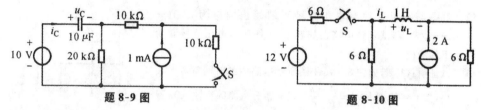

题 8-9 图   题 8-10 图

8-11 电路如题 8-11 图(a)所示，已知电压源波形如题 8-11 图(b)所示，求零状态响应 i_L 和 u_L，并画出其变化曲线。

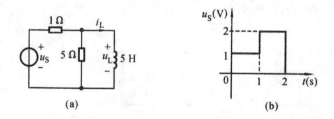

题 8-11 图

8-12 如题 8-12 图所示电路中，已知换路前电路达到稳态，$t=0$ 时将开关 S 闭合，求 $t \geqslant 0$ 时的全响应 u_C。

8-13 如题 8-13 图所示电路中，已知 $R_1=100\ \Omega, R_2=200\ \Omega, R_3=300\ \Omega, L=2\ \text{mH}, \mu=3$，求(1)将电路中除动态元件以外的部分化简为戴维宁或诺顿的等效电路；(2)利用化简后的电路列出图中所注明输出量 i 的微分方程。

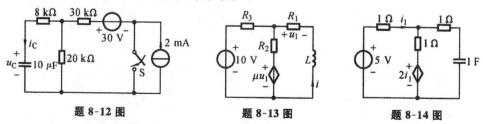

题 8-12 图   题 8-13 图   题 8-14 图

8-14 如题 8-14 图所示电路，电压源在 $t=0$ 时开始作用于电路，试求 $t \geqslant 0$ 时的零状态响应 i_1。

8-15　如题 8-15 图所示电路,换路前电路已达稳态,$t = 0$ 时开关 S 闭合,求 $t \geqslant 0$ 时的 u_C。

8-16　如题 8-16 图所示电路,已知换路前电路已达稳态,$t = 0$ 时开关 S 闭合,求 $t \geqslant 0$ 时的 i 和 u。

8-17　电路如题 8-17 图所示,求其单位冲激响应 u_L 和 i_L,以及单位阶跃响应 u_L 和 i_L。

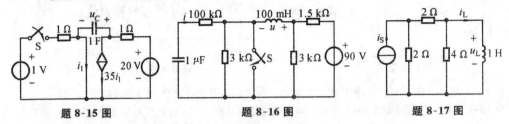

题 8-15 图　　　　　题 8-16 图　　　　　题 8-17 图

8-18　某电路在单位冲激电压激励下的输出响应为 $h(t) = 2e^{-2t}\varepsilon(t)$ V,试求该电路在如题 8-18 图所示电压信号激励下的响应。

8-19　试证明:(1) 若如题 8-19(a) 图所示电路中的时间常数 τ 很小,如 $\tau \ll T_p$,则 $u_L \approx \dfrac{L}{R}\dfrac{\mathrm{d}u_1}{\mathrm{d}t}$,具有微分电路的特性;(2) 若如题 8-19 图(b) 所示电路中的时间常数 τ 较大,满足 $\tau \gg T_p$,则 $u_R \approx \dfrac{R}{L}\displaystyle\int_{-\infty}^{t} u_1 \mathrm{d}t$ 具有积分电路的特性。输入信号 u_i 的波形如题 8-19(c) 图所示。

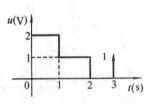

题 8-18 图

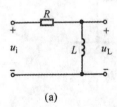

(a)

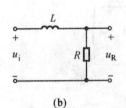

(b)

(c)

题 8-19 图

9 二阶电路

本章着重讲解二阶动态电路的物理过程和基本的分析方法。能用二阶微分方程和高阶微分方程描述的动态电路分别称为二阶电路和高阶电路,二阶动态电路包括 RLC 串联电路和 RLC 并联电路两种形式。无论是哪一种形式,电路的零输入响应都有过阻尼、临界阻尼、欠阻尼三种情况,其取决于电路的固有频率(特征根)。与一阶电路一样,二阶电路的全响应可以分解为零输入响应和零状态响应,也可分解为齐次解和特解,本章将阐述二阶电路的经典分析方法,并讨论单位冲激响应和单位阶跃响应的具体求解方法。

9.1 零输入响应

二阶电路含有两个独立的动态元件,可以用二阶微分方程来描述,它的物理过程比一阶电路要复杂,但是一阶电路建立的一些基本概念对线性定常的二阶电路仍然适用。下面以由电阻、电感和电容构成的 RLC 串、并联基本二阶电路为例讨论它的零输入响应。

如图 9-1 所示的二阶 RLC 串联基本电路中,已知 $u_C(0_-) = U_0$,$i_L(0_-) = I_0$,求 $t \geqslant 0$ 时的 u_C、i 和 u_L。

在回路中由 KVL 有

$$-u_C + u_R + u_L = 0$$

根据元件的 VCR 有如下关系

$$i = -C\frac{\mathrm{d}u_C}{\mathrm{d}t}, \quad u_R = Ri, \quad u_L = L\frac{\mathrm{d}i}{\mathrm{d}t}$$

于是回路方程为

$$LC\frac{\mathrm{d}^2 u_C}{\mathrm{d}t^2} + RC\frac{\mathrm{d}u_C}{\mathrm{d}t} + u_C = 0 \tag{9-1}$$

图 9-1 RLC 串联基本电路

给定的初始条件是

$$u_C(0_+) = u_C(0_-) = U_0 \tag{9-2}$$
$$i(0_+) = i_L(0_-) = I_0$$
$$\left.\frac{\mathrm{d}u_C}{\mathrm{d}t}\right|_{t=0} = -\frac{i_L(0_+)}{C} = -\frac{I_0}{C} \tag{9-3}$$

对于线性定常的二阶电路,式(9-1)是一个线性常系数的二阶齐次微分方程,解为电路的零输入响应,令

$$u_C = Ae^{pt}$$

将 $u_C = Ae^{pt}$ 代入式(9-1),得特征方程为

$$LCp^2 + RCp + I = 0$$

特征方程的根为

$$p_{1,2} = -\frac{R}{2L} \pm \sqrt{\left(\frac{R}{2L}\right)^2 - \frac{1}{LC}} = -\delta \pm \sqrt{\delta^2 - \omega_0^2} \tag{9-4}$$

特征根 p_1、p_2 称为电路的固有频率或自然频率。其中 $\delta = R/(2L)$、$\omega_0 = 1/\sqrt{LC}$ 分别称为电路的阻尼系数和谐振角频率。当 $p_1 \neq p_2$ 时,式(9-1)的通解为

$$u_C = A_1 e^{p_1 t} + A_2 e^{p_2 t} \tag{9-5}$$

由式(9-5)可知,零输入响应的形式取决于特征根的情况。根据式(9-4),特征根又依赖于 δ 和 ω_0 的相对大小。当 $\delta > \omega_0$ 时,两特征根是不等的负实根;当 $\delta < \omega_0$ 时,两特征根是一对具有负实部的共轭复根;当 $\delta = \omega_0$ 时,两特征根则是两个相等的负实根。下面就这三种情况分别进行讨论。

1. $\delta > \omega_0$,即 $R > 2\sqrt{L/C}$ 的情况

将式(9-2)、式(9-3)初始条件代入式(9-5)可得

$$A_1 + A_2 = U_0 \tag{9-6}$$
$$A_1 p_1 + A_2 p_2 = -I_0/C \tag{9-7}$$

联立式(9-6)、式(9-7)可求出常数 A_1、A_2。这里只讨论 $U_0 \neq 0$,$I_0 = 0$ 的情况,此时,初始值不为零的电容通过 R、L 放电,联立方程的解为

$$A_1 = \frac{p_2}{p_2 - p_1} U_0$$

$$A_2 = -\frac{p_1}{p_2 - p_1} U_0$$

将 A_1、A_2 值代入式(9-5),求得电容电压为

$$u_C = \frac{U_0}{p_2 - p_1}(p_2 e^{p_1 t} - p_1 e^{p_2 t}) \tag{9-8}$$

电感电流为
$$i = -C\frac{\mathrm{d}u_C}{\mathrm{d}t} = -\frac{CU_0 p_1 p_2}{p_2 - p_1}(e^{p_1 t} - e^{p_2 t})$$

利用 $p_1 p_2 = 1/(LC)$ 的关系可得

$$i = -\frac{U_0}{L(p_2 - p_1)}(e^{p_1 t} - e^{p_2 t}) \tag{9-9}$$

电感电压为
$$u_L = L\frac{\mathrm{d}i}{\mathrm{d}t} = -\frac{U_0}{p_2 - p_1}(p_1 e^{p_1 t} - p_2 e^{p_2 t}) \tag{9-10}$$

由于两特征根是不等的负实根,从式(9-8)可以看出电容电压是衰减的指数函数,且因为 $|p_1| < |p_2|$,所以随着时间的增长,u_C 中第一项比第二项衰减慢,u_C 一直为正。图9-2所示为电容电压、电流和电感电压随时间变化规律的波形。

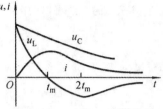

图 9-2 u_C、i 和 u_L 变化波形

根据波形可知,电容电压从 U_0 单调地衰减为零,说明电容一直处于放电状态。也可以从电流 i 或电容电压 u_C 始终为正且连续变化的过程加以说明。故这种情况为非振荡放电过程,或过阻尼情况。

由图9-2不难发现,i 在变化的过程中具有一个极大值 $i_{\max}$,设出现在 $t = t_m$ 时刻,则令 $\mathrm{d}i/\mathrm{d}t = 0$,即电感电压 $u_L = 0$,于是有
$$p_1 e^{p_1 t_m} - p_2 e^{p_2 t_m} = 0$$

故
$$t_m = \frac{\ln(p_2 / p_1)}{p_1 - p_2}$$

而电感电压在随时间变化的过程中有一个极小值,令 $\mathrm{d}u_L/\mathrm{d}t = 0$,可以求出这个极小值出现的时刻
$$t = \frac{2\ln(p_2 / p_1)}{p_1 - p_2} = 2t_m$$

在电路的整个工作过程中,电容始终是释放电场能量。$t < t_m$ 时电感吸收能量,建立磁场;$t > t_m$ 时电感释放能量,磁场逐渐减弱。电阻一直吸收能量,最终将电路中全部能量转变成热能。

2. $\delta < \omega_0$,即 $R < 2\sqrt{L/C}$ 的情况

$\delta < \omega_0$ 时,特征根 p_1、p_2 是一对共轭复根,分别为
$$p_1 = -\delta + \sqrt{\delta^2 - \omega_0^2} = -\delta + \mathrm{j}\sqrt{\omega_0^2 - \delta^2} = -\delta + \mathrm{j}\omega$$
$$p_2 = -\delta - \sqrt{\delta^2 - \omega_0^2} = -\delta - \mathrm{j}\sqrt{\omega_0^2 - \delta^2} = -\delta - \mathrm{j}\omega$$

式中,$\omega = \sqrt{\omega_0^2 - \delta^2}$。当初始条件与过阻尼情况相同时,进行类似定量分析,电容电压为
$$u_C = \frac{U_0}{p_2 - p_1}(p_2 e^{p_1 t} - p_1 e^{p_2 t})$$
$$= \frac{U_0}{(-\delta - \mathrm{j}\omega) - (-\delta + \mathrm{j}\omega)}[(-\delta - \mathrm{j}\omega)e^{(-\delta + \mathrm{j}\omega)t} - (-\delta + \mathrm{j}\omega)e^{(-\delta - \mathrm{j}\omega)t}]$$
$$= -\frac{U_0}{2\mathrm{j}\omega}e^{-\delta t}[-\delta(e^{\mathrm{j}\omega t} - e^{-\mathrm{j}\omega t}) - \mathrm{j}\omega(e^{\mathrm{j}\omega t} + e^{-\mathrm{j}\omega t})]$$

利用尤拉公式
$$e^{\mathrm{j}x} + e^{-\mathrm{j}x} = 2\cos x, \quad e^{\mathrm{j}x} - e^{-\mathrm{j}x} = 2\mathrm{j}\sin x$$

进行变换有 $\qquad u_C = \dfrac{\omega_0}{\omega} U_0 \, e^{-\delta t} \left(\dfrac{\delta}{\omega_0} \sin\omega t + \dfrac{\omega}{\omega_0} \cos\omega t \right)$

ω、ω_0 和 δ 三者的关系可以用图 9-3 所示的直角三角形很直观地加以描述。由图可知,

$$\sin\beta = \frac{\omega}{\omega_0}, \quad \cos\beta = \frac{\delta}{\omega_0}$$

则电容电压为

$$u_C = \frac{\omega_0}{\omega} U_0 \, e^{-\delta t} (\cos\beta\sin\omega t + \sin\beta\cos\omega t) = \frac{\omega_0}{\omega} U_0 \, e^{-\delta t} \sin(\omega t + \beta) \tag{9-11}$$

根据 $i = -C \mathrm{d}u_C/\mathrm{d}t$,回路电流为

$$i = \frac{U_0}{\omega L} e^{-\delta t} \sin\omega t \tag{9-12}$$

电感电压为 $\qquad u_L = L\dfrac{\mathrm{d}i}{\mathrm{d}t} = -\dfrac{\omega_0}{\omega} U_0 \, e^{-\delta t} \sin(\omega t - \beta) \tag{9-13}$

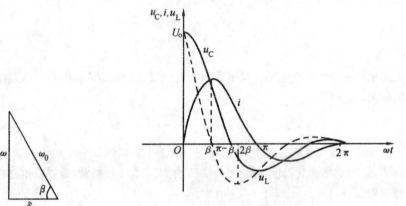

图 9-3　ω、ω_0 和 δ 的关系　　　图 9-4　u_C、i 和 u_L 变化波形

图 9-4 所示为上述三个零输入响应随时间变化规律的波形。

根据上述各响应的数学式或从相应的波形可以看出,当 $\omega t = k\pi, k = 0,1,2,3,\cdots$ 时,电流 i 出现过零点,也即出现 u_C 的极值点;当 $\omega t = k\pi + \beta, k = 0,1,2,3,\cdots$ 时,出现电感电压 u_L 的过零点,也即电流 i 的极值点;当 $\omega t = k\pi - \beta, k = 0,1,2,3,\cdots$ 时,电容电压 u_C 出现过零点。

可见,在整个过渡过程中,u_C、i 和 u_L 周期性地改变方向,且呈现衰减振荡的状态,衰减的快慢取决于 δ,所以 δ 也称为衰减系数。正弦函数的角频率为 ω 是电路的固有角频率。电路中电容和电感周期性地交换能量,而电阻始终消耗能量,电容上原有的能量最后全部由电阻转化为热能消耗掉。即当电路中的电阻 R 较小($R < 2\sqrt{L/C}$)时,电路的状态为衰减振荡放电,这一状态也称为欠阻尼情况。

当电路中的电阻 $R = 0$ 时,有 $\delta = R/(2L) = 0$,$\omega = \omega_0 = 1/\sqrt{LC}$,将等量关系代入式 (9-11)、式 (9-12)、式 (9-13) 可得到相应的零输入响应分别为

$$u_C = U_0 \sin(\omega_0 t + \pi/2)$$

$$i = \frac{U_0}{\omega_0 L} \sin\omega_0 t$$

$$u_L = -U_0 \sin(\omega_0 t - \pi/2)$$

可以看出,此时的响应都是振幅不衰减的正弦函数,振荡会一直持续下去,从而形成等幅的自由振荡。

3. $\delta = \omega_0$,即 $R = 2\sqrt{L/C}$ 的情况

$\delta = \omega_0$ 时,特征根 p_1、p_2 是两个相等的负实根,分别为

$$p_1 = p_2 = -\delta$$

微分方程(9-1)的通解形式为

$$u_C = (A_1 + A_2 t)e^{-\delta t}$$

根据 $U_0 \neq 0, I_0 = 0$ 的初始条件,可求出两常数

$$A_1 = U_0, \quad A_2 = \delta U_0$$

则响应为

$$u_C = U_0(1 + \delta t)e^{-\delta t}$$

$$i = -C\frac{\mathrm{d}u_C}{\mathrm{d}t} = \frac{U_0}{L}te^{-\delta t}$$

$$u_L = L\frac{\mathrm{d}i}{\mathrm{d}t} = U_0 e^{-\delta t}(1 - \delta t)$$

从电路零输入响应的函数形式不难发现,u_C、i 和 u_L 是单调衰减的函数,电路的放电过程仍然属于非振荡性质,但是,恰好介于振荡和非振荡之间,所以被称为临界非振荡过程。此时电阻 $R = 2\sqrt{L/C}$ 称为临界电阻,由 R 和 $2\sqrt{L/C}$ 的相对大小可以判别电路的工作状态(过阻尼、欠阻尼和临界阻尼)。u_C、i 和 u_L 随时间变化的波形与过阻尼情况相似。

【例 9.1】 在图 9-5 所示的电路中,换路前电路处于稳态。求 $t \geq 0$ 换路后电容的电压 u_C 和 i。已知(1)$U_S = 20$ V,$R_S = 13\ \Omega, R = 7\ \Omega, L = 1$ H,$C = 0.1$ F;(2)$U_S = 20$ V,$R_S = 16\ \Omega, R = 4\ \Omega, L = 2$ H,$C = 0.1$ F。

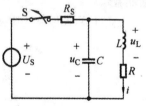

图 9-5　例 9.1 的电路

解 (1)换路前电路已达稳态,则有

$$i_L(0_-) = \frac{U_S}{R_S + R} = \frac{20}{13 + 7}A = 1\ A$$

$$u_C(0_-) = Ri_L(0_-) = 7\ V$$

$t = 0$ 时开关打开,构成 RLC 串联回路,且满足 $R > 2\sqrt{L/C}$,所以电路处于过阻尼情况,放电过程是非振荡的。

回路的 KVL 方程为

$$LC\frac{\mathrm{d}^2 u_C}{\mathrm{d}t^2} + RC\frac{\mathrm{d}u_C}{\mathrm{d}t} + u_C = 0$$

特征根方程为

$$LCp^2 + RCp + 1 = 0$$

将电路的元件参数代入得

$$10^{-1}p^2 + 7 \times 10^{-1}p + 1 = 0$$

$$p^2 + 7p + 10 = 0$$

特征根 $\qquad\qquad\qquad p_1 = -2, \quad p_2 = -5$

则电容电压 $\qquad\qquad u_C = A_1 e^{-2t} + A_2 e^{-5t}$

　　利用初始条件可确定常数 A_1、A_2

$$u_C(0_+) = u_C(0_-) = 7 \text{ V}$$

$$\left.\frac{\mathrm{d}u_C}{\mathrm{d}t}\right|_{t=0} = -\frac{i_L(0_+)}{C} = -\frac{i_L(0_-)}{C} = -10$$

所以 $\qquad\qquad\qquad\qquad A_1 + A_2 = 7$

$$-2A_1 - 5A_2 = -10$$

联立求解得 $\qquad\qquad A_1 = 8.333, \quad A_2 = -1.333$

于是可得 $\qquad\qquad u_C = (8.333 e^{-2t} - 1.333 e^{-5t})\varepsilon(t) \text{ V}$

　　根据 $i = -C\mathrm{d}u_C/\mathrm{d}t$,有

$$i = -0.1(-2 \times 8.333 e^{-2t} + 5 \times 1.333 e^{-5t}) = (1.667 e^{-2t} - 0.667 e^{-5t})\varepsilon(t) \text{ A}$$

　　(2) 元件参数满足 $R < 2\sqrt{L/C}$,所以电路处于欠阻尼情况,放电过程是衰减振荡的。

将已知数据代入描述电路的微分方程得

$$\frac{\mathrm{d}^2 u_C}{\mathrm{d}t^2} + 2\frac{\mathrm{d}u_C}{\mathrm{d}t} + 5u_C = 0$$

特征根方程为

$$p^2 + 2p + 5 = 0$$

求得特征根 $\qquad\qquad p_{1,2} = -1 \pm \mathrm{j}2$

因此有 $\qquad\qquad u_C = A_1 e^{-t}\cos 2t + A_2 e^{-t}\sin 2t$

　　利用初始条件求常数 A_1、A_2

$$i_L(0_+) = i_L(0_-) = \frac{U_S}{R_S + R} = \left(\frac{20}{16+4}\right)\text{A} = 1 \text{ A}$$

$$u_C(0_+) = u_C(0_-) = Ri_L(0_-) = 4 \text{ V}$$

$$\left.\frac{\mathrm{d}u_C}{\mathrm{d}t}\right|_{t=0_+} = -\frac{i_L(0_+)}{C} = -\frac{i_L(0_-)}{C} = -10$$

则 $\qquad\qquad\qquad u_C(0_+) = A_1 = 4 \text{ V}$

$$\left.\frac{\mathrm{d}u_C}{\mathrm{d}t}\right|_{t=0_+} = [(-A_1 + 2A_2)e^{-t}\cos 2t - (2A_1 + A_2)e^{-t}\sin 2t]_{t=0_+}$$

$$= -A_1 + 2A_2 = -10$$

　　联立关于常数 A_1、A_2 的方程,可得

$$A_1 = 4, \quad A_2 = -3$$

电容电压为 $\quad u_C = 4e^{-t}\cos 2t - 3e^{-t}\sin 2t = [5e^{-t}\sin(2t + 126.87°)]\varepsilon(t) \text{ V}$

而电感电流

$$i = -C\frac{\mathrm{d}u_C}{\mathrm{d}t} = -0.1[-5\mathrm{e}^{-t}\sin(2t+126.87°) + 2\times5\mathrm{e}^{-t}\cos(2t+126.87°)]$$

$$= \mathrm{e}^{-t}[0.5\sin(2t+126.87°) - \cos(2t+126.87°)]$$

$$= [1.12\mathrm{e}^{-t}\sin(2t+63.42°)]\varepsilon(t)\ \mathrm{A}$$

9.2 零状态响应

在图 9-6 所示的基本 RLC 串联电路中,动态元件电容和电感的初始值为零,$t=0$ 时换路,电源 u_S 作用于电路,求 $t \geqslant 0$ 时的 u_C、i 和 u_L。由于电路的初始状态为零,所以此时的响应称为二阶电路的零状态响应。

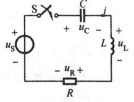

回路的 KVL 方程为

$$u_C + u_L + u_R = u_S$$

将 $u_R = Ri, i = C\mathrm{d}u_C/\mathrm{d}t, u_L = L\mathrm{d}i/\mathrm{d}t$ 代入上式得

图 9-6　二阶零状态响应电路

$$LC\frac{\mathrm{d}^2u_C}{\mathrm{d}t^2} + RC\frac{\mathrm{d}u_C}{\mathrm{d}t} + u_C = u_S \qquad (9\text{-}14)$$

上述二阶常系数线性非齐次微分方程的解包括两个部分,其取决于电路参数的齐次解 u'_C(暂态解)和外加激励的特解 u''_C(稳态解),即 $u_C = u'_C + u''_C$。u''_C 的函数形式由外加激励的函数形式确定,它满足式(9-14),由此可以求出其中的常系数。由电路的零初始条件可以确定齐次解 u'_C 中的常系数,u''_C 函数形式的确定与零输入响应类似,因而电路的零状态响应也相应地分为过阻尼、欠阻尼和临界阻尼三种情况。

如果二阶电路的初始状态非零,且有外加激励作用,这时的响应称为电路的全响应。电路的零输入响应、零状态响应和全响应三者之间满足线性动态电路的叠加定理,也可以通过求解二阶常系数线性非齐次微分方程来求得电路的全响应。

9.2.1　阶跃信号激励下的零状态响应

二阶电路在阶跃信号激励下的零状态响应称为二阶电路的阶跃响应,下面由图 9-7 所示电路来讨论它的求解方法。

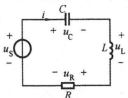

这里 $u_S = \varepsilon(t)$,$u_C(0_-) = 0$,$i_L(0_-) = 0$,求 u_C 和 i。

(1) 当 $\delta > \omega_0$ 时,过阻尼情况,式(9-14)的解为

$$u_C = u'_C + u''_C = A_1\mathrm{e}^{p_1t} + A_2\mathrm{e}^{p_2t} + 1$$

将 $u_C(0_+) = u_C(0_-) = 0$,$\left.\dfrac{\mathrm{d}u_C}{\mathrm{d}t}\right|_{t=0} = \dfrac{i_L(0_+)}{C} = \dfrac{i_L(0_-)}{C} = 0$

图 9-7　二阶阶跃响应电路

代入上式得

$$A_1 = \frac{-p_2}{p_2-p_1}, \quad A_2 = \frac{-p_1}{p_1-p_2}$$

则
$$u_C = \left[1 - \frac{1}{p_2 - p_1}(p_2 e^{p_1 t} - p_1 e^{p_2 t}) \right] \varepsilon(t)$$

根据 $i = C du_C / dt$，则回路电流为
$$i = \frac{1}{L(p_1 - p_2)}(e^{p_1 t} - e^{p_2 t})\varepsilon(t)$$

(2) 当 $\delta < \omega_0$ 时，欠阻尼情况，式(9-14)的解为
$$u_C = u'_C + u''_C = A e^{-\delta t} \sin(\omega t + \beta) + 1$$

由初始值可以确定
$$A = -\frac{\omega_0}{\omega}, \quad \beta = \arctan \frac{\omega}{\delta}$$

则
$$u_C = \left[1 - \frac{\omega_0}{\omega} e^{-\delta t} \sin\left(\omega t + \arctan \frac{\omega}{\delta}\right) \right] \varepsilon(t)$$

而回路电流
$$i = \left(\frac{1}{\omega L} e^{-\delta t} \sin \omega t \right)\varepsilon(t)$$

(3) 当 $\delta = \omega_0$ 时，临界阻尼情况，式(9-14)的解为
$$u_C = u'_C + u''_C = (A_1 + A_2 t)e^{-\delta t} + 1$$

由初始值可以确定 $A_1 = -1, A_2 = -\delta$，所以有
$$u_C = [1 - (1 + \delta t)e^{-\delta t}]\varepsilon(t)$$
$$i = C \frac{du_C}{dt} = \frac{1}{L} t e^{-\delta t} \varepsilon(t)$$

若外加的激励 $u_S = U_S \varepsilon(t)$，则对应的阶跃响应应在单位阶跃响应前面乘以 U_S。

9.2.2　冲激信号激励下的零状态响应

电路在单位冲激信号作用下的零状态响应称为冲激响应。求解 RLC 串联电路的冲激响应有两种方法。

方法一是直接利用描述电路的二阶常系数线性非齐次微分方程求解，即从冲激信号的定义出发，直接计算冲激响应，用这种方法时必须正确理解它的物理意义。$t = 0$ 瞬间冲激信号施加于电路，在 $t = 0_+$ 时建立了初始值，而冲激信号消失，求零状态响应转换为求零输入响应。

在图 9-7 所示电路中，令 $u_S = \delta(t)$，则电路为单位冲激信号作用下的零状态 RLC 串联电路。描述电路的微分方程为

$$LC \frac{d^2 u_C}{dt^2} + RC \frac{du_C}{dt} + u_C = \delta(t) \tag{9-15}$$

初始条件为　　$u_C(0_+) = 0, \quad i(0_+) = \frac{1}{L} \int_{0_-}^{0_+} \delta(t) dt = \frac{1}{L}$

$t > 0$ 时，电路的响应就是由上述初始值引起的零输入响应。将初始值代入 9.1 节中零输入响应相应的表达式，可得三种情况下的冲激响应。

过阻尼情况　　$u_C = \frac{1}{LC(p_1 - p_2)}(e^{p_1 t} - e^{p_2 t})\varepsilon(t)$

$$i = \frac{1}{L(p_1 - p_2)}(p_1 e^{p_1 t} - p_2 e^{p_2 t})\varepsilon(t)$$

临界阻尼情况

$$u_C = \frac{1}{LC}t e^{-\delta t}\varepsilon(t)$$

$$i = \frac{1}{L}(1 - \delta t)e^{-\delta t}\varepsilon(t)$$

欠阻尼情况

$$u_C = \left(\frac{1}{LC\omega}e^{-\delta t}\sin\omega t\right)\varepsilon(t)$$

$$i = \frac{1}{L}e^{-\delta t}\left(\cos\omega t - \frac{\delta}{\omega}\sin\omega t\right)\varepsilon(t)$$

方法二利用了线性定常电路具有微积分的性质的特点。$\delta(t)$ 与 $\varepsilon(t)$ 之间存在微积分关系，则冲激响应与阶跃响应之间也存在微积分的关系。根据 9.2.1 小节中的求解方法求出阶跃响应来求冲激响应，其方法是冲激响应是阶跃响应对时间的导数，这里不再叙述。若外加的激励为 $u_S = A\delta(t)$，则对应的冲激响应应在单位冲激响应前面乘以 A。

9.2.3 正弦信号激励下的零状态响应

二阶电路在零初始状态下，由正弦信号激励所引起的响应称为电路对正弦信号的零状态响应。求解的方法类似于前面几种信号激励电路产生零状态的情况，不同点在于信号不同，响应中的特解也不同。

利用图 9-7 所示二阶 RLC 串联电路，这里令 $u_S = U_m\sin(\omega t + \varphi_u)$，则电容电压 $u_C = u_C' + u_C''$，其中 u_C' 为齐次解、u_C'' 为特解（稳态解），利用正弦交流电路一章的方法可以求得电流 i 的特解

$$i'' = \frac{U_m}{|Z|}\sin(\omega t + \varphi_u - \varphi_i)$$

而

$$u_C'' = \frac{U_m}{|Z|\omega C}\sin\left(\omega t + \varphi_u - \varphi_i - \frac{\pi}{2}\right)$$

其中

$$|Z| = \sqrt{R^2 + \left(\omega L - \frac{1}{\omega C}\right)^2}, \quad \varphi_i = \arctan\frac{\omega L - 1/(\omega C)}{R}$$

正弦信号激励下的零状态响应分下面三种情况。

过阻尼情况

$$u_C = \left[A_1 e^{p_1 t} + A_2 e^{p_2 t} + \frac{U_m}{|Z|\omega C}\sin\left(\omega t + \varphi_u - \varphi_i - \frac{\pi}{2}\right)\right]\varepsilon(t)$$

$$i = \left[CA_1 p_1 e^{p_1 t} + CA_2 p_2 e^{p_2 t} + \frac{U_m}{|Z|}\sin(\omega t + \varphi_u - \varphi_i)\right]\varepsilon(t)$$

临界阻尼情况

$$u_C = \left[(A_1 + A_2 t)e^{-\delta t} + \frac{U_m}{|Z|\omega C}\sin\left(\omega t + \varphi_u - \varphi_i - \frac{\pi}{2}\right)\right]\varepsilon(t)$$

$$i = \left[(A_2 - \delta A_1 - \delta A_2 t)Ce^{-\delta t} + \frac{U_m}{|Z|}\sin(\omega t + \varphi_u - \varphi_i)\right]\varepsilon(t)$$

欠阻尼情况

$$u_C = \left[(A\sin\omega t + B\cos\omega t)e^{-\delta t} + \frac{U_m}{|Z|\,\omega C}\sin\left(\omega t + \varphi_u - \varphi_i - \frac{\pi}{2}\right) \right]\varepsilon(t)$$

$$i = \left\{ -Ce^{-\delta t}\left[(\delta A + B\omega)\sin\omega t - (\delta B + \omega A)\cos\omega t\right] + \frac{U_m}{|Z|}\sin(\omega t + \varphi_u - \varphi_i) \right\}\varepsilon(t)$$

其中的未知常数 A_1、A_2 以及 A、B 可以利用下列初始条件求出。

$$u_C(0_+) = u_C(0_-) = 0, \quad \frac{du_C}{dt}\bigg|_{t=0} = \frac{i_L(0_+)}{C} = \frac{i_L(0_-)}{C} = 0$$

9.3　全响应

　　RLC 二阶电路的全响应是电路在外加激励和初始状态共同作用下产生的响应。二阶电路的全响应从产生的物理过程来看可以分解为零输入响应和零状态响应,从数学的角度也可分解为齐次解和特解。

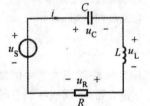

图 9-8　二阶全响应电路

　　如图 9-8 所示的 RLC 串联电路,设电压源在 $t = 0$ 时接入电路,电容、电感的初始值分别为 $u_C(0_+) = U_0$,$i(0_+) = I_0$。对状态变量 u_C 的确定,根据回路的 KVL 方程有

$$u_C + u_L + u_R = u_S$$

将 $u_R = Ri$,$i = Cdu_C/dt$,$u_L = Ldi/dt$ 代入上式得

$$LC\frac{d^2 u_C}{dt^2} + RC\frac{du_C}{dt} + u_C = u_S \qquad (9\text{-}16)$$

考虑初始条件

$$u_C(0) = U_0$$

$$\frac{du_C}{dt}\bigg|_{t=0_+} = \frac{i(0_+)}{C} = \frac{I_0}{C}$$

可以求出 u_C 的解。

　　当式(9-16)的左边 $u_S = 0$ 时,非齐次方程变为齐次方程,此时的响应是由初始条件引起的零输入响应,求法同9.1节;当初始条件 $u_C(0_+) = 0$,$i(0_+) = 0$ 时,此时的响应为零状态响应,是由 u_S 激励产生的,求法同9.2节。把上述两种情况下的方程、初始条件分别相加可以证实电路的全响应为零输入响应与零状态响应之和。

　　如果直接由式(9-16)求解全响应,求法类似于9.2节的零状态响应,不同之处在于确定方程齐次解系数时要考虑状态变量的初始值不为零。

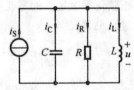

图 9-9　二阶并联电路

　　对于图 9-9 所示的 RLC 并联二阶电路的分析,利用对偶性原理,完全可以按照 RLC 串联二阶电路的分析方法进行,这里不再赘述。

　　【例9.2】　如图 9-10(a)所示电路,开关 S 在 $t = 0$ 时打开,打开前电路处于稳态,求 $t \geqslant 0$ 时的电流 i。

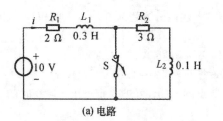
(a) 电路

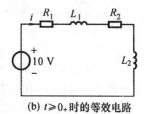
(b) $t \geqslant 0_+$ 时的等效电路

图 9-10　例 9.2 的图

解　解法 1：开关 S 打开前电路处稳态，$i(0_-) = i_{L1}(0_-) = 5$ A，$i_{L2}(0_-) = 0$。
$t \geqslant 0_+$ 时的等效电路如图 9-10(b) 所示，电路方程为

$$R_1 i + L_1 \frac{\mathrm{d}i}{\mathrm{d}t} + R_2 i + L_2 \frac{\mathrm{d}i}{\mathrm{d}t} = 10$$

换路前 $i_{L1}(0_-) \neq i_{L2}(0_-)$，换路后 $i_{L1}(0_+) = i_{L2}(0_+)$，则电感电流在 $t = 0$ 时发生有限跳变。$i(0_+)$ 可对方程两边从 $0_- \sim 0_+$ 积分

$$\int_{0-}^{0+} \left(R_1 i + R_2 i + L_1 \frac{\mathrm{d}i}{\mathrm{d}t} + L_2 \frac{\mathrm{d}i}{\mathrm{d}t} \right) \mathrm{d}t = \int_{0-}^{0+} 10 \mathrm{d}t$$

由于 i 为有限量，则有

$$\int_{0-}^{0+} (R_1 i + R_2 i) \mathrm{d}t \to 0, \quad \int_{0-}^{0+} 10 \mathrm{d}t \to 0$$

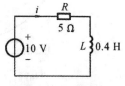

图 9-11　等效电路

故　$L_1[i(0_+) - i_{L1}(0_-)] + L_2[i(0_+) - i_{L2}(0_-)] = 0$
$$0.3[i(0_+) - 5] + 0.1[i(0_+) - 0] = 0$$
因此　　　　　　　$i(0_+) = 3.75$ A
此时电路的等效电路如图 9-11 所示。

根据三要素法
$$i(t) = [2 + (3.75 - 2)\mathrm{e}^{-Rt/L}]\varepsilon(t) = (2 + 1.75\mathrm{e}^{-12.5t})\varepsilon(t)\ \text{A}$$

解法 2：已知 $i_{L1}(0_-) = 5$A，可用初始电流 $i_{L1}(0_-) = 0$ 的电感 L_1 与电流为 $i_{L1}(0_-) = 5$ A 的电流源并联，或用初始电流 $i_{L1}(0_-) = 0$ 的电感 L_1 与电压为 $L_1 i_{L1}(0_-) = 5$ V 的电压源串联来等效表示 $i_{L1}(0_-) = 5$ A 的电感 L_1，则电感 L_1 在 $t \geqslant 0$ 时的等效电路如图 9-12 或图 9-13 所示。

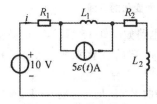

图 9-12　等效电路之一

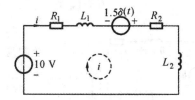

图 9-13　等效电路之二

由此得 $t \geqslant 0$ 时的电路方程为
$$0.4 \frac{\mathrm{d}i}{\mathrm{d}t} + 5i = 1.5\delta(t) + 10$$

而此时 i_{L1} 与 i_{L2} 初始值均为零，即 $i(0_-) = i_{L1}(0_-) = i_{L2}(0_-) = 0$。

由 $1.5\delta(t)$ 所引起的初始条件可由对上述微分方程从 $0_- \sim 0_+$ 的积分求得

$$0.4[i(0_+) - i(0_-)] = 1.5$$

所以 　　　　　　　　　　　　　$i(0_+) = 3.75 \text{ A}$

于是 　　　　$i = 2 + (3.75 - 2)e^{-Rt/L} = (2 + 1.75e^{-12.5t})\varepsilon(t)$

根据电容和电感元件的 VCR 以及节点的 KCL,可进一步求出 $t \geqslant 0$ 时的 i_{L1}、i_{L2}、u_{L1} 和 u_{L2} 为

$$i_{L1} = 5\varepsilon(-t) + (2 + 1.75e^{-12.5t})\varepsilon(t)$$

$$i_{L2} = (2 + 1.75e^{-12.5t})\varepsilon(t)$$

$$u_{L1} = L_1 \frac{di_{L1}}{dt} = 0.3[-5\delta(t) + 3.75\delta(t) - 21.875e^{-12.5t}\varepsilon(t)]$$

$$= -0.375\delta(t) - 6.56e^{-12.5t}\varepsilon(t)$$

$$u_{L2} = L_2 \frac{di_{L2}}{dt} = 0.1[3.75\delta(t) - 21.875e^{-12.5t}\varepsilon(t)]$$

$$= 0.375\delta(t) - 2.188e^{-12.5t}\varepsilon(t)$$

各响应随时间变化的曲线如图 9-14 所示。

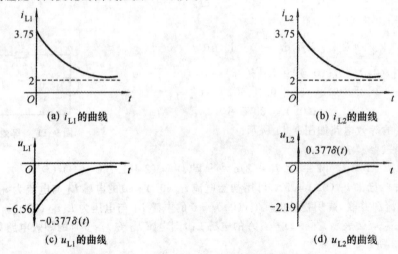

(a) i_{L1} 的曲线　　　　　　　(b) i_{L2} 的曲线

(c) u_{L1} 的曲线　　　　　　　(d) u_{L2} 的曲线

图 9-14　i_{L1}、i_{L2}、u_{L1} 和 u_{L2} 随时间变化的曲线

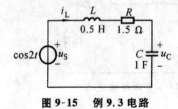

图 9-15　例 9.3 电路

【**例 9.3**】　电路如图 9-15 所示,求正弦激励下的全响应 u_C,并画出它的变化波形。已知:初始条件 $i_L(0_-) = 2 \text{ A}$,$u_C(0_-) = 1 \text{ V}$。

解　由回路的 KVL 及元件的 VCR,有

$$LC \frac{d^2 u_C}{dt^2} + RC \frac{du_C}{dt} + u_C = u_S$$

代入电路参数得

$$\frac{1}{2} \cdot \frac{d^2 u_C}{dt^2} + \frac{3}{2} \cdot \frac{du_C}{dt} + u_C = \cos 2t$$

考虑初始值

$$u_C(0_+) = u_C(0_-) = 1$$

$$\left.\frac{du_C}{dt}\right|_{t=0+} = \frac{i_L(0_+)}{C} = \frac{i_L(0_-)}{C} = 2$$

而特征方程为

$$\frac{1}{2}s^2 + \frac{3}{2}s + 1 = 0$$

故特征根

$$S_1 = -1, \quad S_2 = -2$$

则方程齐次解形式为

$$u' = A_1 e^{-t} + A_2 e^{-2t}$$

特解 u'' 是与输入同频率的正弦量,设为

$$u'' = A\cos(2t + \varphi)$$

式中,A、φ 为待定常数。特解应满足回路的微分方程,因为

$$\frac{du''}{dt} = -2A\sin(2t + \varphi)$$

$$\frac{d^2 u''}{dt^2} = -4A\cos(2t + \varphi)$$

代入原回路的微分方程可求得

$$A = 0.316, \quad \varphi = -108.4°$$

所以

$$u'' = 0.316\cos(2t - 108.4°)$$

则全响应可写为

$$u_C = u' + u'' = A_1 e^{-t} + A_2 e^{-2t} + 0.316\cos(2t - 108.4°)$$

由初始条件确定积分常数

$$u_C(0_+) = A_1 + A_2 + 0.316\cos 108.4° = 1$$

$$\left.\frac{du_C}{dt}\right|_{t=0+} = -A_1 - 2A_2 + 2 \times 0.316\sin 108.4° = 2$$

求得

$$A_1 = 3.6, \quad A_2 = -2.5$$

于是

$$u_C = [3.6 e^{-t} - 2.5 e^{-2t} + 0.316\cos(2t - 108.4°)]\varepsilon(t) \text{ V}$$

全响应 u_C 的变化波形如图 9-16 所示。

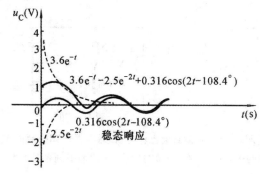

图 9-16 u_C 的变化波形

从理论上讲,当 $t \to \infty$ 时响应才进入稳态,在实际应用上可认为 $t = 4\tau \sim 5\tau$ 时,响应达稳态。在二阶电路中,响应含两个指数项,所以说电路变量有两个时间常数。在这种情况下,可取时间常数大者,也即衰减慢的指数项为考虑对象。在此例中,$\tau_1 = 1\text{s}$,$\tau_2 = 0.5\text{s}$,因此,可以认为当 $t > 4\text{s}$ 时,响应达稳态。

本 章 小 结

(1)能用二阶微分方程描述的动态电路称为二阶电路,线性定常二阶电路可以用线性非时变二阶微分方程来描述。

(2)线性定常二阶电路的零输入响应实际上是在外加输入为零,由储能元件初始能量作用下的响应,也是二阶齐次方程的齐次解。按照方程特征根的不同性质可以将零输入响应分为过阻尼、临界阻尼和欠阻尼三种情况。在过阻尼和临界阻尼情况下,响应是非振荡放电的;在欠阻尼情况下,响应是衰减振荡放电的。

(3)线性定常二阶电路的零状态响应实际上是在储能元件初始能量为零,由外加输入作用下的响应,也是二阶非齐次方程的非齐次解。一般地,零状态响应中包含瞬态分量和稳态分量,从微分方程来看是由齐次解和特解两部分构成。响应按照特征根的不同性质也可分为过阻尼、临界阻尼和欠阻尼三种情况。

(4)根据线性电路的性质,在线性二阶电路中,全响应仍分为零输入响应和零状态响应之和。直接求解非零初始值的微分方程也可以得到全响应。全响应的变化规律按照特征根的不同也可进行相同的分类。

(5)二阶电路的冲激响应和阶跃响应均为电路的零状态响应,而冲激响应可以归结为电路在特定初始状态下的零输入响应。由线性电路的微积分性质可知,两响应之间存在微积分的关系。

习 题 九

9-1 如题 9-1 图所示电路,开关 S 闭合前电路已处于稳态。求 $t = 0_+$ 瞬间各支路电流、各储能元件上的电压值及 $\dfrac{\mathrm{d}u_C}{\mathrm{d}t}\Big|_{0_+}$、$\dfrac{\mathrm{d}i_{L1}}{\mathrm{d}t}\Big|_{0_+}$ 和 $\dfrac{\mathrm{d}i_{L2}}{\mathrm{d}t}\Big|_{0_+}$。

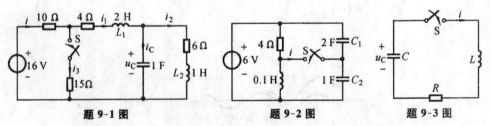

题 9-1 图   题 9-2 图   题 9-3 图

9-2 电路如题 9-2 图所示,在 $t = 0$ 换路前已稳定。试求开关 S 闭合瞬间流经开关处的电流 $i(0_+)$。

9-3 如题 9-3 图所示电路中,开关 S 在 $t = 0$ 时闭合。试说明下列各种情况下电路的工作状态,并求 $t \geqslant 0$ 时的 u_C 和 i。

(1)$L = 1\,\text{H}$,$R = 7\,\Omega$,$C = 0.1\,\text{F}$,$u_C(0_-) = 1\,\text{V}$,$i(0_-) = 0$

(2)$L = 1$ H$, R = 2$ Ω$, C = 1$ F$, u_C(0_-) = 3$ V$, i(0_-) = 0$

(3)$L = 2$ H$, R = 4$ Ω$, C = 0.1$ F$, u_C(0_-) = 20$ V$, i(0_-) = 0$

(4)$L = 2$ H$, R = 0, C = 0.5$ F$, u_C(0_-) = 4$ V$, i(0_-) = 0$

9-4 如题 9-4 图所示电路中,已知 $u_C(0_-) = 10$ V$, i_L(0_-) = 0, R = \frac{1}{6}$ Ω$, L = \frac{1}{8}$ H$, C = 1$F。开关 S 在 $t = 0$ 时闭合,试求开关闭合后的 u_R。

9-5 电路如题 9-5 图所示,试判断它的工作情况是属于过阻尼、欠阻尼还是临界阻尼。

9-6 某一 RLC 串联电路,当其中的电阻 R 为 1 Ω 时,固有频率为 $-3 \pm j5$。若电路中储能元件的参数保持不变,试计算:(1)当 R 值为多少时电路的响应为临界阻尼情况;(2)当 R 值为多少时电路的响应为过阻尼情况,且固有频率之一为 $S_1 = -8$。

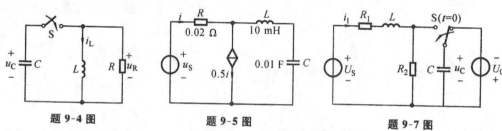

题 9-4 图　　　　题 9-5 图　　　　题 9-7 图

9-7 如题 9-7 图所示电路,已知 $U_0 = 100$ V$, U_S = 200$ V$, R_1 = 30$ Ω$, R_2 = 10$ Ω$, L = 0.1$ H$, C = 1000$ μF,换路前电路处于稳态,求换路后 $t \geqslant 0$ 时支路电流 i_1。

9-8 单位冲激信号分别作用于如题 9-8(a) 图、题 9-8(b) 图所示 RLC 串、并联电路,设储能元件的初始状态为零,在 $t = 0$ 时换路瞬间,电容电压和电感电流是否都发生跃变?为什么?

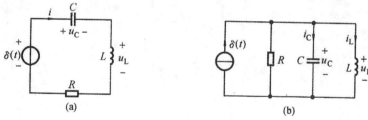

题 9-8 图

9-9 试求如题 9-9 图所示电路在 $R = 1$ Ω 和 $R = 2$ Ω 时的单位阶跃响应和单位冲激响应 u_C。

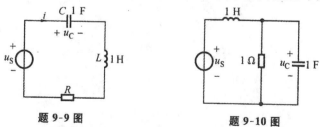

题 9-9 图　　　　题 9-10 图

9-10 如题 9-10 图所示电路,试求激励 u_S 为下列情况时的零状态响应 u_C。

(1)$u_S = 5\varepsilon(t)$ V;(2)$u_S = 5\delta(t)$ V。

10

动态电路的复频域分析

动态电路的复频域分析就是用拉普拉斯变换分析动态电路。本章先介绍拉普拉斯变换和反变换,然后讨论用拉普拉斯变换分析动态电路的方法。这包括 KCL、KVL 的运算形式,R、L、C 及耦合电感的复频域模型,运算阻抗和导纳的概念及运算电路。并通过实例说明动态电路的运算法与正弦交流电路的相量法是相似的。最后介绍在电路及系统理论中有着重要作用的网络函数。

10.1 拉普拉斯变换

第 8、9 章用时域的方法对一阶和二阶电路进行了分析。所介绍的分析方法概念清晰,对于直流电源激励的一阶电路还是很方便的。但对于一般动态电路的分析,存在以下问题。

(1) 对一般的二阶或二阶以上电路,建立微分方程比较困难。

(2) 确定微分方程所需要的 0_+ 初始条件和微分方程解中的积分常数很烦琐。

(3) 动态电路的分析方法无法与电阻性电路和正弦稳态电路的分析统一起来。

(4) 当激励源是任意函数时,求解很不方便。

用拉普拉斯变换分析动态电路(也称为运算法),可以完全解决上述问题。所以,复频域分析是研究动态电路的最有效方法之一。

10.1.1 拉普拉斯变换的定义

一个时间函数 $f(t)$,它的拉普拉斯变换定义为

$$F(s) = \int_{0_-}^{\infty} f(t) e^{-st} \, dt \tag{10-1}$$

式中,$s = \sigma + j\omega$ 为复数,$F(s)$ 称为 $f(t)$ 的象函数,$f(t)$ 称为 $F(s)$ 的原函数。记为

$$F(s) = \mathscr{L}[f(t)] \tag{10-2}$$

为使积分 $\int_{0_-}^{\infty} f(t)\mathrm{e}^{-st}\,\mathrm{d}t$ 存在，$f(t)$ 和 s 都应满足一定的条件，电工技术中遇到的激励函数的拉普拉斯变换一般都是存在的。

另外，式(10-1)中的积分下限为 0_-。如果 $t=0$ 时激励函数包含冲激函数 $\delta(t)$，那么冲激函数的作用就包含在拉普拉斯变换中，从而给计算存在冲激函数电压和电流的电路带来方便。

拉普拉斯反变换定义为

$$f(t) = \frac{1}{2\pi\mathrm{j}} \int_{\sigma-\mathrm{j}\infty}^{\sigma+\mathrm{j}\infty} F(s)\mathrm{e}^{st}\,\mathrm{d}s \qquad (10\text{-}3)$$

记为 $f(t) = \mathscr{L}^{-1}[F(s)]$，原函数与其象函数是一一对应的，简记为 $f(t) \Leftrightarrow F(s)$。

【例 10.1】 求下列函数的拉普拉斯变换。

(1) 单位冲激函数 $\delta(t)$；(2) 单位阶跃函数 $\varepsilon(t)$；(3) 指数函数 $\mathrm{e}^{s_0 t}\varepsilon(t)$。

解 (1) 单位冲激函数的拉普拉斯变换

$$\mathscr{L}[\delta(t)] = \int_{0_-}^{\infty} \delta(t)\mathrm{e}^{-st}\,\mathrm{d}t = 1$$

式中，$\delta(t)\mathrm{e}^{-st} = \delta(t)\mathrm{e}^{-s\times 0} = \delta(t)$，所以 $\delta(t) \Leftrightarrow 1$。

(2) 单位阶跃函数的拉普拉斯变换

$$\mathscr{L}[\varepsilon(t)] = \int_{0_-}^{\infty} \varepsilon(t)\mathrm{e}^{-st}\,\mathrm{d}t = \int_{0_-}^{\infty} \mathrm{e}^{-st}\,\mathrm{d}t = -\frac{1}{s}\mathrm{e}^{-st}\Big|_{0_-}^{\infty} = \frac{1}{s}$$

所以

$$\varepsilon(t) \Leftrightarrow \frac{1}{s}$$

(3) 指数函数的拉普拉斯变换

$$\mathscr{L}[\mathrm{e}^{s_0 t}\varepsilon(t)] = \int_{0_-}^{\infty} \mathrm{e}^{s_0 t}\mathrm{e}^{-st}\,\mathrm{d}t = \int_{0_-}^{\infty} \mathrm{e}^{-(s-s_0)t}\,\mathrm{d}t = \frac{1}{s-s_0}$$

所以

$$\mathrm{e}^{s_0 t}\varepsilon(t) \Leftrightarrow \frac{1}{s-s_0}$$

令 $s_0 = \pm\alpha$ 实数，则

$$\mathrm{e}^{\pm\alpha t}\varepsilon(t) \Leftrightarrow \frac{1}{s\pm\alpha}$$

令 $s_0 = \pm\mathrm{j}\beta$ 虚数，则

$$\mathrm{e}^{\pm\mathrm{j}\beta t}\varepsilon(t) \Leftrightarrow \frac{1}{s\pm\mathrm{j}\beta}$$

10.1.2 拉普拉斯变换的基本性质

拉普拉斯变换有许多重要的性质，这里只介绍与电路分析有关的基本性质。

1. 线性性质

拉普拉斯变换是线性运算，当 $f_1(t) \Leftrightarrow F_1(s)$ 和 $f_2(t) \Leftrightarrow F_2(s)$ 时，对任何实数或复数常数 a_1, a_2，有

$$a_1 f_1(t) + a_2 f_2(t) \Leftrightarrow a_1 F_1(s) + a_2 F_2(s) \qquad (10\text{-}4)$$

由拉普拉斯变换的定义式很容易证明线性性质。显然，拉普拉斯变换是一种线性运算，它具有叠加性。

【例 10.2】 求下列函数的拉普拉斯变换。

(1) 余弦函数 $\cos\beta t \cdot \varepsilon(t)$；(2) 正弦函数 $\sin\beta t \cdot \varepsilon(t)$。

解 (1) 余弦函数
$$\cos\beta t = \frac{1}{2}(e^{j\beta t} + e^{-j\beta t})$$

应用线性性质
$$\cos\beta t \cdot \varepsilon(t) \Leftrightarrow \frac{1}{2}\left[\frac{1}{s-j\beta} + \frac{1}{s+j\beta}\right] = \frac{s}{s^2+\beta^2}$$

(2) 正弦函数
$$\sin\beta t = \frac{1}{2j}(e^{j\beta t} - e^{-j\beta t})$$

应用线性性质
$$\sin\beta t \cdot \varepsilon(t) \Leftrightarrow \frac{1}{2j}\left[\frac{1}{s-j\beta} - \frac{1}{s+j\beta}\right] = \frac{\beta}{s^2+\beta^2}$$

2. 延迟性质

若 $f(t) \Leftrightarrow F(s)$，则 $f(t-t_0)$ 的拉普拉斯变换为
$$f(t-t_0) \Leftrightarrow \int_{0_-}^{\infty} f(t-t_0)e^{-st}dt = \int_{t_0}^{\infty} f(t-t_0)e^{-st}dt$$

令 $x = t - t_0$，上式可表示为
$$f(t-t_0) \Leftrightarrow \int_{0_-}^{\infty} f(x)e^{-s(x+t_0)}dx \Leftrightarrow e^{-st_0}\int_{0_-}^{\infty} f(x)e^{-sx}dx$$

即
$$f(t-t_0) \Leftrightarrow e^{-st_0}F(s) \tag{10-5}$$

式(10-5)就是拉普拉斯变换的延迟性质。它表明，一个函数延迟时间 t_0 后的象函数等于这个函数的象函数乘以 e^{-st_0}。

【例 10.3】 求下列函数的拉普拉斯变换。

(1) 延迟的冲激函数 $\delta(t-\tau)$；(2) 矩形波 $[\varepsilon(t) - \varepsilon(t-\tau)]$。

解 (1) 已知
$$\delta(t) \Leftrightarrow 1$$

应用延迟性质
$$\delta(t-\tau) \Leftrightarrow e^{-s\tau}$$

(2) 已知
$$\varepsilon(t) \Leftrightarrow \frac{1}{s}$$

应用线性和延迟性质
$$\varepsilon(t) - \varepsilon(t-\tau) \Leftrightarrow \frac{1}{s} - \frac{1}{s}e^{-s\tau} = \frac{1}{s}(1-e^{-s\tau})$$

3. 微分性质

若 $f(t) \Leftrightarrow F(s)$，则有
$$\frac{df(t)}{dt} \Leftrightarrow \int_{0_-}^{\infty} \frac{df(t)}{dt}e^{-st}dt$$

应用分部积分，$u = e^{-st}$，$dv = [df(t)/dt]dt$，可得

$$\frac{\mathrm{d}f(t)}{\mathrm{d}t} \Leftrightarrow f(t)\mathrm{e}^{-st}\Big|_{0_-}^{\infty} + s\int_{0_-}^{\infty} f(t)\mathrm{e}^{-st}\,\mathrm{d}t$$

如果 s 的实部 σ 取得足够大,当 $t \to \infty$ 时,$\mathrm{e}^{-st}f(t) \to 0$,得

$$\frac{\mathrm{d}f(t)}{\mathrm{d}t} \Leftrightarrow sF(s) - f(0_-) \tag{10-6}$$

式(10-6)就是拉普拉斯变换的微分性质。

【例 10.4】 求如图 10-1(a)所示波形的拉普拉斯变换。

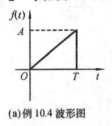

(a)例 10.4 波形图

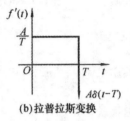

(b)拉普拉斯变换

图 10-1 例 10.4 图

解 波形的表达式为 $\quad f(t) = \dfrac{A}{T}t\big[\varepsilon(t) - \varepsilon(t-T)\big]$

其导数为 $\quad f'(t) = \dfrac{A}{T}\big[\varepsilon(t) - \varepsilon(t-T)\big] - A\delta(t-T)$

如图 10-1(b)所示,用时域微分性质,$f(0_-) = 0$,$sF(s) = \dfrac{A}{Ts}(1 - \mathrm{e}^{-sT}) - A\mathrm{e}^{-sT}$,所以

$$F(s) = \frac{A/T}{s^2}(1 - \mathrm{e}^{-sT}) - \frac{A}{s}\mathrm{e}^{-sT}$$

4. 积分性质

若 $f(t) \Leftrightarrow F(s)$,则有

$$\int_{0_-}^{t} f(x)\,\mathrm{d}x \Leftrightarrow \int_{0_-}^{\infty}\left[\int_{0_-}^{t} f(x)\,\mathrm{d}x\right]\mathrm{e}^{-st}\,\mathrm{d}t$$

应用分部积分,$u = \displaystyle\int f(t)\,\mathrm{d}t$,$\mathrm{d}v = \mathrm{e}^{-st}\,\mathrm{d}t$,则 $\mathrm{d}u = f(t)\,\mathrm{d}t$,$v = -\dfrac{\mathrm{e}^{-st}}{s}$,可得

$$\int_{0_-}^{t} f(x)\,\mathrm{d}x \Leftrightarrow \left(\int_{0_-}^{t} f(x)\,\mathrm{d}x\right)\frac{\mathrm{e}^{-st}}{-s}\Big|_{0_-}^{\infty} + \int_{0_-}^{\infty} f(t)\frac{\mathrm{e}^{-st}}{s}\,\mathrm{d}t$$

如果 s 的实部 σ 取得足够大,当 $t \to \infty$ 时和 $t = 0_-$ 时,上式右边第一项都为零,所以有

$$\int_{0_-}^{t} f(x)\,\mathrm{d}x \Leftrightarrow \frac{F(s)}{s} \tag{10-7}$$

式(10-7)就是拉普拉斯变换的积分性质。

【例 10.5】 利用积分性质求 $f(t) = t\varepsilon(t)$ 的拉普拉斯变换。

解 由于 $t\varepsilon(t) = \displaystyle\int_{0}^{t} \varepsilon(\xi)\,\mathrm{d}\xi$,已知 $\varepsilon(t) \Leftrightarrow 1/s$,所以

$$t\varepsilon(t) = \int_0^t \varepsilon(\xi)\,\mathrm{d}\xi \Leftrightarrow \frac{1}{s} \cdot \frac{1}{s} = \frac{1}{s^2}$$

5. 频移性质

若 $f(t) \Leftrightarrow F(s)$，则 $\mathrm{e}^{at}f(t)$ 的拉普拉斯变换为

$$\mathrm{e}^{at}f(t) \Leftrightarrow \int_{0_-}^{\infty} f(t)\mathrm{e}^{-(s-a)t}\,\mathrm{d}t$$

即
$$\mathrm{e}^{at}f(t) \Leftrightarrow F(s-a) \tag{10-8}$$

式(10-8)就是拉普拉斯变换的频移性质。它表明，一个函数乘以 e^{at} 后的象函数等于将该函数的象函数中的 s 换成 $s-a$，即复频率 s 平移了 a。

【例 10.6】 利用频移性质求下列原函数的拉普拉斯变换。

$(1)\, t\mathrm{e}^{-at}\varepsilon(t);(2)\,\mathrm{e}^{-at}\cos(\omega t)\varepsilon(t)$。

解 (1)已知
$$t\varepsilon(t) \Leftrightarrow \frac{1}{s^2}$$

应用频移性质
$$t\mathrm{e}^{-at}\varepsilon(t) \Leftrightarrow \frac{1}{(s+a)^2}$$

(2)已知
$$\cos\omega t\varepsilon(t) \Leftrightarrow \frac{s}{s^2+\omega^2}$$

应用频移性质
$$\mathrm{e}^{-at}\cos\omega t\varepsilon(t) \Leftrightarrow \frac{s+a}{(s+a)^2+\omega^2}$$

根据拉普拉斯变换的定义和基本性质，可以方便地求得一些常用的时间函数的拉普拉斯变换。一些常用函数的拉普拉斯变换如表 10-1 所示。

表 10-1　一些常用函数的拉普拉斯变换表

原函数 $f(t)\,t>0$	象函数 $F(s)$	原函数 $f(t)\,t>0$	象函数 $F(s)$
$A\delta(t)$	A	$1-\mathrm{e}^{-at}$	$\dfrac{a}{s(s+a)}$
$A\varepsilon(t)$	A/s	$(1-at)\mathrm{e}^{-at}$	$\dfrac{s}{(s+a)^2}$
$A\mathrm{e}^{-at}$	$\dfrac{A}{s+a}$	$\mathrm{e}^{-at}\sin(\omega t)$	$\dfrac{\omega}{(s+a)^2+\omega^2}$
t	$\dfrac{1}{s^2}$	$\mathrm{e}^{-at}\cos(\omega t)$	$\dfrac{s+a}{(s+a)^2+\omega^2}$
$t\mathrm{e}^{-at}$	$\dfrac{1}{(s+a)^2}$	$\sin(\omega t+\theta)$	$\dfrac{s\sin\theta+\omega\cos\theta}{s^2+\omega^2}$
$\sin(\omega t)$	$\dfrac{\omega}{s^2+\omega^2}$	$\cos(\omega t+\theta)$	$\dfrac{s\cos\theta-\omega\sin\theta}{s^2+\omega^2}$
$\cos(\omega t)$	$\dfrac{s}{s^2+\omega^2}$	t^n	$\dfrac{n!}{s^{n+1}}$

10.2　利用部分分式法求拉普拉斯反变换

拉普拉斯反变换的最简单方法是从拉普拉斯变换表中查出原函数。但是一般表中给

出的是有限的一些常用的拉普拉斯变换对。拉普拉斯反变换可以用式(10-3)求得,但这是一个复变函数的积分,计算通常比较困难。所幸集中参数电路中响应的拉普拉斯变换一般是 s 的有理分式。当象函数为 s 的有理分式时,求拉普拉斯反变换可以用代数方法进行。

设有理分式

$$F(s) = \frac{N(s)}{D(s)} = \frac{b_m s^m + b_{m-1}s^{m-1} + \cdots + b_1 s + b_0}{a_n s^n + a_{n-1}s^{n-1} + \cdots + a_1 s + a_0} \tag{10-9}$$

式中,$a_n(n=1,2,\cdots)$,$b_m(m=1,2,\cdots)$ 均为实数。若 $m \geqslant n$,则 $F(s)$ 可通过长除法分解为有理多项式 $P(s)$ 与有理真分式之和,即

$$F(s) = P(s) + \frac{N_0(s)}{D(s)} \tag{10-10}$$

对于有理真分式,可以用部分分式展开法(或称展开定理)将其表示为许多简单分式之和的形式,而这些简单项的反变换容易得到。部分分式法简单易行,避免了应用式(10-3)计算复变函数的积分问题。现分几种情况讨论。

10.2.1 单实根情况

若分母多项式 $D(s) = 0$ 的 n 个单实根分别为 $p_1, p_2, \cdots, p_n$,按照代数学的知识,则 $F(s)$ 可以展开成下列简单的部分分式之和

$$F(s) = \frac{K_1}{s - p_1} + \frac{K_2}{s - p_2} + \cdots + \frac{K_n}{s - p_n} = \sum_{i=1}^{n} \frac{K_i}{s - p_i} \tag{10-11}$$

式中,$K_1, K_2, \cdots, K_n$ 为待定系数。这些系数可按下述方法确定。

$$K_i = (s - p_i)F(s) \mid_{s=p_i} \tag{10-12}$$

由于

$$\frac{K_i}{s - p_i} \Leftrightarrow K_i e^{p_i t} \tag{10-13}$$

故原函数为

$$f(t) = K_1 e^{p_1 t} + K_2 e^{p_2 t} + \cdots + K_n e^{p_n t} = \sum_{i=1}^{n} K_i e^{p_i t} \quad (t \geqslant 0) \tag{10-14}$$

【**例 10.7**】 已知象函数 $F(s) = \dfrac{2s^2 + 16}{(s^2 + 5s + 6)(s + 12)}$,求原函数 $f(t)$。

解 将分母因式分解,可知分母多项式有三个单实根:$p_1 = -2$,$p_2 = -3$,$p_3 = -12$。故 $F(s)$ 可展开为

$$F(s) = \frac{2s^2 + 16}{(s+2)(s+3)(s+12)} = \frac{K_1}{s+2} + \frac{K_2}{s+3} + \frac{K_3}{s+12}$$

其中各系数为

$$K_1 = (s+2)F(s) \mid_{s=-2} = \frac{2s^2 + 16}{(s+3)(s+12)} \bigg|_{s=-2} = \frac{24}{10} = 2.4$$

$$K_2 = (s+3)F(s) \mid_{s=-3} = \frac{2s^2 + 16}{(s+2)(s+12)} \bigg|_{s=-3} = -\frac{34}{9}$$

$$K_3 = (s+12)F(s) \mid_{s=-12} = \frac{2s^2 + 16}{(s+2)(s+3)} \bigg|_{s=-12} = \frac{304}{90} = \frac{152}{45}$$

故原函数为
$$f(t) = 2.4e^{-2t} - \frac{34}{9}e^{-3t} + \frac{152}{45}e^{-12t}$$

10.2.2 多重根情况

设 $D(s) = 0$ 在 $s = p_1$ 有三重根,例如

$$F(s) = \frac{N(s)}{(s - p_1)^3} \tag{10-15}$$

则 $F(s)$ 进行分解时,与 p_1 有关的分式要有三项,即

$$F(s) = \frac{K_1}{(s - p_1)^3} + \frac{K_2}{(s - p_1)^2} + \frac{K_3}{s - p_1} \tag{10-16}$$

式中,$K_1, K_2, \cdots, K_n$ 为待定系数。这些系数可按下述方法确定。将上式两边乘以 $(s - p_1)^3$,得

$$(s - p_1)^3 F(s) = K_1 + K_2(s - p_1) + K_3(s - p_1)^2 \tag{10-17}$$

令 $s = p_1$,代入上式,则 K_1 就分离出来,即

$$K_1 = (s - p_1)^3 F(s) \mid_{s = p_1} \tag{10-18}$$

再对式(10-17)两边求导,得

$$\frac{\mathrm{d}}{\mathrm{d}s}[(s - p_1)^3 F(s)] = K_2 + 2K_3(s - p_1) \tag{10-19}$$

再令 $s = p_1$,代入上式,则 K_2 就分离出来,即

$$K_2 = \frac{\mathrm{d}}{\mathrm{d}s}[(s - p_1)^3 F(s)] \mid_{s = p_1} \tag{10-20}$$

用同样的方法可以确定 K_3 为

$$K_3 = \frac{1}{2} \cdot \frac{\mathrm{d}^2}{\mathrm{d}s^2}[(s - p_1)^3 F(s)] \mid_{s = p_1} \tag{10-21}$$

原函数为
$$f(t) = \left(\frac{K_1}{2} t^2 e^{p_1 t} + K_2 t e^{p_1 t} + K_3 e^{p_1 t} \right) \varepsilon(t) \tag{10-22}$$

由以上对三重根讨论的结果,可以推导出具有 n 重根的情况。当分母多项式为 $D(s) = (s - p_1)^n$ 时,$F(s)$ 可展开成

$$F(s) = \frac{K_1}{(s - p_1)^n} + \frac{K_2}{(s - p_1)^{n-1}} + \cdots + \frac{K_n}{s - p_1} \tag{10-23}$$

其系数为
$$\begin{cases} K_1 = (s - p_1)^n F(s) \mid_{s = p_1} \\[2mm] K_2 = \frac{\mathrm{d}}{\mathrm{d}s}[(s - p_1)^n F(s)] \mid_{s = p_1} \\[2mm] K_3 = \frac{1}{2} \cdot \frac{\mathrm{d}^2}{\mathrm{d}s^2}[(s - p_1)^n F(s)] \mid_{s = p_1} \\[2mm] \vdots \\[2mm] K_n = \frac{1}{(n-1)!} \cdot \frac{\mathrm{d}^{n-1}}{\mathrm{d}s^{n-1}}[(s - p_1)^n F(s)] \mid_{s = p_1} \end{cases} \tag{10-24}$$

【例 10.8】 已知 $F(s) = \frac{1}{s^3(s^2 - 1)}$,求 $f(t)$。

解 令 $D(s) = s^3(s^2 - 1) = 0$,可知此方程共有五个根,其中 $p_1 = 0$ 为三重根,$p_2 = -1$,$p_3 = 1$ 为单根。所以

$$F(s) = \frac{1}{s^3(s+1)(s-1)} = \frac{K_1}{s^3} + \frac{K_2}{s^2} + \frac{K_3}{s} + \frac{K_4}{s+1} + \frac{K_5}{s-1}$$

其中

$$K_1 = s^3 F(s) \mid_{s=0} = \frac{1}{s^2 - 1} \bigg|_{s=0} = -1$$

$$K_2 = \frac{\mathrm{d}}{\mathrm{d}s}[s^3 F(s)] \mid_{s=0} = \frac{-2s}{(s^2-1)^2} \bigg|_{s=0} = 0$$

$$K_3 = \frac{1}{2} \frac{\mathrm{d}^2}{\mathrm{d}s^2}[s^3 F(s)] \mid_{s=0} = \frac{-2(s^2-1)^2 + 4s(s^2-1)2s}{(s^2-1)^4} \bigg|_{s=0} = -1$$

$$K_4 = (s+1)F(s) \mid_{s=-1} = \frac{1}{s^3(s-1)} \bigg|_{s=-1} = \frac{1}{2}$$

$$K_5 = (s-1)F(s) \mid_{s=1} = \frac{1}{s^3(s+1)} \bigg|_{s=1} = \frac{1}{2}$$

故原函数为

$$f(t) = -\frac{1}{2}t^2 - 1 + \frac{1}{2}\mathrm{e}^{-t} + \frac{1}{2}\mathrm{e}^t \quad (t \geqslant 0)$$

10.2.3 共轭复根情况

由于 $D(s)$ 是 s 的实系数多项式,若 $D(s) = 0$ 出现复根,则必然是共轭成对的。设 $D(s) = 0$ 中含有一对共轭复根,$p_{1,2} = \alpha \pm \mathrm{j}\beta$,则 $F(s)$ 可展开为

$$F(s) = \frac{N(s)}{(s - \alpha - \mathrm{j}\beta)(s - \alpha + \mathrm{j}\beta)} = \frac{K_1}{s - \alpha - \mathrm{j}\beta} + \frac{K_2}{s - \alpha + \mathrm{j}\beta} \tag{10-25}$$

其中,系数为

$$K_1 = (s - \alpha - \mathrm{j}\beta)F(s) \mid_{s=\alpha+\mathrm{j}\beta} = |K_1| \angle \theta_1 = A + \mathrm{j}B \tag{10-26}$$

由于 $F(s)$ 是 s 的实系数有理函数,应有

$$K_2 = K_1^* = |K_1| \angle -\theta_1 = A - \mathrm{j}B \tag{10-27}$$

原函数为

$$\begin{aligned} f(t) &= K_1 \mathrm{e}^{(\alpha+\mathrm{j}\beta)t} + K_2 \mathrm{e}^{(\alpha-\mathrm{j}\beta)t} \\ &= |K_1| \mathrm{e}^{\mathrm{j}\theta_1} \mathrm{e}^{(\alpha+\mathrm{j}\beta)t} + |K_1| \mathrm{e}^{-\mathrm{j}\theta_1} \mathrm{e}^{(\alpha-\mathrm{j}\beta)t} \\ &= |K_1| \mathrm{e}^{\alpha t}[\mathrm{e}^{\mathrm{j}(\beta t+\theta_1)} + \mathrm{e}^{-\mathrm{j}(\beta t+\theta_1)}] \\ &= 2|K_1| \mathrm{e}^{\alpha t} \cos(\beta t + \theta_1) \quad (t \geqslant 0) \end{aligned} \tag{10-28}$$

$F(s)$ 也可以按下式进行反变换,象函数可变为

$$F(s) = \frac{N(s)}{(s - \alpha - \mathrm{j}\beta)(s - \alpha + \mathrm{j}\beta)} = \frac{Ms + N}{(s-\alpha)^2 + \beta^2} \tag{10-29}$$

式中,系数 M、N 可用待定系数法求出,原函数可用下面的公式求出。

$$\frac{s - \alpha}{(s-\alpha)^2 + \beta^2} \Leftrightarrow \mathrm{e}^{\alpha t} \cos\beta t \varepsilon(t) \tag{10-30}$$

$$\frac{\beta}{(s-\alpha)^2 + \beta^2} \Leftrightarrow \mathrm{e}^{\alpha t} \sin\beta t \varepsilon(t) \tag{10-31}$$

下面用实例来说明以上两种方法的应用。

【例 10.9】 已知 $F(s) = \dfrac{1}{s(s^2 - 2s + 5)}$,求 $f(t)$。

解 方法一:求出 $s^2 - 2s + 5 = 0$ 的根为 $s_{1,2} = 1 \pm j2$,是一对共轭复根。所以

$$F(s) = \frac{K_1}{s} + \frac{K_2}{s - 1 - j2} + \frac{K_2^*}{s - 1 + j2}$$

其中各系数为

$$K_1 = sF(s) \,|_{s=0} = \frac{1}{s^2 - 2s + 5}\bigg|_{s=0} = \frac{1}{5}$$

$$K_2 = (s - 1 - j2)F(s) \,|_{s=1+j2} = \frac{1}{s(s - 1 + j2)}\bigg|_{s=1+j2}$$

$$= \frac{1}{(1 + j2) \cdot j4} = \frac{1}{4\sqrt{5}} \angle 90° - \arctan 2 = \frac{\sqrt{5}}{20} \angle (-153.4°)$$

原函数为

$$f(t) = \left[\frac{1}{5} + \frac{\sqrt{5}}{10} e^t \cos(2t - 153.4°)\right] \varepsilon(t)$$

方法二:把复根分开,$F(s)$ 按下式展开

$$F(s) = \frac{K_1}{s} + \frac{Ms + N}{(s - 1)^2 + 2^2}$$

其中

$$K_1 = sF(s) \,|_{s=0} = \frac{1}{s^2 - 2s + 5}\bigg|_{s=0} = \frac{1}{5}$$

系数 M, N 用待定系数法求得

$$F(s) = \frac{1}{s(s^2 - 2s + 5)} = \frac{(1/5)(s^2 - 2s + 5) + Ms^2 + Ns}{s(s^2 - 2s + 5)}$$

用待定系数法可解得

$$M = -\frac{1}{5}, \quad N = \frac{2}{5}$$

即有

$$F(s) = \frac{(1/5)}{s} + \frac{-(1/5)(s - 1)}{(s - 1)^2 + 2^2} + \frac{(1/10) \cdot 2}{(s - 1)^2 + 2^2}$$

所以,原函数为

$$f(t) = \left(\frac{1}{5} - \frac{1}{5} e^t \cos 2t + \frac{1}{10} e^t \sin 2t\right)\varepsilon(t)$$

10.3 运算电路与运算法

在本章开始时已指出,用拉普拉斯变换分析动态电路可以解决时域分析的问题。如何解决呢?方法与正弦稳态电路中的相量法相似。在相量法中,先找出 R、L、C 在频域的模型,称为相量模型。同时推导出电路定律的相量形式,引出阻抗和导纳的概念。这样电阻性电路的分析方法可全部用于正弦稳态电路。在用拉普拉斯变换分析动态电路时,也先找出动态元件的复频域模型,称为运算模型。同时推导电路定律的拉普拉斯变换形式,引出运算阻抗和导纳的概念。这种分析方法称为运算法,与正弦稳态电路的相量法完全类似。

10.3.1 动态元件的运算模型

1. 电阻元件

图 10-2(a) 所示电阻元件的伏安关系及拉普拉斯变换为

$$u(t) = Ri(t) \Leftrightarrow U(s) = RI(s) \tag{10-32}$$

上式就是电阻元件伏安关系的运算形式。图 10-2(b) 所示为电阻元件的运算模型。

(a) 时域模型   (b) 运算模型

图 10-2 电阻元件

2. 电感元件

图 10-3(a) 所示电感元件的伏安关系为 $u(t) = L di(t)/dt$,两边取拉普拉斯变换,并根据拉普拉斯变换的微分性质,得

$$u(t) = L \frac{di(t)}{dt} \Leftrightarrow U(s) = sLI(s) - Li(0_-) \tag{10-33}$$

式中,sL 为电感的运算阻抗,$i(0_-)$ 表示电感中的初始电流。这样就得到图 10-3(b) 所示的运算模型。$Li(0_-)$ 表示电压源,是电感元件的初始电流演变而来,它体现了电感元件的初始储能对电路的作用,称为附加电压源。附加电压源从负极到正极的方向与电流的方向相同。式(10-33) 还可以写成

$$I(s) = \frac{1}{sL}U(s) + \frac{i(0_-)}{s} \tag{10-34}$$

就得到如图 10-3(c) 所示的运算模型。$1/(sL)$ 为电感的运算导纳,$i(0_-)/s$ 表示电流源。实际上,图 10-3(b) 与图 10-3(c) 可用电源变换等效。

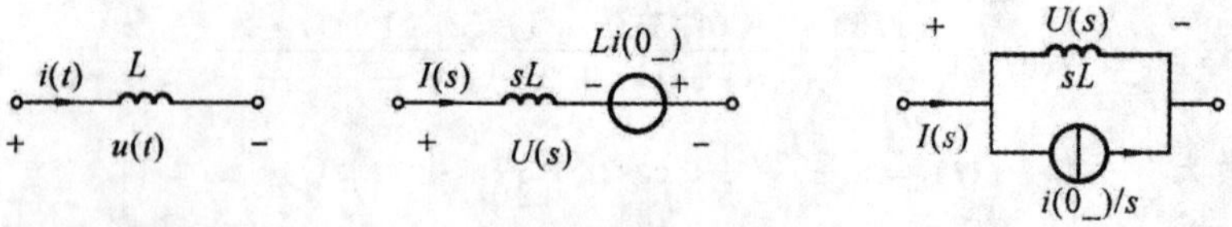

(a) 时域模型   (b) 含电压源的运算模型   (c) 含电流源的运算模型

图 10-3 电感元件

3. 电容元件

图 10-4(a) 所示电感元件的伏安关系为 $i(t) = Cdu(t)/dt$,两边取拉普拉斯变换,并根据拉普拉斯变换的微分性质,得

$$i(t) = C \frac{du(t)}{dt} \Leftrightarrow I(s) = CsU(s) - Cu(0_-) \tag{10-35}$$

或写成

$$U(s) = \frac{1}{sC}I(s) + \frac{u(0_-)}{s} \tag{10-36}$$

得到如图 10-4(b)、(c) 所示的运算模型。$Cu(0_-)$ 和 $u(0_-)/s$ 分别表示附加电流源和电压源，它体现了电容元件的初始储能对电路的作用。注意初值电源的方向。$1/(sC)$ 和 sC 分别为电容的运算阻抗和导纳。实际上，图 10-4(b) 与图 10-4(c) 可用电源变换等效。

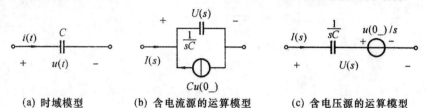

(a) 时域模型　　　　(b) 含电流源的运算模型　　　　(c) 含电压源的运算模型

图 10-4　电容元件

4. 耦合电感元件

图 10-5(a) 所示耦合电感元件的伏安关系为

$$u_1 = L_1 \frac{\mathrm{d}i_1}{\mathrm{d}t} + M \frac{\mathrm{d}i_2}{\mathrm{d}t} \tag{10-37}$$

$$u_2 = L_2 \frac{\mathrm{d}i_2}{\mathrm{d}t} + M \frac{\mathrm{d}i_1}{\mathrm{d}t} \tag{10-38}$$

两边取拉普拉斯变换，并根据拉普拉斯变换的微分性质，得

$$U_2(s) = sL_2 I_2(s) - L_2 i_2(0_-) + sMI_1(s) - Mi_1(0_-) \tag{10-39}$$

$$U_1(s) = sL_1 I_1(s) - L_1 i_1(0_-) + sMI_2(s) - Mi_2(0_-) \tag{10-40}$$

式中，sL_1、sL_2 为自感的运算阻抗，sM 为互感的运算阻抗，$L_1 i_1(0_-)$ 和 $L_2 i_2(0_-)$ 表示自感中的附加电压源。$Mi_1(0_-)$ 和 $Mi_2(0_-)$ 表示互感中的附加电压源。它体现了耦合电感元件的初始储能对电路的作用。根据式(10-39)和式(10-40)可以画出运算电路，这样就得到图 10-5(b) 所示的运算模型。附加电压源 $L_1 i_1(0_-)$ 和 $L_2 i_2(0_-)$ 的方向与自感电压的方向相反。附加电压源 $Mi_1(0_-)$ 和 $Mi_2(0_-)$ 的方向与互感电压的方向相反。

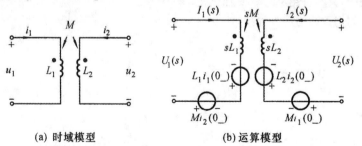

(a) 时域模型　　　　　　(b) 运算模型

图 10-5　耦合电感元件

10.3.2　电路定律的运算形式

1. KCL 与 KVL 的运算形式

基尔霍夫定律的时域形式如下。

对任一节点：$\sum i_k(t) = 0$；对任一回路：$\sum u_k(t) = 0$。

对上述方程两边取拉普拉斯变换，并根据拉普拉斯变换的线性性质，可知

对任一节点，KCL 的运算形式为

$$\sum I_k(s) = 0 \tag{10-41}$$

对任一回路，KVL 的运算形式为

$$\sum U_k(s) = 0 \tag{10-42}$$

由上可见，复频域中的 KCL 和 KVL 与时域中的 KCL 和 KVL 在形式上是相同的。

2. 运算阻抗、运算导纳和欧姆定律的运算形式

在零状态情况下，R、L、C 的伏安关系的运算形式分别为

对电阻元件　　　　$U(s) = RI(s)$　　或　　$I(s) = GU(s)$

对电感元件　　　　$U(s) = sLI(s)$　　或　　$I(s) = \dfrac{1}{sL}U(s)$

对电容元件　　　　$U(s) = \dfrac{1}{sC}I(s)$　　或　　$I(s) = sCU(s)$

对于 RLC 串联电路，如图 10-6(a) 所示，在零状态条件下，各元件都可用对应的运算模型表示，对应的运算电路如图 10-6(b) 所示。根据 KVL 和电路元件的伏安关系，可得

$$U(s) = \left(R + sL + \frac{1}{sC}\right)I(s) \tag{10-43}$$

即有

$$Z(s) = \frac{U(s)}{I(s)} = R + sL + \frac{1}{sC} \tag{10-44}$$

式中，$Z(s)$ 称为 RLC 串联电路的运算阻抗。在形式上与正弦稳态电路的阻抗

$$Z = R + j\omega L + \frac{1}{j\omega C} \tag{10-45}$$

形式上是相同的，只不过用 s 代替 $j\omega$ 而已。

运算阻抗的倒数称为运算导纳，即

$$Y(s) = \frac{1}{Z(s)} = \frac{I(s)}{U(s)} \tag{10-46}$$

所以，欧姆定律的运算形式为

$$U(s) = Z(s)I(s) \tag{10-47}$$

或

$$I(s) = Y(s)U(s) \tag{10-48}$$

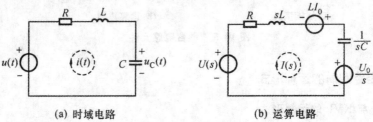

(a) 时域电路　　　　　　　　　(b) 运算电路

图 10-6　RLC 串联电路

3. 运算法与相量法的比较

现将电路分析中的三大类电路的电路变量、电路定律、电路元件的伏安关系归纳成如表 10-2 所示。从中可知,表中的各项形式完全相同。

表 10-2 三类电路分析方法的比较

直 流 电 路	正弦稳态电路(相量法)	动态电路(运算法)
I	$\dot{I}$	$I(s)$
U	$\dot{U}$	$U(s)$
R	$Z = R + j\omega L + \dfrac{1}{j\omega C}$	$Z(s) = R + sL + \dfrac{1}{sC}$
$G = \dfrac{1}{R}$	$Y = \dfrac{1}{Z}$	$Y(s) = \dfrac{1}{Z(s)}$
$U = RI$	$\dot{U} = Z\dot{I}$	$U(s) = Z(s)I(s)$
$\sum U = 0, \sum I = 0$	$\sum \dot{U} = 0, \sum \dot{I} = 0$	$\sum U(s) = 0, \sum I(s) = 0$

结论:引入运算阻抗的概念后,运算法与相量法或直流电路分析法完全一样。即直流电路应用的所有计算方法、定理、等效变换等可以完全用于运算法来求解动态电路。

例如,如图 10-6(a) 所示的 RLC 串联电路,设电感元件中的初始电流为 $i(0_-) = I_0$,电容元件中的初始电压为 $u_C(0_-) = U_0$。根据 R、L、C 的运算模型可以画出如图 10-6(b) 所示的运算电路。

注意:

(1) 将电感、电容元件分别用它们的运算模型代替,要特别注意初始电源的方向;

(2) 对电源取拉普拉斯变换式代替;

(3) 电路中的变量用其象函数表示。

对如图 10-6(b) 所示的运算电路,可以列出 KVL 方程求得电流为

$$I(s) = \frac{U(s) + LI_0 - U_0/s}{R + sL + 1/(sC)} = \frac{U(s)}{R + sL + 1/(sC)} + \frac{LI_0 - U_0/s}{R + sL + 1/(sC)}$$

显然,电流响应 $I(s)$ 可以分解为零状态响应与零输入响应之和。其中,零状态响应为

$$I_{zs}(s) = \frac{U(s)}{R + sL + 1/(sC)}$$

它只与激励电源有关。零输入响应为

$$I_{zi}(s) = \frac{LI_0 - U_0/s}{R + sL + 1/(sC)}$$

它是由初始状态引起的。

10.4 动态电路的拉普拉斯变换分析

与时域分析法比较,运算法的基本思路是怎么样的呢?图 10-7 给出了这种分析方

法的示意图。

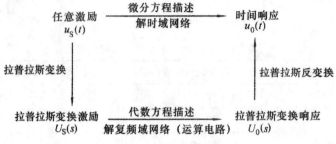

图 10-7 运算法的基本思路

在时域分析中,电路变量是时间的函数,要对动态网络列出微分方程。此时列出微分方程和求解都十分困难。在复频域分析中,电路变量是象函数,对运算电路运用以前所学的各种分析方法列出网络方程。这时的网络方程是代数方程,通过代数运算求得响应的象函数,再进行拉普拉斯反变换求得时间函数。

根据上述思路,以下将通过一些实例说明运算法在线性动态电路中的应用。

【例 10.10】 某电路如图 10-8(a)所示,开关打开前电路处于稳态,$t = 0$ 时开关 S 断开,试用运算法求电路中的电压 $u_{L1}(t)$。

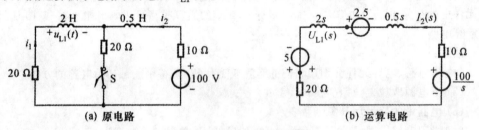

(a) 原电路   (b) 运算电路

图 10-8 例 10.10 的电路

解 先求出初始值

$$i_1(0_-) = -2.5\text{A}, \quad i_2(0_-) = 5\text{A}$$

对电压源求拉普拉斯变换为 $100/s$,该电路的运算电路如图 10-8(b)所示。

列 KVL 方程
$$(30 + 2.5s)I_2(s) = \frac{100}{s} + 7.5$$

解得电流为
$$I_2(s) = \frac{100/s + 7.5}{30 + 2.5s} = \frac{40/s + 3}{s + 12} = \frac{3s + 40}{s(s + 12)}$$

电压为
$$U_{L1}(s) = 5 - 2sI_2(s) = 5 - 2\frac{3s + 40}{s + 12} = -1 - \frac{8}{s + 12}$$

求其拉普拉斯反变换,故有
$$u_{L1}(t) = -\delta(t) - 8e^{-12t}\varepsilon(t)\text{V}$$

【例 10.11】 某电路如图 10-9(a)所示,开关 S 打开前电路已稳定,$t = 0$ 时开关 S 打开,试用运算法求电容电压 $u_C(t)$。

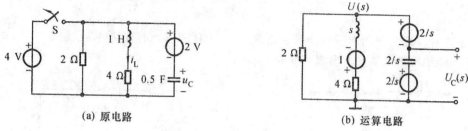

(a) 原电路　　　　　　　　　(b) 运算电路

图 10-9　例 10.11 的电路

解　先求出电路的初始值

$$i_L(0_-) = 1 \text{ A}, \quad u_C(0_-) = 2 \text{ V}$$

对电压源求拉普拉斯变换,该电路的运算电路如图 10-9(b) 所示。

用节点分析法列出节点方程为

$$U(s) = \cfrac{-\cfrac{1}{4+s} + \cfrac{4}{s} \cdot \cfrac{s}{2}}{\cfrac{1}{2} + \cfrac{1}{s+4} + \cfrac{1}{2}s} = \frac{4s+14}{s^2+5s+6} = \frac{6}{s+2} - \frac{2}{s+3}$$

电容电压为

$$U_C(s) = U(s) - \frac{2}{s} = \frac{6}{s+2} - \frac{2}{s+3} - \frac{2}{s}$$

求其拉普拉斯反变换,故有

$$u_C(t) = (-2 + 6e^{-2t} - 2e^{-3t})\varepsilon(t) \text{ V}$$

【例 10.12】　求图 10-10(a) 所示电路的入端复频域阻抗 $Z(s)$。

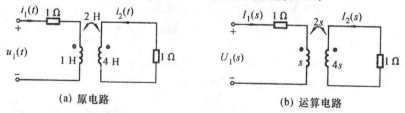

(a) 原电路　　　　　　　　　(b) 运算电路

图 10-10　例 10.12 的电路

解　画出零状态下的运算电路如图 10-10(b) 所示。列出回路方程

$$(1+s)I_1(s) + 2sI_2(s) = U_1(s) \tag{1}$$

$$(1+4s)I_2(s) + 2sI_1(s) = 0 \tag{2}$$

由式(2)解得

$$I_2(s) = -\frac{2s}{1+4s}I_1(s) \tag{3}$$

将式(3)代入式(1),得

$$(1+s)I_1(s) - \frac{4s^2}{1+4s}I_1(s) = U_1(s)$$

所以,复频域阻抗为

$$Z(s) = \frac{U_1(s)}{I_1(s)} = \frac{(1+s)(1+4s)-4s^2}{1+4s} = \frac{5s+1}{4s+1}$$

【例 10.13】　如图 10-11(a) 所示电路,$M = 1\,\text{H}$,开关 S 打开前电路已稳定,$t = 0$ 时开关 S 打开,试用运算法求电流 $i(t)$ 和 $u_L(t)$。

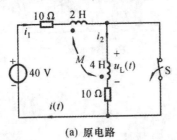 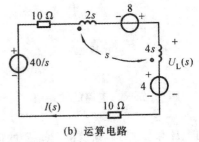

(a) 原电路　　　　　　　　(b) 运算电路

图 10-11　例 10.13 的电路图

解　先求出初始值

$$i_1(0_-) = 4\,\text{A}, \quad i_2(0_-) = 0$$

对电压源求拉普拉斯变换,该电路的运算电路如图 10-11(b) 所示。

列出回路方程　　$(20+6s)I(s) - 2sI(s) = 40/s + 8 - 4$

解得电流为　　$I(s) = \dfrac{40/s+4}{20+4s} = \dfrac{s+10}{s(s+5)} = \dfrac{2}{s} + \dfrac{-1}{s+5}$

电压为　　$U_L(s) = 4sI(s) + 4 - sI(s) = 4 + 3sI(s) = 7 + \dfrac{15}{s+5}$

求其拉普拉斯反变换,故有

$$i(t) = (2 - e^{-5t})\varepsilon(t)\,\text{A}$$

$$u_L(t) = 7\delta(t) + 15e^{-5t}\varepsilon(t)\,\text{V}$$

【例 10.14】　某电路如图 10-12(a) 所示,已知:$e_1(t) = \varepsilon(t)\,\text{V}$,$e_2(t) = e^{-t}\varepsilon(t)\,\text{V}$,$u_C(0) = 1\text{V}$,$i_L(0) = 1\text{A}$。试求电路的网孔电路 $i_1(t)$ 和 $i_2(t)$。

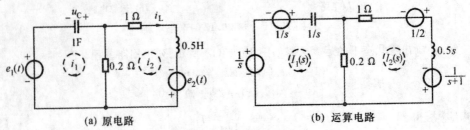

(a) 原电路　　　　　　　　(b) 运算电路

图 10-12　例 10.14 的电路

解　对电压源求拉普拉斯变换后,画出该电路的运算电路如图 10-12(b) 所示。

网孔方程为

$$\begin{bmatrix} \dfrac{1}{5}+\dfrac{1}{s} & -\dfrac{1}{5} \\[3mm] -\dfrac{1}{5} & \dfrac{6}{5}+\dfrac{s}{2} \end{bmatrix} \begin{bmatrix} I_1(s) \\[2mm] I_2(s) \end{bmatrix} = \begin{bmatrix} \dfrac{1}{s}+\dfrac{1}{s} \\[3mm] \dfrac{1}{2}+\dfrac{1}{s+1} \end{bmatrix}$$

可解得

$$I_1(s) = \frac{11s^2+37s+24}{(s+3)(s+4)(s+1)} = \frac{-6}{s+3}+\frac{52/3}{s+4}+\frac{-1/3}{s+1}$$

$$I_2(s) = \frac{(s+5)(s+3)+4(s+1)}{(s+3)(s+4)(s+1)} = \frac{4}{s+3}+\frac{-13/3}{s+4}+\frac{4/3}{s+1}$$

求其拉普拉斯反变换,故有

$$i_1(t) = \left(-6e^{-3t}+\frac{52}{3}e^{-4t}-\frac{1}{3}e^{-t}\right)\varepsilon(t)$$

$$i_2(t) = \left(4e^{-3t}-\frac{13}{3}e^{-4t}+\frac{4}{3}e^{-t}\right)\varepsilon(t)$$

10.5　网络函数

在复频域分析中,网络函数起着十分重要的作用。利用网络函数可以求解任一激励源作用时的零状态响应。利用系统函数的零极点分布还可以方便地确定系统响应的特性。

10.5.1　网络函数的定义

网络函数是描述电路在单一的独立激励下,当所有初始条件均为零时,零状态响应的拉普拉斯变换与激励信号的拉普拉斯变换之比。设输出信号为 $y_{zs}(t)$,输入信号为 $f(t)$。则网络函数可表示为

$$H(s) = \frac{零状态响应的拉普拉斯变换}{激励信号的拉普拉斯变换} = \frac{Y_{zs}(s)}{F(s)} \tag{10-49}$$

该式对于任意激励信号均成立。这里需要注意以下几点。

(1) 网络函数是网络本身的特性,与具体的输入信号无关。

(2) 网络函数是在所有初始状态均为零的情况下得出的。

(3) 线性非时变网络的网络函数是 s 的有理函数。

(4) 设 $s=j\omega$,可以由 $H(s)$ 得到网络的频率响应 $H(j\omega)$,则 $H(j\omega)$ 的模为幅频响应函数,其相角表示相频响应函数。

按网络函数的定义,则有

$$Y_{zs}(s) = H(s)F(s) \tag{10-50}$$

式中,如果 $f(t)=\delta(t)$,则 $F(s)=1$,显然 $H(s)$ 为网络单位冲激响应的拉普拉斯变换。即

$$h(t) \Leftrightarrow H(s) \tag{10-51}$$

对于电网络,网络函数中的激励与响应既可以是电压,也可以是电流,因此系统函数可以是阻抗、导纳,也可以是电压放大倍数或电流放大倍数。所以,网络函数有时也被称为"策动点函数"(两变量处于同一端口)或"转移函数"(两变量不处于同一端口)。

【例 10.15】 求如图 10-13(a) 所示电路的网络函数 $H(s) = \dfrac{U_0(s)}{U_S(s)}$。

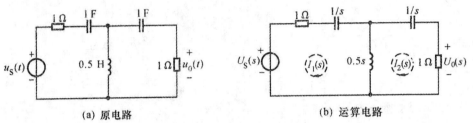

(a) 原电路   (b) 运算电路

图 10-13 例 10.15 的电路

解 方法一,用网孔法。设网孔电流为 $I_1(s)$、$I_2(s)$。列网孔方程为

$$(1 + 1/s + 0.5s)I_1(s) - 0.5sI_2(s) = U_S(s) \tag{1}$$

$$-0.5sI_1(s) + (1 + 1/s + 0.5s)I_2(s) = 0 \tag{2}$$

由式(2) 解得

$$I_1(s) = \frac{1 + 1/s + 0.5s}{0.5s}I_2(s) = \left(\frac{2}{s} + \frac{2}{s^2} + 1\right)I_2(s) \tag{3}$$

将式(3) 代入式(1) 整理,得

$$\left(1 + \frac{1}{s} + 0.5s\right)\left(\frac{2}{s} + \frac{2}{s^2} + 1\right)I_2(s) - 0.5sI_2(s) = U_S(s)$$

故系统函数为

$$H(s) = \frac{U_0(s)}{U_S(s)} = \frac{s^3}{2s^3 + 4s^2 + 4s + 2}$$

方法二,用戴维宁定理。将右边的 1Ω 电阻断开,可得开路电压为

$$U_{oc}(s) = \frac{0.5s}{1 + 1/s + 0.5s}U_S(s)$$

等效阻抗为

$$Z_{eq}(s) = \frac{0.5s(1 + 1/s)}{0.5s + 1 + 1/s} + 1/s$$

根据戴维宁等效电路,输出电压为

$$U_0(s) = \frac{1}{Z_{eq}(s) + 1}U_{oc}(s) = \frac{\dfrac{0.5s}{0.5s^2 + s + 1}}{\dfrac{0.5s(s+1)}{0.5s^2 + s + 1} + \dfrac{1}{s} + 1}U_S(s)$$

$$= \frac{s^2}{s^2(s+1) + (s+1)(s^2 + 2s + 2)}U_S(s)$$

故系统函数为

$$H(s) = \frac{U_0(s)}{U_S(s)} = \frac{s^2}{2s^3 + 4s^2 + 4s + 2}$$

10.5.2 系统函数的零极点分布

由于网络函数一般是一个实系数 s 的有理分式,即

$$H(s) = \frac{N(s)}{D(s)} = \frac{b_m s^m + b_{m-1}s^{m-1} + \cdots + b_1 s + b_0}{a_n s^n + a_{n-1}s^{n-1} + \cdots + a_1 s + a_0} \tag{10-52}$$

式中,$a_n(n = 1,2,\cdots)$,$b_m(m = 1,2,\cdots)$ 均为实数,$N(s)$ 和 $D(s)$ 都是 s 的有理多项式.令 $N(s) = 0$ 的根 $z_1,z_2,\cdots,z_m$ 称为 $H(s)$ 的零点,$D(s) = 0$ 的根 $p_1,p_2,\cdots,p_n$ 称为 $H(s)$ 的极点.由于分子多项式 $N(s)$ 和分母多项式 $D(s)$ 均为实系数,这表明它们的根为实数或共轭复数.式(10-52)可表示为

$$H(s) = H_0 \frac{(s - z_1)(s - z_2)\cdots(s - z_m)}{(s - p_1)(s - p_2)\cdots(s - p_n)} = H_0 \frac{\prod\limits_{i=1}^{m}(s - z_i)}{\prod\limits_{j=1}^{n}(s - p_j)} \qquad (10\text{-}53)$$

式中,H_0 为一实系数.将 $H(s)$ 的零点和极点画于 s 平面上,用"$\circ$"表示零点,用"$\times$"表示极点.这就是系统函数 $H(s)$ 的零极点分布图.

【例 10.16】 已知网络函数为 $H(s) = \dfrac{s + 1}{(s + 1)^2 + 4}$,求系统的冲激响应 $h(t)$,并画出零极点分布图.

解 根据系统函数与冲激响应的关系

$$h(t) \Leftrightarrow H(s)$$

已知 $\qquad\qquad \cos 2t \varepsilon(t) \Leftrightarrow \dfrac{s}{s^2 + 4}$

应用频移性质,有 $\qquad \mathrm{e}^{-t}\cos 2t \varepsilon(t) \Leftrightarrow \dfrac{s + 1}{(s + 1)^2 + 4}$

系统冲激响应为 $\quad h(t) = \mathrm{e}^{-t}\cos 2t \varepsilon(t)$

$H(s)$ 的零极点分布如图 10-14 所示.

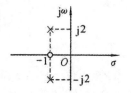

图 10-14   例 10.16 的零极点图

10.6   网络函数的零极点分布与时域响应

由于 $h(t)$ 与 $H(s)$ 之间存在着对应关系,故可以从 $H(s)$ 的典型形式透视出 $h(t)$ 的内在性质.当系统函数 $H(s)$ 为有理函数时,其分子多项式和分母多项式指明了其零点和极点的位置,从这些零极点分布情况,便可确定系统时域响应的性质.

10.6.1   零极点分布与冲激响应

在网络函数 $H(s)$ 中,若分子多项式 $N(s)$ 的阶次高于分母多项式 $D(s)$ 的阶次,即 $m \geqslant n$,则 $H(s)$ 可分解为 s 的有理多项式与 s 的有理真分式之和.有理多项式部分比较容易分析,故以下讨论 $H(s)$ 为有理真分式的情况,即式(10-53)中 $m < n$ 的情况.

设网络函数 $H(s)$ 具有单极点时,网络函数 $H(s)$ 可按部分分式法展开为

$$H(s) = \sum_{i=1}^{n} \frac{K_i}{s - p_i} \qquad (10\text{-}54)$$

网络的冲激响应 $h(t)$ 为 $\qquad\qquad h(t) = \sum_{i=1}^{n} K_i \mathrm{e}^{p_i t} \varepsilon(t) \qquad (10\text{-}55)$

从上式可见,冲激响应 $h(t)$ 的性质完全由网络函数 $H(s)$ 的极点 p_i 决定。p_i 称为网络的自然频率或固有频率。而待定系数 K_i 由零点和极点共同决定。下面分三种情况讨论,即极点在左半平面(不包含虚轴)、极点在虚轴上、极点在右半平面(不包括虚轴)。将网络函数的极点分布与对应的冲激响应的关系显示于图 10-15 中。

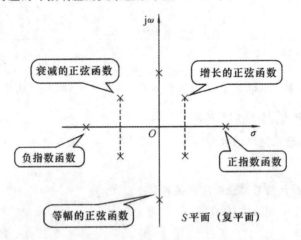

图 10-15   零极点分布与冲激响应

(1) 极点位于左半平面:当极点 p_i 为负实数时,冲激响应为衰减的指数函数;当极点 p_i 为负实部的共轭复数时,冲激响应为衰减的正弦函数,这种电路是稳定的。

(2) 极点位于虚轴:极点 p_i 为一对虚数,冲激响应为等幅的正弦函数,这种电路是临界稳定的。

(3) 极点位于右半平面:当极点 p_i 为正实数时,冲激响应为增长的指数函数;当极点 p_i 为正实部的共轭复数时,冲激响应为增长的正弦函数,这种电路是不稳定的。

10.6.2   网络函数与频率响应

根据 R、L、C 等电路元件的运算阻抗与导纳的相似性可知,只要将网络函数 $H(s)$ 中的 s 换成 $j\omega$ 就可以得到正弦稳态情况下的网络函数 $H(j\omega)$。可写为

$$H(j\omega) = |H(j\omega)| e^{j\varphi(\omega)}$$

式中,它的模 $|H(j\omega)|$ 称为幅频特性,相位 $\varphi(\omega)$ 称为相频特性,统称为频率响应。网络的频率响应用 Matlab 分析十分方便,下节将举例说明。

10.7   Matlab 的应用

10.7.1   拉普拉斯变换与反变换

Matlab 不仅具有强大的计算功能和画图功能,还提供了具有推理功能的符号运算,即

符号数学工具箱。它提供了拉普拉斯变换与反变换的方法,其调用形式为

$$F = \text{laplace}(f)$$

$$f = \text{ilaplace}(F)$$

式中,f 表示时域函数,F 表示拉普拉斯变换(象函数)。

这些函数和变换均为符号变量,可以应用函数 sym( ) 实现,调用形式为

$$f = \text{sym}(A)$$

式中,A 表示待输入的字符串,输出 f 为符号变量。

对函数可化简,调用形式为

$$F = \text{simple}(F)$$

式中,F 为待化简的符号变量。

为改善公式的可读性,可用 pretty(F) 函数。

【例 10.17】 求下列时间函数的拉普拉斯变换。

(1) $f(t) = \mathrm{e}^{-at}(1-at)$ (2) $f(t) = \sin(at+b)$

解 (1) 在命令窗口下执行下列命令

```
>> F = laplace(sym('exp(- a * t) * (1 - a * t)'))
F =
1/(s + a) - a/(s + a)^2
>> F = simple(F)
```

运行结果为

```
F =
s/(s + a)^2
```

(2) 在命令窗口下执行下列命令

```
>> F = laplace(sym('sin(a * t + b)'))
F =
cos(b) * a/(s^2 + a^2) + sin(b) * s/(s^2 + a^2)
>> F = simple(F)
```

运行结果为

```
F =
(cos(b) * a + sin(b) * s)/(s^2 + a^2)
```

【例 10.18】 求下列象函数的拉普拉斯反变换。

(1) $F(s) = \dfrac{2s+1}{s^2+5s+6}$ (2) $F(s) = \dfrac{1}{(s+1)(s^2+s+1)}$

解 (1) 在命令窗口下执行下列命令

```
>> f = ilaplace(sym('(2 * s + 1)/(s^2 + 5 * s + 6)'))
```

运行结果为

```
f =
5 * exp(- 3 * t) - 3 * exp(- 2 * t)
```

(2) 在命令窗口下执行下列命令

```
>> f = ilaplace(sym('1/(s + 1)/(s^2 + s + 1)'))
```

运行结果为

```
f =
exp(- t) + 1/3 * exp(- 1/2 * t) * 3^(1/2) * sin(1/2 * 3^(1/2) * t) - exp(- 1/2 * t) * cos(1/2
* 3^(1/2) * t)
```

即
$$f(t) = e^{-t} + \frac{1}{3}\sqrt{3}e^{-0.5t}\sin\left(\frac{\sqrt{3}}{2}t\right) - e^{-0.5t}\cos\left(\frac{\sqrt{3}}{2}t\right)$$

10.7.2 部分分式展开

用函数 residue() 求出 $F(s)$ 部分分式展开的系数和极点。调用格式为
$$[r,p,k] = \text{residue}(b,a)$$
式中,b 和 a 分别为 $H(s)$ 分子和分母多项式的系数,产生的三个向量:r 为 $F(s)$ 的极点列向量;p 为 $F(s)$ 部分分式展开的系数列向量;k 为 $F(s)$ 为假分式时的多项式项的系数行向量;若 $F(s)$ 为真分式则 k 为空阵。

【**例 10.19**】 求下列象函数的部分分式展开式。

$$(1)F(s) = \frac{40}{s(s^2 + 4s + 8)} \qquad (2)F(s) = \frac{2s^5 + 4}{s(s+2)^3}$$

解 (1) 在命令窗口下执行下列命令

```
>> b = [20]
>> a = [1 4 8 0]
>> [r,p,k] = residue(b,a)
r =
 -1.2500 + 1.2500i
 -1.2500 - 1.2500i
  2.5000
p =
 -2.0000 + 2.0000i
 -2.0000 - 2.0000i
  0
k =
 []
```

```
>> abs(r)
ans =
    1.7678
    1.7678
    2.5000
>> angle(R) * 180/pi
ans =
      135
     -135
        0
```

则 $F(s)$ 部分分式展开式为

$$F(s) = \frac{1.77\angle 135°}{s+2-j2} + \frac{1.77\angle(-135°)}{s+2+j2} + \frac{2.5}{s}$$

（2）在命令窗口下执行下列命令

```
>> b = [2 0 0 0 0 4]
>> a = poly([0 -2 -2 -2])          % 把极点转换成多项式系数
a =
    1   6   12   8   0
>> [r,p,k] = residue(b,a)
r =
    47.5000
   -65.0000
    30.0000
     0.5000
p =
   -2.0000
   -2.0000
   -2.0000
        0
k =
    2   -12
```

则 $F(s)$ 部分分式展开式为

$$F(s) = 2s - 12 + \frac{47.5}{s+2} - \frac{65}{(s+2)^2} + \frac{30}{(s+2)^3} + \frac{0.5}{s}$$

10.7.3　零极点图与冲激响应和阶跃响应

设有网络函数 $H(s)$，可以应用 Matlab 决定它的零极点分布图、冲激响应、阶跃响应等。当画零极点图时，直接应用 pzmap() 函数，调用形式为

$$\text{pzmap}(b, a)$$

式中，b 和 a 分别为 $H(s)$ 分子和分母多项式的系数。

当画冲激响应波形时,调用函数的形式为

$$impulse(b,a,t)$$

式中,b 和 a 分别为 $H(s)$ 分子和分母多项式的系数。

当画阶跃响应波形时,调用函数的形式为

$$step(b,a,t)$$

对于任意一个网络函数要知道其零极点分布图和冲激响应、阶跃响应波形,用 Matlab 实现非常容易。下面用实例来说明。

【**例 10.20**】 已知网络函数为

$$H(s) = \frac{s^2 - 2s + 0.8}{s^3 + 2s^2 + 2s + 1}$$

试用 Matlab 画出系统的零极点分布图、冲激响应波形、阶跃响应波形。

解 在命令窗口下执行下列命令。

% 例 10.20 零极点分布图,冲激响应,阶跃响应

```
num = [1 -2 0.8];
den = [1 2 2 1];
subplot(1,3,1);
pzmap(num,den);              % 计算零极点并画其分布图
t = 0:0.02:15;
subplot(1,3,2);
impulse(num,den,t)           % 计算冲激响应并画其波形
subplot(1,3,3);
step(num,den,t)              % 计算阶跃响应并画其波形
```

运行程序后图形显示如图 10-16 所示。

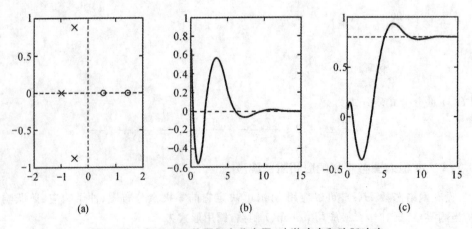

(a)　　　　　　　(b)　　　　　　　(c)

图 10-16 例 10.20 的零极点分布图、冲激响应和阶跃响应

10.7.4 绘制网络的频率响应图

Matlab 提供了专用绘制频率响应的函数。信号处理工具箱提供的函数 freqs( ) 可直接计算系统的频率响应,其一般调用函数的形式为

$$H = \text{freqs}(num,den)$$

式中的 num 为系统函数 $H(s)$ 的有理多项式中分子多项式的系数向量,den 为分母多项式的系数向量,下面举例说明。

【例 10.21】 设某系统的系统函数为 $H(s) = \dfrac{s}{s^2 + 2s + 5}$,试用 Matlab 绘出系统的幅频响应曲线和相频响应曲线。

解 程序如下。

```
num = [1 0];
den = [1 2 5];
[Hw] = freqs(num,den);
subplot(1,2,1);
plot(w,abs(H));grid;
title('幅频特性')
subplot(1,2,2);
plot(w,180/pi * angle(H));grid
title('相频特性')
```

运行程序后图形显示如图 10-17 所示。

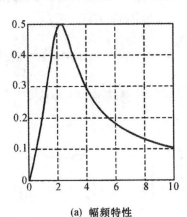
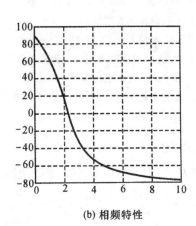

(a) 幅频特性   (b) 相频特性

图 10-17 例 10.21 的幅频特性图和相频特性图

本 章 小 结

本章介绍了拉普拉斯变换和反变换,讨论拉普拉斯变换在线性电路中的应用。由于引入了运算阻抗和运算模型,形成了动态电路的复频域分析,即运算法。运算法的基本思想与正弦稳态电路的

相量法相似,电路分析的定理、列方程方法、等效电路等均可用于动态电路。这样电阻性电路、正弦稳态电路和动态电路就形成了统一的分析方法。这正是电路分析规律性强且具有魅力的地方。网络函数是电路分析的又一重点,网络函数不仅把输入和输出联系起来,它的零极点的分布对系统时域响应和频率响应都有影响。频域网络函数 $H(j\omega)$ 也称网络的频率响应,它也可通过复频域网络函数 $H(s)$ 将 s 换成 $j\omega$ 而得到。

习 题 十

10-1 求下列函数的拉普拉斯变换。

(1) $\varepsilon(t) - \varepsilon(t-2)$

(2) $\delta(t) + e^{-3t}$

(3) $\sin 2t + 3\cos 2t$

(4) $e^{-2t}\cos t$

10-2 求下列各象函数的原函数。

(1) $F(s) = \dfrac{s+1}{s^2+5s+6}$

(2) $F(s) = \dfrac{2s^2+s+2}{s(s^2+1)}$

(3) $F(s) = \dfrac{4}{s(s+2)^2}$

(4) $F(s) = \dfrac{s^3+5s^2+9s+1}{s^2+3s+2}$

10-3 求下列象函数的拉普拉斯反变换。

(1) $F(s) = \dfrac{s^3}{(s+1)^3}$

(2) $F(s) = \dfrac{3s+8}{s^2+5s+6}(1-e^{-s})$

(3) $F(s) = \dfrac{e^{-s}}{s(s^2+1)}$

10-4 如题 10-4 图所示电路,开关动作前电路已稳定。$t=0$ 时,断开开关 S。当 $t \geqslant 0$ 时,求:

(1) 画出运算电路;

(2) 电流 $i(t)$ 的象函数 $I(s)$;

(3) 电流 $i(t)$。

10-5 如题 10-5 图所示电路,开关动作前电路已稳定。$t=0$ 时,合上开关 S,用拉普拉斯变换方法求 $t \geqslant 0$ 时的电压 $u_L(t)$。

10-6 电路如题 10-6 图所示,开关 S 闭合前电路已达稳态。在 $t=0$ 时刻将 S 闭合,试用拉普拉斯变换分析法求 $u_2(t)$ 和 $i_{C2}(t)$,$t \geqslant 0$。

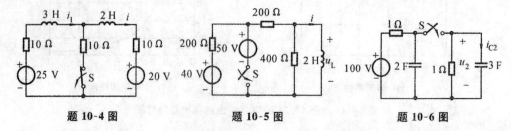

题 10-4 图　　　　　　题 10-5 图　　　　　　题 10-6 图

10-7 电路如题 10-7 图所示,开关 S 打开前电路已稳定,在 $t=0$ 时开关 S 合上,试用拉普拉斯变换的方法求电容电压 $u_C(t)$ 和电感电流 $i_L(t)$。

10-8 含互感的电路如题 10-8 图所示,当 $t=0$ 时开关 S 闭合,求电压 $u_0(t)$。

10-9 题 10-9 图所示电路原已达到稳定,在 $t=0$ 时接通开关 S。求换路后通过开关 S 的电流 $i_t(t)$。

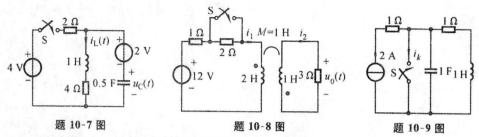

题 10-7 图　　　　　　题 10-8 图　　　　　　题 10-9 图

10-10　电路如题 10-10 图所示,开关 S 打开前电路已达稳态。在 $t=0$ 时刻将 S 断开,试用拉普拉斯变换分析法求 $u_C(t)$。

10-11　电路如题 10-11 图所示,开关 S 打开前电路已稳定,求开关 S 打开后,电容电压 $u_C(t)$ 的零输入响应 $u_{Czi}(t)$ 和零状态响应 $u_{Czs}(t)$。

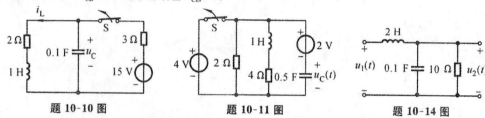

题 10-10 图　　　　　　题 10-11 图　　　　　　题 10-14 图

10-12　画出下列网络函数的零极点分布图。并画出冲激响应和阶跃响应的波形。

(1) $H(s)=\dfrac{s+1}{s^2+1}$　　　　　　(2) $H(s)=\dfrac{s}{s^2+2s-3}$

(3) $H(s)=\dfrac{s-2}{s(s+1)}$　　　　　　(4) $H(s)=\dfrac{s+10}{s^2+20s+500}$

10-13　已知网络的冲激响应,求相应的网络函数。

(1) $h(t)=\mathrm{e}^{-2t}\varepsilon(t)$　　　　　　(2) $h(t)=(1-\mathrm{e}^{-2t})\varepsilon(t)$

(3) $h(t)=\delta(t)-\mathrm{e}^{-t}\varepsilon(t)$　　　　　　(4) $h(t)=(\mathrm{e}^{-t}+\mathrm{e}^{-2t})\varepsilon(t)$

10-14　如题 10-14 图所示电路,求:

(1) 电压转移函数 $H(s)=\dfrac{U_2(s)}{U_1(s)}$;　　　(2) 单位阶跃响应 $u_2(t)$。

10-15　如题 10-15 图所示电路中,初始条件为零,试求:

(1) 网络函数 $H(s)=\dfrac{I_0(s)}{U_S(s)}$;　　　(2) 响应 $i_0(t)$ 的冲激响应 $h(t)$ 和阶跃响应 $g(t)$。

10-16　已知某网络函数 $H(s)$ 的零极点分布如题 10-16 图所示,且 $H(0)=1/3$。试写出网络函数,并求冲激响应和阶跃响应。

10-17　如题 10-17 图所示电路,若输入信号 $u_1(t)=(3\mathrm{e}^{-2t}+2\mathrm{e}^{-3t})\varepsilon(t)$,求电路的响应 $u_2(t)$。

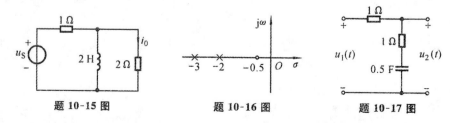

题 10-15 图　　　　　　题 10-16 图　　　　　　题 10-17 图

11

二端口网络

对于二端口网络,主要分析端口的电压和电流,并通过端口的电压与电流关系来表征网络的电特性,但不涉及网络内部电路的工作状况。本章首先介绍二端口网络方程及参数,包括:$Y,Z,T(A),H$,然后介绍二端口网络的等效电路,包括:T 形,Ⅱ形,以及二端口网络的连接,最后介绍回转器及负阻抗变换器(即实际二端口网络)。

11.1　二端口网络概述

前面已述,对于线性一端口网络就其外部性能来说可以用戴维宁或诺顿等效电路代替。但是在工程实际中,研究信号及能量的传输和信号变换时,经常碰到多种形式的电路,如变压器、滤波器、放大器、传输线电路等,如图 11-1 所示。

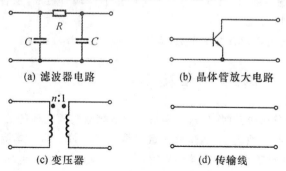

(a) 滤波器电路　　　　　(b) 晶体管放大电路

(c) 变压器　　　　　(d) 传输线

图 11-1　各种实际电路

1. 一端口(port)

电路或网络向外引出的一对端子,而且这对端子在电路的同一侧,从一个端钮流入的电流等于从另一个端钮流出的电流。则这样的电网络称为一端口,如图 11-2 所示。

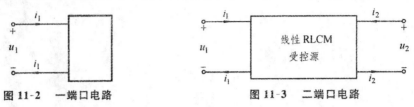

图 11-2 　一端口电路　　　　　　图 11-3 　二端口电路

2. 二端口(two-port)

电路或网络向外引出两对端子,而且这两对端子分别构成两个一端口,则这样的网络称为二端口,如图 11-3 所示。

3. 研究二端口网络的意义

(1) 二端口网络应用广泛,其分析方法易推广应用于 n 端口网络。

(2) 可以将任意复杂的二端口网络分割成许多子网络(二端口)进行分析,使分析简化。

(3) 当仅研究端口的电压电流特性时,可以用二端口网络的电路模型进行研究。

4. 分析方法

(1) 分析前提:存在以下约定。

① R、L、C、M 为线性,且具有线性受控源;

② 不含独立源;

③ 应用运算法分析电路时,规定独立初始条件均为零,即不存在附加电源;

④ 约定参考方向(对于端口来说为关联参考方向),如图 11-3 所示。

(2) 确定二端口处电压、电流之间的关系,写出参数矩阵。

(3) 利用端口参数比较不同的二端口的性能和作用。

(4) 对于给定的一种二端口参数矩阵,会求其他的参数矩阵。

(5) 对于复杂的二端口,可以看作由若干简单的二端口组成。由各简单的二端口参数推导出复杂的二端口参数。

注意:分析中按正弦稳态情况考虑,应用相量法或运算法讨论。

11.2　二端口网络方程及参数

用二端口概念分析电路时,仅对二端口处的电流与电压之间的关系进行分析,这种相互关系可以通过一些参数表示,而这些参数只取决于构成二端口本身的元件及它们的连接方式。一旦确定表征这个二端口的参数后,当一个端口的电流、电压发生变化,要求另外一个端口的电流、电压就比较容易了。

一个任意复杂的二端口网络,还可以看做是由若干个简单的二端口组成,如果已知这些简单二端口参数,根据它们与复杂二端口的关系就可以直接求出后者的参数,从而找出后者在两个端口处的电流、电压的关系,而不再涉及原来复杂电路内部的任何计算。

11.2.1 二端口的参数

线性无独立源的二端口网络,在端口上有 4 个物理量 i_1, i_2, u_1, u_2,如图 11-3 所示。在外电路限定的情况下,这 4 个物理量间存在着通过二端口网络来表征的约束方程,若任取其中的两个为自变量,可得到端口电压、电流的六种不同的方程表示,即可用六套参数描述二端口网络。其对应关系为

$$\begin{matrix} i_1 \\ i_2 \end{matrix} \Leftrightarrow \begin{matrix} u_1 \\ u_2 \end{matrix} \qquad \begin{matrix} u_1 \\ i_1 \end{matrix} \Leftrightarrow \begin{matrix} u_2 \\ i_2 \end{matrix} \qquad \begin{matrix} u_1 \\ i_2 \end{matrix} \Leftrightarrow \begin{matrix} i_1 \\ u_2 \end{matrix}$$

本章主要讨论其中 4 种参数矩阵,即 $\boldsymbol{Y}$、$\boldsymbol{Z}$、$\boldsymbol{A}$、$\boldsymbol{H}$ 参数矩阵。

下面采用相量形式(正弦稳态)来讨论。

$$\begin{matrix} \dot{I}_1 \\ \dot{I}_2 \end{matrix} \Leftrightarrow \begin{matrix} \dot{U}_1 \\ \dot{U}_2 \end{matrix} \qquad \begin{matrix} \dot{U}_1 \\ \dot{I}_1 \end{matrix} \Leftrightarrow \begin{matrix} \dot{U}_2 \\ \dot{I}_2 \end{matrix} \qquad \begin{matrix} \dot{U}_1 \\ \dot{I}_2 \end{matrix} \Leftrightarrow \begin{matrix} \dot{I}_1 \\ \dot{U}_2 \end{matrix}$$

11.2.2 $\boldsymbol{Y}$ 参数和方程

1. $\boldsymbol{Y}$ 参数方程

采用相量形式(正弦稳态),将二端口网络的两个端口各施加一电压源,如图 11-4 所示,则端口电流可视为由这些电压源的叠加作用产生,即

$$\begin{cases} \dot{I}_1 = Y_{11}\dot{U}_1 + Y_{12}\dot{U}_2 \\ \dot{I}_2 = Y_{21}\dot{U}_1 + Y_{22}\dot{U}_2 \end{cases} \tag{11-1}$$

式(11-1)称为 $\boldsymbol{Y}$ 参数方程,写成矩阵形式为

$$\begin{bmatrix} \dot{I}_1 \\ \dot{I}_2 \end{bmatrix} = \begin{bmatrix} Y_{11} & Y_{12} \\ Y_{21} & Y_{22} \end{bmatrix} \begin{bmatrix} \dot{U}_1 \\ \dot{U}_2 \end{bmatrix}$$

式中,$[Y] = \begin{bmatrix} Y_{11} & Y_{12} \\ Y_{21} & Y_{22} \end{bmatrix}$ 称为两端口的 $\boldsymbol{Y}$ 参数矩阵,矩阵中的元素称为 $\boldsymbol{Y}$ 参数。显然 $\boldsymbol{Y}$ 参数属于导纳性质。

注意:$\boldsymbol{Y}$ 参数值仅由内部参数及连接关系决定。

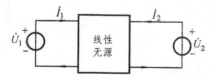

图 11-4　线性二端口的电流电压关系

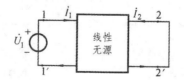

图 11-5　短路导纳参数的测定一

2. $\boldsymbol{Y}$ 参数的物理意义及其计算和测定

如图 11-5 所示,在端口 1-1′ 上外施电压 $\dot{U}_1$,把端口 2-2′ 短路,由 $\boldsymbol{Y}$ 参数方程得

$$Y_{11} = \frac{\dot{I}_1}{\dot{U}_1}\bigg|_{\dot{U}_2=0}, \qquad Y_{21} = \frac{\dot{I}_2}{\dot{U}_1}\bigg|_{\dot{U}_2=0}$$

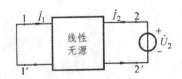

图 11-6 短路导纳参数的测定二

如图 11-6 所示,在端口 2-2′ 上外施电压 $\dot{U}_2$,把端口 1-1′ 短路,同理,由 Y 参数方程得

$$Y_{12} = \frac{\dot{I}_1}{\dot{U}_2}\bigg|_{\dot{U}_1=0}, \qquad Y_{22} = \frac{\dot{I}_2}{\dot{U}_2}\bigg|_{\dot{U}_1=0}$$

由以上各式得 Y 参数的物理意义如下。

(1) Y_{11} 表示端口 2-2′ 短路时,端口 1-1′ 处的输入导纳或驱动点导纳;

(2) Y_{22} 表示端口 1-1′ 短路时,端口 2-2′ 处的输入导纳或驱动点导纳;

(3) Y_{12} 表示端口 1-1′ 短路时,端口 1-1′ 与端口 2-2′ 之间的转移导纳;

(4) Y_{21} 表示端口 2-2′ 短路时,端口 2-2′ 与端口 1-1′ 之间的转移导纳。

因为 Y_{12} 和 Y_{21} 表示一个端口的电流与另一个端口的电压之间的关系。故 Y 参数也称为短路导纳参数。

3. 互易二端口网络

若二端口网络是互易网络,则当 $\dot{U}_1 = \dot{U}_2$ 时,有 $\dot{I}_1 = \dot{I}_2$,因此满足

$$Y_{12} = Y_{21}$$

即互易二端口的 Y 参数中只有三个是独立的。

4. 对称二端口网络

若二端口网络为对称网络,除满足 $Y_{12} = Y_{21}$ 外,还满足 $Y_{11} = Y_{22}$,即对称二端口的 Y 参数中只有二个是独立的。

注意:对称二端口是指两个端口电气特性上对称。电路结构左右对称的一般为对称二端口;结构不对称的二端口,其电气特性可能是对称的,这样的二端口也是对称二端口。

【例 11.1】 电路如图 11-7(a) 所示,求 $\begin{cases} \dot{I}_1 = Y_{11}\dot{U}_1 + Y_{12}\dot{U}_2 \\ \dot{I}_2 = Y_{21}\dot{U}_1 + Y_{22}\dot{U}_2 \end{cases}$ 中 Y 参数。

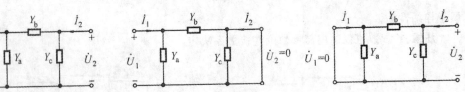

(a) 电路图　　　　　(b) $\dot{U}_2 = 0$ 时的电路图　　　　　(c) $\dot{U}_1 = 0$ 时的电路图

图 11-7 例 11.1 的图

解 如图 11-7(b)、(c) 所示,列方程为

$$Y_{11} = \frac{\dot{I}_1}{\dot{U}_1}\bigg|_{\dot{U}_2=0} = Y_a + Y_b$$

$$Y_{21} = \frac{\dot{I}_2}{\dot{U}_1}\bigg|_{\dot{U}_2=0} = -Y_b$$

$$Y_{12} = \frac{\dot{I}_1}{\dot{U}_2}\bigg|_{\dot{U}_1=0} = -Y_b$$

$$Y_{22} = \frac{\dot{I}_2}{\dot{U}_2}\bigg|_{\dot{U}_1=0} = Y_b + Y_c$$

由上可知,此二端口电路为互易二端口,$Y_{12} = Y_{21} = -Y_b$,互易二端口只有三个参数独立。

根据参数矩阵 $$Y = \begin{bmatrix} Y_a + Y_b & -Y_b \\ -Y_b & Y_b + Y_c \end{bmatrix}$$

若 $Y_a = Y_c$,既有 $Y_{12} = Y_{21}$,又有 $Y_{11} = Y_{22}$(电气对称),则此二端口电路为对称二端口,对称二端口只有两个参数独立。

【例 11.2】 电路如图 11-8 所示,求 Y 参数。

解 直接列方程求解

$$\dot{I}_1 = \frac{\dot{U}_1}{R} + \frac{\dot{U}_1 - \dot{U}_2}{j\omega L} = \left(\frac{1}{R} + \frac{1}{j\omega L}\right)\dot{U}_1 - \frac{1}{j\omega L}\dot{U}_2$$

$$\dot{I}_2 = g\dot{U}_1 + \frac{\dot{U}_2 - \dot{U}_1}{j\omega L} = \left(g - \frac{1}{j\omega L}\right)\dot{U}_1 + \frac{1}{j\omega L}\dot{U}_2$$

得到参数矩阵 $$Y = \begin{bmatrix} \dfrac{1}{R} + \dfrac{1}{j\omega L} & -\dfrac{1}{j\omega L} \\ g - \dfrac{1}{j\omega L} & \dfrac{1}{j\omega L} \end{bmatrix}$$

若 $g = 0 \rightarrow Y_{12} = Y_{21} = -\dfrac{1}{j\omega L}$,则为互易二端口。

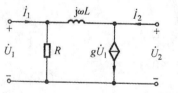

图 11-8 例 11.2 的电路图

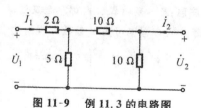

图 11-9 例 11.3 的电路图

【例 11.3】 电路如图 11-9 所示,求 Y 参数。

解 $$Y_{11} = \frac{\dot{I}_1}{\dot{U}_1}\bigg|_{\dot{U}_2=0} = \frac{1}{5 /\!/ 10 + 2} \text{ S} = \frac{3}{16} \text{ S}$$

$$Y_{22} = \frac{\dot{I}_2}{\dot{U}_2}\bigg|_{\dot{U}_1=0} = \frac{1}{10 /\!/ [10 + (5 /\!/ 2)]} \text{ S} = \frac{3}{16} \text{ S}$$

直接列方程求解

$$\begin{cases} \dot{U}_1 = 2\dot{I}_1 + 5(\dot{I}_1 + \dot{I}_2) \\ 5(\dot{I}_1 + \dot{I}_2) = -10\dot{I}_2 \end{cases}$$

可得 $$Y_{21} = \frac{\dot{I}_2}{\dot{U}_1}\bigg|_{\dot{U}_2=0} = -\frac{1}{16} \text{ S}$$

同理可知
$$\begin{cases} \dot{U}_2 - 10\left(\dot{I}_2 - \dfrac{\dot{U}_2}{10}\right) = -2\dot{I}_1 \\ 5\left(\dot{I}_2 - \dfrac{\dot{U}_2}{10} + \dot{I}_1\right) = -2\dot{I}_1 \end{cases}$$

可得
$$Y_{12} = \dfrac{\dot{I}_1}{\dot{U}_2}\bigg|_{\dot{U}_2=0} = -\dfrac{1}{16}\ \text{S}$$

由上可知,既有 $Y_{12} = Y_{21}$,又有 $Y_{11} = Y_{22}$,此电路为对称二端口电路。

11.2.3 Z 参数和方程

1. Z 参数方程

将二端口网络的两个端口各施加一电流源,如图 11-10 所示,则端口电压可视为这些电流源的叠加作用产生,即

$$\begin{cases} \dot{U}_1 = Z_{11}\dot{I}_1 + Z_{12}\dot{I}_2 \\ \dot{U}_2 = Z_{21}\dot{I}_1 + Z_{22}\dot{I}_2 \end{cases} \tag{11-2}$$

式(11-2)称为 **Z** 参数方程,写成矩阵形式为

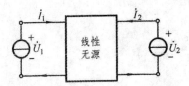

$$\begin{bmatrix} \dot{U}_1 \\ \dot{U}_2 \end{bmatrix} = \begin{bmatrix} Z_{11} & Z_{12} \\ Z_{21} & Z_{22} \end{bmatrix}\begin{bmatrix} \dot{I}_1 \\ \dot{I}_2 \end{bmatrix} = \boldsymbol{Z}\begin{bmatrix} \dot{I}_1 \\ \dot{I}_2 \end{bmatrix}$$

式中,$[\boldsymbol{Z}] = \begin{bmatrix} Z_{11} & Z_{12} \\ Z_{21} & Z_{22} \end{bmatrix}$ 称为两端口的 **Z** 参数矩阵,矩阵中的元素称为 **Z** 参数。显然 **Z** 参数具有阻抗性质。

图 11-10 线性二端口的电流电压关系

注意:Z 参数值仅由内部参数及连接关系决定。

Z 参数方程也可由 **Y** 参数方程解出 $\dot{U}_1$、$\dot{U}_2$ 得到,即

$$\begin{cases} \dot{U}_1 = \dfrac{Y_{22}}{\Delta}\dot{I}_1 + \dfrac{-Y_{12}}{\Delta}\dot{I}_2 = Z_{11}\dot{I}_1 + Z_{12}\dot{I}_2 \\ \dot{U}_2 = \dfrac{-Y_{21}}{\Delta}\dot{I}_1 + \dfrac{Y_{11}}{\Delta}\dot{I}_2 = Z_{21}\dot{I}_1 + Z_{22}\dot{I}_2 \end{cases}$$

式中,$\Delta = Y_{11}Y_{22} - Y_{12}Y_{21}$。

若矩阵 **Z** 与 **Y** 非奇异,则

$$\boldsymbol{Y} = \boldsymbol{Z}^{-1}, \quad \boldsymbol{Z} = \boldsymbol{Y}^{-1}$$

2. Z 参数的物理意义及其计算和测定

如图 11-11 所示,在端口 1-1′ 上外施电流 $\dot{I}_1$,把端口 2-2′ 开路,由 **Z** 参数方程得

$$Z_{11} = \dfrac{\dot{U}_1}{\dot{I}_1}\bigg|_{\dot{I}_2=0}, \quad Z_{21} = \dfrac{\dot{U}_2}{\dot{I}_1}\bigg|_{\dot{I}_2=0}$$

如图 11-12 所示,在端口 2-2′ 上外施电流 $\dot{I}_2$,把端口 1-1′ 开路,由 **Z** 参数方程得

$$Z_{12} = \dfrac{\dot{U}_1}{\dot{I}_2}\bigg|_{\dot{I}_1=0}, \quad Z_{22} = \dfrac{\dot{U}_2}{\dot{I}_2}\bigg|_{\dot{I}_1=0}$$

图 11-11　开路阻抗参数的计算一

图 11-12　开路阻抗参数的计算二

由以上各式得出 Z 参数的物理意义如下。

(1)Z_{11} 表示端口 2-2′ 开路时,端口 1-1′ 处的输入阻抗或驱动点阻抗;

(2)Z_{22} 表示端口 1-1′ 开路时,端口 2-2′ 处的输入阻抗或驱动点阻抗;

(3)Z_{12} 表示端口 1-1′ 开路时,端口 1-1′ 与端口 2-2′ 之间的转移阻抗;

(4)Z_{21} 表示端口 2-2′ 开路时,端口 2-2′ 与端口 1-1′ 之间的转移阻抗。

因为 Z_{12} 和 Z_{21} 表示一个端口的电压与另一个端口的电流之间的关系,故 Z 参数也称为开路阻抗参数。

3. 互易性和对称性

对于互易二端口网络满足：$\qquad Z_{12} = Z_{21}$

对于对称二端口网络满足：$\qquad Z_{11} = Z_{22}$

因此互易二端口网络 Z 参数中只有三个是独立的,而对称二端口的 Z 参数中只有两个是独立的。

注意：并非所有的二端口均有 $\mathbf{Z}$、$\mathbf{Y}$ 参数。

(1)如图 11-13 所示的二端口网络,端口电压和电流满足方程

$$\dot{I}_1 = -\dot{I}_2 = \frac{\dot{U}_1 - \dot{U}_2}{Z}$$

即
$$[Y] = \begin{bmatrix} 1/Z & -1/Z \\ -1/Z & 1/Z \end{bmatrix}$$

由 $[Z] = [Y]^{-1}$ 知,该二端口的 $\mathbf{Z}$ 参数不存在。

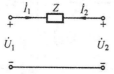

图 11-13　不存在 Z 参数的电路

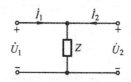

图 11-14　不存在 Y 参数的电路

(2)如图 11-14 所示的二端口网络,端口电压和电流满足方程

$$\dot{U}_1 = \dot{U}_2 = Z(\dot{I}_1 + \dot{I}_2)$$

即
$$[Z] = \begin{bmatrix} Z & Z \\ Z & Z \end{bmatrix}$$

由 $[Y] = [Z]^{-1}$ 知,该二端口的 $\mathbf{Y}$ 参数不存在。

（3）如图 11-15 所示的理想变压器电路,端口电压和电流满足方程

$$\dot{U}_1 = n\dot{U}_2, \quad \dot{I}_1 = -\dot{I}_2/n$$

显然其 Z、Y 参数均不存在。

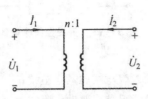

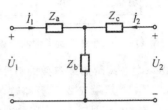

图 11-15 Z、Y 参数均不存在的电路　　　　图 11-16 例 11.4 的电路

【例 11.4】　求如图 11-16 所示电路的 Z 参数。

解　解法一　　$\dot{U}_1 = Z_{11}\dot{I}_1 + Z_{12}\dot{I}_2, \quad \dot{U}_2 = Z_{21}\dot{I}_1 + Z_{22}\dot{I}_2$

$$Z_{11} = \left.\frac{\dot{U}_1}{\dot{I}_1}\right|_{\dot{I}_2=0} = Z_a + Z_b, \quad Z_{12} = \left.\frac{\dot{U}_1}{\dot{I}_2}\right|_{\dot{I}_1=0} = Z_b$$

$$Z_{21} = \left.\frac{\dot{U}_2}{\dot{I}_1}\right|_{\dot{I}_2=0} = Z_b, \quad Z_{22} = \left.\frac{\dot{U}_2}{\dot{I}_2}\right|_{\dot{I}_1=0} = Z_b + Z_c$$

解法二　列出 KVL 方程

$$\dot{U}_1 = Z_a\dot{I}_1 + Z_b(\dot{I}_1 + \dot{I}_2) = (Z_a + Z_b)\dot{I}_1 + Z_b\dot{I}_2$$
$$\dot{U}_2 = Z_c\dot{I}_2 + Z_b(\dot{I}_1 + \dot{I}_2) = Z_b\dot{I}_1 + (Z_b + Z_c)\dot{I}_2$$

【例 11.5】　电路如图 11-17 所示,求 Z 参数。

解　列 KVL 方程

$$\dot{U}_1 = Z_a\dot{I}_1 + Z_b(\dot{I}_1 + \dot{I}_2)$$
$$\dot{U}_2 = r\dot{I}_1 + Z_c\dot{I}_2 + Z_b(\dot{I}_1 + \dot{I}_2)$$

得到参数矩阵　　　$$\mathbf{Z} = \begin{bmatrix} Z_a + Z_b & Z_b \\ r + Z_b & Z_b + Z_c \end{bmatrix}$$

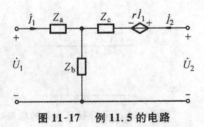

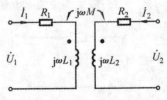

图 11-17 例 11.5 的电路　　　　　图 11-18 例 11.6 的电路

【例 11.6】　电路如图 11-18 所示,求 Z、Y 参数。

解　　　　　$$\dot{U}_1 = (R_1 + j\omega L_1)\dot{I} + j\omega M\dot{I}_2$$
$$\dot{U}_2 = j\omega M\dot{I}_1 + (R_2 + j\omega L_2)\dot{I}_2$$

则　　　　$$\mathbf{Z} = \begin{bmatrix} R_1 + j\omega L_1 & j\omega M \\ j\omega M & R_2 + j\omega L_2 \end{bmatrix}$$

可得
$$Y = Z^{-1} = \cfrac{1}{\begin{vmatrix} R_1 + j\omega L_1 & j\omega M \\ j\omega M & R_2 + j\omega L_2 \end{vmatrix}} \begin{bmatrix} R_2 + j\omega L_2 & -j\omega M \\ -j\omega M & R_1 + j\omega L_1 \end{bmatrix}$$

11.2.4 T 参数和方程

1. T 参数方程

在许多工程实际问题中,往往希望找到一个端口的电压、电流与另一个端口的电压、电流之间的直接关系。例如,放大器、滤波器输入与输出之间的关系,传输线的始端与终端之间的关系。

另外,有些二端口并不同时存在阻抗矩阵或导纳矩阵表达式。因此采用 T 参数用来描绘两端口网络的输入与输出或始端与终端的关系。

定义图 11-19 的二端口输入、输出关系为

$$\begin{cases} \dot U_1 = A\dot U_2 - B\dot I_2 \\ \dot I_1 = C\dot U_2 - D\dot I_2 \end{cases} \tag{11-3}$$

图 11-19 线性二端口网络的电流电压关系

式(11-3)称为 T 参数方程,写成矩阵形式为

$$\begin{bmatrix} \dot U_1 \\ \dot I_1 \end{bmatrix} = \begin{bmatrix} A & B \\ C & D \end{bmatrix} \begin{bmatrix} \dot U_2 \\ -\dot I_2 \end{bmatrix} = T \begin{bmatrix} \dot U_2 \\ -\dot I_2 \end{bmatrix}$$

式中,$T = \begin{bmatrix} A & B \\ C & D \end{bmatrix}$ 称为二端口的 T 参数矩阵,矩阵中的元素称为 T 参数,T 参数也称为传输参数或 A 参数。

注意:(1) T 参数值仅由内部参数及连接关系决定;

(2)应用 T 参数方程时要注意电流前面的负号。

2. T 参数的物理意义及其计算和测定

T 参数的具体含义可分别用以下各式说明。

$A = \left.\cfrac{\dot U_1}{\dot U_2}\right|_{\dot I_2=0}$ 为端口 2-2′ 开路时端口 1-1′ 与端口 2-2′ 的电压比,称为转移电压比。

$B = \left.\cfrac{\dot U_1}{-\dot I_2}\right|_{\dot U_2=0}$ 为端口 2-2′ 短路时端口 1-1′ 的电压与端口 2-2′ 的电流比,称为短路转移阻抗。$C = \left.\cfrac{\dot I_1}{\dot U_2}\right|_{\dot I_2=0}$ 为端口 2-2′ 开路时端口 1-1′ 的电流与端口 2-2′ 的电压比,称为开路转移导纳。$D = \left.\cfrac{\dot I_1}{-\dot I_2}\right|_{\dot U_2=0}$ 为端口 2-2′ 短路时端口 1-1′ 的电流与端口 2-2′ 的电流比,称为转移电流比。

3. 互易性和对称性

由 Y 参数方程
$$\begin{cases} \dot I_1 = Y_{11}\dot U_1 + Y_{12}\dot U_2 \\ \dot I_2 = Y_{21}\dot U_1 + Y_{22}\dot U_2 \end{cases}$$

可得

$$\dot{U}_1 = -\frac{Y_{22}}{Y_{21}}\dot{U}_2 + \frac{1}{Y_{21}}\dot{I}_2$$

故

$$\dot{I}_1 = \left(Y_{12} - \frac{Y_{11}Y_{22}}{Y_{21}}\right)\dot{U}_2 + \frac{Y_{11}}{Y_{21}}\dot{I}_2$$

由此得 **T** 参数与 **Y** 参数的关系为

$$A = -\frac{Y_{22}}{Y_{21}}, \quad B = \frac{-1}{Y_{21}}, \quad C = \frac{Y_{12}Y_{21} - Y_{11}Y_{22}}{Y_{21}}, \quad D = -\frac{Y_{11}}{Y_{21}}$$

对于互易二端口,因为 $Y_{12} = Y_{21}$,因此有 $AD - BC = 1$,即 **T** 参数中只有三个是独立的;对于对称二端口,由于 $Y_{11} = Y_{22}$,因此有 $A = D$,即 **T** 参数中只有两个是独立的。

【例 11.7】 电路如图 11-20 所示,求 **T** 参数。

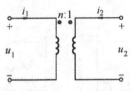

图 11-20 例 11.7 的电路

解 根据 **T** 参数矩阵

$$\begin{bmatrix} \dot{U}_1 \\ \dot{I}_1 \end{bmatrix} = \begin{bmatrix} A & B \\ C & D \end{bmatrix} \begin{bmatrix} \dot{U}_2 \\ -\dot{I}_2 \end{bmatrix}$$

列出方程

$$\begin{cases} u_1 = nu_2 \\ i_1 = -\dfrac{1}{n}i_2 \end{cases}$$

即

$$\begin{bmatrix} u_1 \\ i_1 \end{bmatrix} = \begin{bmatrix} n & 0 \\ 0 & 1/n \end{bmatrix} \begin{bmatrix} u_2 \\ -i_2 \end{bmatrix}$$

则

$$T = \begin{bmatrix} n & 0 \\ 0 & 1/n \end{bmatrix}$$

【例 11.8】 电路如图 11-21(a) 所示,求 **T** 参数。

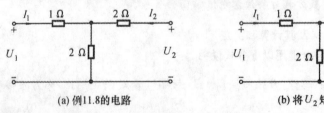
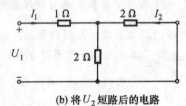

(a) 例11.8的电路   (b) 将 U_2 短路后的电路

图 11-21 例 11.8 的图

解 根据 **T** 参数矩阵

$$\begin{bmatrix} \dot{U}_1 \\ \dot{I}_1 \end{bmatrix} = \begin{bmatrix} A & B \\ C & D \end{bmatrix} \begin{bmatrix} \dot{U}_2 \\ -\dot{I}_2 \end{bmatrix}$$

$$A = \frac{U_1}{U_2}\bigg|_{I_2=0} = \frac{1+2}{2} = 1.5 \text{ S}$$

$$C = \frac{I_1}{U_2}\bigg|_{I_2=0} = 0.5 \text{ S}$$

另外两个参数根据图 11-21(b) 所示,求得

$$B = \frac{U_1}{-I_2}\bigg|_{U_2=0} = \frac{I_1[1+(2 /\!/ 2)]}{0.5I_1} = 4 \ \Omega$$

$$D = \frac{I_1}{-I_2}\bigg|_{U_2=0} = \frac{I_1}{0.5I_1} = 2$$

11.2.5 H 参数和方程

1. H 参数方程

定义图 11-13 所示的二端口输入、输出关系为

$$\begin{cases} \dot{U}_1 = H_{11}\dot{I}_1 + H_{12}\dot{U}_2 \\ \dot{I}_2 = H_{21}\dot{I}_1 + H_{22}\dot{U}_2 \end{cases} \tag{11-4}$$

式(11-4)称为 **H** 参数方程,写成矩阵形式为

$$\begin{bmatrix} \dot{U}_1 \\ \dot{I}_2 \end{bmatrix} = \begin{bmatrix} H_{11} & H_{12} \\ H_{21} & H_{22} \end{bmatrix}\begin{bmatrix} \dot{I}_1 \\ \dot{U}_2 \end{bmatrix} = \boldsymbol{H}\begin{bmatrix} \dot{I}_1 \\ \dot{U}_2 \end{bmatrix}$$

式中,$\boldsymbol{H} = \begin{bmatrix} H_{11} & H_{12} \\ H_{21} & H_{22} \end{bmatrix}$ 称为 **H** 参数矩阵。矩阵中的元素称为 **H** 参数,**H** 参数也称为混合参数。

注意:H 参数的值也仅由内部元件及连接关系决定,它常用于晶体管等效电路。

2. H 参数的物理意义及计算和测定

$H_{11} = \dfrac{\dot{U}_1}{\dot{I}_1}\bigg|_{\dot{U}_2=0}$ 称为短路输入阻抗;$H_{12} = \dfrac{\dot{U}_1}{\dot{U}_2}\bigg|_{\dot{I}_1=0}$ 称为开路电压转移比;$H_{21} = \dfrac{\dot{I}_1}{\dot{I}_1}\bigg|_{\dot{U}_2=0}$ 称为短路电流转移比;$H_{22} = \dfrac{\dot{I}_2}{\dot{U}_2}\bigg|_{\dot{I}_1=0}$ 称为开路输入端导纳。

3. 互易性和对称性

对于互易二端口,**H** 参数满足 $H_{12} = -H_{21}$,即 **H** 参数中只有三个是独立的。对于对称二端口,**H** 参数满足 $H_{11}H_{22} - H_{12}H_{21} = 1$,即 **H** 参数中只有两个是独立的。

【**例 11.9**】 电路如图 11-22 所示,求 **H** 参数。

解 直接列方程求解,KVL 方程为

$$\dot{U}_1 = R_1\dot{I}_1$$

KCL 方程为 $\qquad \dot{I}_2 = \beta\dot{I}_1 + \dfrac{1}{R_2}\dot{U}_2$

比较 **H** 参数方程

$$\begin{cases} \dot{U}_1 = H_{11}\dot{I}_1 + H_{12}\dot{U}_2 \\ \dot{I}_2 = H_{21}\dot{I}_1 + H_{22}\dot{U}_2 \end{cases}$$

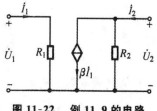

图 11-22 例 11.9 的电路

得 $\qquad\qquad\qquad\qquad \boldsymbol{H} = \begin{bmatrix} R_1 & 0 \\ \beta & 1/R_2 \end{bmatrix}$

11.3　二端口网络的等效电路

一个无源二端口网络可以用一个简单的二端口等效模型来代替,要注意如下内容。

(1) 等效条件:等效模型的方程与原二端口网络的方程相同。

(2) 根据不同的网络参数和方程可以得到结构完全不同的等效电路。

(3) 等效目的是为了分析方便。

两个二端口网络等效是指对外电路而言,端口的电压、电流关系相同。

11.3.1　互易二端口的等效电路

如图 11-20 所示的电路可以等效为下面两种形式,如图 11-23(a)、(b) 所示。

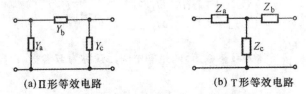

(a) Ⅱ形等效电路　　　　(b) T形等效电路

图 11-23　二端口网络的等效电路

1. Ⅱ形等效电路求法

【例 11.10】　已知一个二端口其 Y 参数为 $\begin{bmatrix} Y_{11} & Y_{12} \\ Y_{21} & Y_{22} \end{bmatrix}$,求 Ⅱ 形等效电路,如图 11-23(a) 所示。

解　Ⅱ 形等效电路的 Y 参数应与上述给定的 Y 参数相同。

$$Y_{11} = \frac{\dot{I}_1}{\dot{U}_1}\bigg|_{\dot{U}_2=0} = Y_a + Y_b$$

$$Y_{21} = \frac{\dot{I}_2}{\dot{U}_1}\bigg|_{\dot{U}_2=0} = -Y_b = Y_{12}$$

$$Y_{22} = \frac{\dot{I}_2}{\dot{U}_2}\bigg|_{\dot{U}_1=0} = Y_b + Y_c$$

解得
$$\begin{cases} Y_a = Y_{11} + Y_{21} \\ Y_b = -Y_{12} \\ Y_c = Y_{22} + Y_{21} \end{cases}$$

2. T形等效电路求法

【例 11.11】　已知一个二端口网络的 Z 参数为 $\begin{bmatrix} Z_{11} & Z_{12} \\ Z_{21} & Z_{22} \end{bmatrix}$,求 T 形等效电路,如图 11-23(b) 所示。

解　T 形等效电路的 Z 参数应与给定的 Z 参数相同。

$$\begin{cases} Z_{11} = Z_a + Z_c \\ Z_{12} = Z_{21} = Z_c \\ Z_{22} = Z_b + Z_c \end{cases}$$

求得

$$\begin{cases} Z_a = Z_{11} - Z_{12} \\ Z_b = Z_{22} - Z_{12} \\ Z_c = Z_{12} \end{cases}$$

当已知 **T** 参数、**H** 参数时,可用同样方法求出等效电路。

【**例11.12**】 电路如图 11-24(a) 所示,已知 $\boldsymbol{T} = \begin{bmatrix} 1.5 & 2.5\,\Omega \\ 0.5\,\text{s} & 1.5 \end{bmatrix}$,$t = 0$ 时,闭合开关 S,求 i_C 的零状态响应。

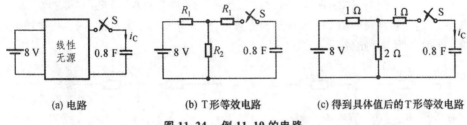

(a) 电路   (b) T形等效电路   (c) 得到具体值后的T形等效电路

图 11-24 例 11.10 的电路

解 因为图中电路网络为互易二端口网络,则由矩阵 $1.5 \times 1.5 - 0.5 \times 2.5 = 1$ 转换为 T 形等效电路,如图 11-24(b) 所示。

根据 **T** 参数矩阵 $\quad \begin{bmatrix} \dot{U}_1 \\ \dot{I}_1 \end{bmatrix} = \begin{bmatrix} A & B \\ C & D \end{bmatrix} \begin{bmatrix} \dot{U}_2 \\ -\dot{I}_2 \end{bmatrix}$

可得

$$A = \frac{\dot{U}_1}{\dot{U}_2} \bigg|_{\dot{I}_2 = 0} = \frac{R_1 + R_2}{R_2}$$

$$C = \frac{\dot{I}_1}{\dot{U}_2} \bigg|_{\dot{I}_2 = 0} = \frac{1}{R_2}$$

$$B = \frac{\dot{U}_1}{-\dot{I}_2} \bigg|_{\dot{U}_2 = 0} = \frac{R_1(R_1 + R_2) + R_2 R_1}{R_2}$$

得

$$\boldsymbol{T} = \begin{bmatrix} \dfrac{R_1 + R_2}{R_2} & \dfrac{R_1(R_2 + R_1) + R_2 R_1}{R_2} \\ \dfrac{1}{R_2} & \dfrac{R_1 + R_2}{R_2} \end{bmatrix} = \begin{bmatrix} 1.5 & 2.5\,\Omega \\ 0.5\,\text{s} & 1.5 \end{bmatrix}$$

比较系数得 $R_1 = 1\ \Omega$,$R_2 = 2\ \Omega$,得到如图 11-24(c) 所示电路。可知三要素为

$$i_C(0_+) = \frac{8}{1 + 2/3} \cdot \frac{2}{3}\ \text{A} = \frac{16}{5}\ \text{A}$$

$$i_C(\infty) = 0$$

$$\tau = \left(\frac{2}{3} + 1\right) \times 0.8 = \frac{4}{3}\ \text{s}$$

可得

$$i_C = \frac{16}{5} \mathrm{e}^{-\frac{3}{4}t}\ \text{A}$$

11.3.2　一般二端口等效电路(含受控源的二端口)

1. Z 参数表示的等效电路

Z 参数方程为

$$\begin{cases} \dot{U}_1 = Z_{11}\dot{I}_1 + Z_{12}\dot{I}_2 \\ \dot{U}_2 = Z_{21}\dot{I}_1 + Z_{22}\dot{I}_2 \end{cases}$$

方法一为直接由 Z 参数方程得到如图 11-25 所示的等效电路。

方法二则把 Z 参数方程改写为

$$\dot{U}_1 = Z_{11}\dot{I}_1 + Z_{12}\dot{I}_2 = (Z_{11} - Z_{12})\dot{I}_1 + Z_{12}(\dot{I}_1 + \dot{I}_2)$$

$$\dot{U}_2 = Z_{21}\dot{I}_1 + Z_{22}\dot{I}_2 = Z_{12}(\dot{I}_1 + \dot{I}_2) + (Z_{22} - Z_{12})\dot{I}_2 + (Z_{21} - Z_{12})\dot{I}_1$$

由上述方程得到如图 11-26 所示的等效电路,如果网络是互易的,图中的受控电压源为零,变为 T 形等效电路。

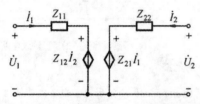

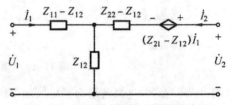

图 11-25　含受控源的 Z 参数等效电路　　　　图 11-26　含受控源的 T 形等效电路

2. Y 参数表示的等效电路

Y 参数方程为

$$\begin{cases} \dot{I}_1 = Y_{11}\dot{U}_1 + Y_{12}\dot{U}_2 \\ \dot{I}_2 = Y_{21}\dot{U}_1 + Y_{22}\dot{U}_2 \end{cases}$$

方法一为直接由 Y 参数方程得到图 11-27 所示的等效电路。

方法二则把 Y 参数方程改写为

$$\dot{I}_1 = Y_{11}\dot{U}_1 + Y_{12}\dot{U}_2 = (Y_{11} + Y_{12})\dot{U}_1 - Y_{12}(\dot{U}_1 - \dot{U}_2)$$

$$\dot{I}_2 = Y_{21}\dot{U}_1 + Y_{22}\dot{U}_2 = -Y_{12}(\dot{U}_2 - \dot{U}_1) + (Y_{22} + Y_{12})\dot{U}_2 + (Y_{21} - Y_{12})\dot{U}_1$$

由上述方程得到如图 11-28 所示的等效电路,如果网络是互易的,图中的受控电流源为零,变为 Π 形等效电路。

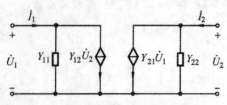

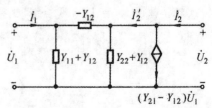

图 11-27　含受控源的 Y 参数等效电路　　　　图 11-28　含受控源的 Π 形等效电路

注意:(1) 等效只对两个端口的电压、电流关系成立,对端口间电压则不一定成立。

(2) 一个二端口网络在满足相同网络方程的条件下,其等效电路模型不是唯一的。

(3) 若网络对称则等效电路也对称。

(4) Π形和 T 形等效电路可以互换,根据其他参数与 Y、Z 参数的关系,可以得到用其他参数表示的 Π 形和 T 形等效电路。

【例 11.13】 绘出给定的 Y 参数的任意一种二端口等效电路。已知 Y 参数为

$$Y = \begin{bmatrix} 5 & -2 \\ -2 & 3 \end{bmatrix}$$

解 由 Y 矩阵可知 $Y_{21} = Y_{12}$,二端口是互易的,故可用无源 Π 形二端口网络作为等效电路,等效电路如图 11-29 所示。

Π 形二端口网络参数为

$$Y_a = Y_{11} + Y_{12} = 5 - 2 = 3 \text{ S}$$
$$Y_c = Y_{22} + Y_{12} = 3 - 2 = 1 \text{ S}$$
$$Y_b = -Y_{12} = 2 \text{ S}$$

通过 Π 形 → T 形变换可得 T 形等效电路。

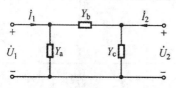

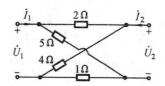

图 11-29 例 11.11 的电路   图 11-30 例 11.12 的电路

【例 11.14】 一个如图 11-30 所示的二端口网络,求其等效的 T 形和 Π 形电路。

解 (1)T 形电路

① 令 $\dot{I}_2 = 0$,则有
$$\dot{U}_1 = 3\dot{I}_1$$
故
$$Z_{11} = 3 \text{ } \Omega$$
由
$$\dot{U}_2 = \dot{U}_4 - \dot{U}_2 = \frac{1}{2}\dot{U}_1 = \frac{3}{2}\dot{I}_1$$
得
$$Z_{21} = 1.5 \text{ } \Omega$$

② 令 $\dot{I}_1 = 0$,则有
$$\dot{U}_2 = \frac{35}{12}\dot{I}_2$$

$$Z_{22} = \frac{35}{12} \text{ } \Omega = 2.92 \text{ } \Omega, \quad Z_{12} = Z_{21} = 1.5 \text{ } \Omega$$

所以
$$Z = \begin{bmatrix} 3 & 1.5 \\ 1.5 & 2.92 \end{bmatrix}$$

由公式可得,T 形电路参数为
$$Z_a = Z_{11} - Z_{21} = 1.5 \text{ } \Omega$$
$$Z_b = Z_{22} - Z_{21} = 1.42 \text{ } \Omega$$
$$Z_c = Z_{21} = 1.5 \text{ } \Omega$$

(2)Ⅱ形电路

先求 Y 参数,在现有条件下,可依查表(见表 11-1)求 Y 或从原二端口直接求 Y 参数矩阵。

由

$$Y = \begin{bmatrix} \dfrac{Z_{22}}{\Delta_Z} & -\dfrac{Z_{12}}{\Delta_Z} \\[2mm] -\dfrac{Z_{21}}{\Delta_Z} & \dfrac{Z_{11}}{\Delta_Z} \end{bmatrix}$$

所以

$$Y = \begin{bmatrix} \dfrac{35}{78} & -\dfrac{18}{78} \\[2mm] -\dfrac{18}{78} & \dfrac{36}{78} \end{bmatrix}$$

可得 Ⅱ形电路参数为

$$Y_a = Y_{11} + Y_{21} = 0.218 \text{ S}$$
$$Y_b = -Y_{21} = 0.231 \text{ S}$$
$$Y_c = Y_{22} + Y_{21} = 0.231 \text{ S}$$

表 11-1

	Z 参数		**Y 参数**		**H 参数**		**$T(A)$ 参数**	
Z 参数	Z_{11}	Z_{12}	$\dfrac{Y_{22}}{\Delta_Y}$	$-\dfrac{Y_{12}}{\Delta_Y}$	$\dfrac{\Delta_H}{H_{12}}$	$\dfrac{H_{12}}{H_{22}}$	$\dfrac{A}{C}$	$\dfrac{\Delta_T}{C}$
	Z_{21}	Z_{22}	$-\dfrac{Y_{21}}{\Delta_Y}$	$\dfrac{Y_{11}}{\Delta_Y}$	$-\dfrac{H_{21}}{H_{22}}$	$\dfrac{1}{H_{22}}$	$\dfrac{1}{C}$	$\dfrac{D}{C}$
Y 参数	$\dfrac{Z_{22}}{\Delta_Z}$	$-\dfrac{Z_{12}}{\Delta_Z}$	Y_{11}	Y_{12}	$\dfrac{1}{H_{11}}$	$-\dfrac{H_{12}}{H_{11}}$	$\dfrac{D}{B}$	$-\dfrac{\Delta_T}{B}$
	$-\dfrac{Z_{21}}{\Delta_Z}$	$\dfrac{Z_{11}}{\Delta_Z}$	Y_{21}	Y_{22}	$\dfrac{H_{21}}{H_{11}}$	$\dfrac{\Delta_H}{H_{11}}$	$-\dfrac{1}{B}$	$\dfrac{A}{B}$
H 参数	$\dfrac{\Delta_Z}{Z_{22}}$	$\dfrac{Z_{12}}{Z_{22}}$	$\dfrac{1}{Y_{11}}$	$-\dfrac{Y_{12}}{Y_{11}}$	H_{11}	H_{12}	$\dfrac{B}{D}$	$\dfrac{\Delta_T}{D}$
	$-\dfrac{Z_{21}}{Z_{22}}$	$\dfrac{1}{Z_{22}}$	$\dfrac{Y_{21}}{Y_{11}}$	$\dfrac{\Delta_Y}{Y_{11}}$	H_{21}	H_{22}	$-\dfrac{1}{D}$	$\dfrac{C}{D}$
$T(A)$ 参数	$\dfrac{Z_{11}}{Z_{21}}$	$\dfrac{\Delta_Z}{Z_{21}}$	$-\dfrac{Y_{22}}{Y_{21}}$	$-\dfrac{1}{Y_{21}}$	$-\dfrac{\Delta_H}{H_{21}}$	$-\dfrac{H_{11}}{H_{21}}$	A	B
	$\dfrac{1}{Z_{21}}$	$\dfrac{Z_{22}}{Z_{21}}$	$-\dfrac{\Delta_Y}{Y_{21}}$	$-\dfrac{Y_{11}}{Y_{21}}$	$-\dfrac{H_{22}}{H_{21}}$	$-\dfrac{1}{H_{21}}$	C	D

表中: $\Delta_Z = \begin{vmatrix} Z_{11} & Z_{12} \\ Z_{21} & Z_{22} \end{vmatrix}$, $\Delta_Y = \begin{vmatrix} Y_{11} & Y_{12} \\ Y_{21} & Y_{22} \end{vmatrix}$, $\Delta_H = \begin{vmatrix} H_{11} & H_{12} \\ H_{21} & H_{22} \end{vmatrix}$, $\Delta_T = \begin{vmatrix} A & B \\ C & D \end{vmatrix}$

11.4　二端口的连接

　　把一个复杂的二端口看成是若干个简单的二端口按某种方式连接而成,这将使电路分析得到简化。另一方面,在设计和实现一个复杂的二端口时,也可以用简单的二端口作为"积木块",把它们按一定方式连接成具有所需特性的二端口。

二端口网络的连接方式有五种：级联、串联、并联、串并联和并串联。研究二端口网络的连接，主要是研究复合二端口网络与各个简单二端口网络参数之间的关系，并根据这种关系从简单网络的参数求出复合网络的参数。

11.4.1 二端口的级联(链联)

图 11-31 所示为两个二端口的级联，设两个二端口的 T 参数分别为

$$[T'] = \begin{bmatrix} A' & B' \\ C' & D' \end{bmatrix}, \quad [T''] = \begin{bmatrix} A'' & B'' \\ C'' & D'' \end{bmatrix}$$

则应有

$$\begin{bmatrix} \dot{U}_1' \\ \dot{I}_1' \end{bmatrix} = \begin{bmatrix} A' & B' \\ C' & D' \end{bmatrix} \begin{bmatrix} \dot{U}_2' \\ -\dot{I}_2' \end{bmatrix}, \quad \begin{bmatrix} \dot{U}_1'' \\ \dot{I}_1'' \end{bmatrix} = \begin{bmatrix} A'' & B'' \\ C'' & D'' \end{bmatrix} \begin{bmatrix} \dot{U}_2'' \\ -\dot{I}_2'' \end{bmatrix}$$

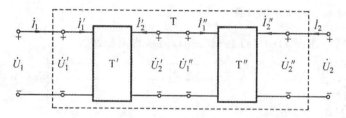

图 11-31　两个二端口的级联

级联后满足

$$\begin{bmatrix} \dot{U}_1 \\ \dot{I}_1 \end{bmatrix} = \begin{bmatrix} \dot{U}_1' \\ \dot{I}_1' \end{bmatrix}, \quad \begin{bmatrix} \dot{U}_2' \\ -\dot{I}_2' \end{bmatrix} = \begin{bmatrix} \dot{U}_1'' \\ \dot{I}_1'' \end{bmatrix}, \quad \begin{bmatrix} \dot{U}_2'' \\ -\dot{I}_2'' \end{bmatrix} = \begin{bmatrix} \dot{U}_2 \\ -\dot{I}_2 \end{bmatrix}$$

化简图 11-31 可得如图 11-32 所示电路。

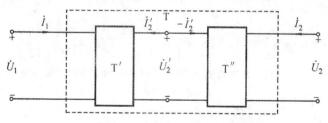

图 11-32　两个二端口的级联

综合以上各式得

$$\begin{bmatrix} \dot{U}_1 \\ \dot{I}_1 \end{bmatrix} = \begin{bmatrix} \dot{U}_1' \\ \dot{I}_1' \end{bmatrix} = \begin{bmatrix} A' & B' \\ C' & D' \end{bmatrix} \begin{bmatrix} \dot{U}_2' \\ -\dot{I}_2' \end{bmatrix}$$

$$= \begin{bmatrix} A' & B' \\ C' & D' \end{bmatrix} \begin{bmatrix} A'' & B'' \\ C'' & D'' \end{bmatrix} \begin{bmatrix} \dot{U}_2 \\ -\dot{I}_2 \end{bmatrix} = \begin{bmatrix} A & B \\ C & D \end{bmatrix} \begin{bmatrix} \dot{U}_2 \\ -\dot{I}_2 \end{bmatrix}$$

其中

$$\begin{bmatrix} A & B \\ C & D \end{bmatrix} = \begin{bmatrix} A' & B' \\ C' & D' \end{bmatrix} \begin{bmatrix} A'' & B'' \\ C'' & D'' \end{bmatrix} = \begin{bmatrix} A'A'' + B'C'' & A'B'' + B'D'' \\ C'A'' + D'C'' & C'B'' + D'D'' \end{bmatrix}$$

即

$$\boldsymbol{T} = [T'][T'']$$

由此得出结论:级联后所得复合二端口 T 参数矩阵等于级联的二端口 T 参数矩阵相乘。上述结论可推广到 n 个二端口级联的关系为 $T=[T_1][T_2]\cdots[T_n]$,如图 11-33 所示。

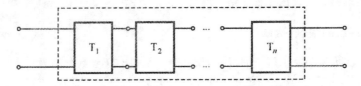

图 11-33 n 个二端口级联

注意:(1) 级联时 T 参数是矩阵相乘的关系,不是对应元素相乘。例如,
$$A = A'A'' + B'C'' \neq A'A''$$

(2) 级联时各二端口的端口条件不会被破坏。

【**例 11.15**】 求图 11-34(a) 所示二端口网络的 T 参数。

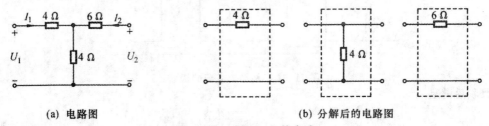

(a) 电路图   (b) 分解后的电路图

图 11-34 例 11.13 的电路

解 图 11-34(a) 所示的二端口网络可以看成图 11-34(b) 所示的三个二端口的级联,易求出

$$T_1 = \begin{bmatrix} 1 & 4 \\ 0 & 1 \end{bmatrix}, \quad T_2 = \begin{bmatrix} 1 & 0 \\ 0.25 & 1 \end{bmatrix}, \quad T_3 = \begin{bmatrix} 1 & 6 \\ 0 & 1 \end{bmatrix}$$

则图 11-34(a) 所示二端口的 T 参数矩阵等于级联的三个二端口的 T 参数矩阵相乘。

$$T = [T_1][T_2][T_3] = \begin{bmatrix} 1 & 4 \\ 0 & 1 \end{bmatrix}\begin{bmatrix} 1 & 0 \\ 0.25 & 1 \end{bmatrix}\begin{bmatrix} 1 & 6 \\ 0 & 1 \end{bmatrix} = \begin{bmatrix} 2 & 16 \\ 0.25 & 2.5 \end{bmatrix}$$

【**例 11.16**】 电路如图 11-35 所示,求 $\dot{U}_2/\dot{U}_1$。

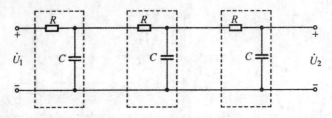

图 11-35 例 11.14 的电路

解 可将上述电路看成三个二端口的级联，$\begin{bmatrix} \dot{U}_1 \\ \dot{I}_1 \end{bmatrix} = \begin{bmatrix} T_{11} & T_{12} \\ T_{21} & T_{22} \end{bmatrix} \begin{bmatrix} \dot{U}_2 \\ -\dot{I}_2 \end{bmatrix}$

则 $T_{11} = \dfrac{\dot{U}_1}{\dot{U}_2}\Big|_{I_2=0}$，得到

$$\frac{\dot{U}_2}{\dot{U}_1}\Big|_{I_2=0} = \frac{1}{T_{11}}$$

其中

$$T'_{11} = \begin{bmatrix} j\omega RC + 1 & R \\ j\omega C & 1 \end{bmatrix}$$

$$T_{11} = T'_{11}\,T'_{11}\,T'_{11}$$

11.4.2 二端口的并联

图 11-36 所示为两个二端口的并联，并联采用 **Y** 参数比较方便。设两个二端口的 **Y** 参数分别为

$$\begin{bmatrix} \dot{I}'_1 \\ \dot{I}'_2 \end{bmatrix} = \begin{bmatrix} Y'_{11} & Y'_{12} \\ Y'_{21} & Y'_{22} \end{bmatrix} \begin{bmatrix} \dot{U}'_1 \\ \dot{U}'_2 \end{bmatrix}, \quad \begin{bmatrix} \dot{I}''_1 \\ \dot{I}''_2 \end{bmatrix} = \begin{bmatrix} Y''_{11} & Y''_{12} \\ Y''_{21} & Y''_{22} \end{bmatrix} \begin{bmatrix} \dot{U}''_1 \\ \dot{U}''_2 \end{bmatrix}$$

并联后满足

$$\begin{bmatrix} \dot{U}_1 \\ \dot{U}_2 \end{bmatrix} = \begin{bmatrix} \dot{U}'_1 \\ \dot{U}'_2 \end{bmatrix} = \begin{bmatrix} \dot{U}''_1 \\ \dot{U}''_2 \end{bmatrix}, \quad \begin{bmatrix} \dot{I}_1 \\ \dot{I}_2 \end{bmatrix} = \begin{bmatrix} \dot{I}'_1 \\ \dot{I}'_2 \end{bmatrix} + \begin{bmatrix} \dot{I}''_1 \\ \dot{I}''_2 \end{bmatrix}$$

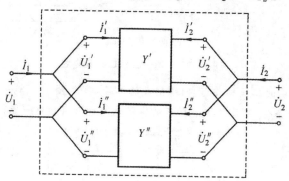

图 11-36 二端口的并联

综合以上各式得

$$\begin{bmatrix} \dot{I}_1 \\ \dot{I}_2 \end{bmatrix} = \begin{bmatrix} \dot{I}'_1 \\ \dot{I}'_2 \end{bmatrix} + \begin{bmatrix} \dot{I}''_1 \\ \dot{I}''_2 \end{bmatrix} = \begin{bmatrix} Y'_{11} & Y'_{12} \\ Y'_{21} & Y'_{22} \end{bmatrix} \begin{bmatrix} \dot{U}'_1 \\ \dot{U}'_2 \end{bmatrix} + \begin{bmatrix} Y''_{11} & Y''_{12} \\ Y''_{21} & Y''_{22} \end{bmatrix} \begin{bmatrix} \dot{U}''_1 \\ \dot{U}''_2 \end{bmatrix}$$

$$= \left\{ \begin{bmatrix} Y'_{11} & Y'_{12} \\ Y'_{21} & Y'_{22} \end{bmatrix} + \begin{bmatrix} Y''_{11} & Y''_{12} \\ Y''_{21} & Y''_{22} \end{bmatrix} \right\} \begin{bmatrix} \dot{U}_1 \\ \dot{U}_2 \end{bmatrix}$$

$$= \begin{bmatrix} Y'_{11} + Y''_{11} & Y'_{12} + Y''_{12} \\ Y'_{21} + Y''_{21} & Y'_{22} + Y''_{22} \end{bmatrix} \begin{bmatrix} \dot{U}_1 \\ \dot{U}_2 \end{bmatrix} = [Y] \begin{bmatrix} \dot{U}_1 \\ \dot{U}_2 \end{bmatrix}$$

即

$$[Y] = [Y'] + [Y'']$$

由此得出结论:二端口并联所得复合二端口的 **Y** 参数矩阵等于两个二端口 **Y** 参数矩阵相加。

注意:(1) 两个二端口并联时,其端口条件可能被破坏,此时上述关系式就不成立。

如图 11-37 所示,两个二端口并联,并联后端口条件被破坏,$Y \neq Y' + Y''$。

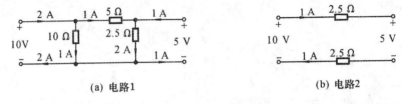

(a) 电路1 (b) 电路2

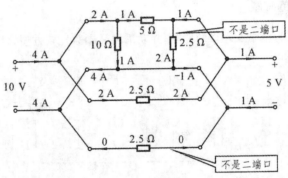

(c) 两个电路并联

图 11-37   两个二端口并联电路

(2) 具有公共端的二端口(三端网络形成的二端口)如图 11-38 所示,将公共端并在一起将不会破坏端口条件。从图 11-39 所示的实际电路也可得出这一点。

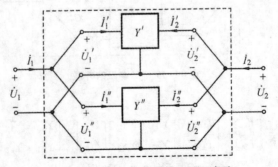

图 11-38   具有公共端的二端口电路

(3) 检查是否满足并联端口条件的方法如图 11-40 所示,即在输入并联端与电压源相连接,Y'、Y'' 的输出端各自短接,如两短接点之间的电压为零,则输出端并联后,输入端仍能满足端口条件。用类似的方法可以检查输出端是否满足端口条件。

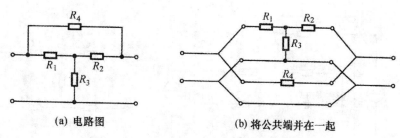

(a) 电路图　　　　　　　　(b) 将公共端并在一起

图 11-39　具有公共端的二端口实际电路

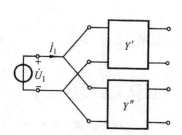

图 11-40　检查是否满足并联端口条件的方法

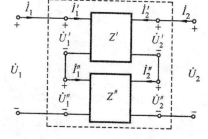

图 11-41　二端口的串联

11.4.3　二端口的串联

如图 11-41 所示为两个二端口的串联,串联采用 $\boldsymbol{Z}$ 参数比较方便。设两个二端口的 $\boldsymbol{Z}$ 参数分别为

$$\begin{bmatrix} \dot{U}'_1 \\ \dot{U}'_2 \end{bmatrix} = \begin{bmatrix} Z'_{11} & Z'_{12} \\ Z'_{21} & Z'_{22} \end{bmatrix} \begin{bmatrix} \dot{I}'_1 \\ \dot{I}'_2 \end{bmatrix}, \quad \begin{bmatrix} \dot{U}''_1 \\ \dot{U}''_2 \end{bmatrix} = \begin{bmatrix} Z''_{11} & Z''_{12} \\ Z''_{21} & Z''_{22} \end{bmatrix} \begin{bmatrix} \dot{I}''_1 \\ \dot{I}''_2 \end{bmatrix}$$

并联后满足

$$\begin{bmatrix} \dot{I}_1 \\ \dot{I}_2 \end{bmatrix} = \begin{bmatrix} \dot{I}'_1 \\ \dot{I}'_2 \end{bmatrix} = \begin{bmatrix} \dot{I}''_1 \\ \dot{I}''_2 \end{bmatrix}, \quad \begin{bmatrix} \dot{U}_1 \\ \dot{U}_2 \end{bmatrix} = \begin{bmatrix} \dot{U}'_1 \\ \dot{U}'_2 \end{bmatrix} + \begin{bmatrix} \dot{U}''_1 \\ \dot{U}''_2 \end{bmatrix}$$

综合以上各式得

$$\begin{bmatrix} \dot{U}_1 \\ \dot{U}_2 \end{bmatrix} = \begin{bmatrix} \dot{U}'_1 \\ \dot{U}'_2 \end{bmatrix} + \begin{bmatrix} \dot{U}''_1 \\ \dot{U}''_2 \end{bmatrix} = [Z'] \begin{bmatrix} \dot{I}'_1 \\ \dot{I}'_2 \end{bmatrix} + [Z''] \begin{bmatrix} \dot{I}''_1 \\ \dot{I}''_2 \end{bmatrix}$$

$$= \{[Z'] + [Z'']\} \begin{bmatrix} \dot{I}_1 \\ \dot{I}_2 \end{bmatrix} = [Z] \begin{bmatrix} \dot{I}_1 \\ \dot{I}_2 \end{bmatrix}$$

即

$$[Z] = [Z'] + [Z'']$$

由此得出结论:串联后复合二端口 $\boldsymbol{Z}$ 参数矩阵等于原二端口 $\boldsymbol{Z}$ 参数矩阵相加。可推广到 n 端口串联。

注意:(1) 串联后端口条件可能被破坏,需要检查端口条件,以图 11-42(a) 所示电路为例。

上、下两个二端口电路如图 11-42(b)、(c) 所示。由图 11-42(b) 得 $\boldsymbol{Z}' = \begin{bmatrix} 5 & 2 \\ 2 & 5 \end{bmatrix}$,由图 11-42(c) 得 $\boldsymbol{Z}'' = \begin{bmatrix} 8 & 3 \\ 3 & 8 \end{bmatrix}$,

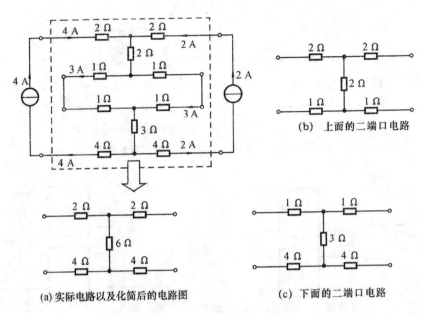

图 11-42　串联后端口条件被破坏的示例

$$Z = \begin{bmatrix} 12 & 6 \\ 6 & 12 \end{bmatrix} \neq Z' + Z''$$

可知,端口条件被破坏,为不正规连接!什么情况下串联后端口条件不被破坏?以图 11-43 所示电路为例对此进行分析。

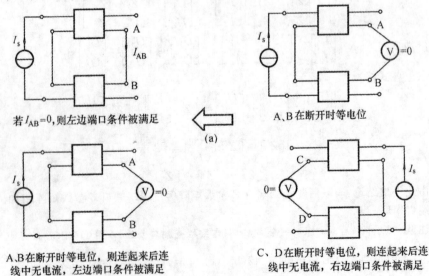

图 11-43　有效性试验

由此可得出结论:只有正规连接时才有 $Z = Z' + Z''$。

(2) 具有公共端的二端口,将公共端串联时不会破坏端口条件。

(3) 检查是否满足串联端口条件的方法如图 11-44 所示,即在输入串联端与电流源相连接,A' 与 B 间的电压为零,则输出端串联后,输入端仍能满足端口条件。用类似的方法可以检查输出端是否满足端口条件。

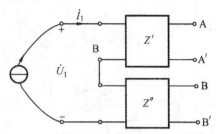

图 11-44　检查串联端口条件的电路图

【**例 11.17**】　如图 11-45(a)所示二端口网络,是由理想变压器与线性定常电阻 R 组成。此二端口网络的 T 参数为 $A = 4, C = 0.05\text{S}, D = 0.25$。求 n 与 R。

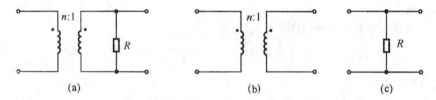

图 11-45　例 11.15 的电路

解　因为互易网络,故有 $AD - BC = 1$。将已知数据代入,得 $B = 0$。

所给二端口网络可看做图 11-45(b)、(c)所示的两个简单二端口网络的级联,故有 $T = T_1 T_2$,即

$$\begin{bmatrix} 4 & 0 \\ 0.05 & 0.25 \end{bmatrix} = \begin{bmatrix} n & 0 \\ 0 & 1/n \end{bmatrix} \begin{bmatrix} 1 & 0 \\ 1/R & 1 \end{bmatrix} = \begin{bmatrix} n & 0 \\ 1/(nR) & 1/n \end{bmatrix}$$

故得 $n = 4, R = 5\ \Omega$。

11.5　回转器和负阻抗变换器

具有两个外接端口的元件称为二端口元件。与二端口网络类似,二端口元件的特性也可以用相应的端口变量方程和参数矩阵进行描述。目前最常用的是回转器和负阻抗变换器。

11.5.1　回转器

1. 定义和电路符号

定义:回转器是一种线性非互易的二端口元件。电路符号如图 11-46 所示。

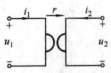

2. 端口电流、电压方程

图 11-46　回转器的电路符号

端口电压方程为
$$\begin{cases} u_1 = -ri_2 \\ u_2 = ri_1 \end{cases}$$

或写成端口电流方程
$$\begin{cases} i_1 = gu_2 \\ i_2 = -gu_1 \end{cases}$$

式中，r 为回转电阻，$g = 1/r$。

3. 矩阵表示

$$\begin{bmatrix} u_1 \\ u_2 \end{bmatrix} = \begin{bmatrix} 0 & -r \\ r & 0 \end{bmatrix} \begin{bmatrix} i_1 \\ i_2 \end{bmatrix} \rightarrow \boldsymbol{Z} = \begin{bmatrix} 0 & -r \\ r & 0 \end{bmatrix}$$

或
$$\begin{bmatrix} i_1 \\ i_2 \end{bmatrix} = \begin{bmatrix} 0 & g \\ -g & 0 \end{bmatrix} \begin{bmatrix} u_1 \\ u_2 \end{bmatrix} \rightarrow \boldsymbol{Y} = \begin{bmatrix} 0 & g \\ -g & 0 \end{bmatrix}$$

查表 11-1 可得 $\boldsymbol{T}$ 参数为
$$\boldsymbol{T} = \begin{bmatrix} 0 & r \\ 1/r & 0 \end{bmatrix}$$

4. 性质

回转器是一种非互易的线性无源元件，且
$$p_{吸} = u_1 i_1 + u_2 i_2 = -ri_2 i_1 + ri_1 i_2 \equiv 0$$

5. 阻抗逆变

由电压电流方程可知，回转器把一个端口上的电流"回转"为另一端口上的电压，或相反过程的性质。

由方程可得
$$Z_i = \frac{\dot{U}_1}{\dot{I}_1} = \frac{-r\dot{I}_2}{g\dot{U}_2} = r^2 \left(-\frac{\dot{I}_2}{\dot{U}_2} \right) = r^2 \frac{1}{Z_F}$$

【例 11.18】 电路如图 11-47 所示。

解　根据电压方程，得
$$u_1 = -ri_2 = rC \frac{\mathrm{d}u_2}{\mathrm{d}t} = r^2 C \frac{\mathrm{d}i_1}{\mathrm{d}t}$$

其中
$$u_2 = ri_1$$

结论：回转器输出外接电容负载 C 时，就会在输入口呈现一个电感量为 $L = r^2 C$ 的电感，如图 11-48 所示。

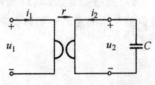

图 11-47　例 11.16 的电路

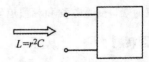

图 11-48　例 11.16 的输出电感

11.5.2 负阻抗变换器

1.定义和电路符号

定义：负阻抗变换器，简称 NIC，也是一个二端口元件。

分类：可分为两类，即电压反向型负阻抗变换器和电流反向型负阻抗变换器。

电路符号如图 11-49 所示。

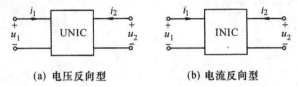

(a) 电压反向型　　　　　(b) 电流反向型

图 11-49　负阻抗变换器的电路符号

2.端口电流、电压方程和相应的矩阵表示（采用 **T** 参数矩阵）

（1）电压反向型的方程及相应的矩阵表示为

$$\begin{cases} u_1 = -ku_2 \\ i_1 = -i_2 \end{cases} \qquad \begin{bmatrix} u_1 \\ i_1 \end{bmatrix} = \begin{bmatrix} -k & 0 \\ 0 & 1 \end{bmatrix} \begin{bmatrix} u_2 \\ -i_2 \end{bmatrix}$$

（2）电流反向型的方程及相应的矩阵表示为

$$\begin{cases} u_1 = u_2 \\ i_1 = ki_2 \end{cases} \qquad \begin{bmatrix} u_1 \\ i_1 \end{bmatrix} = \begin{bmatrix} 1 & 0 \\ 0 & -k \end{bmatrix} \begin{bmatrix} u_2 \\ -i_2 \end{bmatrix}$$

3.阻抗变换器关系（以 INIC 为例）

分析电路如图 11-50 所示。

首先利用
$$\begin{cases} \dot{U}_1 = \dot{U}_2 & \quad (1) \\ \dot{I}_1 = k\dot{I}_2 & \quad (2) \\ \dot{U}_2 = -Z_L\dot{I}_2 & \quad (3) \end{cases}$$

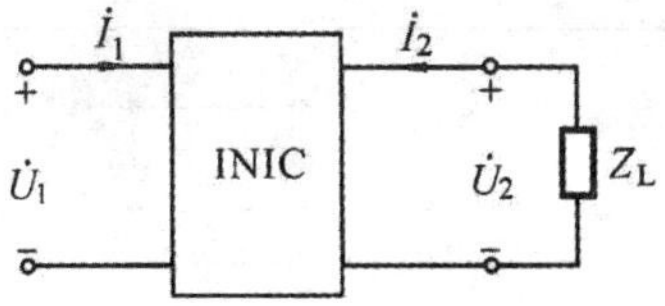

式（3）代入式（1）得

$$\dot{U}_1 = -Z_L\dot{I}_2 \qquad (4)$$

图 11-50　负阻抗变换器（电流反向型）

式（4）除以式（2）得

$$\frac{\dot{U}_1}{\dot{I}_1} = \frac{-Z_L\dot{I}_2}{k\dot{I}_2} = -\frac{1}{k}Z_L$$

即输入端阻抗 $\qquad\qquad Z_i = -\dfrac{1}{k}Z_L$

当 $k = 1$ 时，有 $\qquad\qquad Z_i = -Z_L$

4.用途

负阻抗变换器为电路设计中实现负的 R、L、C 提供可能性。

一些基本电路的参数矩阵见表 11-2。

表 11-2　一些基本电路的参数矩阵

基 本 电 路	参 数 矩 阵
①	$Y = \begin{bmatrix} -\mathrm{j}\dfrac{1}{\omega L} & \mathrm{j}\dfrac{1}{\omega L} \\ \mathrm{j}\dfrac{1}{\omega L} & \mathrm{j}\left(\omega C - \dfrac{1}{\omega L}\right) \end{bmatrix}$
②	$Y = \begin{bmatrix} 1 & \mathrm{j}\omega L \\ \mathrm{j}\omega C & 1-\omega^2 LC \end{bmatrix}$
③	$T = \begin{bmatrix} 1 & 0 \\ 0 & 1 \end{bmatrix}$
④	$T = \begin{bmatrix} -1 & -(Z_1+Z_2) \\ 0 & -1 \end{bmatrix}$
⑤	$T = \begin{bmatrix} -1 & 0 \\ 0 & -1 \end{bmatrix}$
⑥	$T = \begin{bmatrix} 1 & \mathrm{j}\omega L \\ 0 & 1 \end{bmatrix}$
⑦	$T = \begin{bmatrix} \dfrac{L_1}{M} & \mathrm{j}\omega\left(\dfrac{L_1 L_2 - M^2}{M}\right) \\ -\mathrm{j}\dfrac{1}{\omega M} & \dfrac{L_2}{M} \end{bmatrix}$
⑧	$T = \begin{bmatrix} 1 & 0 \\ \mathrm{j}\omega C & 1 \end{bmatrix}$
⑨	$T = \begin{bmatrix} 0 & 1/(ng) \\ ng & 0 \end{bmatrix}$
⑩	$T = \begin{bmatrix} 1 & 0 \\ 0 & 1 \end{bmatrix}$
⑪	$T = \begin{bmatrix} 1 & \mathrm{j}\omega C\, r^2 \\ 0 & 1 \end{bmatrix}$

11.6 Matlab 计算

【例 11.19】 如例 11-4 所示电路,设 $Z_1 = 200\ \Omega, Z_2 = j6\ \Omega, Z_3 = -j4\ \Omega$,求所示电路的 Z 参数。

解 Matlab 程序如下。

```
format long
z1 = 200;z2 = 6j;z3 = - 4j;
Z(1,1) = z1 + z2;Z(1,2) = z2;Z(2,1) = z2;Z(2,2) = z2 + z3;
程序运行结果如下。
Z =
  1.0e + 002 *
Column 1
  2.00000000000000 + 0.06000000000000i
  0 + 0.06000000000000i
Column 2
         0 + 0.06000000000000i
         0 + 0.06000000000000i
```

【例 11.20】 如图 11-51 所示电路,设 $Z_1 = 1\ \Omega, Z_2 = 2\ \Omega, Z_3 = 2\ \Omega$,求电路的 Z、Y、H、T 参数。

解 Matlab 程序如下。

```
format long
z1 = 1;z2 = 2;z3 = 2;
Z(1,1) = z1 + z2;Z(1,2) = z2;Z(2,1) = z2;Z(2,2) = z2 + z3;
Y = inv(Z),
H = [det(Z),Z(1,2); - Z(2,1),1]/Z(2,2)
T = [Z(1,1),det(Z);1,Z(2,2)]/Z(2,1)
程序运行结果如下。
Z =
  3    2
  2    2
Y =
  1.00000000000000       - 1.00000000000000
  - 1.00000000000000        1.50000000000000
H =
  1.00000000000000        1.00000000000000
  - 1.00000000000000        0.50000000000000
T =
  1.50000000000000        1.00000000000000
  0.50000000000000        1.00000000000000
```

图 11-51 例 11.18 的电路

【例 11.21】 用 Matlab 编程重做例 11.10。

解 Matlab 程序如下。

```
format long
A11 = 1.5;A12 = 2.5;A21 = 0.5;A22 = 1.5;
Z = [A(1,1),det(A);1,A(2,2)]/A(2,1)
R1 = Z(1,1) − Z(1,2)
R2 = Z(2,1)
```
程序运行结果如下。
```
Z =
      3     2
      2     2
R1 =
      1
R2 =
      2
```

【例 11.22】　用 Matlab 编程重做例 11.13。

解　Matlab 程序如下。

```
format long
T1 = [1,4;0,1];
T2 = [1,0;0.25,1];
T3 = [1,6;0,1];
T = T1 * T2 * T3
```
程序运行结果：
```
T =
      2.00000000000000      16.00000000000000
      0.25000000000000       2.50000000000000
```

本 章 小 结

　　(1) 从介绍端口网络的概念入手，以正弦稳态下的二端口网络为例，分别列写 Y、Z、T、H 参数方程，确立两个端口电压、电流变量之间的关系，包括列参数方程法和参数矩阵。了解互易网络和对称网络的特点。

　　(2) 以正弦稳态下的二端口网络为例，分别列写 T 形和 Π 形等效电路的 Z 参数、Y 参数及 T 参数表达式，确立两种等效电路的元件参数与二端口网络的参数之间的关系。明确二端口网络等效电路的等效关系是针对外部特性而言。

　　(3) 对于由若干个部分二端口网络以级联、并联和串联形式组成的复合二端口网络分别推导出以 T 参数、Y 参数和 Z 参数表示的复合二端口网络的参数与部分二端口网络的参数之间的关系。

　　(4) 通过推导回转器和负阻抗变换器两个端口电压与电流之间的关系说明回转器的阻抗逆变作用和负阻抗变换器的正负阻抗变换的性质，以及它们在集成电路中的应用。

习 题 十 一

11-1　分别求出如题 11-1 图(a)、(b) 所示二端口网络的 T 参数矩阵。

11-2 求如题 11-2 图所示二端口网络的 **Y** 参数矩阵。

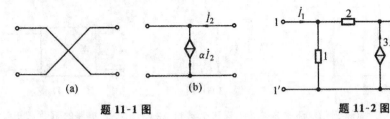

题 11-1 图   题 11-2 图

11-3 求如题 11-3 图所示网络的 **Z** 参数。

11-4 试判断如题 11-4 图所示二端口网络具有互易性还是对称性?

11-5 求如题 11-5 图所示网络的 **H** 参数。

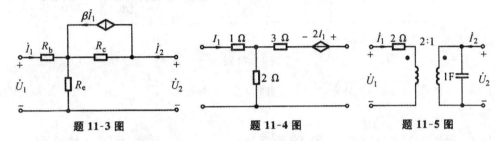

题 11-3 图   题 11-4 图   题 11-5 图

11-6 如题 11-6 图所示网络,已知网络 P_1 的 **A** 参数矩阵为 $A_1 = \begin{bmatrix} \alpha_{11} & \alpha_{12} \\ \alpha_{21} & \alpha_{22} \end{bmatrix}$。求总网络的矩阵 **A**。

11-7 如题 11-7 图所示网络,已知网络 P_1 的 **A** 矩阵为 $A_1 = \begin{bmatrix} \alpha_{11} & \alpha_{12} \\ \alpha_{21} & \alpha_{22} \end{bmatrix}$。求总网络的 **A** 矩阵。

11-8 如题 11-8 图所示网络,已知网络 P_1 的 **Y** 矩阵为 $Y = \begin{bmatrix} y_{11} & y_{12} \\ y_{21} & y_{22} \end{bmatrix}$。求总网络的矩阵 **Y**。

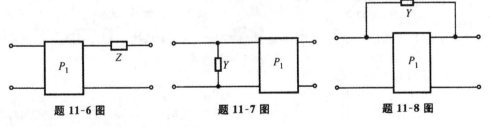

题 11-6 图   题 11-7 图   题 11-8 图

11-9 求如题 11-9 图所示网络的 **Y** 参数矩阵。

11-10 求如题 11-10 图所示网络的 **H** 参数。

11-11 设如题 11-11 图所示二端口电阻的 **Z** 参数矩阵为

$$Z = \begin{bmatrix} 4 & 3 \\ 3 & 5 \end{bmatrix} \Omega$$

(1)求它的 **H** 参数矩阵;

(2)若给定 $i_1 = 10 \text{ A}, u_2 = 20 \text{ V}$,求它消耗的功率。

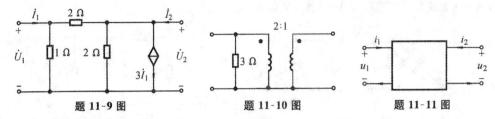

题 11-9 图　　　　　　题 11-10 图　　　　　　题 11-11 图

11-12　求如题 11-12 图(a)所示电路的 $\boldsymbol{Z}$ 参数矩阵和如题 11-12 图(b)所示电路的 $\boldsymbol{H}$ 参数矩阵。

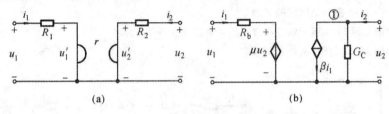

(a)　　　　　　　　　　　　(b)

题 11-12 图

11-13　如题 11-13 图所示电路中,二端口电阻的 $\boldsymbol{Z}$ 参数矩阵为 $\boldsymbol{Z} = \begin{bmatrix} 9 & 3 \\ 3 & 9 \end{bmatrix}\ \Omega, u_1 = 24\sqrt{2}\sin\omega t\ \mathrm{V},$
变比 $n = 2$。求电流 i。

11-14　如题 11-14 图(a)所示为全耦合电感,即 $M = \sqrt{L_1 L_2}$,试证明它与题 11-14 图(b)所示电路
等效,其中变比 $n = \sqrt{L_1/L_2}$。

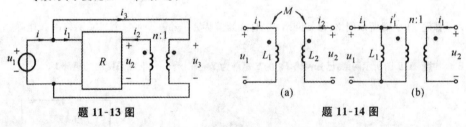

题 11-13 图　　　　　　　　　　题 11-14 图

11-15　如题 11-15 图所示电路中,A 为线性含源电阻网络,$R = 100\ \Omega$,已知当 $I_S = 0$ 时,$I = 1.2\ \mathrm{mA}$;
$I_S = 10\ \mathrm{mA}$ 时,$I = 1.4\ \mathrm{mA}$,2-2′ 的输出电阻为 $R_o = 50\ \Omega$。

(1) 求当 $I_S = 15\ \mathrm{mA}$ 时,I 为多少?

(2) 在 $I_S = 15\ \mathrm{mA}$ 时,将 R 改为 $200\ \Omega$,再求电流 I。

11-16　如题 11-16 图所示电路中,N 为线性无源电阻网络,当 $I_{S1} = 2\ \mathrm{A}$、$I_{S2} = 0$ 时,I_{S1} 的输出功率
为 28 W,且 $U_2 = 8\ \mathrm{V}$;当 $I_{S1} = 0$、$I_{S2} = 3\ \mathrm{A}$ 时,I_{S2} 的输出功率为 54 W,且 $U_1 = 12\ \mathrm{V}$。求当
$I_{S1} = 2\ \mathrm{A}$、$I_{S2} = 3\ \mathrm{A}$ 共同作用时每个电流源的输出功率。

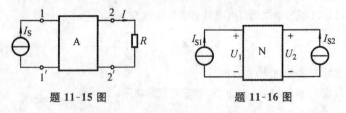

题 11-15 图　　　　　　题 11-16 图

11-17 证明题 11-17 图(a)中含有耦合的电感可以等效成题 11-17 图(b)中不含耦合的电感(即消去互感),或反之,并求出等效条件。

11-18 求如题 11-18 图所示二端口网络的 **Y** 参数矩阵。

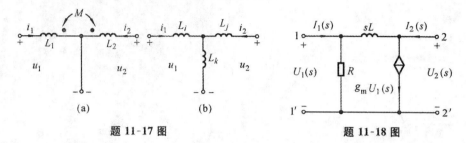

题 11-17 图   题 11-18 图

11-19 双口网络 N 输入端口接正弦电流源 $\dot{I}_{\rm S} = 24\angle 0° \ \text{mA}$,并联的电源内阻 $R_{\rm S} = 3 \ \Omega$,输出端口负载接电阻 $R_{\rm L} = 24 \ \Omega$。对于电源角频率,网络 N 的 **A** 参数为 $a_{11} = 0.4, a_{12} = {\rm j}3.6, a_{21} = {\rm j}0.1, a_{22} = 1.6$,为使负载获得最大功率,试问负载电阻应为多大?计算此时负载的吸收功率。

电路方程的矩阵形式 12

本书在第2章介绍了建立电路方程的支路电流法、网孔电流法、回路电流法、节点电压法等基本分析方法,这些方法是通过观察电路的结构而建立电路方程的,所列出的一组代数方程常由手工计算求解。因此,这些方法仅适用于结构相对简单的电路。对于大规模电路,继续凭借观察电路结构建立电路方程及手工求解庞大的方程组,是十分困难的。本章将介绍一种系统编写电路矩阵方程的方法,以便借助于计算机来完成矩阵方程的自动编写和求解;最后介绍状态方程的概念及列写方程的方法。

12.1 关联矩阵、回路矩阵、割集矩阵

本书在第2章介绍了图的基本知识,知道图的支路是从电路中某个元件或元件组合抽象而来的,图的支路与节点、回路、割集这三者之间的关系非常重要,反映的是电路的结构关系,直接关系到电路的 KCL、KVL 方程列写。通过矩阵的形式来描述图的支路与节点、回路、割集这三者的关联性质,可以使电路的系统分析变得简单直观,构成的三种矩阵分别称为关联矩阵 A、回路矩阵 B、割集矩阵 Q。下面分别对它们进行介绍。

12.1.1 关联矩阵

关联矩阵 A 主要描述图的支路和节点的关联情形。

设有向图 G 的节点数为 n,支路数为 b,则节点和支路的关联性质可用一个 $n \times b$ 的矩阵表示,该矩阵称为关联矩阵,一般记为 A_a。A_a 的行对应图 G 的节点,列对应图 G 的支路,它的 i 行 j 列的元素 a_{ij} 定义为

$$a_{ij} = \begin{cases} 1 & \text{支路 } j \text{ 与节点 } i \text{ 关联,且支路方向背离节点} \\ -1 & \text{支路 } j \text{ 与节点 } i \text{ 关联,且支路方向指向节点} \\ 0 & \text{支路 } j \text{ 与节点 } i \text{ 不关联} \end{cases}$$

可以看出,通过 0、1、-1 这三个值,关联矩形的行体现了每一个节点与全部支路的关联情况;而关联矩阵的列体现了每一条支路跨接在哪些节点上。例如,图 12-1 所示的有向图 G,行按节点序号顺序编排,列按支路顺序编排,则它的关联矩阵为

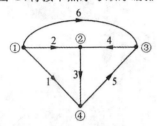

$$A_a = \begin{bmatrix} 1 & 1 & 0 & 0 & 0 & 1 \\ 0 & -1 & 1 & -1 & 0 & 0 \\ 0 & 0 & 0 & 1 & -1 & -1 \\ -1 & 0 & -1 & 0 & 1 & 0 \end{bmatrix}$$

从矩阵 A_a 可以看出,A_a 每一行表明了该节点上连有哪些支路,以及各支路的方向是指向或背离该节点;A_a 的每一列表明了各支路连接在哪两个节点之间,因此矩阵 A_a 的每一列必然只有 1(背离)和 -1(指向)两个非零元素。把矩阵 A_a 的所有行的元素按列相加,则会得到一行全为零的行,这说明矩阵 A_a 的所有行彼此不是独立的,A_a 存在冗余行。

图 12-1　有向图 G

如果删去 A_a 的任意一行,将得到一个 $(n-1) \times b$ 的矩阵,称为降阶关联矩阵,一般用 A 表示。被删去 A_a 的那一行所对应的节点可以看做参考节点。例如,在图 12-1 中,若删去 A_a 的第 4 行,也就是将节点 ④ 作为参考节点,则降阶关联矩阵 A 为

$$A = \begin{bmatrix} 1 & 1 & 0 & 0 & 0 & 1 \\ 0 & -1 & 1 & -1 & 0 & 0 \\ 0 & 0 & 0 & 1 & -1 & -1 \end{bmatrix}$$

由于支路的方向背离一个节点,必然指向另一个节点,因此可以从降阶关联矩阵 A 推导出 A_a。在不引起混淆的情况下,常常将降阶关联矩阵简称为关联矩阵。关联矩阵 A 与 A_a 一样,完全表明了图的支路和节点的关联关系。有向图 G 和它的关联矩阵 A 有完全对应的关系,由图 G 可写出 A,由 A 也可作出图 G。

既然关联矩阵 A 表明了支路和节点的关联情况,则电路的 KCL、KVL 方程必然与关联矩阵 A 有关,即支路电流、支路电压能用关联矩阵 A 表示。

1. KCL 方程的矩阵形式

设某电路含有 b 条支路、n 个节点,若支路电流和支路电压取关联参考方向,可画出其有向图 G,其支路的方向代表该支路的电流和电压的参考方向。不妨设支路电流列向量为 $i = [i_1 \quad i_2 \quad \cdots \quad i_b]^T$,支路电压列向量为 $u = [u_1 \quad u_2 \quad \cdots \quad u_b]^T$,节点电压列向量 $u_N = [u_{N1} \quad u_{N2} \quad \cdots \quad u_{N(N-1)}]^T$,则此电路的 KCL 方程的矩阵形式可表示为

$$Ai = 0 \qquad\qquad (12\text{-}1)$$

关联矩阵 A 的行对应 $(n-1)$ 个节点,列对应 b 条支路,组成 $(n-1) \times b$ 矩阵,而电流 i 列向量为 $b \times 1$ 矩阵,根据矩阵乘法规则可知,所得乘积等于汇集于相应节点上的支路电流的代数和。还是以图 12-1 为例,有

$$\boldsymbol{Ai} = \begin{bmatrix} 1 & 1 & 0 & 0 & 0 & 1 \\ 0 & -1 & 1 & -1 & 0 & 0 \\ 0 & 0 & 0 & 1 & -1 & -1 \end{bmatrix} \begin{bmatrix} i_1 \\ i_2 \\ i_3 \\ i_4 \\ i_5 \\ i_6 \end{bmatrix} = \begin{bmatrix} i_1 + i_2 + i_6 \\ -i_2 + i_3 - i_4 \\ i_4 - i_5 - i_6 \end{bmatrix} = \begin{bmatrix} 0 \\ 0 \\ 0 \end{bmatrix}$$

可以看出,$i_1 + i_2 + i_6$,$-i_2 + i_3 - i_4$,$i_4 - i_5 - i_6$ 正是节点 ①、②、③ 的电流的代数和。

2. KVL 方程的矩阵形式

关联矩阵 $\boldsymbol{A}$ 表示节点和支路的关联情况,$\boldsymbol{A}$ 的转置矩阵 $\boldsymbol{A}^{\mathrm{T}}$ 则表示的是 b 条支路和 $(n-1)$ 个节点的关联情况,用 $\boldsymbol{A}^{\mathrm{T}}$ 乘以节点电压列向量 $\boldsymbol{u}_{\mathrm{N}}$,所乘结果是一个 b 维的列向量,其中每行的元素正是该行对应支路的节点电压的代数和,即用节点电压表示的对应的支路电压情况,用矩阵表示为

$$\boldsymbol{u} = \boldsymbol{A}^{\mathrm{T}} \boldsymbol{u}_{\mathrm{N}} \tag{12-2}$$

仍以图 12-1 为例,有

$$\boldsymbol{u} = \boldsymbol{A}^{\mathrm{T}} \boldsymbol{u}_{\mathrm{N}} = \begin{bmatrix} 1 & 0 & 0 \\ 1 & -1 & 0 \\ 0 & 1 & 0 \\ 0 & -1 & 1 \\ 0 & 0 & -1 \\ 1 & 0 & -1 \end{bmatrix} \begin{bmatrix} u_{\mathrm{N1}} \\ u_{\mathrm{N2}} \\ u_{\mathrm{N3}} \end{bmatrix} = \begin{bmatrix} u_{\mathrm{N1}} \\ u_{\mathrm{N1}} - u_{\mathrm{N2}} \\ u_{\mathrm{N2}} \\ -u_{\mathrm{N2}} + u_{\mathrm{N3}} \\ -u_{\mathrm{N3}} \\ u_{\mathrm{N1}} - u_{\mathrm{N3}} \end{bmatrix} = \begin{bmatrix} u_1 \\ u_2 \\ u_3 \\ u_4 \\ u_5 \\ u_6 \end{bmatrix}$$

12.1.2　回路矩阵

如果一个回路包含某一条支路,则称此回路与该支路关联。回路与支路的关联性质也可用矩阵来描述。在有向图 G 中,任选一组独立回路,且规定回路的方向,根据支路和回路的关联情况,回路矩阵的元素 b_{ij} 按如下方式定义:

$$b_{ij} = \begin{cases} 1 & \text{支路 } j \text{ 与回路 } i \text{ 关联,且它们方向一致} \\ -1 & \text{支路 } j \text{ 与回路 } i \text{ 关联,且它们方向相反} \\ 0 & \text{支路 } j \text{ 与回路 } i \text{ 不关联} \end{cases}$$

由此定义构成的矩阵称为独立回路矩阵 $\boldsymbol{B}$,简称回路矩阵。回路矩阵的行对应选定的回路,而列对应有向图 G 的支路。与关联矩阵类似,回路矩阵同样通过 0、1、-1 这三个值来体现每一个回路(行)与各支路,以及每一条支路(列)属于哪些回路的关联情况。例如,图 12-2 所示的有向图中,矩阵的行分别对应 L_1、L_2、L_3 三个回路,列分别是它的支路,则回路矩阵为

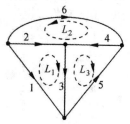

图 12-2　回路矩阵示意图

$$\boldsymbol{B} = \begin{bmatrix} -1 & 1 & 1 & 0 & 0 & 0 \\ 0 & 1 & 0 & -1 & 0 & -1 \\ 0 & 0 & -1 & -1 & -1 & 0 \end{bmatrix}$$

对于一个有向图而言,往往可选择许多不同的回路。在诸多回路中,如何确定一组独立的回路呢?借助树的概念便可以很好地解决这个问题,特别是对于比较复杂的大型网络。前面已经讲过,选好一棵树,每增添一条连支可以构成一个回路,因此独立回路的个数便是连支的个数 n_L,即 $b-n+1$ 个独立回路。这种回路称为单连支回路,也称为基本回路。表现支路和基本回路的关联性质的矩阵,称为基本回路矩阵,一般用 $\boldsymbol{B}_f$ 表示。写 $\boldsymbol{B}_f$ 时,支路的顺序一般按"先连支,后树支"或"先树支,后连支"的顺序排列,且以该连支的方向为对应回路的绕行方向,这种情况下,$\boldsymbol{B}_f$ 中将出现一个单位子矩阵,即

$$\boldsymbol{B}_f = \begin{bmatrix} \boldsymbol{1}_L & \vdots & \boldsymbol{B}_T \end{bmatrix}$$

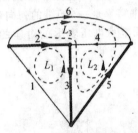

图 12-3　单连支回路示例

式中,下标 T 和 L 分别表示对应于树支和连支部分。例如,对于图 12-2 所示的有向图,如果选取支路 2、3、5 为树支,则 1、4、6 为连支,如图 12-3 所示;支路按"先连支,后树支"的顺序排列,则构成的基本回路矩阵为

$$\boldsymbol{B}_f = \begin{array}{c} \\ L_1 \\ L_2 \\ L_3 \end{array} \begin{array}{cccccc} 1 & 4 & 6 & 2 & 3 & 5 \\ \begin{bmatrix} 1 & 0 & 0 & -1 & -1 & 0 \\ 0 & 1 & 0 & 0 & 1 & 1 \\ 0 & 0 & 1 & -1 & -1 & -1 \end{bmatrix} \end{array}$$

回路矩阵左乘支路电压列向量,所得乘积是一个 L 阶的列向量。由于矩阵 $\boldsymbol{B}$ 的每一行表示每一对应回路与支路的关联情况,由矩阵的乘法规则可知,所得乘积列向量中每一元素将等于每一对应回路中各支路电压的代数和,即

$$\boldsymbol{Bu} = \begin{bmatrix} 回路 1 \text{ 中的} \sum u \\ 回路 2 \text{ 中的} \sum u \\ \vdots \\ 回路 L \text{ 中的} \sum u \end{bmatrix}$$

根据基尔霍夫电压定律(KVL),有

$$\boldsymbol{Bu} = \boldsymbol{0} \tag{12-3}$$

式(12-3)是用回路矩阵表示的 KVL 的矩阵形式。例如,对于图 12-2 所示的有向图,矩阵形式的 KVL 方程为

$$\boldsymbol{Bu} = \begin{bmatrix} -1 & 1 & 1 & 0 & 0 & 0 \\ 0 & 1 & 0 & -1 & 0 & -1 \\ 0 & 0 & -1 & -1 & -1 & 0 \end{bmatrix} \begin{bmatrix} u_1 \\ u_2 \\ u_3 \\ u_4 \\ u_5 \\ u_6 \end{bmatrix} = \begin{bmatrix} -u_1 + u_2 + u_3 \\ u_2 - u_4 - u_6 \\ -u_3 - u_4 - u_5 \end{bmatrix} = \begin{bmatrix} 0 \\ 0 \\ 0 \end{bmatrix}$$

设 L 个回路电流的列向量为

$$\boldsymbol{i}_{\mathrm{L}} = [\, i_{\mathrm{L}1} \quad i_{\mathrm{L}2} \quad \cdots \quad i_{\mathrm{L}L} \,]^{\mathrm{T}}$$

由于矩阵 $\boldsymbol{B}$ 的每一列,对应矩阵 $\boldsymbol{B}^{\mathrm{T}}$ 的每一行,表示每一对应支路与回路的关联情况,所以按矩阵的乘法规则可知

$$\boldsymbol{i} = \boldsymbol{B}^{\mathrm{T}} \boldsymbol{i}_{\mathrm{L}} \tag{12-4}$$

例如,对图 12-2 有

$$\boldsymbol{i} = \boldsymbol{B}^{\mathrm{T}} \boldsymbol{i}_{\mathrm{L}} = \begin{bmatrix} -1 & 0 & 0 \\ 1 & 1 & 0 \\ 1 & 0 & -1 \\ 0 & -1 & -1 \\ 0 & 0 & -1 \\ 0 & -1 & 0 \end{bmatrix} \begin{bmatrix} i_{\mathrm{L}1} \\ i_{\mathrm{L}2} \\ i_{\mathrm{L}3} \end{bmatrix} = \begin{bmatrix} -i_{\mathrm{L}1} \\ i_{\mathrm{L}1} + i_{\mathrm{L}2} \\ i_{\mathrm{L}1} - i_{\mathrm{L}3} \\ -i_{\mathrm{L}2} - i_{\mathrm{L}3} \\ -i_{\mathrm{L}3} \\ -i_{\mathrm{L}2} \end{bmatrix} = \begin{bmatrix} i_1 \\ i_2 \\ i_3 \\ i_4 \\ i_5 \\ i_6 \end{bmatrix}$$

式(12-4)表明,电路中各支路电流可以用与该支路关联的回路电流表示,这正是回路电流法的基本思想,式(12-4)是用矩阵 $\boldsymbol{B}$ 表示的 KCL 的矩阵形式。要注意的是,如果采用基本回路矩阵 $\boldsymbol{B}_{\mathrm{f}}$ 表示 KVL、KCL 的矩阵形式,支路电压、支路电流的支路顺序要与基本回路矩阵 $\boldsymbol{B}_{\mathrm{f}}$ 的支路顺序相同。

12.1.3　割集矩阵

设一个割集由某些支路构成,则称这些支路与该割集关联。支路与割集的关联性质可用割集矩阵描述。设有向图的节点数为 n、支路数为 b,则该图的独立割集数为 $(n-1)$。对每个割集编号,并指定割集的方向,则割集矩阵为一个 $(n-1) \times b$ 的矩阵,一般用 $\boldsymbol{Q}$ 表示。$\boldsymbol{Q}$ 的行对应割集、列对应支路,它的任一元素 q_{ij} 定义如下:

$$q_{ij} = \begin{cases} 1 & \text{支路 } j \text{ 与割集 } i \text{ 关联,且它们方向一致} \\ -1 & \text{支路 } j \text{ 与割集 } i \text{ 关联,且它们方向相反} \\ 0 & \text{支路 } j \text{ 与割集 } i \text{ 不关联} \end{cases}$$

设某一电路如图 12-4 所示,割集分别为 C_1、C_2、C_3,则对应的割集矩阵为

$$\boldsymbol{Q} = \begin{matrix} \begin{matrix} 1 & 2 & 3 & 4 & 5 & 6 \end{matrix} \\ \begin{bmatrix} 1 & 1 & 0 & 0 & 0 & 1 \\ 0 & -1 & 1 & 1 & 0 & 0 \\ 0 & 0 & 0 & 1 & -1 & 1 \end{bmatrix} \end{matrix}$$

如果选一组单树支割集为一组独立割集,这种割集矩阵称为基本割集矩阵,一般用 $\boldsymbol{Q}_{\mathrm{f}}$ 表示。在写 $\boldsymbol{Q}_{\mathrm{f}}$ 时,矩阵的列(各支路)一般按照"先树支,后连支"或者"先连支,后树支"的顺序排列;矩阵的行按照单树支对应割集的顺序排列,并且割集的方向与相应树支的方向一致,则 $\boldsymbol{Q}_{\mathrm{f}}$ 将会出现一个单位子矩阵,即有

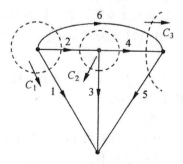

图 12-4　割集矩阵示例

$$Q_f = [\mathbf{1}_T \vdots Q_L] \qquad (12\text{-}5)$$

式中,下标 T 和 L 分别对应于树支和连支部分。如图 12-5 所示有向图中,若取支路 1、3、4 为树支,则对应的单树支割集矩阵为 $C_1(1,2,6)$、$C_2(2,3,5,6)$、$C_3(4,5,6)$。

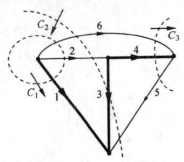

则单树支割集矩阵为

$$Q_f = \begin{array}{c} \begin{array}{cccccc} 1 & 3 & 4 & 2 & 5 & 6 \end{array} \\ \begin{bmatrix} 1 & 0 & 0 & 1 & 0 & 1 \\ 0 & 1 & 0 & -1 & 1 & -1 \\ 0 & 0 & 1 & 0 & -1 & 1 \end{bmatrix} \end{array}$$

用割集矩阵乘以支路电流列向量,根据矩阵的乘法规则所得结果为汇集在每个割集支路电流的代数和,由 KCL 和割集的概念可知

$$Qi = 0 \qquad (12\text{-}6)$$

图 12-5 单树支割集示例

式(12-6)是用矩阵 Q 表示的 KCL 的矩阵形式。例如,对图 12-4 所示有向图和对应的割集,则有

$$Qi = \begin{bmatrix} 1 & 1 & 0 & 0 & 0 & 1 \\ 0 & -1 & 1 & 1 & 0 & 0 \\ 0 & 0 & 0 & 1 & -1 & 1 \end{bmatrix} \begin{bmatrix} i_1 \\ i_2 \\ i_3 \\ i_4 \\ i_5 \\ i_6 \end{bmatrix} = \begin{bmatrix} i_1 + i_2 + i_6 \\ -i_2 + i_3 + i_4 \\ i_4 - i_5 + i_6 \end{bmatrix} = \begin{bmatrix} 0 \\ 0 \\ 0 \end{bmatrix}$$

如果用单树支割集矩阵 Q_f 乘以支路电流列向量,则应注意支路电流的排列顺序要与单树支割集矩阵中支路顺序一致。

树支的支路电压称为树支电压,连支的支路电压称为连支电压。由于基本割集中只有一个树支,因此通常就把树支电压定义为该基本割集的电压,称为基本割集电压。又由于树支数为 $(n-1)$ 个,故共有 $(n-1)$ 个树支电压(即基本割集电压),而其余的支路电压则为连支电压。根据 KVL,全部的支路电压都可用 $(n-1)$ 个树支电压来表示。所以,基本割集电压(即树支电压)可以作为网络分析的一组独立变量。将电路中 $(n-1)$ 个树支电压用 $(n-1)$ 阶列向量表示,即

$$u_T = \begin{bmatrix} u_{T1} & u_{T2} & \cdots & u_{T(n-1)} \end{bmatrix}^T$$

由于 Q_f 的每一列,也就是 Q_f^T 的每一行,表示的是一条支路与割集的关联情况,按矩阵相乘的规则,可得

$$u = Q_f^T u_T \qquad (12\text{-}7)$$

式(12-7)是用矩阵 Q_f 表示的 KVL 的矩阵形式。例如,对图 12-5 所示有向图,选取 1、3、4 为树支,则有

$$u = \begin{bmatrix} u_1 & u_3 & u_4 & u_2 & u_5 & u_6 \end{bmatrix}^T$$

$$那么 \quad \boldsymbol{u} = \boldsymbol{Q}_\mathrm{f}^\mathrm{T} \boldsymbol{u}_\mathrm{T} = \begin{bmatrix} 1 & 0 & 0 \\ 0 & 1 & 0 \\ 0 & 0 & 1 \\ 1 & -1 & 0 \\ 0 & 1 & -1 \\ 1 & -1 & 1 \end{bmatrix} \begin{bmatrix} u_\mathrm{T1} \\ u_\mathrm{T2} \\ u_\mathrm{T3} \end{bmatrix} = \begin{bmatrix} u_\mathrm{T1} \\ u_\mathrm{T2} \\ u_\mathrm{T3} \\ u_\mathrm{T1} - u_\mathrm{T2} \\ u_\mathrm{T2} - u_\mathrm{T3} \\ u_\mathrm{T1} - u_\mathrm{T2} + u_\mathrm{T3} \end{bmatrix}$$

在求解电路时,选取不同的独立变量就形成了不同的方法。下面几节中所讨论的回路法、节点法、割集法就是分别选用连支电流 i_L(即回路电流)、节点电压 u_N 和树支电压 u_T 作为独立变量的,所列出的 KCL、KVL 方程都存在对应的矩阵形式。

12.2 节点电压方程的矩阵形式

节点电压法以节点电压为电路的独立变量,列写的是电路的 KCL 方程。由于描述支路和节点关联性质的矩阵是关联矩阵 $\boldsymbol{A}$,因此可以用以 $\boldsymbol{A}$ 表示的 KCL 和 KVL 推导出节点电压方程的矩阵形式。

KCL $$\boldsymbol{A}\dot{\boldsymbol{I}} = \boldsymbol{0} \tag{12-8}$$

KVL $$\dot{\boldsymbol{U}} = \boldsymbol{A}^\mathrm{T}\dot{\boldsymbol{U}}_\mathrm{N} \tag{12-9}$$

除了依据 KCL、KVL 的方程外,还需知道每一条支路的电压、电流的约束关系。对于图 12-6(a) 所示的复合支路一般可采用节点电压法计算。

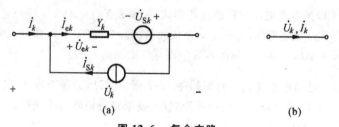

图 12-6 复合支路

图 12-6 中,下标 k 表示第 k 条支路,$\dot{U}_{Sk}$ 和 $\dot{I}_{Sk}$ 分别表示独立电压源和独立电流源,Y_k 表示第 k 条支路的导纳;支路电压 $\dot{U}_k$ 和支路电流 $\dot{I}_k$ 取关联参考方向,独立电源 $\dot{U}_{Sk}$ 和 $\dot{I}_{Sk}$ 的参考方向与支路方向相反,而导纳 Y_k 上电压、电流的参考方向与支路方向相同(导纳上电压、电流取关联参考方向)。在此种情况下,该复合支路可抽象为图 12-6(b) 所示电路。

下面分不同情况推导整个电路的节点电压方程的矩阵形式。

12.2.1 电路中不含互感和受控源的情况

对于第 k 条支路,有

$$\dot{I}_k = Y_k \dot{U}_{ek} - \dot{I}_{Sk} = Y_k(\dot{U}_k + \dot{U}_{Sk}) - \dot{I}_{Sk}$$

分别设支路电流列向量为

$$\dot{\boldsymbol{I}} = [\dot{I}_1 \quad \dot{I}_2 \quad \cdots \quad \dot{I}_b]^{\mathrm{T}}$$

支路电压列向量为

$$\dot{\boldsymbol{U}} = [\dot{U}_1 \quad \dot{U}_2 \quad \cdots \quad \dot{U}_b]^{\mathrm{T}}$$

支路电流源列向量为

$$\dot{\boldsymbol{I}}_{\mathrm{S}} = [\dot{I}_{\mathrm{S}1} \quad \dot{I}_{\mathrm{S}2} \quad \cdots \quad \dot{I}_{\mathrm{S}b}]^{\mathrm{T}}$$

支路电压源列向量为

$$\dot{\boldsymbol{U}}_{\mathrm{S}} = [\dot{U}_{\mathrm{S}1} \quad \dot{U}_{\mathrm{S}2} \quad \cdots \quad \dot{U}_{\mathrm{S}b}]^{\mathrm{T}}$$

对整个电路,有

$$
\begin{bmatrix} \dot{I}_1 \\ \dot{I}_2 \\ \vdots \\ \dot{I}_b \end{bmatrix} =
\begin{bmatrix} Y_1 & & & 0 \\ & Y_2 & & \\ & & \ddots & \\ 0 & & & Y_b \end{bmatrix}
\begin{bmatrix} \dot{U}_1 + \dot{U}_{\mathrm{S}1} \\ \dot{U}_2 + \dot{U}_{\mathrm{S}2} \\ \vdots \\ \dot{U}_b + \dot{U}_{\mathrm{S}b} \end{bmatrix} -
\begin{bmatrix} \dot{I}_{\mathrm{S}1} \\ \dot{I}_{\mathrm{S}2} \\ \vdots \\ \dot{I}_{\mathrm{S}b} \end{bmatrix}
$$

即

$$\dot{\boldsymbol{I}} = \boldsymbol{Y}(\dot{\boldsymbol{U}} + \dot{\boldsymbol{U}}_{\mathrm{S}}) - \dot{\boldsymbol{I}}_{\mathrm{S}} \qquad (12\text{-}10)$$

式(12-10)中,$\boldsymbol{Y}$ 称为支路导纳矩阵,它是一个 $b \times b$ 的对角阵,对角线上的每个元素分别是各支路的导纳。

将式(12-10)代入式(12-8)可得

$$\boldsymbol{A}\dot{\boldsymbol{I}} = \boldsymbol{A}\boldsymbol{Y}(\dot{\boldsymbol{U}} + \dot{\boldsymbol{U}}_{\mathrm{S}}) - \boldsymbol{A}\dot{\boldsymbol{I}}_{\mathrm{S}} = \boldsymbol{0} \qquad (12\text{-}11)$$

将式(12-9)代入式(12-11),整理可得

$$\boldsymbol{A}\boldsymbol{Y}\boldsymbol{A}^{\mathrm{T}}\dot{\boldsymbol{U}}_{\mathrm{N}} = \boldsymbol{A}\dot{\boldsymbol{I}}_{\mathrm{S}} - \boldsymbol{A}\boldsymbol{Y}\dot{\boldsymbol{U}}_{\mathrm{S}} \qquad (12\text{-}12)$$

式(12-12)即为节点电压方程的矩阵形式。如果设 $\boldsymbol{Y}_{\mathrm{N}} = \boldsymbol{A}\boldsymbol{Y}\boldsymbol{A}^{\mathrm{T}}$,可知它是一个 $(n-1)$ 阶的方阵,称为节点导纳矩阵,它的主对角线元素即为自导纳,非对角线元素为互导纳,而方程右边的 $\dot{\boldsymbol{J}}_{\mathrm{N}} = \boldsymbol{A}\dot{\boldsymbol{I}}_{\mathrm{S}} - \boldsymbol{A}\boldsymbol{Y}\dot{\boldsymbol{U}}_{\mathrm{S}}$ 为流入各节点等效电流的列向量。

【例 12.1】 已知电路及其有向图如图 12-7 所示。写出关联矩阵 $\boldsymbol{A}$,支路导纳矩阵 $\boldsymbol{Y}$,电源列向量 $\boldsymbol{U}_{\mathrm{S}}$ 和 $\boldsymbol{I}_{\mathrm{S}}$ 及节点方程的矩阵形式(不要求进行矩阵的乘法运算)。

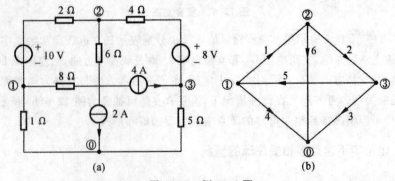

图 12-7 例 12.1 图

解 按图12-7列写关联矩阵 A、支路导纳矩阵 Y、电压源列向量 U_S、电流源列向量 I_S，分别为

$$A = \begin{matrix} 1 \\ 2 \\ 3 \end{matrix} \begin{bmatrix} 1 & 0 & 0 & 1 & -1 & 0 \\ -1 & 1 & 0 & 0 & 0 & 1 \\ 0 & -1 & 1 & 0 & 1 & 0 \end{bmatrix}$$

$$Y = \text{diag}\begin{bmatrix} \dfrac{1}{2} & \dfrac{1}{4} & \dfrac{1}{5} & 1 & 0 & 0 \end{bmatrix}$$

$$U_S = \begin{bmatrix} 10 & -8 & 0 & 0 & 0 & 0 \end{bmatrix}^T$$

$$I_S = \begin{bmatrix} 0 & 0 & 0 & 0 & 4 & -2 \end{bmatrix}^T$$

节点方程的矩阵形式为

$$AYA^T u_N = AI_S - AYU_S \quad \text{或} \quad Y_N u_N = J_N$$

12.2.2 电路中含有互感的情况

设第 k 条、第 j 条支路之间有耦合关系，此时应考虑支路间互感电压的相互作用，支路编号时将它们相邻的编在一起，则第 k 条、第 j 条支路的支路方程为

$$\dot{U}_k = Z_k \dot{I}_{ek} \pm j\omega M_{kj}\dot{I}_{ej} - \dot{U}_{Sk} = Z_k(\dot{I}_k + \dot{I}_{Sk}) \pm j\omega M_{kj}(\dot{I}_j + \dot{I}_{Sj}) - \dot{U}_{Sk}$$

$$\dot{U}_j = \pm j\omega M_{jk}\dot{I}_{ek} + Z_j \dot{I}_{ej} - \dot{U}_{Sj} = \pm j\omega M_{jk}(\dot{I}_k + \dot{I}_{Sk}) + Z_j(\dot{I}_j + \dot{I}_{Sj}) - \dot{U}_{Sj}$$

其余支路不含互感，则对应的支路方程为

$$\dot{U}_1 = Z_1 \dot{I}_{e1} - \dot{U}_{S1} = Z_1(\dot{I}_1 + \dot{I}_{S1}) - \dot{U}_{S1}$$

$$\dot{U}_2 = Z_2 \dot{I}_{e2} - \dot{U}_{S2} = Z_2(\dot{I}_2 + \dot{I}_{S2}) - \dot{U}_{S2}$$

$$\vdots$$

$$\dot{U}_b = Z_b \dot{I}_{eb} - \dot{U}_{Sb} = Z_b(\dot{I}_b + \dot{I}_{Sb}) - \dot{U}_{Sb}$$

将整个电路的 b 条支路方程表示为矩阵形式，有

$$\begin{bmatrix} \dot{U}_1 \\ \dot{U}_2 \\ \vdots \\ \dot{U}_k \\ \dot{U}_j \\ \vdots \\ \dot{U}_b \end{bmatrix} = \begin{bmatrix} Z_1 & 0 & \cdots & 0 & 0 & \cdots & 0 \\ 0 & Z_2 & \cdots & 0 & 0 & \cdots & 0 \\ \vdots & \vdots & \ddots & \vdots & \vdots & & \vdots \\ 0 & 0 & \cdots & Z_k & \pm j\omega M_{kj} & \cdots & 0 \\ 0 & 0 & \cdots & \pm j\omega M_{jk} & Z_j & \cdots & 0 \\ \vdots & \vdots & & \vdots & \vdots & \ddots & \vdots \\ 0 & 0 & \cdots & 0 & 0 & \cdots & Z_b \end{bmatrix} \begin{bmatrix} \dot{I}_1 + \dot{I}_{S1} \\ \dot{I}_2 + \dot{I}_{S2} \\ \vdots \\ \dot{I}_k + \dot{I}_{Sk} \\ \dot{I}_j + \dot{I}_{Sj} \\ \vdots \\ \dot{I}_b + \dot{I}_{Sb} \end{bmatrix} - \begin{bmatrix} \dot{U}_{S1} \\ \dot{U}_{S2} \\ \vdots \\ \dot{U}_{Sk} \\ \dot{U}_{Sj} \\ \vdots \\ \dot{U}_{Sb} \end{bmatrix}$$

或者可统一写成

$$\dot{U} = Z(\dot{I} + \dot{I}_S) - \dot{U}_S$$

上式中，Z 称为支路阻抗矩阵，可以看出，支路阻抗矩阵 Z，其主对角线元素为各支路阻抗，而非对角线元素的第 k 行、第 j 列和第 j 行、第 k 列的两个元素是两条支路的互阻抗，若令 $Y = Z^{-1}$，则有

$$Y\dot{U} = Z^{-1}Z(\dot{I} + \dot{I}_S) - Y\dot{U}_S$$

$$\dot{I} = Y(\dot{U} + \dot{U}_S) - \dot{I}_S$$

可以看出,支路约束方程的形式没变,此时的 Y 就是支路导纳矩阵,它不再是对角阵。

上式中支路阻抗矩阵 Z 可简写为

$$Z = \begin{bmatrix} Z_1 & \vdots & & & & 0 \\ & \ddots & \vdots & & & \\ \cdots & \cdots & \cdots & K & j & \cdots & \cdots \\ & & k & j\omega L_k & \pm j\omega M & \\ & & j & \pm j\omega M & j\omega L_j & \\ & & \vdots & & & \ddots & \\ 0 & & \vdots & & & & Z_b \end{bmatrix}$$

则对应的支路导纳矩阵和支路阻抗矩阵满足 $Y = Z^{-1}$,即

$$Y = Z^{-1} = \begin{bmatrix} Y_1 & \vdots & & & 0 \\ \cdots & \ddots & k & \cdots & j & \cdots \\ \cdots & k & \dfrac{L_j}{\Delta} & \mp \dfrac{M}{\Delta} & \cdots \\ \cdots & j & \mp \dfrac{M}{\Delta} & \dfrac{L_k}{\Delta} & \cdots \\ 0 & \vdots & \vdots & \vdots & Y_b \end{bmatrix} \tag{12-13}$$

式中,$\Delta = j\omega(L_k L_j - M^2)$。

从式(12-13)可以看出,支路导纳矩阵中只有含互感的由第 k 条、第 j 条支路构成的导纳子矩阵发生了变化,即该子矩阵的非对角线元素不再为零,其余支路的导纳没有发生变化。因此,含有互感电路的节点电压矩阵方程仍为式(12-12),所不同的是只有支路导纳矩阵 Y 不再为对角阵。

12.2.3 电路中含有受控源的情况

如图 12-8(a) 所示的复合支路,设第 k 条支路上含有受控电流源 $\dot{I}_{dk}$,控制量是第 j 条支路无源元件的电压或电流,注意图中受控源的参考方向与支路电流方向相同,则该支路的支路方程为

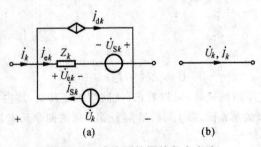

(a)　　　　　　　　(b)

图 12-8　含有受控源的复合支路

$$\dot{I}_k = \dot{I}_{ek} + \dot{I}_{dk} - \dot{I}_{Sk} = Y_k \dot{U}_{ek} + \dot{I}_{dk} - \dot{I}_{Sk}$$
$$= Y_k(\dot{U}_k + \dot{U}_{Sk}) + \dot{I}_{dk} - \dot{I}_{Sk}$$

若受控电流源是电压控制电流源（VCCS），$\dot{I}_{dk} = g_{kj}\dot{U}_{ej} = g_{kj}(\dot{U}_j + \dot{U}_{Sj})$；若受控电流源是电流控制电流源（CCCS），$\dot{I}_{dk} = \beta_{kj}\dot{I}_{ej} = \beta_{kj}Y_j(\dot{U}_j + \dot{U}_{Sj})$。将 b 条支路的支路方程写成矩阵形式，有

$$\begin{bmatrix} \dot{I}_1 \\ \vdots \\ \dot{I}_k \\ \vdots \\ \dot{I}_j \\ \vdots \\ \dot{I}_b \end{bmatrix} \begin{matrix} \\ \\ k \\ \\ \\ \\ \end{matrix} = \begin{bmatrix} Y_1 & & & \overset{j}{\vdots} & & 0 \\ & \ddots & & \vdots & & \\ \cdots & \cdots & Y_k & \cdots & Y_{kj} & \cdots & \cdots \\ & & & \ddots & \vdots & & \\ & & & & Y_j & & \\ & & & & \vdots & \ddots & \\ 0 & & & & \vdots & & Y_b \end{bmatrix} \begin{bmatrix} \dot{U}_1 + \dot{U}_{S1} \\ \vdots \\ \dot{U}_k + \dot{U}_{Sk} \\ \vdots \\ \dot{U}_j + \dot{U}_{Sj} \\ \vdots \\ \dot{U}_b + \dot{U}_{Sb} \end{bmatrix} - \begin{bmatrix} \dot{I}_{S1} \\ \vdots \\ \dot{I}_{Sk} \\ \vdots \\ \dot{I}_{Sj} \\ \vdots \\ \dot{I}_{Sb} \end{bmatrix}$$

式中，
$$Y_{kj} = \begin{cases} g_{kj} \\ \beta_{kj} Y_j \end{cases}$$

将上式写成矩阵形式为

$$\dot{\boldsymbol{I}} = \boldsymbol{Y}(\dot{\boldsymbol{U}} + \dot{\boldsymbol{U}}_S) - \dot{\boldsymbol{I}}_S$$

可以发现，上式与式(12-10)完全相同，因此，含有受控电流源的节点电压方程仍为式(12-12)，只是支路导纳矩阵 $\boldsymbol{Y}$ 不再是对角阵时，其第 k 行、第 j 列的元素不再为零，而是 Y_{kj}。

【例 12.2】 电路如图 12-9(a)所示，图 12-9(b)所示的是它的有向图，设 L_3、L_4、C_5 的初始条件为零，试用运算形式列写出该电路的节点电压方程。

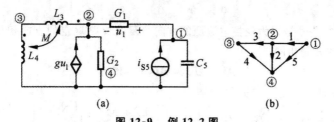

图 12-9 例 12.2 图

解 选节点 ④ 为参考点，则关联矩阵为

$$\boldsymbol{A} = \begin{bmatrix} 1 & 0 & 0 & 0 & 1 \\ -1 & 1 & 1 & 0 & 0 \\ 0 & 0 & -1 & 1 & 0 \end{bmatrix}$$

电压源列向量为 $\boldsymbol{U}_S(s) = 0$，电流源列向量为

$$\boldsymbol{I}_S(s) = \begin{bmatrix} 0 & 0 & 0 & 0 & I_{S5}(s) \end{bmatrix}^T$$

不计受控源时，支路阻抗矩阵为

$$Z = \begin{bmatrix} \dfrac{1}{G_1} & 0 & 0 & 0 & 0 \\ 0 & \dfrac{1}{G_2} & 0 & 0 & 0 \\ 0 & 0 & sL_3 & sM & 0 \\ 0 & 0 & sM & sL_4 & 0 \\ 0 & 0 & 0 & 0 & \dfrac{1}{sC_5} \end{bmatrix}$$

对应的支路导纳矩阵为

$$Y = Z^{-1} = \begin{bmatrix} G_1 & 0 & 0 & 0 & 0 \\ 0 & G_2 & 0 & 0 & 0 \\ 0 & 0 & \dfrac{L_4}{\Delta} & \dfrac{-M}{\Delta} & 0 \\ 0 & 0 & \dfrac{-M}{\Delta} & \dfrac{L_3}{\Delta} & 0 \\ 0 & 0 & 0 & 0 & sC_5 \end{bmatrix}$$

式中,$\Delta = s(L_3 L_4 - M^2)$。

计入受控源后,支路导纳矩阵为

$$Y = \begin{bmatrix} G_1 & 0 & 0 & 0 & 0 \\ -g & G_2 & 0 & 0 & 0 \\ 0 & 0 & \dfrac{L_4}{\Delta} & \dfrac{-M}{\Delta} & 0 \\ 0 & 0 & \dfrac{-M}{\Delta} & \dfrac{L_3}{\Delta} & 0 \\ 0 & 0 & 0 & 0 & sC_5 \end{bmatrix}$$

式中,g 取"—"号是因为受控电流源的方向与复合支路规定的方向相反,而控制量与复合支路规定的方向相同。

从而由 $\qquad\qquad AYA^{\mathrm{T}} \dot{U}_{\mathrm{N}} = A \dot{I}_{\mathrm{S}} - AY\dot{U}_{\mathrm{S}}$

得

$$\begin{bmatrix} G_1 + sC_5 & -G_1 & 0 \\ -(G_1 + g) & g + G_1 + G_2 + \dfrac{L_4}{\Delta} & -\dfrac{L_4 + M}{\Delta} \\ 0 & -\dfrac{L_4 + M}{\Delta} & \dfrac{L_3 + L_4 + 2M}{\Delta} \end{bmatrix} \begin{bmatrix} U_{\mathrm{N1}}(s) \\ U_{\mathrm{N2}}(s) \\ U_{\mathrm{N3}}(s) \end{bmatrix} = \begin{bmatrix} I_{\mathrm{S5}}(s) \\ 0 \\ 0 \end{bmatrix}$$

12.3 回路电流方程的矩阵形式

回路电流法和网孔电流法分别是以回路电流和网孔电流作为电路的独立变量,列写回路和网孔 KVL 方程的分析方法。

　　根据 12.2 节内容可知，描述支路与回路关联性质的是回路矩阵 **B**，因此可以回路矩阵 **B** 表示的 KCL 和 KVL 方程推导出回路电流方程的矩阵形式。

　　设回路电流列向量为 $\dot{I}_L$，有

KCL　　　　　　　　　　　　　　$\dot{I} = B^T \dot{I}_L$

KVL　　　　　　　　　　　　　　$B\dot{U} = 0$

　　分析电路，除了依据 KCL、KVL 外，还要知道每一条支路所包含的元件和它的特性，即要知道支路的电压、电流的约束关系。在分析电路时，若定义一种典型支路作为通用的电路和模型即可简化分析，这种支路称为"复合支路"。对于图 12-10(a) 所示的复合支路，下标 k 表示第 k 条电路，$\dot{U}_{Sk}$ 和 $\dot{I}_{Sk}$ 分别表示独立电压源和独立电流源，Z_k 表示阻抗，且规定它只能是单一的电阻、电感或电容，不允许是它们的组合；支路电压 $\dot{U}_k$ 和支路电流 $\dot{I}_k$ 取关联参考方向，独立电源 $\dot{U}_{Sk}$ 和 $\dot{I}_{Sk}$ 的参考方向与支路方向相反，而阻抗元件 Z_k 上电压、电流的参考方向与支路方向相同（阻抗上的电压、电流取关联参考方向）。在此种情况下，该复合支路可抽象为图 12-10(b) 所示电路。

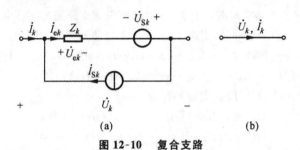

(a)　　　　　　　　　　　　　　(b)

图 12-10　复合支路

　　图 12-10(a) 所示的复合支路采用的是相量形式，计算时可采用相应的运算形式。该复合支路的支路方程为

$$\dot{U}_k = Z_k(\dot{I}_k + \dot{I}_{Sk}) - \dot{U}_{Sk} \qquad (12\text{-}14)$$

下面分不同情况推导整个电路的回路电流方程的矩阵形式。

12.3.1　电路中不含互感和受控源的情况

　　对于第 k 条支路，支路电压、电流的关系如式(12-14)，按式(12-14)分别写出整个电路的 b 条支路方程，并整理成矩阵形式，有

$$
\begin{bmatrix} \dot{U}_1 \\ \dot{U}_2 \\ \vdots \\ \dot{U}_b \end{bmatrix} = \begin{bmatrix} Z_1 & & & 0 \\ & Z_2 & & \\ & & \ddots & \\ 0 & & & Z_b \end{bmatrix} \begin{bmatrix} \dot{I}_1 + \dot{I}_{S1} \\ \dot{I}_2 + \dot{I}_{S2} \\ \vdots \\ \dot{I}_b + \dot{I}_{Sb} \end{bmatrix} - \begin{bmatrix} \dot{U}_{S1} \\ \dot{U}_{S2} \\ \vdots \\ \dot{U}_{Sb} \end{bmatrix}
$$

即　　　　　　　　　　$\dot{U} = Z(\dot{I} + \dot{I}_S) - \dot{U}_S \qquad (12\text{-}15)$

　　式(12-15)中，**Z** 称为支路阻抗矩阵，对角线上的元素分别为每条支路的阻抗，且它是一个对角阵。

由上面分析,电路满足的方程分别为

KCL $$\dot{\boldsymbol{I}} = \boldsymbol{B}^{\mathrm{T}}\dot{\boldsymbol{I}}_{\mathrm{L}} \qquad (12\text{-}16)$$

KVL $$\boldsymbol{B}\dot{\boldsymbol{U}} = 0 \qquad (12\text{-}17)$$

支路方程 $$\dot{\boldsymbol{U}} = \boldsymbol{Z}(\dot{\boldsymbol{I}} + \dot{\boldsymbol{I}}_{\mathrm{S}}) - \dot{\boldsymbol{U}}_{\mathrm{S}}$$

把上述支路方程代入式(12-17),可得

$$\boldsymbol{B}[\boldsymbol{Z}(\dot{\boldsymbol{I}} + \dot{\boldsymbol{I}}_{\mathrm{S}}) - \dot{\boldsymbol{U}}_{\mathrm{S}}] = 0$$

$$\boldsymbol{B}\boldsymbol{Z}\dot{\boldsymbol{I}} + \boldsymbol{B}\boldsymbol{Z}\dot{\boldsymbol{I}}_{\mathrm{S}} - \boldsymbol{B}\dot{\boldsymbol{U}}_{\mathrm{S}} = 0$$

再把式(12-16)代入上式,可得

$$\boldsymbol{B}\boldsymbol{Z}\boldsymbol{B}^{\mathrm{T}}\dot{\boldsymbol{I}}_{\mathrm{L}} = \boldsymbol{B}\dot{\boldsymbol{U}}_{\mathrm{S}} - \boldsymbol{B}\boldsymbol{Z}\dot{\boldsymbol{I}}_{\mathrm{S}} \qquad (12\text{-}18)$$

式(12-18)即为回路电流方程的矩阵形式。如果设 $\boldsymbol{Z}_{\mathrm{L}} = \boldsymbol{B}\boldsymbol{Z}\boldsymbol{B}^{\mathrm{T}}$,可知它是一个 L 阶的方阵,称为回路阻抗矩阵,它的主对角线元素为自阻抗,非对角线元素为互阻抗。

12.3.2　电路中含有互感的情况

设第 k 条、第 j 条支路之间有耦合关系,此时应考虑支路间的互感电压的相互作用,支路编号时将它们相邻的编在一起,则第 k 条、第 j 条支路的支路方程为

$$\dot{U}_k = Z_k\dot{I}_{ek} \pm \mathrm{j}\omega M_{kj}\dot{I}_{ej} - \dot{U}_{Sk} = Z_k(\dot{I}_k + \dot{I}_{Sk}) \pm \mathrm{j}\omega M_{kj}(\dot{I}_j + \dot{I}_{Sj}) - \dot{U}_{Sk}$$

$$\dot{U}_j = \pm \mathrm{j}\omega M_{jk}\dot{I}_{ek} + Z_j\dot{I}_{ej} - \dot{U}_{Sj} = \pm \mathrm{j}\omega M_{jk}(\dot{I}_k + \dot{I}_{Sk}) + Z_j(\dot{I}_j + \dot{I}_{Sj}) - \dot{U}_{Sj}$$

其余支路不含互感,则对应的支路方程为

$$\dot{U}_1 = Z_1\dot{I}_{e1} - \dot{U}_{S1} = Z_1(\dot{I}_1 + \dot{I}_{S1}) - \dot{U}_{S1}$$

$$\dot{U}_2 = Z_2\dot{I}_{e2} - \dot{U}_{S2} = Z_2(\dot{I}_2 + \dot{I}_{S2}) - \dot{U}_{S2}$$

$$\vdots$$

$$\dot{U}_b = Z_b\dot{I}_{eb} - \dot{U}_{Sb} = Z_b(\dot{I}_b + \dot{I}_{Sb}) - \dot{U}_{Sb}$$

将整个电路的 b 条支路方程表示为矩阵形式,有

$$
\begin{bmatrix} \dot{U}_1 \\ \dot{U}_2 \\ \vdots \\ \dot{U}_k \\ \dot{U}_j \\ \vdots \\ \dot{U}_b \end{bmatrix} =
\begin{bmatrix}
Z_1 & 0 & \cdots & 0 & 0 & \cdots & 0 \\
0 & Z_2 & \cdots & 0 & 0 & \cdots & 0 \\
\vdots & \vdots & \ddots & \vdots & \vdots & & \vdots \\
0 & 0 & \cdots & Z_k & \pm \mathrm{j}\omega M_{kj} & \cdots & 0 \\
0 & 0 & \cdots & \pm \mathrm{j}\omega M_{jk} & Z_j & \cdots & 0 \\
\vdots & \vdots & & \vdots & \vdots & \ddots & \vdots \\
0 & 0 & \cdots & 0 & 0 & \cdots & Z_b
\end{bmatrix}
\begin{bmatrix} \dot{I}_1 + \dot{I}_{S1} \\ \dot{I}_2 + \dot{I}_{S2} \\ \vdots \\ \dot{I}_k + \dot{I}_{Sk} \\ \dot{I}_j + \dot{I}_{Sj} \\ \vdots \\ \dot{I}_b + \dot{I}_{Sb} \end{bmatrix} -
\begin{bmatrix} \dot{U}_{S1} \\ \dot{U}_{S2} \\ \vdots \\ \dot{U}_{Sk} \\ \dot{U}_{Sj} \\ \vdots \\ \dot{U}_{Sb} \end{bmatrix}
$$

或者可统一写成

$$\dot{\boldsymbol{U}} = \boldsymbol{Z}(\dot{\boldsymbol{I}} + \dot{\boldsymbol{I}}_{\mathrm{S}}) - \dot{\boldsymbol{U}}_{\mathrm{S}}$$

由上式可以看出,它与式(12-15)形式完全相同,因此支路间有耦合时,回路方程的矩阵形式仍为式(12-18)。所不同的只有支路阻抗矩阵 $\boldsymbol{Z}$,其主对角线元素仍为各支路阻抗,而非对角线元素的第 k 行、第 j 列和第 j 行、第 k 列的两个元素是两条支路的互阻抗,阻抗矩阵 $\boldsymbol{Z}$ 不再为对角阵。式中的互阻抗前的"±"由各电感的同名端和电流、电压的参考方向

来判断。

【例 12.3】 电路如图 12-11(a) 所示,其有向图如图 12-11(b) 所示。以支路 3、4、5 为树支,写出基本回路矩阵和回路电流方程的矩阵形式。

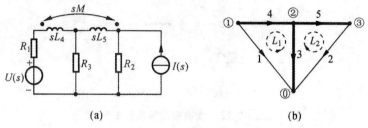

图 12-11 例 12.3 图

解 以 3、4、5 为树支的基本回路如图 12-11(b) 所示,其对应的基本回路矩阵为

$$\boldsymbol{B}_\text{f} = \begin{array}{c} \\ 1 \\ 2 \end{array} \begin{array}{ccccc} 1 & 2 & 3 & 4 & 5 \\ \left[\begin{array}{ccccc} 1 & 0 & -1 & -1 & 0 \\ 0 & 1 & -1 & 0 & 1 \end{array}\right] \end{array}$$

按图 12-11(a) 列出支路阻抗矩阵 $\boldsymbol{Z}$ 为

$$\boldsymbol{Z} = \begin{bmatrix} R_1 & 0 & 0 & 0 & 0 \\ 0 & R_2 & 0 & 0 & 0 \\ 0 & 0 & R_3 & 0 & 0 \\ 0 & 0 & 0 & sL_4 & -sM \\ 0 & 0 & 0 & -sM & sL_5 \end{bmatrix}$$

回路阻抗矩阵 $\boldsymbol{Z}_\text{L}$ 为

$$\boldsymbol{Z}_\text{L} = \boldsymbol{B}_\text{f}\boldsymbol{Z}\boldsymbol{B}_\text{f}^\text{T} = \begin{bmatrix} R_1 + R_3 + sL_4 & R_3 + sM \\ R_3 + sM & R_2 + R_3 + sL_5 \end{bmatrix}$$

按例图 12-7 列出支路电流源列向量 $\boldsymbol{I}_\text{S}(s)$ 和支路电压源列向量 $\boldsymbol{U}_\text{S}(s)$

$$\boldsymbol{I}_\text{S}(s) = \begin{bmatrix} 0 & I(s) & 0 & 0 & 0 \end{bmatrix}^\text{T}$$

$$\boldsymbol{U}_\text{S}(s) = \begin{bmatrix} -U(s) & 0 & 0 & 0 & 0 \end{bmatrix}^\text{T}$$

由 $\boldsymbol{B}_\text{f}, \boldsymbol{Z}, \boldsymbol{I}_\text{S}(s)$ 及 $\boldsymbol{U}_\text{S}(s)$ 计算回路电压源列向量 $\boldsymbol{U}_\text{L}(s)$ 为

$$\boldsymbol{U}_\text{L}(s) = \boldsymbol{B}_\text{f}\boldsymbol{U}_\text{S}(s) - \boldsymbol{B}_\text{f}\boldsymbol{Z}\boldsymbol{I}_\text{S}(s) = \begin{bmatrix} -U(s) \\ -R_2 I(s) \end{bmatrix}$$

矩阵形式的回路电流方程 $\boldsymbol{Z}_\text{L}\boldsymbol{I}_\text{L}(s) = \boldsymbol{U}_\text{L}(s)$ 为

$$\begin{bmatrix} R_1 + R_3 + sL_4 & R_3 + sM \\ R_3 + sM & R_2 + R_3 + sL_5 \end{bmatrix} \begin{bmatrix} I_{\text{L}1}(s) \\ I_{\text{L}2}(s) \end{bmatrix} = \begin{bmatrix} -U(s) \\ -R_2 I(s) \end{bmatrix}$$

12.3.3 电路中含有受控源的情况

如图 12-12(a) 所示为一条复合支路,其有向图如图 12-12(b) 所示。设第 k 条支路上含

有受控电压源 $\dot{U}_{dk}$,控制量是第 j 条支路无源元件的电压或电流,注意图中受控源的参考方向与支路电压方向相同,则该支路的支路方程为

$$\dot{U}_k = Z_k(\dot{I}_k + \dot{I}_{Sk}) + \dot{U}_{dk} - \dot{U}_{Sk} \tag{12-19}$$

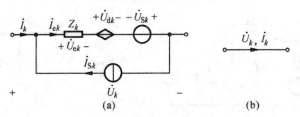

图 12-12　含有受控源复合支路

可以看出,式(12-19)与式(12-14)基本相同,只多了一项 $\dot{U}_{dk}$。若受控源为电流控制电压源,即 $\dot{U}_{dk} = r_{kj}\dot{I}_{ej} = r_{kj}(\dot{I}_j + \dot{I}_{Sj})$,则整个电路的支路方程的矩阵形式可写为

$$
\begin{bmatrix} \dot{U}_1 \\ \dot{U}_2 \\ \vdots \\ \dot{U}_k \\ \dot{U}_j \\ \vdots \\ \dot{U}_b \end{bmatrix}
= \begin{matrix} \\ \\ \\ k \\ \\ \\ \\ \end{matrix}
\begin{bmatrix}
Z_1 & & & & & & \\
 & Z_2 & & & & 0 & \\
 & & \ddots & & & & \\
 & & & Z_k & r_{kj} & & \\
 & 0 & & & Z_j & & \\
 & & & & & \ddots & \\
 & & & & & & Z_b
\end{bmatrix}
\begin{bmatrix} \dot{I}_1 + \dot{I}_{S1} \\ \dot{I}_2 + \dot{I}_{S2} \\ \vdots \\ \dot{I}_k + \dot{I}_{Sk} \\ \dot{I}_j + \dot{I}_{Sj} \\ \vdots \\ \dot{I}_b + \dot{I}_{Sb} \end{bmatrix}
- \begin{bmatrix} \dot{U}_{S1} \\ \dot{U}_{S2} \\ \vdots \\ \dot{U}_{Sk} \\ \dot{U}_{Sj} \\ \vdots \\ \dot{U}_{Sb} \end{bmatrix}
$$

或写成

$$\dot{U} = Z(\dot{I} + \dot{I}_S) - \dot{U}_S$$

由上式可以看出,它与式(12-15)的形式完全相同,因此支路上含有受控电压源时,回路方程的矩阵形式仍为式(12-18);所不同的只有支路阻抗矩阵 Z,其主对角线元素仍为各支路阻抗,而非对角线元素的第 k 行、第 j 列的元素不再为零,它的大小为电流控制电压源的控制系数 r_{kj}。若支路的受控源为电压控制电压源,即 $\dot{U}_{dk} = \mu_{kj}\dot{U}_{ej} = \mu_{kj}Z_j(\dot{I}_j + \dot{I}_{Sj})$,则支路阻抗矩阵的第 k 行、第 j 列的元素为 $\mu_{kj}Z_j$。

综上所述,不管何种电路,回路电流方程的矩阵形式都为式(12-18),即

$$BZB^T\dot{I}_L = B\dot{U}_S - BZ\dot{I}_S$$

只是不同的支路内容,对应的支路阻抗矩阵有所不同而已。在列写回路电流方程的矩阵形式时,只需按照式(12-18),分别写出回路矩阵、阻抗矩阵、电压源列向量和电流源列向量,代入式(12-18)进行矩阵相乘,即可得到所求结果。

【例 12.4】　在图 12-13(a)所示电路中,已知 $g_m = 2$ S,$C_1 = 2$ F,$C_2 = 1$ F,$L_3 = 4$ H,$L_4 = 3$ H,$R_5 = 1$ Ω,$R_6 = 2$ Ω,$I_S = 3\sqrt{2}\sin 2t$ A,试列写该网络回路方程的矩阵形式。

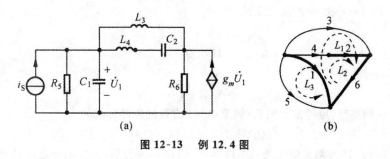

图 12-13　**例 12.4 图**

解　(1) 该网络的有向图如图 12-13(b) 所示,选支路 1、2、6 为树支,则对应的回路矩阵为

$$B = \begin{bmatrix} -1 & 0 & 1 & 0 & 0 & 1 \\ -1 & 1 & 0 & 1 & 0 & 1 \\ -1 & 0 & 0 & 0 & 1 & 0 \end{bmatrix}$$

(2) 第 6 条支路可变化为一个受控电压源与电阻的串联,受控电压源的方向与支路方向相同,其大小为

$$\dot U_{d6} = R_6 g_m \dot U_1 = R_6 g_m \frac{1}{\mathrm{j}\omega C_1} \dot I_{e1} = -\mathrm{j}\dot I_{e1} = r_{61}\dot I_{e1}$$

$$Z = \begin{matrix} 1 \\ 2 \\ 3 \\ 4 \\ 5 \\ 6 \end{matrix} \begin{bmatrix} -\mathrm{j}/4 & & & & & \\ 0 & -\mathrm{j}/2 & & & & \\ 0 & 0 & \mathrm{j}8 & 0 & & \\ 0 & 0 & 0 & \mathrm{j}6 & & \\ 0 & 0 & 0 & 0 & 1 & \\ -\mathrm{j} & 0 & 0 & 0 & 0 & 2 \end{bmatrix}$$

$$\dot U_S = \begin{bmatrix} 0 & 0 & 0 & 0 & 0 & 0 \end{bmatrix}^T$$

$$\dot I_S = \begin{bmatrix} 0 & 0 & 0 & 0 & 3 & 0 \end{bmatrix}^T$$

(3) 由 $BZB^T \dot I_L = B\dot U_S - BZ\dot I_S$ 得回路电流方程为

$$\begin{bmatrix} (2+\mathrm{j}8.75) & (2+\mathrm{j}0.75) & (\mathrm{j}0.75) \\ (2+\mathrm{j}0.75) & (2+\mathrm{j}6.25) & (\mathrm{j}0.75) \\ (-\mathrm{j}0.25) & (-\mathrm{j}0.25) & (1-\mathrm{j}0.25) \end{bmatrix} \begin{bmatrix} \dot I_{L1} \\ \dot I_{L2} \\ \dot I_{L3} \end{bmatrix} = -\begin{bmatrix} 0 \\ 0 \\ -3 \end{bmatrix}$$

12.4　割集电压方程的矩阵形式

由 12.1 节的式(12-7)可知,电路中所有支路电压可以用树支电压表示,所以树支电压与独立节点电压一样可被选作电路的独立变量。当所选独立割集组不是基本割集组时,式(12-7)可理解为一组独立的割集电压。以割集电压为电路独立变量的分析法称为割集电压法。

如图 12-14(a) 所示的复合支路,有

KCL $\qquad\qquad\qquad Q_f \dot{I} = 0$

KVL $\qquad\qquad\qquad \dot{U} = Q_f^T \dot{U}_T$

支路方程的形式为

$$\dot{I} = Y(\dot{U} + \dot{U}_S) - \dot{I}_S$$

通过化简整理,可得割集电压(树支电压)方程的矩阵形式为

$$Q_f Y Q_f^T \dot{U}_T = Q_f \dot{I}_S - Q_f Y \dot{U}_S \qquad\qquad (12\text{-}20)$$

式(12-20) 即为割集电压法的矩阵形式。值得一提的是,割集电压法是节点电压法的推广,或者说节点电压法是割集电压法的一个特例。若选择一组独立割集,使每一割集都由汇集在一个节点上的支路构成时,割集电压法便成为节点电压法。

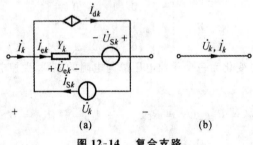

(a)   (b)

图 12-14 复合支路

【**例 12.5**】 电路如图 12-15(a) 所示,试用运算形式写出该电路割集电压方程的矩阵形式。设电感、电容的初始值为零。

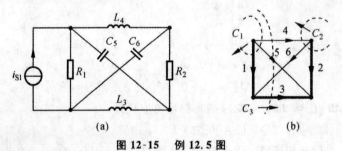

(a)   (b)

图 12-15 例 12.5 图

解 作出电路有向图如图 12-15(b) 所示,选支路 1、2、3 为树支,对应的三个单树支割集如图中虚线所示,树支电压 $U_{T1}(s)$、$U_{T2}(s)$、$U_{T3}(s)$ 就是割集电压,它们的方向也是割集的方向。

由图 12-15(b) 可以写出基本割集矩阵为

$$Q_f = \begin{bmatrix} 1 & 0 & 0 & 1 & 1 & 0 \\ 0 & 1 & 0 & -1 & 0 & 1 \\ 0 & 0 & 1 & 1 & 1 & -1 \end{bmatrix}$$

电压源和电流源列向量分别为

$$U(s) = 0, I_S(s) = \begin{bmatrix} I_{S1}(s) & 0 & 0 & 0 & 0 & 0 \end{bmatrix}^T$$

支路导纳矩阵为　　$Y(s) = \text{diag}\left[\dfrac{1}{R_1}\quad \dfrac{1}{R_2}\quad \dfrac{1}{sL_3}\quad \dfrac{1}{sL_4}\quad sC_5\quad sC_6\right]$

由式(12-20)便得割集电压方程为

$$\begin{bmatrix} \dfrac{1}{R_1}+\dfrac{1}{sL_4}+sC_5 & -\dfrac{1}{sL_4} & \dfrac{1}{sL_4}+sC_5 \\ -\dfrac{1}{sL_4} & \dfrac{1}{R_2}+\dfrac{1}{sL_4}+sC_6 & -\dfrac{1}{sL_4}-sC_6 \\ \dfrac{1}{sL_4}+sC_5 & -\dfrac{1}{sL_4}-sC_6 & \dfrac{1}{sL_3}+\dfrac{1}{sL_4}+sC_5+sC_6 \end{bmatrix}\begin{bmatrix} U_{T1}(s) \\ U_{T2}(s) \\ U_{T3}(s) \end{bmatrix} = \begin{bmatrix} I_{S1}(s) \\ 0 \\ 0 \end{bmatrix}$$

12.5　状态方程

12.5.1　状态变量与状态方程

电路理论中，t_0 时刻的状态是指 t_0 时刻电路必须具备的最少信息，它们和从该时刻开始的任意输入一起确定 t_0 时刻以后电路的响应。而状态变量是电路的一组独立的动态变量，它们在任意时刻的值组成了该时刻的状态。从对一阶电路、二阶电路的分析可知，电容上电压 u_C（或电荷 q_C）和电感中的电流 i_L（或磁通链 ψ_L）是电路的状态变量。对状态变量列出的一阶微分方程称为状态方程。这就是说，如果已知状态变量在 t_0 时的值，而且已知自 t_0 开始的外施激励，通过求解微分方程就能唯一地确定 $t > t_0$ 后电路的全部性状。

下面通过一个简单的例子说明以上介绍的概念，在讨论二阶 RLC 串联电路（见图 12-16）的时域分析中，列出了以电容电压为求解对象的微分方程

$$LC\frac{d^2 u_C}{dt^2} + RC\frac{du_C}{dt} + u_C = u_S$$

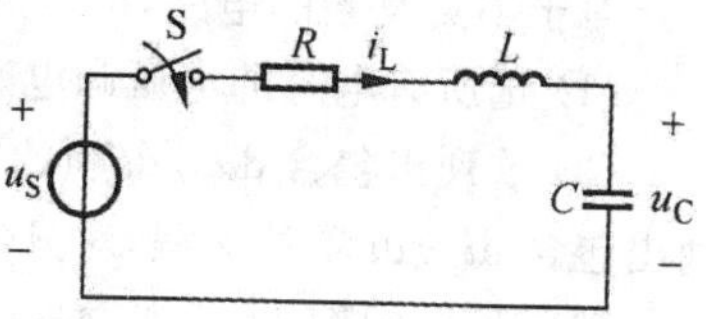

这是一个二阶线性微分方程。其中，电容上的电压和电感上的电流初始值 $u_C(0_+)$、$i_L(0_+)$ 作为确定积分常数的初始条件。

如果以电容电压 u_C 和电感电流 i_L 为变量列上述电路的方程，则有

图 12-16　RLC 串联电路

$$C\frac{du_C}{dt} = i_L$$

$$L\frac{di_L}{dt} = u_S - Ri_L - u_C$$

对以上两个方程变形，可得

$$\begin{cases} \dfrac{du_C}{dt} = 0 + \dfrac{1}{C}i_L + 0 \\ \dfrac{di_L}{dt} = -\dfrac{1}{L}u_C - \dfrac{R}{L}i_L + \dfrac{1}{L}u_S \end{cases} \tag{12-21}$$

式(12-21)是一组以 u_C 和 i_L 为变量的一阶微分方程,初始值 $u_\mathrm{C}(0+)$ 和 $i_\mathrm{L}(0+)$ 用来确定积分常数,因此方程(12-21)就是描述电路动态过程的状态方程。

如果用矩阵形式写方程(12-21),则有

$$\begin{bmatrix} \dfrac{\mathrm{d}u_\mathrm{C}}{\mathrm{d}t} \\[2mm] \dfrac{\mathrm{d}i_\mathrm{L}}{\mathrm{d}t} \end{bmatrix} = \begin{bmatrix} 0 & \dfrac{1}{C} \\[2mm] -\dfrac{1}{L} & -\dfrac{R}{L} \end{bmatrix} \begin{bmatrix} u_\mathrm{C} \\[1mm] i_\mathrm{L} \end{bmatrix} + \begin{bmatrix} 0 \\[1mm] \dfrac{1}{L} \end{bmatrix} \begin{bmatrix} u_\mathrm{S} \end{bmatrix}$$

若令 $x_1 = u_\mathrm{C}, x_2 = i_\mathrm{L}, \dot{x}_1 = \dfrac{\mathrm{d}u_\mathrm{C}}{\mathrm{d}t}, \dot{x}_2 = \dfrac{\mathrm{d}i_\mathrm{L}}{\mathrm{d}t}$,则有

$$\begin{bmatrix} \dot{x}_1 \\ \dot{x}_2 \end{bmatrix} = \boldsymbol{A} \begin{bmatrix} x_1 \\ x_2 \end{bmatrix} + \boldsymbol{B} \begin{bmatrix} u_\mathrm{S} \end{bmatrix}$$

式中 $\qquad \boldsymbol{A} = \begin{bmatrix} 0 & \dfrac{1}{C} \\[2mm] -\dfrac{1}{L} & -\dfrac{R}{L} \end{bmatrix}, \quad \boldsymbol{B} = \begin{bmatrix} 0 \\[1mm] \dfrac{1}{L} \end{bmatrix}$

如果令 $\dot{\boldsymbol{x}} = \begin{bmatrix} \dot{x}_1 & \dot{x}_2 \end{bmatrix}^\mathrm{T}, \boldsymbol{x} = \begin{bmatrix} x_1 & x_2 \end{bmatrix}^\mathrm{T}, \boldsymbol{v} = \begin{bmatrix} u_\mathrm{S} \end{bmatrix}$,则有

$$\dot{\boldsymbol{x}} = \boldsymbol{A}\boldsymbol{x} + \boldsymbol{B}\boldsymbol{v} \qquad\qquad (12\text{-}22)$$

式(12-22)称为状态方程的标准形式。$\boldsymbol{x}$ 称为状态向量,$\boldsymbol{v}$ 称为输入向量。在一般情况下,设电路具有 n 个状态变量,m 个独立电源,则式(12-22)中的 $\dot{\boldsymbol{x}}$ 和 $\boldsymbol{x}$ 为 n 阶列向量,$\boldsymbol{A}$ 为 $n \times n$ 方阵,$\boldsymbol{v}$ 为 m 阶列向量,$\boldsymbol{B}$ 为 $n \times m$ 矩阵。方程(12-22)有时也称为向量微分方程。

12.5.2　直观法列写状态方程

对于不太复杂的电路,可以用直观法列写状态方程,一般步骤如下。

(1) 选所有电容的电压和电感的电流作为状态变量。

(2) 欲列出包含 $\mathrm{d}u_\mathrm{C}/\mathrm{d}t$ 项的方程,对只含有一个电容的节点或割集列写 KCL 方程;欲列出包含 $\mathrm{d}i_\mathrm{L}/\mathrm{d}t$ 项的方程,对只包含一个电感的回路列写 KVL 方程。

(3) 消去步骤(2)所列方程中的非状态变量,然后把状态变量的一阶导数移向方程左边,整理化简为标准矩阵形式。

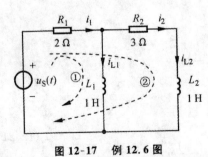

图 12-17　例 12.6 图

【例 12.6】　列写图 12-17 所示电路的状态方程。

解　选取单一电感回路,如图 12-17 中回路 1、回路 2 所示;状态变量取 $\boldsymbol{X} = \begin{bmatrix} i_\mathrm{L1} & i_\mathrm{L2} \end{bmatrix}^\mathrm{T}$,有

$$R_1 i_1 + L_1 \frac{\mathrm{d}i_\mathrm{L1}}{\mathrm{d}t} = u_\mathrm{S}$$

$$R_1 i_1 + R_2 i_2 + L_2 \frac{\mathrm{d}i_\mathrm{L2}}{\mathrm{d}t} = u_\mathrm{S}$$

欲消去中间变量 i_1、i_2,找到关系式

$$i_1 = i_{L1} + i_{L2}$$
$$i_2 = i_{L2}$$

代入上式,整理得

$$\frac{di_{L1}}{dt} = -2i_{L1} - 2i_{L2} + u_S$$

$$\frac{di_{L2}}{dt} = -2i_{L1} - 5i_{L2} + u_S$$

写成标准形式

$$\begin{bmatrix} \dfrac{di_{L1}}{dt} \\ \dfrac{di_{L2}}{dt} \end{bmatrix} = \begin{bmatrix} -2 & -2 \\ -2 & -5 \end{bmatrix} \begin{bmatrix} i_{L1} \\ i_{L2} \end{bmatrix} + \begin{bmatrix} 1 \\ 1 \end{bmatrix} u_S$$

【例 12.7】 列出图 12-18 所示电路的状态方程。

解 选取单一电容节点列写 KCL 方程,状态变量取 $X = [u_{C1} \quad u_{C2}]^T$。对节点 ① 列出 KCL 方程

$$3\frac{du_{C1}}{dt} + 2u_{C1} + 4(u_{C1} - u_{C2}) = i_S$$

对节点 ② 列 KCL 方程

$$1\frac{du_{C2}}{dt} = 4(u_{C1} - u_{C2})$$

整理得

$$\frac{du_{C1}}{dt} = -2u_{C1} + \frac{4}{3}u_{C2} + \frac{1}{3}i_S$$

$$\frac{du_{C2}}{dt} = 4u_{C1} - 4u_{C2}$$

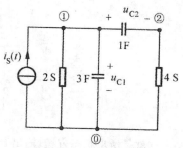

图 12-18 例 12.7 图

写成标准形式

$$\begin{bmatrix} \dfrac{du_{C1}}{dt} \\ \dfrac{du_{C2}}{dt} \end{bmatrix} = \begin{bmatrix} -2 & \dfrac{4}{3} \\ 4 & -4 \end{bmatrix} \begin{bmatrix} u_{C1} \\ u_{C2} \end{bmatrix} + \begin{bmatrix} \dfrac{1}{3} \\ 0 \end{bmatrix} i_S$$

【例 12.8】 列写图 12-19 所示电路的状态方程和以 u_{N1}、u_{N2} 为变量的输出方程。

解 状态变量取 $X = [u_{C1} \quad u_{C2} \quad i_L]^T$。选取单一电容节点列写 KCL 方程和单一电感回路列写 KVL 方程。

对节点 ① 列 KCL 方程

$$\frac{du_{C1}}{dt} + i = i_L$$

对节点 ⓪ 列 KCL 方程

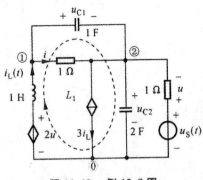

图 12-19 例 12.8 图

$$\frac{u_{C2}}{1} + 2\frac{du_{C2}}{dt} + 3i_L = i_L + \frac{u_S}{1}$$

对回路 L_1 列 KCL 方程(使回路中尽量多含状态变量,少含非状态变量)

$$\frac{di_L}{dt} + u_{C1} + u_{C2} = 2u$$

欲消去中间变量 i 和 u,找到关系式

$$i = \frac{u_{C1}}{1}, \quad u = u_S(t) - u_{C2}$$

代入上式,整理得

$$\frac{du_{C1}}{dt} = -u_{C1} + i_L$$

$$\frac{du_{C2}}{dt} = -\frac{1}{2}u_{C2} - i_L + \frac{1}{2}u_S$$

$$\frac{di_L}{dt} = -u_{C1} - 3u_{C2} + 2u_S$$

写成矩阵形式

$$\begin{bmatrix} \dfrac{du_{C1}}{dt} \\[2mm] \dfrac{du_{C2}}{dt} \\[2mm] \dfrac{di_L}{dt} \end{bmatrix} = \begin{bmatrix} -1 & 0 & 1 \\ 0 & -\dfrac{1}{2} & -1 \\ -1 & -3 & 0 \end{bmatrix} \begin{bmatrix} u_{C1} \\ u_{C2} \\ i_L \end{bmatrix} + \begin{bmatrix} 0 \\ \dfrac{1}{2} \\ 2 \end{bmatrix} u_S$$

这就是所求状态方程。输出方程是用状态变量和输入函数来描述输出的过程。输出方程一般可写为

$$y = Cx + Dv$$

式中:y 为输出向量,C、D 均为仅与电路结构和元件值有关的系数矩阵,x 为状态变量;v 为输入函数,本题中取 $y = \begin{bmatrix} u_{N1} & u_{N2} \end{bmatrix}^T$,$u_{N1} = u_{C1} + u_{C2}$,$u_{N2} = u_{C2}$。

输出方程写成标准形式

$$\begin{bmatrix} u_{N1} \\ u_{N2} \end{bmatrix} = \begin{bmatrix} 1 & 1 & 0 \\ 0 & 1 & 0 \end{bmatrix} \begin{bmatrix} u_{C1} \\ u_{C2} \\ i_L \end{bmatrix} + \begin{bmatrix} 0 \\ 0 \end{bmatrix} u_S$$

12.5.3 系统法列写状态方程

对于复杂电路,可借助特有树列写状态方程。将电容、电压源和必要的电阻选作树支,将电感、电流源和其余电阻选作连支。当电路中不存在仅由电容和电压源支路构成的回路和仅由电感和电流源支路构成的割集时,特有树总是存在的。

系统法列写状态方程的具体步骤如下:

（1）对由电容树支构成的基本割集列 KCL 方程；

（2）对由电感连支构成的基本回路列 KVL 方程；

（3）对 KCL 方程中出现的电阻连支作对应的基本回路列 KVL 方程；

（4）对 KVL 方程中出现的电阻树支作对应的基本割集列 KCL 方程；

（5）消去中间变量，整理方程，写成标准形式。

下面举例说明利用特有树概念建立状态方程的方法。

【例 12.9】　图 12-20 所示电路中，已知 $R_1 = R_4 = R_5 = 1\ \Omega, L_1 = L_2 = 1\ \mathrm{H}, C = 1\ \mathrm{F}$，列写该电路状态方程，并写成标准形式。

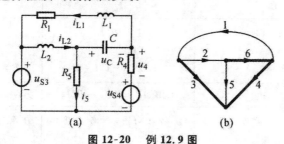

图 12-20　例 12.9 图

解　画出该电路的有向图如图 12-20(b) 所示。选支路 3、4、6 作为树支。对电容所在的单树支割集和电感所在的单连支回路分别列写基尔霍夫定律方程得

$$
\begin{cases}
C\dfrac{du_{\mathrm{C}}}{dt} = i_{\mathrm{L2}} - i_5 \\[2mm]
L_1\dfrac{di_{\mathrm{L1}}}{dt} = -R_1 i_{\mathrm{L1}} + u_{\mathrm{S4}} - u_{\mathrm{S3}} + u_4 \\[2mm]
L_2\dfrac{di_{\mathrm{L2}}}{dt} = -u_{\mathrm{C}} - u_4 - u_{\mathrm{S4}} + u_{\mathrm{S3}}
\end{cases}
\tag{12-23}
$$

为消去中间变量 u_4、i_5，增补支路 4、5、6 组成的单连支的回路方程

$$
R_5 i_5 - u_4 = u_{\mathrm{C}} + u_{\mathrm{S4}}
\tag{12-24}
$$

支路 1、2、4、5 组成的单树支的割集方程

$$
i_5 + u_4/R_4 = i_{\mathrm{L2}} - i_{\mathrm{L1}}
\tag{12-25}
$$

由式(12-24)、(12-25) 解得

$$
\begin{cases}
u_4 = 0.5(i_{\mathrm{L2}} - i_{\mathrm{L1}} - u_{\mathrm{C}} - u_{\mathrm{S4}}) \\[2mm]
i_5 = 0.5(i_{\mathrm{L2}} - i_{\mathrm{L1}} + u_{\mathrm{C}} + u_{\mathrm{S4}})
\end{cases}
\tag{12-26}
$$

将式(12-26) 代入式(12-23) 并整理得

$$
\begin{bmatrix}
\dfrac{du_{\mathrm{C}}}{dt} \\[3mm]
\dfrac{di_{\mathrm{L1}}}{dt} \\[3mm]
\dfrac{di_{\mathrm{L2}}}{dt}
\end{bmatrix}
=
\begin{bmatrix}
-0.5 & 0.5 & 0.5 \\
-0.5 & -1.5 & 0.5 \\
-0.5 & 0.5 & -0.5
\end{bmatrix}
\begin{bmatrix}
u_{\mathrm{C}} \\
i_{\mathrm{L1}} \\
i_{\mathrm{L2}}
\end{bmatrix}
+
\begin{bmatrix}
0 & -0.5 \\
-1 & 0.5 \\
1 & -0.5
\end{bmatrix}
\begin{bmatrix}
u_{\mathrm{S3}} \\
u_{\mathrm{S4}}
\end{bmatrix}
$$

本 章 小 结

对一个大型、复杂的电路列写其方程，用矩阵形式比较方便。常用的矩阵形式方程有节点电压方程、回路电流方程和割集电压方程。这三种方程也称为电路的三种矩阵分析法。三种方法的比较如下表。

方法	节点电压法	回路电流法	割集电压法
变量	$\dot{U}_N$	$\dot{I}_L$	$\dot{U}_T$
KCL KVL VCR	$A\dot{I}=0$ $\dot{U}=A^T\dot{U}_N$ $\dot{I}=Y(\dot{U}+\dot{U}_S)-\dot{I}_S$	$\dot{I}=B^T\dot{I}_L$ $B\dot{U}=0$ $\dot{U}=Z(\dot{I}+\dot{I}_S)-\dot{U}_S$	$Q_f\dot{I}=0$ $\dot{U}=Q_f^T\dot{U}_T$ $\dot{I}=Y(\dot{U}+\dot{U}_S)-\dot{I}_S$
方程	$AYA^T\dot{U}_N=A\dot{I}_S-AY\dot{U}_S$	$BZB^T\dot{I}_L=B\dot{U}_S-BZ\dot{I}_S$	$Q_fYQ_f^T\dot{U}_T=Q_f\dot{I}_S-Q_fY\dot{U}_S$
解题步骤	① 画有向图，对各支路编号； ② 选择参考节点，并对各节点编号； ③ 写出 A、Y、$\dot{I}_S$、$\dot{U}_S$； ④ 代入以上方程，求出相应参数。	① 画有向图，对各支路编号； ② 确定基本回路； ③ 写出 B、Z、$\dot{I}_S$、$\dot{U}_S$； ④ 代入以上方程，求出相应参数。	① 画有向图，对各支路编号； ② 选择一棵树，确定基本割集矩阵； ③ 写出 Q_f、Y、$\dot{I}_S$、$\dot{U}_S$； ④ 代入以上方程，求出相应参数。

用状态方程来分析、计算电路响应的方法称为状态变量分析法，其步骤可概括为：

(1) 选择状态变量；

(2) 列出状态方程；

(3) 由状态方程采用拉氏变换法求出响应。

习 题 十 二

12-1　列出如题 12-1 图所示有向图的关联矩阵 A、回路矩阵 B 和割集矩阵 Q（任选一棵树）。

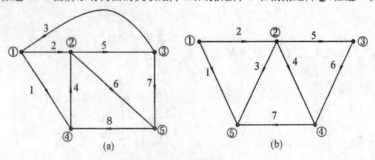

题 12-1 图

12-2 列出如题 12-2 图所示电路的矩阵形式的节点电压方程(选节点 4 为参考节点)。

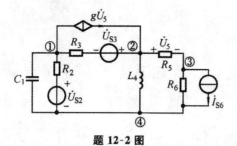

题 **12-2** 图

12-3 如题 12-3 图所示电路的初始状态为零,分别在下列两种情况下以运算形式列出其回路电流方程的矩阵形式:(1) 电感 L_5 和 L_6 之间无互感;(2) L_5 和 L_6 之间有互感。

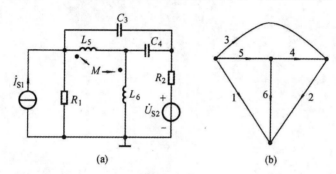

(a)   (b)

题 **12-3** 图

12-4 列出如题 12-4 图所示电路的状态方程。

12-5 列出如题 12-5 图所示电路的状态方程。已知 $C_1 = C_2 = 1$ F,$L_1 = 1$ H,$L_2 = 2$ H,$R_1 = R_2 = 1\ \Omega$,$R_3 = 2\ \Omega$,$u_s = 2\sin t$ V,$i_s = 2e^{-t}$ A。

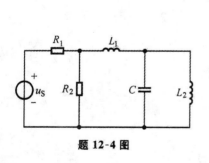

题 **12-4** 图

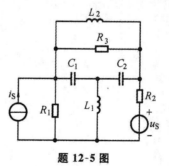

题 **12-5** 图

13

磁路与铁芯线圈电路

本章介绍磁场、磁路的基本概念和磁路定律。并简要介绍铁磁物质的磁化特性、磁化过程及铁芯损耗。最后介绍变压器的工作原理、电流与电压的关系及变压器的功率。

13.1 磁路及铁磁材料的磁特性

磁场是一种特殊物质,有电流的地方就会有磁场的存在,它与电流在空间的分布和周围空间磁介质的性质密切相关。

13.1.1 磁路的概念

1. 磁路

由于磁性物质具有高导磁性,可用来构成磁力线的集中通路,称为磁路。如图 13-1 所示的变压器、继电器等。

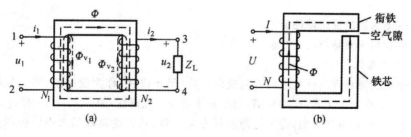

图 13-1 变压器、继电器

2. 主磁通

绝大部分磁通穿过铁芯中闭合,称为主磁通 Φ。

3. 漏磁通

少量磁通在空气中穿过,称为漏磁通 Φ_δ。

4. 磁场的基本物理量

(1) 磁感应强度 B:表征磁场中某点的磁性强弱和方向的矢量,$B = F/Il$。方向符合右手螺旋定则。单位为特(斯拉)(T),$1T = 1Wb/m^2$。

(2) 磁通 Φ:穿过垂直于 B 方向的面积 S 中的磁力线总数,$\Phi = B \cdot S$。磁力线是闭合曲线,磁通是连续的。单位为韦伯(Wb),$1Wb = 1V \cdot s$(伏·秒)$= 10^8 Mx$(麦克斯韦)。

(3) 磁场强度 H:安培环路定律 $\oint H \cdot \mathrm{d}l = \sum I$ 将电流与磁场强度联系起来。均匀磁场中 $Hl = IN$,$H = IN/l = F/l$,F 为磁通势,Hl 为磁压降,单位为(安培/米)A/m。

(4) 磁导率 μ:$\mu = B/H$,表征磁场中媒质特性,单位为亨/米(H/m)。真空中 $\mu_0 = 4\pi \times 10^{-7}$ H/m,任意媒质中 $\mu = \mu_r \mu_0$,$\mu_r = \mu/\mu_0 = B/B_0$ 称为相对磁导率。B_0 为真空中磁感应强度,B 为媒质中磁感应强度。

13.1.2 铁磁物质的磁特性

1. 铁磁物质与非铁磁物质

为了便于比较,通常将材料的磁导率 μ 与真空磁导率 μ_0 的比值定义为该材料的相对磁导率,用 μ_r 表示,即

$$\mu_r = \frac{\mu}{\mu_0} \tag{13-1}$$

物质原子中的核外电子的自旋和绕核公转形成分子电流,便产生分子电流磁场。分子电流磁场的不同属性使物质分为铁磁物质和非铁磁物质。

(1) 非铁磁物质:$\mu_r \approx 1$,$\mu \approx \mu_0$。分子电流磁场的方向杂乱无章,几乎不受外磁场的影响而互相抵消,如空气、木材、橡胶等非金属及铜、铝等金属物质。

(2) 铁磁物质(或称导磁材料):$\mu_r \gg 1$,如铁、钴、镍及少数稀土元素等。

2. 铁磁物质的磁化特性

铁磁材料主要是指铁、镍、钴及其合金。

1) 高导磁性

分子电流磁场在局部区域内方向趋向一致,显示磁性,称为磁畴区。当无外磁场作用时,磁畴区方向杂乱无章,互相抵消,物质整体对外不显磁性,如图 13-2(a) 所示。当有外磁场作用时,磁畴区偏转方向,使之与外磁场方向一致,从而使总磁场大小增强,称为磁化,如图 13-2(b) 所示。

外磁场的磁力线穿过磁性物质时,因物质被磁化而使磁场大大增强,磁力线集中于磁性物质中穿过,如电流穿过导体一样。磁性物质还能导磁,具有很高的导磁性。

磁化过程中 B 和 H 的关系曲线称为磁化曲线,如图 13-3 所示。

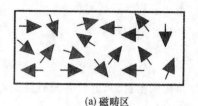
(a) 磁畴区

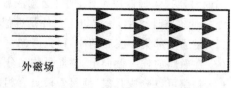
外磁场
(b) 磁化

图 13-2 磁性与磁化示意图

2) 磁饱和性

由图 13-3 所示曲线可见,过拐点 b 以后,B 随 H 增长很少,与真空中类似,这是由于几乎所有磁畴区的方向均已偏转到与外加磁场方向一致了,附加磁场不再增长所致。这种现象称为磁饱和。

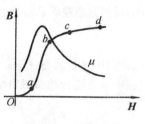

图 13-3 磁化曲线

一般电机、变压器中均将 B 值选在 a 点附近,以便在较小的磁化电流下获得足够大的磁感应强度。根据 $\Phi = B \cdot S$,$I = Hl/N$,可将 $B\text{-}H$ 曲线转化为 $\Phi\text{-}I$ 曲线,以便分析磁通与电流的关系,这在电机和变压器中经常使用。

3) 磁滞性

当线圈中通交流电产生交变外磁场时,线圈中的磁性物质则被交变磁场反复磁化,$B\text{-}H$ 曲线形成闭合回线,称为磁滞回线,如图 13-4 所示。曲线上有如下两个特点。

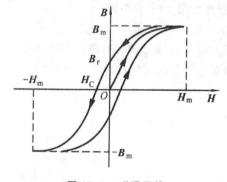

图 13-4 磁滞回线

(1) 当 $H = 0$ 时,$B = B_r \neq 0$,称为剩余磁感应强度,简称剩磁。剩磁大的材料可做永久磁铁。

(2) 若要使 $B = 0$,必须加反向外磁场 H_C,称为矫顽磁力。

磁滞回线的形成是由于磁畴区偏转方向时遇到摩擦阻力所致,因此磁滞回线的面积反映了克服摩擦阻力所消耗的功率,称为磁滞功率损失,它使磁性材料内部发热。

根据磁滞回线的形状,磁性材料又分为软磁材料(B_r,H_C 小,回线面积小,用于交流电机和变压器等)、硬磁材料(B_r,H_C 大,回线面积也大,用作永久磁铁),矩磁材料(B_r 大,H_C 小,回线面积小,用作计算机和控制系统中的记忆元件、开关元件等)。

13.2 磁路的基本定律

磁路的基尔霍夫定律和磁路的欧姆定律都是磁路的基本定律,前者包括基尔霍夫磁通定律和基尔霍夫磁位差定律。在形式上磁路的基本定律和电路基本定律很相似,可以通过之间的对比来掌握磁路定律,但又必须注意到两者的本质区别和各自的特点。

在本章磁路计算中,设定以下条件是近似成立的。

(1) 磁通全部集中在磁路中,即只考虑主磁通。

(2) 在磁路的任一截面上,磁通是均匀分布的。

(3) 磁路可以分成几段,使每一段具有相同的截面和相同的材料,并且各段磁路上磁场强度 H 处处相同,方向与磁路中心线平行。

13.2.1 基尔霍夫磁通定律(第一定律)

磁场的磁通连续性原理方程为

$$\oint \boldsymbol{B} \cdot dS = 0 \tag{13-2}$$

式(13-2)中,S 是磁场中任一闭合面。因为磁感应强度 $\boldsymbol{B}$ 的面积分是磁通,式(13-2)表明,穿过任一闭合面 S 的总磁通量为零,在磁路中,式(13-2)表示为

$$\sum \Phi = 0 \tag{13-3}$$

式(13-3)是磁路的基尔霍夫磁通定律(又称为磁路基尔霍夫第一定律)表达式。该定律表明:磁路中一条支路上处处有相同的磁通;若在各分支磁路的连接处作一闭合面,则穿出该闭合面的磁通的代数和等于零。

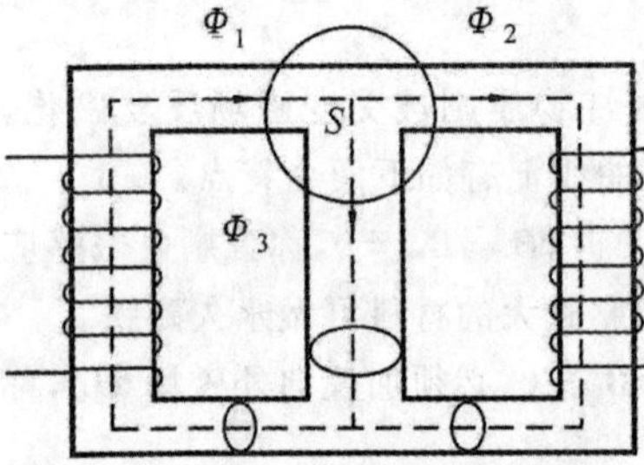

图 13-5 基尔霍夫磁通定律

如图 13-5 所示的磁路中,三条分支磁路中的磁通 Φ_1、Φ_2、Φ_3 分别通过截面 S_1、S_2、S_3。对于在其支路连接处所作的闭合面 S,得到

$$\Phi_3 - \Phi_1 - \Phi_2 = 0$$

可见,基尔霍夫磁通定律与电路的 KCL 形式相似,如果将穿出闭合面的磁通前取正号,则穿出闭合面的磁通前应取负号。

13.2.2 基尔霍夫磁位差(磁压)定律(第二定律)

磁场的安培环路定律方程为

$$\oint \boldsymbol{H} \cdot dl = \sum i \tag{13-4}$$

在式(13-4)中,l 是磁场中任一闭合路径;$\sum i$ 是与闭合路径 l 交链的电流的代数和。

将式(13-4)应用于磁路中的闭合路径上,得

$$\sum Hl = \sum Ni \tag{13-5}$$

在式(13-5)中,N 是电流为 i 的线圈匝数。

13.2.3 磁路的欧姆定律

如图 13-6 所示,设在磁路中取出某一段由磁导率为 μ 的材料构成的均匀磁路,其截面

积为 S,长度为 l。设该段中磁通为 Φ,由于 $H = B/\mu$,$B = \Phi/S$,因此,该段的磁位差

$$U_m = Hl = \frac{B}{\mu}l = \frac{1}{\mu S}\Phi \qquad (13\text{-}6)$$

定义
$$R_m = \frac{l}{\mu S} \qquad (13\text{-}7)$$

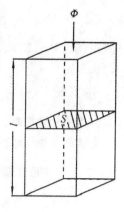

图 13-6 磁阻

称 R_m 为该段磁路的磁阻,磁阻的单位为 H^{-1}。引入磁阻后

$$U_m = R_m\Phi \qquad (13\text{-}8)$$

式(13-8)在形式上与电路的欧姆定律表达式相似,故称为磁路的欧姆定律。表示一段磁路中的磁通与磁位差的约束关系。

引入磁阻后,基尔霍夫磁位差定律又可以表示为

$$\sum F = \sum U_m = \sum R_m\Phi \qquad (13\text{-}9)$$

13.3 交流铁芯线圈

13.3.1 线圈电压与磁通的关系

如图 13-7 所示,铁芯线圈中通入交流电流 i 时,在铁芯线圈中产生交变磁通,其参考方向可用右螺旋定则确定,绝大部分磁通穿过铁芯中闭合,称为主磁通 Φ,少量磁通由空气中穿过,称为漏磁通 Φ_δ。这两部分交变磁通分别产生电动势 e 和 e_δ,其大小和方向可用法拉第—楞次电磁感应定律和右螺旋定则确定,如图 13-7 中所示。

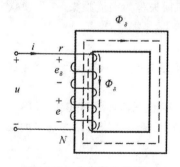

图 13-7 交流铁芯线圈—

$$\begin{cases} u = -e = N\dfrac{d\Phi}{dt} \\[2mm] \dot{E} = -j4.44fN\Phi_m \\[2mm] U \approx E = j4.44fN\Phi_m \end{cases} \qquad (13\text{-}10)$$

其中,公式 $U \approx E = j4.44fN\Phi_m$ 的意义如下。

(1) U_N 一定则 Φ_m 一定。$U > U_N$ 则随着 Φ_m 增加,I_m 迅速增加,即电压超过额定电压时励磁电流将大大增加,从而使线圈发热。原因是磁路饱和所致。

(2) 当 U_N 一定时,随着 f 的减少,Φ_m 增加,则 I_m 将大大增加,从而使线圈发热。

当 U_N 一定时,随着 N 的减少,Φ_m 增加,则 I_m 将大大增加,从而使线圈发热。

13.3.2 交流铁芯线圈的非线性特性

在前面讨论的线性电感元件,其磁链与电流的关系是线性关系,即 $\Phi/i = L = $ 常量,Φ 与 i 的波形相同。如图 13-8 所示,若电流 i 为正弦量,则磁通 Φ 是与电流 i 同频率、同相位的正弦量。而对于铁芯线圈,Φ 和 i 的关系是非线性的。

$$\Phi = \boldsymbol{B} \cdot S, \quad i = \frac{Hl}{N}$$

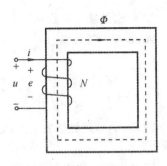

式中,S 是铁芯截面积;l 是铁芯磁路的平均长度。因此 Φ 与 i 的比为

$$\frac{\Phi}{i} = \frac{SN}{l} \frac{\boldsymbol{B}}{\boldsymbol{H}}$$

又因为铁芯材料 $\boldsymbol{B}$、$\boldsymbol{H}$ 的关系是非线性的,因此 Φ 与 i 的关系也是非线性的。即交流铁芯线圈相当于一个非线性电感。

图 13-8　交流铁芯线圈二

13.3.3　铁芯线圈磁路的功率损耗

在交流铁芯线圈中功率损失有两部分:一部分为铜耗(损),另一部分为铁损。

(1) 铜耗:$P_{\mathrm{Cu}} = I^2 R$,即线圈电阻功率损失。

(2) 铁损:P_{Fe} 又称磁损,是铁芯被交变磁化产生的。其中铁磁材料在交变磁化时呈现磁滞现象所产生的损耗称为磁滞损耗;磁化时交变磁通在铁芯内产生涡流,由涡流产生的焦尔热称为涡流损耗。铁损是磁滞损耗和涡流损耗的总和。

① 磁滞损失 ΔP_{h}:取决于磁滞回线的面积。工程上常用下面的经验公式计算磁滞损耗

$$P_{\mathrm{h}} = \sigma f \boldsymbol{B}_{\mathrm{m}}^{n} V \tag{13-11}$$

式中:f 为交流电源频率;B_{m} 为磁感应强度;n 为系数。

由于软磁材料的 $\boldsymbol{B}$-$\boldsymbol{H}$ 回线的面积小于硬磁材料,因此为了减小磁滞损耗常用电工硅钢这类的软磁材料作为铁芯。降低磁滞损耗的另一个方法是在设计中使 $\boldsymbol{B}_{\mathrm{m}}$ 小一点。

② 涡流损失 ΔP_{e}:若铁芯为整块的,则在交变磁通下在与磁通方向垂直的截面中产生漩涡状的感应电动势和电流,称为涡流。有涡流产生的功率损失称为涡流损失。它也使铁芯发热。在计算涡流损耗时,工程上常用下列经验公式:

$$P_{\mathrm{e}} = \sigma_{\mathrm{e}} f^2 \boldsymbol{B}_{\mathrm{m}}^2 V \tag{13-12}$$

式中:σ_{e} 是与铁芯的电阻率、厚度及磁通波形有关的系数;f 是电源频率;$\boldsymbol{B}_{\mathrm{m}}^2$ 是磁感应强度最大值;V 是铁芯体积。

减小铁损的方法:在铁碳合金中加入硅元素,制成硅钢,可使磁滞回线面积减小,降低磁滞损失;将材料顺磁通方向切成互相绝缘的薄片和加入硅元素均可使涡流的电阻大大增加,以减小涡流损失。

电路总功率为

$$P = P_{\mathrm{Cu}} + P_{\mathrm{Fe}} = P_{\mathrm{Cu}} + \Delta P_{\mathrm{h}} + \Delta P_{\mathrm{e}}$$

本 章 小 结

(1) 基本概念

① 磁场基本物理量:$\boldsymbol{B}$,$\boldsymbol{H}$,Φ,μ。

② 物质的磁性:电流与磁场的关系、磁滞性。

③ 磁化曲线与磁滞回线及其应用。

④ 磁路的基本定律：第一定律、第二定律及欧姆定律。

(2) 应用

① 磁性材料：软磁、硬磁、矩磁材料及其用途。

② 交流铁芯线圈电路：电磁关系，电压电流关系，功率关系，涡流。

习 题 十 三

13-1 匝数为 1 000 匝的一个线圈绕在由铸钢制成的闭合铁芯上，铁芯的截面积为 20 cm²，铁芯平均长度为 50 cm。(1) 若需在铁芯中产生 0.002 Wb 的磁通，线圈中应通入多大的直流电流？(2) 若将线圈电流调至 2.5 A，试求铁芯线圈中磁通？

13-2 如果上题的铁芯中含有一长度为 $\delta = 0.2$ cm 的空气隙（与铁芯柱垂直），由于空气隙较短，磁通的边缘扩散可以忽略不计，试问线圈中的电流必须多大才可使铁芯中的磁感应强度保持上题中的数值。

13-3 为了求出铁芯线圈的铁损，先将它接在直流电源上，从而测得线圈的电阻为 1.75 Ω；然后接在交流电源上，测得电压 $U = 120$ V，功率 $P = 70$ W，电流 $I = 2$ A，试求铁损和线圈的功率因数。

13-4 将一铁芯线圈接于电压 $U = 100$ V，频率 $f = 40$ Hz 的正弦电源上，其电流 $I_1 = 5$ A，$\cos\psi_1 = 0.7$。若将此线圈中的铁芯抽出，再接于上述电源上，则线圈上电流 $I_2 = 10$ A，$\cos\psi_2 = 0.05$。试求此线圈在具有铁芯时的铜损和铁损。

Matlab 介绍

1　Matlab 概述

Matlab 是 MATrix LABoratory("矩阵实验室")的缩写,是由美国 MathWorks 公司开发的集面向科学计算、数值分析和科学数据可视化三大基本功能于一体的高技术计算环境,是国际公认的优秀数学应用软件之一。Matlab 为科学研究、工程设计,以及必须进行有效数值计算的众多学科领域提供了一种全面的解决方案。目前在世界各高校,Matlab 已经成为线性代数、数值分析、数理统计、优化方法、电路分析、自动控制、数字信号处理、动态系统仿真等课程的基本工具。

概括地讲,Matlab 系统由两部分组成,即 Matlab 内核和应用工具箱,两者的无缝链接构成了 Matlab 的强大功能。其主要特点如下。

(1)运算符和库函数极其丰富,Matlab 提供了众多的运算符号、矩阵和向量运算符。利用其运算符号和库函数可使其程序相当简短,编程效率高。

(2)同时具有结构化的控制语句(如 for 循环、while 循环、break 语句、if 语句和 switch 语句)和面向对象的编程特性。

(3)图形功能强大,包括对二维和三维数据可视化、图像处理、动画制作等高层次的绘图命令,也包括修改图形及编制完整图形界面的、低层次的绘图命令。

(4)工具箱内容丰富。工具箱分为两类:功能性工具箱和学科性工具箱。功能性工具箱主要用来扩充符号计算、图示建模仿真、文字处理以及与硬件实时交互的功能。学科性工具箱专业性比较强,如优化工具箱、统计工具箱、控制工具箱、小波工具箱、信号处理工具箱、图像处理工具箱、通信工具箱等。各种工具箱共享 Matlab 资源,可以平滑地互相调用。

(5)易于扩充。除内部函数外,所有 Matlab 的核心文件和工具箱文件都是开放的源文件,用户可修改、定制、扩展算法和工具箱功能以适应用户的特殊需要。

2　Matlab 的工作环境

Matlab 的工作环境就是在使用 Matlab 的过程中可激活的,并且为用户使用提供支持的集成系统。这里介绍两个比较重要的系统:桌面平台系统和帮助系统。

2.1　Matlab 桌面平台

桌面平台是各桌面组件的展示平台,默认设置情况下的桌面平台包括 6 个窗口,具体如下。

1. Matlab 主窗口

该窗口不能进行任何计算任务的操作,只用来进行一些整体的环境参数的设置。

2. 命令窗口(Command Window)

命令窗口是对 Matlab 进行操作的主要载体,在默认的情况下,启动 Matlab 时就会打开命令窗口,显示形式附图 1 所示。在 Matlab 命令窗口中,命令的实现不仅可以由菜单操作来实现,也可以由命令行操作来执行。

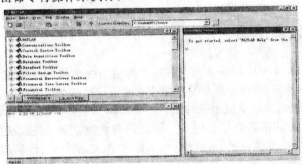

附图 1　Matlab 的桌面系统

命令行操作实现了对程序设计而言简单而又重要的人机交互,通过对命令行操作,避免了编写程序的麻烦。

例如:

%在命令窗口中输入 sin(pi/7),然后单击回车键,则会得到该表达式的值
>> sin(pi/7)
ans=
　　0.43388373911756
("ans"是当前的计算结果,若计算时用户没有对表达式设定变量,系统就自动赋当前结果给"ans"变量)

可见,为求得表达式的值,只需按照 Matlab 语言规则输入表达式,结果会自动返回。当处理的计算很烦琐时,在一行之内无法写完表达式,可以换行表示,此时需要使用续行符"…",否则 Matlab 将只计算一行的值。

例如:

>> sin(1/9 * pi)+sin(2/9 * pi)+sin(3/9 * pi)+…
sin(4/9 * pi)+sin(5/9 * pi)+sin(6/9 * pi)+…
sin(7/9 * pi)+sin(8/9 * pi)+sin(9/9 * pi)+…
ans=
　　5.6713

使用续行符之后 Matlab 会自动将前一行保留而不加以计算,并与下一行衔接,等待完整输入后再计算整个输入的结果。

3. 历史命令窗口(Command History)

在默认设置下,历史命令窗口会保留自安装时起所有命令的历史记录,方便使用者的查询。双击某一行命令,还可以在命令窗口中执行该命令。

4. 发行说明书窗口(Launch Pad)

发行说明书窗口用来说明用户所拥有的 MathWorks 公司产品的工具包、演示及帮助信息。当选中该窗口中的某个组件之后,可以打开相应的窗口工具包。

5. 当前目录窗口(Current Directory)

在当前目录窗口中可显示或改变当前目录,还可以显示当前目录下的文件,包括文件名、文件类型、最后修改时间以及该文件的说明信息等,并提供搜索功能。

6. 工作空间管理窗口(Workspace)

在工作空间管理窗口中将显示所有目前保存在内存中的 Matlab 变量的变量名、数据结构、字节数以及类型,而不同的变量类型分别对应不同的变量名图标。

2.2　Matlab 帮助系统

完善的帮助系统是任何应用软件必要的组成部分。Matlab 提供了相当丰富的帮助信息,同时也提供了获得帮助的方法。首先,可以通过桌面平台的"Help"菜单来获得帮助,也可以通过工具栏的帮助选项获得帮助。此外,Matlab 也提供了在命令窗口中获得帮助的方法,其调用格式为:

命令＋指定参数

例如:

```
>> help sqrt
SQRT    Square root.
    SQRT(X) is the square root of the elements of X. Complex
    results are produced if X is not positive.
    See also sqrtm.
    Overloaded functions or methods (ones with the same name in other directories)
    help sym/sqrt. m
    Reference page in Help browser
    doc sqrt
```

另外,也可以通过在组件平台中调用演示模型(demo)来获得特殊帮助。demo 中提供了大量的命令使用实例,可以帮助用户迅速掌握这些命令。

3　Matlab 数值计算功能

3.1　Matlab 数据类型

Matlab 的数据类型主要包括:数字、字符串、矩阵、单元型数据及结构型数据等。

1. 变量与常量

与 C 语言不同,Matlab 不要求对要使用的变量事先进行声明,也不需要指定变量类型,Matlab 语言会自动依据变量的赋值或对变量的操作来识别变量的类型。

变量的命名规则如下:

(1)变量名区分大小写;

(2)变量名长度不超过 31 位,第 31 个字符之后的字符将被 Matlab 语言所忽略;

(3)变量名以字母开头,可以由字母、数字、下画线组成,但不能使用标点。

Matlab 语言将所识别的一切变量视为局部变量,即仅在其使用的 M 文件内有效。若要将变量定义为全局变量,则应当对变量进行说明,即在该变量前加关键字 global。一般来说全局变量均用大写的英文字符表示。

Matlab 语言本身也提供一些科学计算经常使用的常量。附表 1 给出了 Matlab 的一些常量值。

附表 1　Matlab 的一些常量值

常　　量	表 示 数 值
pi	圆周率
eps	浮点运算的相对精度
inf	正无穷大
NaN	表示不定值
realmax	最大的浮点数
i, j	虚数单位

定义变量时应避免与常量名重复,以防改变这些常量的值,如果已改变了某外常量的值,可以通过"clear+常量名"命令恢复该常量的初始设定值,也可通过重新启动 Matlab 系统来恢复。

2. 数字变量的运算及显示格式

对于简单的数字运算,可以直接在命令窗口中以平常惯用的形式输入,如计算 3 和 2 的乘积再加 1 时,可以直接输入:

```
>> 1+3*2
ans=
    7
```

也可以输入:

```
>> a=1+3*2
a=
    7
```

Matlab 语言提供了 10 种数据显示格式,默认情况下数据为整数。常用的格式有:

short	小数点后 4 位(系统默认值)
long	小数点后 14 位
short　e	5 位指数形式
long　e	15 位指数形式

Matlab 语言还提供了复数的表达和运算功能。在表达简单数数值时虚部的数值与 i、j 之间可以不使用乘号,但是如果是表达式,则必须使用乘号以识别虚部符号。

3. 字符串

在 Matlab 中,字符串和字符数组基本上是等价的;所有的字符串都用单引号进行输入或赋值(当然也可以用函数 char 来生成)。字符串的每个字符(包括空格)都是字符数组的一个元素。例如:

```
>>s='matrix laboratory';        % 定义字符串
s=
    matrix laboratory
>> size(s)                       % size 查看数组的维数
ans=
    1   17
```

3.2　矩阵及其运算

矩阵是 Matlab 数据存储的基本单元,在 Matlab 系统中几乎一切运算都是以对矩阵的操作为基础的。

1. 矩阵的生成

直接输入法:从键盘上直接输入矩阵,适合较小的简单矩阵,应当注意以下几点。

(1) 输入矩阵时要以"[]"为标识符,所有元素必须在括号内。

(2) 矩阵同行元素之间由空格或逗号分隔,行与行之间用分号或回车键分隔。

(3) 矩阵大小不需要预先定义。

(4) 矩阵元素可以是运算表达式。

另外,可以用冒号来定义行向量,例如:

```
>> a=1:2:9        % 定义行向量,起止值分别为 1 和 9,各量依次间隔 2
a=
   1   3   5   7   9
```

可以用冒号截取指定矩阵中的部分,例如:

```
>> A=[1 2 3;4 5 6;7 8 9]
A=
   1  2  3
   4  5  6
   7  8  9
>> B=A(1:3,:)
```

```
B =
    1   2   3
    4   5   6
    7   8   9
```

特殊矩阵的生成:对于一些比较特殊的矩阵(单位阵、矩阵中含 1 或 0 较多),Matlab 提供了一些函数用于生成这些矩阵。常用的有以下几种。

zeros(m)	生成 m 阶全 0 矩阵
eye(m)	生成 m 阶单位矩阵
ones(m)	生成 m 阶全 1 矩阵

2. 矩阵的基本数学运算

矩阵的基本数学运算包括矩阵的四则运算、与常数的运算、逆运算、行列式运算、秩运算、特征值运算等基本函数运算。

四则运算:矩阵的加、减、乘运算符分别为"+,-,*",用法与数字运算几乎相同,但计算时要满足其相应的数学要求。

Matlab 中矩阵的除法有两种形式:左除"\"和右除"/"。右除是先计算矩阵的逆再相乘,而左除则直接进行除运算,在进行矩阵除法运算时应注意这点。

与常数的运算:常数与矩阵的运算是同该矩阵的每一元素进行运算。

基本函数运算:矩阵的函数运算是矩阵运算中最实用的部分,常用的有以下几种。

det(a)	求矩阵 a 的行列式
eig(a)	求矩阵 a 的特征值
inv(a)或 a^(-1)	求矩阵 a 的逆矩阵
rank(a)	求矩阵 a 的秩
trace(a)	求矩阵 a 的迹(对角线元素之和)

例如:

```
>>a=[2 1 -3 -1;3 1 0 7;-1 2 4 -2;1 0 -1 5]; a1=det(a); a2=det(inv(a)); a1*a2
ans=
    1.0000
```

(命令行后加";"表示该命令执行但不在命令窗口中显示执行结果。)

3. 矩阵的数组运算

基本数学运算:数组的加、减与矩阵的加、减运算完全相同,而乘除法运算有相当大的区别。数组的乘除法是指两同维数组对应元素之间的乘除法,它们的运算符为". *"和". /"或". \"。另外,还有幂运算(运算符为 .^)、指数运算(exp)、对数运算(log)和开方运算(sqrt)等。例如:

```
>> e=[2 1 -3 -1;3 1 0 7;-1 2 4 -2]; e.^3
ans =
     81    -27     -1
    271      0    343
    -18     64     -8
```

逻辑关系运算：逻辑运算是 Matlab 中数组运算所特有的一种运算形式，它们的具体符号、功能及用法见附表 2。

附表 2　逻辑关系运算符号、功能及用法

符号运算符	功　能	函　数　名
＝＝	等于	eq
～＝	不等于	ne
＜	小于	lt
＞	大于	gt
＜＝	小于等于	le
＞＝	大于等于	ge
＆	逻辑与	and
｜	逻辑或	or
～	逻辑非	not

各种运算的优先级关系先后为：比较运算、算术运算、逻辑与或非运算。

例如：

```
>> a=2+2==4
a =
    1
>> a=[1  2  3;4  5  6;7  8  9]; x=5; y= ones(3) * 5; xa= x<=a
xa =
    0  0  0
    0  1  1
    1  1  1
>> b=[1  0  0;1  0  1;0  0  1]; ab=a&b
ab =
    1  0  0
    1  0  1
    0  0  1
```

4　Matlab 图形功能

4.1　二维图形的绘制

1. 基本形式

Matlab 最常用的画二维图形命令是 plot，看两个简单的例子：

```
>> y=[1  2  4  8  16  32  64  32  33  34  1]; plot(y)
```

生成的图形如附图 2 所示,是以序号 1,2,… 为横坐标、数组 y 的数值为纵坐标画出的折线。

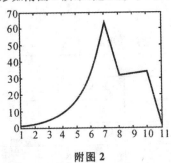
附图 2

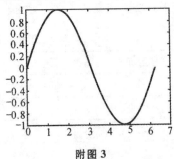
附图 3

只要执行了绘图命令,就会自动产生图形窗口,以后的绘图都在这一个图形窗中进行。

>> x＝linspace(0,2 * pi,36)；y＝sin(x)；plot(x,y)

生成的图形如附图 3 所示,是由 30 个点连成的光滑的正弦曲线。

2. 多重线

在同一个画面上画许多条曲线,只需多给出几个数组,例如

>> x＝0:pi/15:2 * pi；y1＝sin(x)；y2＝cos(x)；plot(x,y1,x,y2)

则可以画出如附图 4 所示的图形。

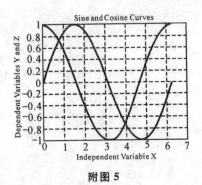
附图 4   附图 5

3. 网格和标记

在一个图形上可以加网格、标题、x 轴标记、y 轴标记,如:

```
>> x＝linspace(0,2 * pi,30)；y＝sin(x)；z＝cos(x)
>> plot(x,y,x,z)
>> grid                              %给图形加上网格
>> xlabel('Independent Variable X')  %给图形加 X 轴标记
>> ylabel('Dependent Variables Y and Z')  %给图形加 Y 轴标记
>> title('Sine and Cosine Curves')   %给图形加上标题
```

它们产生如附图 5 所示的图形。

也可以在图形的任何位置加上一个字符串,如用:

>> text(2.5,0.7,'sinx')

表示在坐标 x＝2.5, y＝0.7 处加上字符串 sinx。更方便的是用鼠标来确定字符串的位置,方法是输入命令:

>> gtext('sinx')

在图形窗口十字线的交点是字符串的位置,用鼠标点一下就可以将字符串放在那里。

在缺省情况下 Matlab 自动选择图形的横、纵坐标的比例,用户还可以用 axis 命令控制,常用命令有:

axis[xmin xmax ymin ymax])	%[ ]中分别给出 x 轴和 y 轴的最大值、最小值
axis equal 或 axis('equal')	%x 轴和 y 轴的单位长度相同
axis square 或 axis('square')	%图框呈方形
axis off 或 axis('off')	%清除坐标刻度

4. 多幅图形

用 subplot(m,n,p)命令可以在同一个画面上建立几个坐标系。把一个画面分成 m×n 个图形区域,p 代表当前的区域号,在每个区域中分别画一个图。

```
>> x＝linspace(0,2*pi,30); y＝sin(x); z＝cos(x);
>> u＝2*sin(x).*cos(x); v＝sin(x)./cos(x);
>> subplot(2,2,1),plot(x,y),axis([0 2*pi −1 1]),title('sin(x)')
>> subplot(2,2,2),plot(x,z),axis([0 2*pi −1 1]),title('cos(x)')
>> subplot(2,2,3),plot(x,u),axis([0 2*pi −1 1]),title('2sin(x)cos(x)')
>> subplot(2,2,4),plot(x,v),axis([0 2*pi −20 20]),title('sin(x)/cos(x)')
```

如附图 6 所示的图形。

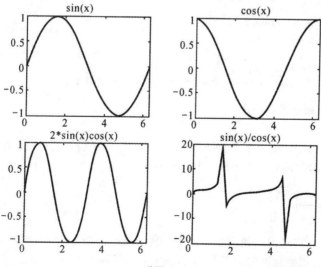

附图 6

4.2 三维图形

1. 曲面

例 作曲面 z=f(x,y)的图形。

$$z=\frac{\sin \sqrt{x^2+y^2}}{\sqrt{x^2+y^2}}, -7.5 \leqslant x \leqslant 7.5, -7.5 \leqslant y \leqslant 7.5$$

用以下程序实现：

```
>> x=-7.5:0.5:7.5;
>> y=x;
>> [X,Y]=meshgrid(x,y);       %3 维图形的 X,Y 数组
>> R=sqrt(X.^2+Y.^2)+eps;     %加 eps 是防止出现 0/0
>> Z=sin(R)./R;
>> mesh(X,Y,Z)                %3 维网格表面
```

画出的图形如附图 7 所示。

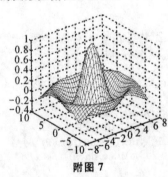

附图 7

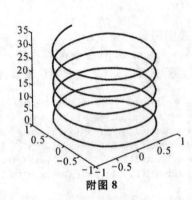

附图 8

2. 空间曲线

例 作螺旋线 x=sint, y=cost, z=t。

用以下程序实现：

```
>> t=0:pi/50:10*pi;
>> plot3(sin(t),cos(t),t)  (空间曲线作图函数,用法类似于 plot)
```

画出的图形如附图 8 所示。

3. 等高线

用 contour 或 contour3 画曲面的等高线,如对附图 7 所示的曲面,在上面的程序后加 contour(X,Y,Z,10)语句即可得到 10 条等高线。

5 流程控制

与 C 语言类似,Matlab 语言也给出了丰富的流程控制语句,以实现复杂的程序设计。Matlab 语言的流程控制语句主要有 for、while、if-else-end 及 switch-case 等 4 种语句。

5.1　for 语句

for 循环语句是流程控制语句中的基础,使用该循环语句可以按指定的次数重复执行循环体内的语句。其调用形式为:

　　for 循环控制变量＝〈循环次数设定〉

　　　　　　　循环体

　　　　　end

例如:

for i＝1：2：12; s＝s＋i; end

在上例中,循环次数由数组 1：2：12 决定,设定循环次数的数组可以是已定义的数组,也可以在 for 循环语句中定义,此时定义的格式为:

　　〈初始值〉:〈步长〉:〈终值〉

初始值为循环变量的初始设定值,每执行循环体一次,循环控制变量将增加步长大小,直至循环控制变量的值大于终值时循环结束,这里步长可以为负数。在 for 循环语句中,循环体内不能出现对循环控制变量的重新设置,否则将会出错,for 循环允许嵌套使用。

由于现在是在 Matlab 的命令窗口直接输入程序,因此,不得不把语句写在一行中,此时注意在 for 与循环控制变量之间应留空格,在表达式与循环体之间必须用空格或逗号分隔,在循环体后面必须用逗号或分号来与 end 相分隔,否则会显示出错信息。

5.2　while 语句

while 循环语句与 for 循环语句不同的是,前者是以条件的满足与否来判断循环是否结束的,而后者则是以执行次数是否达到指定值为判断的。

while 循环语句的一般形式为:

　　　while〈循环判断的语句〉

　　　　　　循环体

　　　　end

其中,循环判断语句表达式的值为真时,就执行循环体内的语句;当表达式的逻辑值为假时,就退出当前的循环体。如果循环判断语句为矩阵时,当且仅当所有的矩阵元素非零时,逻辑表达式的值为真。

在 while 循环语句中,在语句内必须有可以修改循环控制变量的命令,否则该循环语言将陷入死循环中,除非循环语句中有控制退出循环的命令,如 break 语句。

与 break 语句对应,Matlab 还提供了 continue 命令用于控制循环,当程序流运行至该命令时会忽略其后的循环体操作转而执行下一层次的循环。当循环控制语句为一空矩阵时,将不执行循环体的操作而直接执行其后的其他命令语句,即空矩阵被认为是假。

5.3　if-else-end 语句

if-else-end 语句可以根据条件判断选择执行指定的命令,其一般形式为:

```
if〈逻辑判断语句〉
    逻辑值为"真"时执行的语句
else
    逻辑值为"假"时执行的语句
end
```

当逻辑判断表达式为"真"时,将执行 if 与 else 语句间的命令,否则将执行 else 与 end 语句间的命令。例如:

```
if      a=1
        a=a+1
else
        a=a+2
end
```

其中,eles 子句是可选项,即语句中可以不包括 else 子句的条件判断。

对于需要进行多重逻辑选择的问题,可以采用 if-else-end 语句的嵌套形式:

```
if〈逻辑判断语句 1〉
    逻辑值 1 为"真"时的执行语句
elseif〈逻辑判断语句 2〉
    逻辑值 2"真"时的执行语句
elseif〈逻辑判断语句 3〉
    ……
else
    当以上所有的逻辑值均为假时的执行语句
end
```

在以上的各层次的逻辑判断中,若其中任意一层逻辑判断为真,则将执行对应的执行语句,并跳出该条件判断语句,其后的逻辑判断语句均不进行检查。

5.4 switch-case 语句

switch-case 语句可以进行多分支判断选择,其一般表达形式为:

```
switch〈选择判断量〉
    case    选择判断值 1
            选择判断语句 1
    case    选择判断值 2
            选择判断语句 2
        ……
otherwise
    判断执行语句
end
```

与其他的程序设计语言的 switch-case 语句不同的是,在 Matlab 语言中,当其中一个 case 语句后的条件为真时,switch-case 语句不对其后的 case 语句进行判断,也就是说在 Matlab 语言中,即使有多条 case 判断语句为真,也只执行所遇到的第一条为真的语句,不必在每条 case 语句后加上 break 语句以防止继续执行后面为真的 case 条件语句。

6　M 文件

在命令窗口以命令行操作来执行命令,这种方式虽然简单,但程序可读性很差,而且不易存储,不适宜于对复杂问题进行编程。为解决这个问题,Matlab 提供了程序文件模式,这种由 Matlab 语句构成的程序文件称为 M 文件。M 文件可以分为主程序文件(Script File)和函数文件(Function File)两种。M 文件可以在 Matlab 的程序编辑器中编写,也可以在其他的文本编辑器中编写,并以"m"为扩展名加以存储。

6.1　主程序文件

主程序是若干命令或函数的集合,用于执行特定的功能。它的操作对象为 Matlab 工作空间内的变量,执行结束后,程序对变量的一切操作均会被保留。在主程序内部也可以定义变量,并且该变量将会自动地被加入到当前的 Matlab 工作空间中,并可以为其他的程序或函数引用,直到 Matlab 被关闭或采用一定的命令将其删除。

例如:

```
%命令窗口中定义矩阵 a,b
a=pascal(3)
a=
   1   1   1
   1   2   3
   1   3   6
b=magic(3)
b=
   8   1   6
   3   5   7
   4   9   2
%　在编辑器中编写下述命令
   a=a+b
   b=a-b
   a=a-b
```

在编辑器中编辑完上述的主程序文件后,保存至文件 scripts—example 中,然后在工作窗口中调用该主程序文件。

```
scripts—example
>> a
a=
   8   1   6
   3   5   7
   4   9   2
```

```
>> b
b=
   1  1  1
   1  2  3
   1  3  6
```

其中矩阵 a、b 均在工作空间中已定义完毕,主程序运行时直接使用该变量,并对其进行操作。

主程序文件通常以 clear, close all 等语句开始,用于清除掉工作空间原有的变量和图形,以避免其他已执行的程序残留数据对本程序的影响。

主程序文件在保存的时候必须按照 Matlab 标识符的要求起名,不允许用汉字,并加上后缀 m。在保存文件的路径中也要避免出现汉字路径名,因为 Matlab 的调用命令不能识别汉字。

6.2 函数文件

函数文件相对于主程序文件而言是较为复杂的。函数需要给定输入参数,并能够对输入变量进行若干操作,实现特定的功能,最后给出一定的输出结果或图形等,其操作对象为函数的输入变量和函数内的局部变量等。

函数文件包含如下 5 个部分。

(1) 函数题头:指函数的定义行,是函数语句的第一行,由 function 起头,在该行中将定义函数名、输入变量列表及输出变量列表等。

(2) HI 行:指函数帮助文本的第一行,为该函数文件的帮助主题,当使用 lookfor 命令时,可以查看到该行信息。

(3) 帮助信息:这部分提供了函数的完整的帮助信息,包括 HI 之后至第一个可执行或空行为止的所有注释语句,通过 Matlab 语言的帮助系统查看函数的帮助信息时,将显示该部分。

(4) 函数体:指函数代码段,也是函数的主体部分。

(5) 注释部分:指对函数体中各语句的解释和说明文本,注释语句是以%引导的。例如:

```
function[output,output2]=function--example(input1,input2)   %   函数题头
%This is function to exchange two matrices                   %   HI 行
%input1,input2 are input variables                           %   帮助信息
%output1,output2 are output variables
output1=input2;                                              %   函数体
output2=input1;
%The end of this example function
   [a,b]=function---example(a,b)
   a=
   8  1  6
   3  5  7
   4  9  2
```

```
b=
   1   1   1
   1   2   3
   1   3   6
```

　　可以看到,通过使用函数可以和上一节中的示例执行同等的操作。function-example 为函数名,input1、input2 为输入变量,而 output1、output2 为输出变量,实际调用过程中,可以用有意义的变量替代使用。题头的定义是有一定的格式要求的,输出变量是由中括号标识的,而输入变量是由小括号标识的,各变量间用逗号间隔,应该注意到,函数的输入变量引用的只是该变量的值而非其他值,所以函数内部对输入变量的操作不会带回到工作空间中。

　　函数题头下的第一行注释语句为 HI 行,可以通过 lookfor 命令查看;函数的帮助信息可以通过 help 命令查看。

　　函数体是函数的主体部分,也是实现编程目的的核心所在,它包括所有可执行的一切 Matlab 语言代码。

　　在函数体中"％"后的部分为注释语句,注释语句主要是对程序代码进行说明解释,使程序易于理解,也有利于程序的维护。Matlab 语言中将一行内百分号后所有文本均视为注释部分,在程序的执行过程中不被解释。

　　尽管在这里介绍了函数文件的 5 个组成部分,但是并非所有的函数文件都需要全部的这 5 个部分,实际上,5 个部分中只有函数题头是一个函数文件所必需的,而其他的 4 个部分均可省略。当然,如果没有函数体则为一空函数,不能产生任何作用。

　　在 Matlab 语言中,存储 M 文件时文件名应当与文件内主函数名相一致,这是因为在调用 M 文件时,系统查询相应的文件而不是函数名,如果两者不一致,则或者打不开目的文件,或者打开的是其他文件。所以,建议在存储 M 文件时,应将文件名与主函数名统一起来,以便于理解和使用。

6.3　函数变量及变量作用域

　　在 Matlab 语言的函数中,变量主要有输入变量、输出变量及函数内所使用的变量。输入变量相当于函数入口数据,是一个函数操作的主要对象。函数的输入变量为形式参数,即只传递变量的值而不传递变量的地址,函数对输入变量的一切操作和修改如果不依靠输出变量传出的话,将不会影响工作空间中该变量的值。

　　对于不定个数参数输入的操作,Matlab 语言提供了函数 nargin 和函数 varargin 来控制输入变量的个数。

　　函数内定义的变量均被视为局部变量,不加载到工作空间中,如果希望使用全局变量,则应当使用命令 global 定义,而且在任何使用该全局变量的函数中都应加以定义,在命令窗口中也不例外。

部分参考答案

第 1 章

1-1　C

1-2　10 W，　-20 W，　20 W

1-3　$P4$、$P6$ 提供功率，　4 W，　16 W，10 W，　-14 W，　4 W，-20 W

1-4　$\dfrac{t^2}{5}$，　t

1-5　(a) $p = ui = 300$ W，B 吸收功率，由 A 到 B，(b) $p = ui = -500$ W，B 提供功率，由 B 到 A
(c) $p = ui = -200$ W，B 提供功率，由 B 到 A，(d) $p = ui = 320$ W，B 吸收功率，由 A 到 B

1-6　(a) $\surd$，　(b) $\surd$，　(c) ×，　(d) ×，　(e) $\surd$

1-9　$R = 6/7\ \Omega$

1-10　B

1-11　$u = -5$ V

1-12　$u_O / u_S = -gR_1 R_L / (R_S + R_1)$

1-13　$i = -0.1$ A

1-14　(a) $R_{AB} = 2\ \Omega$，　(b) $R_{AB} = 2\ \Omega$

1-15　电流 i 的波形分别如题 1-15 图所示。

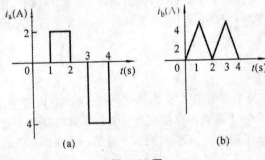

(a)　　　　　(b)

题 1-15 图

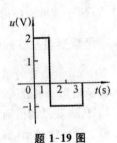

题 1-19 图

1-16　1 V

1-17　$-30\ \Omega$，　12 Ω

1-18　$U_{AB} = -30$ V，　$U_{CD} = 4$ V

1-19　如题 1-19 图所示。

1-20　30 V

1-21　$I = 17/6$ A，　$U_{AB} = 28/3$ V

1-22 11 Ω

1-23 — 6 Ω, 12 Ω

1-24 $I_1 = -4\,\text{A}$, $U_2 = 2\,\text{V}$, $U_3 = 0\,\text{V}$

第 2 章

2-3 (4)、(5)、(7)、(8)

2-6 3 A, 2 A, 1 A

2-7 0.2 A, 12 V

2-8 1 A, 3 A, 4 A

2-9 1 A, 4 A, 2 A

2-12 2 A

2-14 1.5 A

2-15 0.6 W

2-16 10 V, 2 V

2-17 — 4/3A, 1 V

2-20 1 A

2-21 — 0.6 A

2-22 10 V

2-28 2

2-29 — 67.5

2-30 — 2.5, — 2.5, — 5

2-31 2.5

2-32 10 V

2-33 — 0.4

2-34 $-\dfrac{R_\text{f}}{R}\left(1+\dfrac{2R_1}{R_2}\right)$

第 3 章

3-1 0.167 A

3-2 — 4 V

3-3 80 V

3-4 1.8

3-5 8.67 V

3-6 2.8 V

3-7 45 Ω

3-8 1.6 V

3-9 7.2 V

3-10 1.5 A

3-11 52 W, 78 W

3-12 6.67 Ω, 26.67 Ω, 8 Ω, 40 Ω

3-13 0.1 A

3-14 6 A

3-15 1 A

3-16 $I = 0.35$ mA

3-17 如题 3-17 解图所示

3-18 1.09 A

3-19 1.47 A

3-20 -1 A

3-21 2 mA

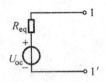

题 3-17 解图

第 4 章

4-1 $u(t) = 100\sin(2\,000\pi t - \pi/4)$ mV

4-2 $\varphi = 120°$

4-3 $A = 44.72\angle(-116.57°)$

4-4 $A = -5 + j12$

4-5 $i(t) = 100\sin\left(10^3 t - \dfrac{\pi}{6}\right), t_1 = 0.523$ ms

4-6 $\dot{U}_1 = \dfrac{5\sqrt{2}}{2}\angle 60°$ V, $\dot{U}_2 = 4\sqrt{2}\angle 45°$ V, $\dot{U}_3 = 2\sqrt{2}\angle(-165°)$ V

4-7 $i = 11.18\sqrt{2}\sin(\omega t + 26.6°)$ A

4-8 $i = i_1 + i_2 = 241.66\sqrt{2}\sin(314t - 125.56°)$ A

4-9 $R = 400$ Ω

4-10 $i(t) = 10\sqrt{2}\sin(5t + 36.9°)$ A

4-11 如题 4-11 解图所示，$i = 5\sin(5000t + 6.87°)$ A

4-12 如题 4-12 解图所示，$u = 40\sin(200000t - 36.87°)$ V, $i_1 = 4\sin(200000t - 36.87°)$ A
$i_2 = 4\sin(200000t - 90°)$ A, $i_3 = 8\sin(200000t + 53.13°)$ A

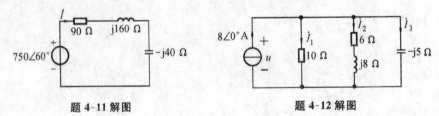

题 4-11 解图　　　　　题 4-12 解图

4-13 $i = 3.218\sqrt{2}\sin(\omega t - 33.03°)$ A

4-14 $u_o(t) = u_{o1}(t) + u_{o2}(t) + u_{o3}(t) = \sqrt{2}[90\sin(t + 83.16°) + 576\sin(10t + 89.8°) + 750\sin 1000t]$

4-15 (1)$\varphi = 135°$, (2)$\varphi = -45°$, (3)$\omega_1 \neq \omega_2$, 不能比较相位差, (4) $\varphi = 90°$

4-16 $U_{BC} = 32$ V

4-17 电流表指示值为 5 A, 电压表指示值为 15.5 V

4-18　$R_0 = 80/7\ \Omega$

4-19　(b) 当 $t = 0$ 时, 电感中的电流为 0; 当 $t > 0$ 时, $i(t) = 2(1 - 10te^{-10t} - e^{-10t})$ A

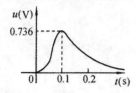

题 4-19 问题(1) 的解图

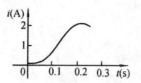

题 4-19 问题(3) 的解图

4-20　$L_{eq} = 1.5$ H

4-21　$u(t) = (3/2) - t$

4-22　$p(t) = u(t)i(t) = \begin{cases} 0 & (t \leqslant 0) \\ 2t & (0 \leqslant t \leqslant 1\ \text{s}) \\ 2t - 4 & (1\ \text{s} \leqslant t \leqslant 2\ \text{s}) \\ 0 & (t \geqslant 2\ \text{s}) \end{cases}$

$W(t) = \dfrac{1}{2}Cu^2(t) = \begin{cases} 0 & (t \leqslant 0) \\ t^2 & (0 \leqslant t \leqslant 1\ \text{s}) \\ (t-2)^2 & (1\ \text{s} \leqslant t \leqslant 2\ \text{s}) \\ 0 & (t \geqslant 2\ \text{s}) \end{cases}$

4-23　$I_O = 10$ A,　$U_O = 100\sqrt{2}$ V $= 141$ V

4-24　$Z = (9 \pm \text{j}12)\ \Omega$

4-25　$\dot{I} = (5 + \text{j}5)$ A $= 5\sqrt{2}\angle 45°$ A,　$\begin{cases} X_L = 5\sqrt{2}\ \Omega \\ R = X_C = 10\sqrt{2}\ \Omega \end{cases}$

4-26　$Z_{AB} = 31.9\angle 35.6°\ \Omega$

4-27　$i(t) = [7.1\sqrt{2}\sin(5t + 11.8°) + 0.7\sqrt{2}\sin(3t + 110.5°)]$ A

4-28　$i_1(t) = \sqrt{2}[1.24\sin(10^3 t + 29.7°)]$ A,　$i_2(t) = \sqrt{2}[2.77\sin(10^3 t + 56.3°)]$ A

4-29　$\dot{I} = 0.106\angle 45°$ A

4-30　$\omega = \dfrac{1}{RC}$

4-31　$\tilde{S}_1 = 769 + \text{j}1923$,　$\tilde{S}_2 = 1116 - \text{j}3347$,　$\tilde{S} = 1884 - \text{j}1424$

4-32　$L = 99$ mH,　$\dot{U}_{10} = 497.5\angle(-84.29°)$ V

4-33　$R = 129\ \Omega$,　$C = 15.5$ pF,　$P_{max} = 5 \times 10^5$ W

4-34　$R = 129\ \Omega$,　$C = 15.5\ \mu$F,　$P_{max} = 0.18$ W

4-35　$g = 3$,　$R_L = 8\ \Omega$,　$P_{max} = 15.6$ mW

4-36　$R = \sqrt{\dfrac{L}{C(1 - \omega^2 LC)}}$

4-37　$L = 0.052$ H

第 5 章

5-1　$U_1 = 396$ V

5-2　$P_{S1}=9075$ W,　$P_{S2}=9075$ W

5-3　$P=5400$ W

5-4　$P_2=5700$ W

5-5　$\omega_L=\dfrac{1}{\omega_C}=\sqrt{3}R$

5-6　$Z=(15+j15)\ \Omega$

5-7　A_1读数为 65.8 A,　A 读数为 38.9 A

5-8　(1)$\dot{I}_{2AB}=2.25\angle(-45°)$ A,　(2)$P=765$ W

5-9　(1)$I=22$ A,　(2)$I_A=24.9$ A,　$I_B=14.7$ A,　$I_C=15.9$ A

5-10　$Z_L=\left(\dfrac{35}{34}-j\dfrac{55}{34}\right)\Omega$ 时,$P_{L.max}=6446.4$ W

5-11　$R=22\ \Omega$,　$X=38\ \Omega$

5-12　54.64 A

5-13　(1) 设 $\dot{U}_{AB}=380\angle0°$ V, 则 $\dot{I}_A=55.82\angle(-65.3°)$ A, $\dot{I}_B=55.82\angle(-185.3°)$ A,

　　　$\dot{I}_C=55.82\angle54.7°$ A

　　　(2)$S=36739.6$ V・A,$P=30$ kW,$Q=21209$ Var,$\lambda=0.817$

5-14　(1)33 A,　(2)$P=17\,424$ W,　(3)$C=161.36\ \mu$F,　(4)$\lambda=0.89$

5-15　证　　　　　$P_1=U_LI_L\cos(\varphi-30°)$,　$P_2=U_LI_L\cos(\varphi+30°)$

　　则　　　　$P_1-P_2=2U_LI_L\sin30°\ \sin\varphi=\dfrac{1}{\sqrt{3}}Q$

　　所以　　　　$Q=\sqrt{3}(P_1-P_2)$,　$\tan\varphi=\dfrac{Q}{P}=\sqrt{3}\dfrac{P_1-P_2}{P_2+P_2}$

第 6 章

6-1　见题 6-1 解图

6-2　$u_1(t)=-1.5\dfrac{di_1}{dt}+2\dfrac{di_2}{dt}=162e^{-20t}$ V

　　　$u_2(t)=2\dfrac{di_1}{dt}-5\dfrac{di_2}{dt}=-300e^{-20t}$ V

　　　$u_S(t)=50i_1-u_1=-12e^{-20t}$ V

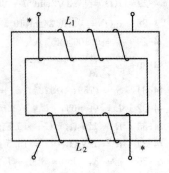

题 6-1 解图

6-3　$\dot{I}_1=2.24\angle(-26°)$ mA,　$\dot{I}_2=1.58\angle18.4°$ mA

6-4　$\dot{I}_1=0$,　$\dot{I}_2=\dfrac{10\angle0°}{-j8}$ A;　$\dot{U}_2=-j32\dot{I}_2=40\angle0°$ V

6-5　(1)　$K=0$,　$M=0$,　$Z_{AB}=(20+j10^3)\ \Omega$

　　　(2)　$K=1$,　$M=50$ mh,

　　　　　$Z_{AB}=(29.88-j111)\ \Omega\approx(30-j111)\ \Omega$

6-6　$P=22.6$ W

6-7　$(R_1+j\omega L_2)\dot{I}_1-j\omega M\dot{I}_2-[R_1+j\omega(L_2-M)]\dot{I}_3=\dot{U}_S$

　　　$-j\omega M\dot{I}_1+(R_4+j\omega L_3)\dot{I}_2-j\omega(L_3-M)\dot{I}_3=R_4\dot{I}_{S4}$

　　　$-[R_1+j\omega(L_2-M)]\dot{I}_1-j\omega(L_3-M)\dot{I}_2+\left[R_1+j\omega(L_2+L_3-2M)-j\dfrac{1}{\omega C_5}\right]\dot{I}_3=0$

6-8 $\dot{I}_2 = 2\frac{8}{11}$ A, $\dot{I}_3 = 3\frac{7}{11}$ A

6-9 $Z_L = 1\ \Omega$ 时, $P_{max} = 100$ W

6-10 60 V

6-11 $\dot{U}_2 = 6.67\angle(-53.1°)$ V

6-12 $u_2 = 200\cos(10^3 t - 135°)$ V

6-13 (1)$u_2 = \begin{cases} -12.5\ \text{V},(0 < t \leqslant 4\ \text{s}) \\ 50\ \text{V},(4\ \text{s} < t \leqslant 5\ \text{s}) \end{cases}$, (2)$U_2 = 25$ V

6-14 $Z_{AB} = (3.6 + j7.8)\ \Omega$

6-15 (1) 网孔电流方程

$$(R_1 + j\omega L_2)\dot{I}_1 - j\omega L_2\dot{I}_2 + (-R_1 + j\omega M)\dot{I}_3 = \dot{U}_S$$

$$-j\omega L_2\dot{I}_1 + \left[R_2 + j\left(\omega L_2 - \frac{1}{\omega C}\right)\right]\dot{I}_2 + j\left(\frac{1}{\omega C} - \omega M\right)\dot{I}_3 = 0$$

$$(-R_1 + j\omega M)\dot{I}_1 + j\left(\frac{1}{\omega C} - \omega M\right)\dot{I}_2 + \left[R_1 + j\left(\omega L_1 - \frac{1}{\omega C}\right)\right]\dot{I}_3 = 0$$

(2) 节点电压方程

$$\dot{U}_1 = \dot{U}_S$$

$$\left(\frac{1}{R_1} + j\omega C\right)\dot{U}_2 - j\omega_C\dot{U}_3 + \dot{I}_{L2} = \frac{1}{R_1}\dot{U}_S$$

$$-j\omega C\dot{U}_2 + \left(\frac{1}{R_2} + j\omega C\right)\dot{U}_3 - \dot{I}_{L1} = 0$$

$$\dot{U}_1 - \dot{U}_3 = j\omega L_1\dot{I}_{L1} + j\omega M\dot{I}_{L2}$$

$$\dot{U}_2 = j\omega M\dot{I}_{L1} + j\omega L_2\dot{I}_{L2}$$

第 7 章

7-1 2π、 2π、 $\pi/5$

7-2 $f_1(t) = \frac{1}{2} + \frac{2}{\pi}\left[\cos\omega t - \frac{1}{3}\cos3\omega t + \frac{1}{5}\cos5\omega t - \frac{1}{7}\cos7\omega t + \cdots\right]$

$f_2(t) = \frac{1}{\pi} + \frac{1}{2}\sin t - \frac{2}{\pi}\left[\frac{1}{3}\cos2t + \frac{1}{15}\cos4t + \frac{1}{35}\cos6t + \frac{1}{63}\cos8t + \cdots\right]$

7-3 $f_1(t) = \frac{1}{2} + \frac{8}{\pi^2}\left[\cos\omega t + \frac{2}{4}\cos2\omega t + \frac{1}{9}\cos3\omega t + \frac{1}{25}\cos5\omega t + \cdots\right]$

$f_2(t) = \frac{16}{\pi^2}\left[\cos\omega t + \frac{1}{9}\cos3\omega t + \frac{1}{25}\cos5\omega t + \frac{1}{49}\cos7\omega t + \cdots\right]$

7-4 $f_1(t) = \frac{E}{2} + \frac{E}{j2\pi}\left[(e^{j\omega t} - e^{-j\omega t}) + \frac{1}{2}(e^{j2\omega t} - e^{-j2\omega t}) + \frac{1}{3}(e^{j3\omega t} - e^{-j3\omega t}) + \cdots\right]$

$= \frac{E}{2} + \frac{E}{\pi}\left[\sin\omega t + \frac{1}{2}\sin2\omega t + \frac{1}{3}\sin3\omega t + \cdots\right]$

7-5 (a) 只含有奇次谐波分量   (b) 只含有奇次余弦分量

(c) 只含有直流和偶次正弦分量   (d) 只含有直流和偶次余弦分量

7-7 $f(t) = \frac{2}{\pi} - \frac{2}{\pi}\left[\sin\omega t - \frac{1}{3}\sin3\omega t + \frac{1}{5}\sin5\omega t - \frac{1}{7}\sin7\omega t + \cdots\right]$

7-8 $I_{av} = 2.5$ A, $I_{aav} = 7.5$ A, $I = 7.9$ A

7-9 $I = 2.55$ A, $U = 9.17$ V, $P_{IS} = -152$ W, $P_{US} = 152$ W

7-10 $U = 125.7$ V, $I = 23.5$ A, $P = 1607$ W

7-11 $i = [10\sin(1000t + 53.1°) + 3\sin(3000t + 36°)]$ A, $I = 7.4$ A, $P = 327.6$ W

7-12 $R_1 = 2\ \Omega$, $R_2 = 1\ \Omega$, $L = 2$ mH

7-13   低通,$\omega_C = 10$ rad/s, $u_o = [1 + \sin(t - 5.7°) + 0.05\sin(100t - 84.3°)]$ V

7-14   低通,$\omega_C = 4.83$ rad/s

7-15 $C_1 = 1/9\ \mu$F, $C_2 = 8/9\ \mu$F

第 8 章

8-1 $i_L(0_+) = 1$ A, $i_1(0_+) = i_2(0_+) = 0.33$ A, $i_3(0_+) = -1$ A, $u_L(0_+) = -10$ V, $u_{R1}(0_+)$ $= 1.67$ V, $u_{R2}(0_+) = 3.33$ V, $u_{R3}(0_+) = -10$ V

8-2   (1) $u_L(0_-) = 0$, $i_L(0_-) = 0.5$ A, $u_C(0_-) = 15$ V, $i_C(0_-) = 0$

      (2) $u_L(0_+) = -30$ V, $i_L(0_+) = 0.5$ A, $u_C(0_+) = 15$ V, $i_C(0_+) = 1$ A

8-3 $i(0_+) = 2$ A

8-4 $\tau = 0.375$ s

8-5 $u_C = 36e^{-9\times10^4 t}$ V $(t \geqslant 0)$, $i_C = -0.12e^{-9\times10^4 t}$ A $(t \geqslant 0)$

8-6 $u_L = -4e^{-t}$ V $(t \geqslant 0)$, $i_L = \dfrac{2}{3}e^{-t}$ A $(t \geqslant 0)$, $u_{ab} = (8 + 1.33e^{-t})$ V $(t \geqslant 0)$

8-7 $u_C = 6(1 - e^{-t/12})$ V $(t \geqslant 0)$, $i_C = e^{-t/12}$ A $(t \geqslant 0)$, $i = (1 + 0.5e^{-t/12})$ A $(t \geqslant 0)$, $u_1 = (9 - 1.5e^{-t/12})$ V $(t \geqslant 0)$

8-8   (1) $u_C = (8 + 2e^{-125t})$ V $(t \geqslant 0)$,   (2) $u_L = -50e^{-100t}$ V $(t \geqslant 0)$

8-9 $u_C = (5 - 15e^{-10t})$ V $(t \geqslant 0)$, $i_C = 1.5e^{-10t}$ mA $(t \geqslant 0)$

8-10 $i_L = \left(-\dfrac{2}{3} - \dfrac{1}{3}e^{-9t}\right)$ A $(t \geqslant 0)$

8-11 $0 \leqslant t \leqslant 1$ s 时,$i_L = (1 - e^{-t/6})$ A,$u_L = 0.833e^{-t/6}$ V;$1 \leqslant t \leqslant 2$ s 时,$i_L = [2 - 1.846e^{-(t-1)/6}]$ A,$u_L = 1.538e^{-(t-1)/6}$ V;$t \geqslant 2$ s 时,$i_L = 0.438e^{-(t-2)/6}$ A,$u_L = 0.365e^{-(t-2)/6}$ V

8-12 $u_C = (12 + 28e^{-5t})$ V $(t \geqslant 0)$

8-13   (1) $R_0 = 40\ \Omega, u_{oc} = 4$ V,$i_{sc} = 0.1$ A,   (2) $\dfrac{di}{dt} + 2\times10^4 i + 2\times10^3 = 0$

8-14 $i = (1.25 + 0.75e^{-0.8t})$ A $(t \geqslant 0)$

8-15 $u_C = (-15 + 35e^{-t/36})$ V $(t \geqslant 0)$

8-16 $i = 0.45e^{-10t}$ mA $(t \geqslant 0)$, $u = 45e^{-10^4 t}$ V $(t \geqslant 0)$

8-17   单位冲激响应 $u_L = \delta(t) - 2e^{-2t}\varepsilon(t)$ V, $i_L = e^{-2t}\varepsilon(t)$ A;

      单位阶跃响应 $u_L = e^{-2t}\varepsilon(t)$ V, $i_L = 0.5(1 - e^{-2t})\varepsilon(t)$ A

8-18 $u = \{2(1 - e^{-2t})\varepsilon(t) - [1 - e^{-2(t-1)}]\varepsilon(t - 1) - [1 - e^{-2(t-2)}]\varepsilon(t - 2) + 2e^{-(t-3)}\varepsilon(t - 3)\}$ V

第 9 章

9-1 $u_C(0_+) = 4.8$ V, $U_{L1}(0_+) = -3.2$ V, $u_{L2}(0_+) = 0, i_1(0_+) = i_2(0_+) = 0.8$ A,

$i_3(0_+) = 0.32$ A,　$i_C(0_+) = 0$,　$i(0_+) = 1.12$ A,

$\left.\dfrac{du_C}{dt}\right|_{0+} = 0$,　$\left.\dfrac{di_{L1}}{dt}\right|_{0+} = -1.6$ A/s,　$\left.\dfrac{di_{L2}}{dt}\right|_{0+} = 0$

9-2　$i(0_+) = -1$ A

9-3　(1) 过阻尼情况，$u_C = 1.67e^{-2t} - 0.67e^{-5t}$ V　$(t \geqslant 0)$,　$i = 0.33e^{-2t} - 0.33e^{-5t}$ A　$(t \geqslant 0)$

　　(2) 临界阻尼情况，$u_C = 3(t+1)e^{-t}$ V　$(t \geqslant 0)$,　$i = 3te^{-t}$ A　$(t \geqslant 0)$

　　(3) 欠阻尼情况，$u_C = 10\sqrt{5}e^{-t}\cos\left(2t - \arctan\dfrac{1}{2}\right)$ V　$(t \geqslant 0)$

　　　　$i = \left[\sqrt{5}e^{-t}\cos\left(2t - \arctan\dfrac{1}{2}\right) + 2\sqrt{5}e^{-t}\sin\left(2t - \arctan\dfrac{1}{2}\right)\right]$ A　$(t \geqslant 0)$

　　(4) 等幅振荡，$u_C = 4\cos t$ V　$(t \geqslant 0)$,　$i = 2\sin t$ A　$(t \geqslant 0)$

9-4　$u_R = 10(-e^{-2t} + 2e^{-4t})$ V　$(t \geqslant 0)$

9-5　欠阻尼

9-6　(1)$R = 1.94$ Ω,　(2)$R = 2.04$ Ω

9-7　$i_1 = (5 + 1500te^{-200t})$A　$(t \geqslant 0)$

9-8　串联：$u_C(0_+) = u_C(0_-) = 0, i_L(0_-) = 0, i_L(0_+) = 1/L$。电容电压不跃变，电感电流跃变
　　并联：$i_L(0_+) = i(0_-) = 0, u_C(0_-) = 0, u_C(0_+) = 1/C$。电容电压跃变，电感电流不跃变

9-9　$R = 1$ Ω 时，单位阶跃响应 $u_C = \left[1 - \dfrac{2}{\sqrt{3}}e^{-t/2}\cos\left(\dfrac{\sqrt{3}}{2}t - 30°\right)\right]\varepsilon(t)$ V,

　　单位冲激响应 $u_C = \dfrac{2}{\sqrt{3}}e^{-t/2}\sin\left(\dfrac{\sqrt{3}}{2}t\right)\varepsilon(t)$ V

　　$R = 2$ Ω 时，单位阶跃响应 $u_C = [1 - (1+t)e^{-t}]\varepsilon(t)$ V，单位冲激响应 $u_C = te^{-t}\varepsilon(t)$ V

9-10　(1)$u_C = \left[5 - \dfrac{20}{\sqrt{3}}e^{-t/2}\sin\left(\dfrac{\sqrt{3}}{2}t + 60°\right)\right]$ V　$(t \geqslant 0)$,　(2)$u_C = \dfrac{20}{\sqrt{3}}e^{-t/2}\sin\left(\dfrac{\sqrt{3}}{2}t\right)$ V　$(t \geqslant 0)$

第　10　章

10-1　(1) $\dfrac{1}{s}(1 - e^{-2s})$;　(2) $\dfrac{s+4}{s+3}$;　(3) $\dfrac{3s+2}{s^2+4}$;　(4) $\dfrac{s+2}{(s+2)^2+1}$

10-2　(1)$(-e^{-2t} + 2e^{-3t})\varepsilon(t)$,　　(2)$(2 + \sin t)\varepsilon(t)$,

　　(3)$(1 - e^{-2t} - 2te^{-2t})\varepsilon(t)$,　(4)$\delta'(t) + 2\delta(t) - 4e^{-t}\varepsilon(t) + 5e^{-2t}\varepsilon(t)$

10-3　(1)$\delta(t) - \left(\dfrac{1}{2}t^2e^{-t} - 3te^{-t} + 3e^{-t}\right)\varepsilon(t)$

　　(2)$[2e^{-2t} + e^{-3t}]\varepsilon(t) - [2e^{-2(t-1)} + e^{-3(t-1)}]\varepsilon(t-1)$

　　(3) $[1 - \cos(t-1)]\varepsilon(t-1)$

10-4　(1) 运算电路图如题解图 10-4 所示。

　　(2) $\dfrac{5 + 2s}{5s(s+4)} + \dfrac{0.25}{s} + \dfrac{0.15}{s+4}$

　　(3) $[0.25 + 0.15e^{-4t}]\varepsilon(t)$ A

10-5　$20e^{66.7t}\varepsilon(t)$ V

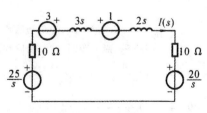

题 10-4 解图

10-6　$(50 - 10e^{-0.4t})\varepsilon(t)$ V,　$120\delta(t) + 12e^{-0.4t}\varepsilon(t)$ A

10-7　$\left(\dfrac{2}{3} - 4e^{-2t} + \dfrac{4}{3}e^{-3t}\right)\varepsilon(t)$ V,　$\left(\dfrac{2}{3} - 2e^{-2t} + \dfrac{4}{3}e^{-3t}\right)\varepsilon(t)$ A

10-8　$3.95(e^{-6.54t} - e^{-0.46t})\varepsilon(t)$ V

10-9　$2\delta(t) + 2(1 - e^{-t})\varepsilon(t)$ A

10-10　$(6e^{-t}\cos 3t - 8e^{-t}\sin 3t)\varepsilon(t)$ V　或　$10e^{-t}\cos(3t + 53.1°)\varepsilon(t)$ V

10-11　$2e^{-2t}\varepsilon(t)$ V,　$(-2 + 4e^{-2t} - 2e^{-3t})\varepsilon(t)$ V

10-12　(1) 零极点分布图、冲激响应和阶跃响应的波形如题 10-12 解图(a)所示。

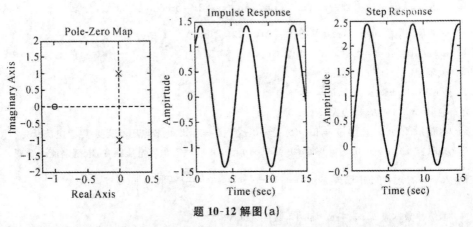

题 **10-12** 解图(a)

(2) 零极点分布图、冲激响应和阶跃响应的波形如题 10-12 解图(b)所示。

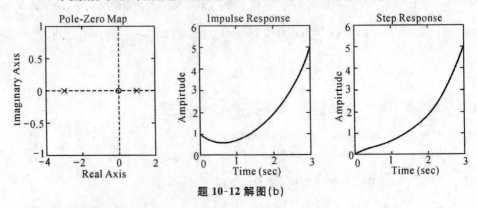

题 **10-12** 解图(b)

(3) 零极点分布图、冲激响应和阶跃响应的波形如题 10-12 解图(c)所示。

(4) 零极点分布图、冲激响应和阶跃响应的波形如题 10-12 解图(d)所示。

10-13　(1) $\dfrac{1}{s+2}$,　(2) $\dfrac{2}{s(s+2)}$,　(3) $\dfrac{2}{s+1}$,　(4) $\dfrac{2s+3}{(s+1)(s+2)}$

10-14　(1) $\dfrac{5}{s^2+s+5}$,　(2) $[1 + 1.026e^{-0.5t}\cos(2.18t + 167°)]\varepsilon(t)$ V

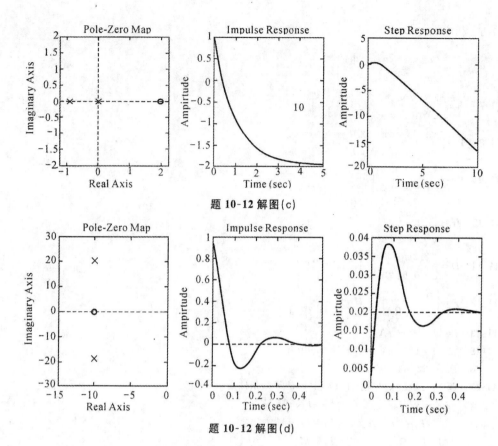

题 **10-12** 解图(c)

题 **10-12** 解图(d)

10-15   (1) $\dfrac{1}{3}\left(1-\dfrac{1/3}{s+1/3}\right)$,   (2) $\dfrac{1}{3}\delta(t)-\dfrac{1}{9}e^{-t/3}\varepsilon(t)$ $\dfrac{1}{3}e^{-t/3}\varepsilon(t)$

10-16 $[-be^{-2t}+10e^{-3(t)}]\varepsilon(t)$, $\left[\dfrac{1}{3}+3e^{-2t}-\dfrac{10}{3}e^{-3t}\right]\varepsilon(t)$

10-17 $u_2(t)=(2e^{-t}+0.5e^{-2t})\varepsilon(t)$

第 11 章

11-1 $\begin{bmatrix}-1 & 0 \\ 0 & -1\end{bmatrix}$ $\begin{bmatrix}1 & 0 \\ 0 & 1-\alpha\end{bmatrix}$

11-2 $\begin{bmatrix}\dfrac{3}{2} & -\dfrac{1}{2} \\ -5 & 3\end{bmatrix}$

11-3 $\begin{bmatrix}R_b+R_e & R_e \\ R_e-\beta R_C & R_C+R_e\end{bmatrix}$

11-4   都不具有

11-5 $\begin{bmatrix} 2 & 2 \\ -2 & j\omega \end{bmatrix}$

11-6 $\boldsymbol{A} = \begin{bmatrix} a_{11} & Za_{11} + a_{12} \\ a_{21} & Za_{21} + a_{22} \end{bmatrix}$

11-7 $\boldsymbol{A} = \begin{bmatrix} a_{11} & a_{12} \\ Ya_{11} + a_{21} & Ya_{12} + a_{22} \end{bmatrix}$

11-8 $\boldsymbol{Y} = \begin{bmatrix} y_{11} + y & y_{12} - y \\ y_{21} - y & y_{22} + y \end{bmatrix}$

11-9 $\boldsymbol{Y} = \begin{bmatrix} 1.5 & -0.5 \\ 4 & -0.5 \end{bmatrix}$

11-10 $\boldsymbol{H} = \begin{bmatrix} 0 & 2 \\ -2 & \frac{4}{3} \end{bmatrix}$

11-11 $\boldsymbol{H} = \begin{bmatrix} 2.2\Omega & 0.6 \\ -0.6 & 0.2S \end{bmatrix}, \quad P = 300 \text{ W}$

11-12 $\boldsymbol{Z} = \begin{bmatrix} R_1 & -r \\ r & R_2 \end{bmatrix}, \quad \boldsymbol{H} = \begin{bmatrix} R_b & \mu \\ \beta & G_c \end{bmatrix}$

11-13 $i = 11\sqrt{2}\sin\omega t \text{ A}$

11-15 (1) $I = 1.5 \text{ mA}$, (2) $I = 0.9 \text{ mA}$

11-16 $P_{1S1} = 52 \text{ W}$, $P_{1S2} = 78 \text{ W}$

11-17 题 11-17 图(a)与题 11-17 图(b)的等效条件是:

$$\begin{cases} L_1 = L_i + L_k \\ L_2 = L_j + L_k \\ M = L_k \end{cases} \quad 或者 \quad \begin{cases} L_i = L_1 - M \\ L_j = L_2 - M \\ L_k = M \end{cases}$$

另外,还要求两个电路具有相同的初始值。

11-18 $\boldsymbol{Y} = \begin{bmatrix} \left(\dfrac{1}{R} + \dfrac{1}{sL}\right) & -\dfrac{1}{sL} \\ \left(g_m - \dfrac{1}{sL}\right) & \dfrac{1}{sL} \end{bmatrix}$

11-19 $R = 12 \ \Omega, P = 432 \ \mu\text{W}$

第 12 章

12-1 略

12-2 $\begin{bmatrix} j\omega C_1 + 1/R_2 + 1/R_3 & g - 1/R_3 & -g \\ -1/R_3 & 1/R_3 + 1/R_5 + 1/(j\omega L_4) - g & g - 1/R_5 \\ 0 & -1/R_5 & 1/R_5 + 1/R_6 \end{bmatrix} \begin{bmatrix} \dot{U}_{n1} \\ \dot{U}_{n2} \\ \dot{U}_{n3} \end{bmatrix} = \begin{bmatrix} \dot{U}_{S2}/R_2 - \dot{U}_{S3}/R_3 \\ \dot{U}_{S3}/R_3 \\ -\dot{I}_{S6} \end{bmatrix}$

12-3 略

12-4 $\boldsymbol{A} = \begin{bmatrix} 0 & 1/C & -1/C \\ -1/L_1 & -R_1 R_2/(R_1 + R_2)L_1 & 0 \\ -1/L_2 & 0 & 0 \end{bmatrix}, \quad \boldsymbol{B} = \begin{bmatrix} 0 \\ R_2/(R_1 + R_2)L_1 \\ 0 \end{bmatrix}$

$$\boldsymbol{X} = \begin{bmatrix} U_{C1} & I_{L1} & I_{L2} \end{bmatrix}^{\mathrm{T}}, \quad \boldsymbol{V} = \begin{bmatrix} U_{S} \end{bmatrix}, \quad \boldsymbol{Y} = \begin{bmatrix} U_{n1} & U_{n2} \end{bmatrix}^{\mathrm{T}}$$

$$\boldsymbol{C} = \begin{bmatrix} 0 & -R_1 R_2 / (R_1 + R_2) & 0 \\ 1 & 0 & 0 \end{bmatrix}, \quad \boldsymbol{D} = \begin{bmatrix} R_2 / (R_1 + R_2) \\ 0 \end{bmatrix}$$

12-5　略

第 13 章

13-1　0.35 A，　3.2×10^{-3} Wb

13-2　$I = 1.94$ A

13-3　线圈的铁损 $\Delta P_{\mathrm{Fe}} = P - \Delta P_{\mathrm{Cu}} = 70 - 7 = 63$ W，线圈的功率因数 $\cos\psi = \dfrac{P}{UI} = \dfrac{70}{120 \times 2} \approx 0.29$

13-4　$\Delta P_{\mathrm{Cu}} = 12.5$ W，　$\Delta P_{\mathrm{Fe}} = 337.5$ W

参 考 文 献

1.邱关源.电路[M].北京:高等教育出版社,1999.

2.李瀚荪.电路分析基础[M].北京:高等教育出版社,1992.

3.周孔章.电路原理[M].北京:高等教育出版社,1983.

4.汪建.电路理论基础[M].武汉:华中科技大学出版社,2002.

5.黄冠斌.电路理论——电阻性网络[M].武汉:华中理工大学出版社,1998.

6.姚仲兴,姚维,孙斌.电路分析导论[M].杭州:浙江大学出版社,1997.

7.何怡刚.电路导论[M].长沙:湖南大学出版社,2004.

8.赵录怀,杨育霞,张震.电路与系统分析——使用 Matlab[M].北京:高等教育出版社,2004.

9.郑君里,应启珩,杨为理.信号与系统[M].北京:高等教育出版社,2000.

10.肖广润,周惠领.电工技术[M].武汉:华中理工大学出版社,1995.

11.许泽鹏.电工技术[M].北京:人民邮电出版社,2002.

12.周克定,张文灿.电工理论基础[M].北京:高等教育出版社,1994.

13.刘蕴陶.电工学[M].北京:中央广播电视大学出版社,1994.

14.张文灿.电工基础实例解析[M].北京:电子工业出版社,1996.

15.范承志,孙盾,童梅.电路原理[M].北京:机械工业出版社,2004.

16.海纳.电路基本概念与题解[M].北京:人民邮电出版社,1983.

17.王仲奕,蔡理.电路习题解析[M].西安:西安交通大学出版社,2002.

18.徐贤敏.电路分析[M].成都:西南交通大学出版社,2002.

19.江泽佳.电工基础(中册)[M].北京:高等教育出版社,1992.

20.William H. Hayt, etc. Engineering Circuit Analysis(Sixth Edition)[M]. The McGraw—Hill Companies,Inc. 2002. 北京:电子工业出版社,2002.

21.Donald A. Neamen. Electronic Circuit Analysis Design(Second Edition)[M]. The McGraw—Hill Companies,Inc. 2001. 北京:清华大学出版社,2000.

22.Charles K. Alexander,etc. 电路基础[M]. 刘巽亮,等,译.北京:电子工业出版社,2003.